# Adobe Flash CS6
## 中文版经典教程

〔美〕Adobe 公司 著　姚军 译

人 民 邮 电 出 版 社
北 京

图书在版编目（CIP）数据

Adobe Flash CS6中文版经典教程 / 美国Adobe公司著；姚军 译. -- 北京：人民邮电出版社，2014.5（2017.3重印）
ISBN 978-7-115-34549-3

Ⅰ. ①A… Ⅱ. ①美… ②姚… Ⅲ. ①动画制作软件－教材 Ⅳ. ①TP391.41

中国版本图书馆CIP数据核字(2014)第026537号

**版权声明**



**内 容 提 要**

本书由 Adobe 公司的专家编写，是 Adobe Flash CS6 软件的官方指定培训教材。

全书共分为 10 课，每一课先介绍重要的知识点，然后借助具体的示例进行讲解，步骤详细、重点明确，手把手教你如何进行实际操作。全书是一个有机的整体，它涵盖了 Flash CS6 快速入门、处理图形、创建和编辑元件、添加动画、关节运动和变形、创建交互式导航、使用文本、处理声音与视频、加载和控制 Flash 内容、发布 Flash 文档等内容，并在适当的地方穿插介绍了 Flash CS6 中的最新功能。

本书语言通俗易懂，并配以大量图示，特别适合 Flash 新手阅读；有一定使用经验的用户也可以从本书中学到大量高级功能和 Flash CS6 的新增功能。本书也适合作为相关培训班的教材。

◆ 著　　[美] Adobe 公司
译　　姚　军
责任编辑　俞　彬
责任印制　彭志环　杨林杰

◆ 人民邮电出版社出版发行　北京市丰台区成寿寺路 11 号
邮编　100164　电子邮件　315@ptpress.com.cn
网址　http://www.ptpress.com.cn
固安县铭成印刷有限公司印刷

◆ 开本：800×1000　1/16
印张：21
字数：493 千字　2014 年 5 月第 1 版
印数：11 501-12 100 册　2017 年 3 月河北第 9 次印刷

著作权合同登记号　图字：01-2012-6485 号

定价：45.00 元（附光盘）

**读者服务热线：(010) 81055410　印装质量热线：(010) 81055316**
**反盗版热线：(010) 81055315**

# 前　言

Adobe Flash Professional CS6 为创建交互式和具有丰富媒体的应用程序提供了功能全面的创作和编辑环境。Flash 广泛用于创建吸引人的项目，其集成了视频、声音、图形和动画。可以在 Flash 中创建原始内容或者从其他 Adobe 应用程序（如 Photoshop 或 Illustrator）导入它们，快速设计简单的动画和多媒体特效，以及使用 Adobe ActionScript 3.0 开发高级的交互式项目。

使用 Flash 可以构建有创意和沉浸式的网站，创建用于桌面的单独应用，也可以创建分发到运行 Android 或者 iOS 系统的移动设备上的应用。

Flash 具备动画控件、直观而灵活的绘图工具以及强大的面向对象编码语言，提供了一个绝无仅有的健壮环境，让你的想象力成为现实。

## 关于经典教程

本书是在 Adobe 产品专家的支持下开发的 Adobe 图形和出版软件官方培训系列教材中的一本。精心合理的课程设计，可使你按自己的进度来学习。如果你是 Flash 的初学者，可以学到使用这款软件的基础知识；如果你是经验丰富的用户，则会发现本书讲解了许多高级特性，包括使用 Flash 最新版本的提示和技巧。

## 新特性

本书中的课程提供了使用 Flash Professional CS6 中的一些新特性和改进功能的机会，包括以下内容。

- 经过更新的“文档”面板，可以快速访问文档设置。
- 强大的图层管理控件。
- 舞台大小的设置可以成比例地缩放你的内容。
- “自动保存”和“自动回复”这两个新选项能够使你更容易应对死机时丢失作品的情况。
- 元件的额外选项、“转换为位图”和“导出为位图”提供了对图形处理的更好控制。
- 将动画作为 Sprite 表或者 PNG 序列输出，支持动画的代用方法。
- 被称为 Pinning 的反向运动学新功能可以更精细地控制骨架。
- 用于精确放置布局文本的 TLF 文本标尺。
- 改进的“代码片断”面板提供了将代码应用到舞台对象的快速而直观的途径。
- “代码片断”面板上可以找到更多的代码片断，其中许多特别针对移动设备交互。

- 简化的“发布设置”对话框。
- 在多个 FLA 文件之间共享资源的更好的工作流。
- 经过翻新的 Adobe Media Encoder 界面，更有效地处理你的媒体文件。
- 移动设备交互的模拟器可以在 Flash 中测试“捏合”和“轻扫”等手势。
- 许多增量功能改进和更好的总体性能。

## 必须具备的知识

在使用本书之前，应确保正确地设置了系统必须安装的软件。你应该很好地了解你的计算机及其操作系统。确信你知道如何使用鼠标、标准菜单和命令，以及如何打开、保存和关闭文件。如果你需要复习这些技术，可以参见 Microsoft Windows 或 Apple Mac OS 操作系统提供的印刷文档或在线文档。

## 安装 Flash

必须购买 Adobe Flash Professional CS6 软件，它可以是独立的应用程序或者 Adobe Creative Suite 的一部分。下面的规范是必须满足的最低系统配置。

**Windows：**

- Intel Pentium 4，Intel Centrino，Intel Xeon 或者 Intel CoreDuo（或兼容）处理器；
- Microsoft Windows XP Service Pack 3 或 Windows 7；
- 2GB RAM（必备，建议 3GB）；
- 1024 像素 ×768 像素 的显示屏；
- 2.5GB 可用硬盘空间（安装时需要更多空闲空间）；
- 产品激活需要互联网连接；
- 多媒体功能和 PNG 导入需要 QuickTime 7.x 软件；
- DirectX 9.0c 或者更高版本。

**Mac OS：**

- 多核心 Intel 处理器；
- Mac OS X 10.6.x 或 10.7.x；
- 2GB RAM（必备，建议 3GB）；
- 1024 像素 ×768 像素的显示屏；
- 2.5GB 可用硬盘空间（安装时需要更多空闲空间）；
- 产品激活需要互联网连接；
- 多媒体功能和 PNG 导入需要 QuickTime 7.x 软件。

系统需求的更新和软件安装指南可以访问 www.adobe.com/go/flash_systemreqs。

从 Adobe Flash Professional CS6 应用程序光盘或者从 Adobe 下载的映像把 Flash 安装到硬盘驱动器上。不能从安装光盘上运行这个程序，应遵照屏幕上的指导操作。

确保在安装软件之前可以访问序列号。可以在注册卡上或者 DVD 盒的背面找到序列号，如果你从 Adobe 下载软件，序列号将在你的电子邮件中。

## 复制课程文件

本书中的课程使用特定的源文件，如在 Adobe Illustrator 中创建的图像文件，在 Adobe After Effects 中创建的视频文件、音频文件以及预先准备的 Flash 文档。为了完成本书中的课程，必须从本书附带的光盘（位于本书封底内侧）上把这些文件复制到硬盘上。可以遵循以下步骤复制课程文件。

1. 在计算机上方便的位置创建一个新文件夹，并把它命名为“FlashProCS6_CIB”，然后执行针对不同操作系统的标准过程。

- Windows。在“资源管理器”中，选择想要在其中创建新文件夹的文件夹或驱动器，并选择“文件”>“新建”>“文件夹”。然后输入新文件夹的名称。
- Mac OS。在 Finder 中，选择“File”>“New Folder”。输入新文件夹的名称，并把该文件夹拖到你想使用的位置。

现在，可以把源文件复制到硬盘驱动器上。

2. 通过从本书附带光盘上把 Lessons 文件夹（其中包含名为“Lesson01”、“Lesson02”等文件夹）拖到新的 FlashProCS6_CIB 文件夹中，将其复制到硬盘驱动器上。

在开始学习每个课程时，可导航到带有该课程编号的文件夹。在该文件夹中，可以找到所有的资源、示例影片以及完成课程所需的其他项目文件。

如果计算机上的存储空间有限，可以根据需要单独复制每个课程文件夹，并在学完之后将其删除。有些课程基于前面的课程，在这些情况下，将会给你提供一个起始项目文件，以便开始下一个课程或项目。如果不需要或者硬盘空间有限，则不必保存任何完成的项目。

### 复制示例影片和项目

在本书的某些课程中将创建并发布 SWF 动画文件。Lessons 文件夹内的 End 文件夹（01End、02End 等）中的文件是每个课程完成项目的示例。如果你想把正在进行的工作与用于生成示例影片的项目文件作比较，就可以使用这些文件作为参考。最终项目文件的大小从相对较小到几兆字节不等，因此如果你有充足的存储空间，就可以全部复制它们；或者根据需要只复制用于每个课程的最终项目文件，然后在学完那个课程之后删除它。

## 如何使用这些课程

本书中的每个课程都为创建真实项目的一个或多个具体的元素提供了逐步的指导。一些课程基于在前面一些课程中创建的项目，而大多数课程则是独立的。就概念和技能而言，所有课程都是相互关联的，因此学习本书的最佳方式是按顺序学习。在本书中，对于某些技术和过程，只在前几次执行它们时做了详细的解释和说明。

本书中课程的组织方式也是面向项目的，而不是面向特性的。这意味着（例如）可以在分布于多个课程中（而不仅仅是一章中）的真实设计项目上使用元件（symbol）。

## 其他资源

本书不是用来代替程序文档，或者作为每个功能的全面参考的，而是只解释课程中用到的命令和选项。关于程序功能的完整信息和教程，可以参考下列资源。

**Adobe 社区帮助**（Adobe Community Help）：聚集活跃的 Adobe 产品用户、产品团队成员、创作者和专家，为你提供最有用、相关、最新的 Adobe 产品信息的社区。

**要访问社区帮助**：按下 F1 键或者选择“帮助”>“Flash 帮助”。

Adobe 的内容根据社区的反馈和投稿进行更新。你可以为内容和论坛添加评论（包括指向 Web 内容的链接）、用 Community Publishing 发布自己的内容或者贡献“食谱”。投稿的方法可以参见 www.adobe.com/community/publishing/download.html。

社区帮助的常见问题参见 community.adobe.com/help/profile/faq.html。

**Adobe Flash Professional CS6 帮助和支持**：在 www.adobe.com/support/flash/ 上可以找到和浏览 adobe.com 的帮助及支持内容。

**Adobe 论坛**：在 forums.adobe.com 上，你可以进行点对点讨论、提出和回答有关 Adobe 产品的问题。

**Adobe TV**：tv.adobe.com 是关于 Adobe 产品的专家指南和启发的在线视频资源，包括一个“指引”频道，帮助你开始使用产品。

**Adobe 设计中心**：www.adobe.com/designcenter 提供关于设计及设计问题的启发性文章，展示顶尖设计人员作品的图库、教程等。

**Adobe Developer Connection**：www.adobe.com/devnet 是覆盖 Adobe 开发人员产品和技术的技术文章、代码示例、指引视频资源。

**教师资源**：www.adobe.com/education 为教授 Adobe 软件课程的导师们提供了宝贵的信息。在这里可以找到各种水平的教案，包括使用整合方法传授 Adobe 软件、可以用于准备 Adobe 认证考试的免费课程。

也可以访问如下实用链接。

**Adobe Marketplace & Exchange**：www.adobe.com/cfusion/exchange 是寻找补充和扩展 Adobe 产品的工具、服务、扩展、代码示例等的中心资源。

**Adobe Flash Professional CS6 产品首页**：www.adobe.com/products/flash。

**Adobe Labs**：labs.adobe.com 可以访问尖端技术的早期版本，以及与 Adobe 开发团队及其他志同道合的社区成员交流的论坛。

## Adobe 认证

Adobe 培训和认证计划设计用来帮助 Adobe 客户改进和提升产品熟练水平。认证分为 4 级：

- Adobe 认证助理工程师（Adobe Certified Associate，ACA）；
- Adobe 认证专家（Adobe Certified Expert，ACE）；
- Adobe 认证教员（Adobe Certified Instructor，ACI）；
- Adobe 授权培训中心（Adobe Authorized Training Center，AATC）。

Adobe 认证助理工程师（ACA）认证具有规划、设计、构建和使用不同数码媒体保持有效沟通的入门技能的个人。

Adobe认证专家计划是专业用户升级其资格证书的一种方法。你可以使用Adobe认证作为升职、寻找工作和提升专业能力的手段。

如果你是一位 ACE 级别的教员，Adobe 认证教员计划可以将你的技能提升一个层次，使你接触到更广泛的 Adobe 资源。

Adobe 认证培训中心提供教员引导课程和 Adobe 产品培训，只雇用 Adobe 认证教员。AATC 的目录可以在 partners.adobe.com 上找到。

关于 Adobe 认证计划的更多信息可访问 www.adobe.com/support/certification/index.html。

# 目　录

第 1 课　Flash CS6 快速入门 ······ 0

1.1　启动 Flash 并打开文件 ······ 2
1.2　了解工作区 ······ 4
1.3　使用“库”面板 ······ 6
1.4　了解“时间轴” ······ 8
1.5　在“时间轴”中组织图层 ······ 14
1.6　使用“属性”检查器 ······ 17
1.7　使用“工具”面板 ······ 21
1.8　在 Flash 中撤销执行的步骤 ······ 24
1.9　预览影片 ······ 25
1.10　修改内容和舞台 ······ 26
1.11　保存影片 ······ 27
1.12　发布影片 ······ 30
1.13　查找关于使用 Flash 的资源 ······ 31
1.14　检查更新 ······ 32

第 2 课　处理图形 ······ 34

2.1　开始 ······ 36
2.2　了解笔触和填充 ······ 36
2.3　创建形状 ······ 36
2.4　进行选择 ······ 38
2.5　编辑形状 ······ 39
2.6　使用渐变填充和位图填充 ······ 43
2.7　制作图案和装饰 ······ 47
2.8　创建曲线 ······ 54
2.9　创建透明度 ······ 56
2.10　创建和编辑文本 ······ 58

第 3 课　创建和编辑元件 ······ 60

3.1　开始 ······ 62
3.2　导入 Illustrator 文件 ······ 62
3.3　关于元件 ······ 64
3.4　创建元件 ······ 66
3.5　导入 Photoshop 文件 ······ 67
3.6　编辑和管理元件 ······ 69
3.7　更改实例的大小和位置 ······ 73
3.8　更改实例的色彩效果 ······ 76
3.9　理解显示选项 ······ 78
3.10　应用滤镜以获得特效 ······ 80
3.11　在 3D 空间中定位 ······ 82

第 4 课　添加动画 ······ 88

4.1　开始 ······ 90
4.2　关于动画 ······ 90
4.3　了解项目文件 ······ 91
4.4　制作位置的动画 ······ 91
4.5　更改播放速度和播放时间 ······ 94
4.6　制作透明度的动画 ······ 97
4.7　制作滤镜的动画 ······ 99
4.8　制作变形的动画 ······ 103
4.9　更改运动的路径 ······ 106
4.10　交换补间目标 ······ 111
4.11　创建嵌套的动画 ······ 112
4.12　使用“动画编辑器” ······ 115
4.13　缓动 ······ 120
4.14　制作 3D 运动的动画 ······ 124
4.15　测试动画 ······ 126

第 5 课　关节运动和变形 ······ 130

5.1　开始 ······ 132
5.2　利用反向运动学制作关节运动 ······ 132
5.3　约束连接点 ······ 138
5.4　形状的反向运动学 ······ 142

5.5 骨架选项 …… 147
5.6 利用补间形状进行变形 …… 149
5.7 使用形状提示 …… 153
5.8 利用反向运动模拟物理现象 …… 155

第 6 课 创建交互式导航 …… 162

6.1 开始 …… 164
6.2 关于交互式影片 …… 164
6.3 创建按钮 …… 164
6.4 了解 ActionScript 3.0 …… 172
6.5 准备“时间轴” …… 175
6.6 添加停止动作 …… 175
6.7 为按钮创建事件处理程序 …… 176
6.8 创建目标关键帧 …… 179
6.9 创建带有代码片断的源按钮 …… 182
6.10 代码片断选项 …… 185
6.11 在目的地播放动画 …… 187
6.12 动画式按钮 …… 190

第 7 课 使用文本 …… 194

7.1 开始 …… 196
7.2 了解 TLF 文本 …… 197
7.3 添加简单的文本 …… 198
7.4 添加多个列 …… 204
7.5 环绕文本 …… 208
7.6 超链接文本 …… 217
7.7 创建用户输入的文本 …… 219
7.8 加载外部文本 …… 224

第 8 课 处理声音与视频 …… 232

8.1 开始 …… 234
8.2 了解项目文件 …… 235
8.3 使用声音 …… 236
8.4 了解 Flash 视频 …… 245
8.5 使用 Adobe Media Encoder …… 245
8.6 了解编码选项 …… 248

8.7 回放外部视频 254
8.8 处理视频和透明度 258
8.9 使用提示点 261
8.10 嵌入 Flash 视频 269

第 9 课 加载和控制 Flash 内容 276

9.1 开始 278
9.2 加载外部内容 279
9.3 删除外部内容 286
9.4 控制影片剪辑 287
9.5 创建遮罩 288

第 10 课 发布 Flash 文档 294

10.1 开始 296
10.2 测试 Flash 文档 297
10.3 理解发布 298
10.4 为 Web 发布影片 299
10.5 了解“带宽设置”面板 305
10.6 添加元数据 306
10.7 发布桌面应用程序 307
10.8 为移动设备发布影片 313
10.9 组织你的项目 316
10.10 接下来的任务 319

# 第1课 Flash CS6快速入门

课程概述

在这一课中，你将学习如何执行以下任务：

- 在 Flash 中创建新文件；
- 在“属性”检查器中调整“舞台”设置；
- 向“时间轴”中添加图层；
- 在“时间轴”中管理关键帧；
- 在“库”面板中处理导入的图像；
- 在“舞台”上移动和重新定位对象；
- 打开和使用面板；
- 在“工具”面板中选择和使用工具；
- 预览 Flash 动画；
- 保存 Flash 文件；
- 访问 Flash 的在线资源。

完成本课的学习需要不到一小时。如果你的硬盘驱动器上还没有 Lesson01 文件夹，请从本书附带光盘中把它复制到硬盘驱动器上。

在Flash中，动作发生在“舞台”上，“时间轴”用于组织帧和图层，其他面板用于编辑和控制所创建的内容。

## 1.1 启动 Flash 并打开文件

第一次启动Flash会看到一个"欢迎"屏幕,其中带有指向标准文件模板、教程及其他资源的链接。本课程将创建一个简单的动画，以显示几张度假快照。你将添加一些照片和一个标题，同时学习在"舞台"上定位元素，并沿着"时间轴"放置它们。

1. 启动 Adobe Flash Professional CS6。在 Windows 中,选择"开始" > "所有程序" > "Adobe" > AdobeFlash Professional CS6。在 Mac OS 中，于 Applications 文件夹中或者 Dock 中双击 Adobe Flash Professional CS6。

> **Fl** 注意：也可以通过双击一个 Flash（*.fla）文件启动 Flash，如提供用于显示所完成项目的 01End.fla 文件。

2. 选择"文件" > "打开"。在"打开"对话框中，选择 Lesson01/01End 文件夹中的 01End.swf 文件，并单击"打开"按钮预览最终项目。
3. 选择"文件" > "发布预览" > "HTML"。

> **Fl** 注意:如果你的计算机缺少最终项目包含的字体,Flash 会显示一个警告对话框。你可以手工选择替代字体，也可以简单地单击"使用默认"，Flash 将自动完成。

Flash 创建必要的文件（一个 HTML 文件和一个 SWF 文件）在你的默认浏览器中显示最终的动画。此时将会播放一个动画。在播放动画期间，将会逐一显示多张重叠的照片，最后显示一个标题（如图 1.1 所示）。

图1.1

4. 关闭预览窗口。

### 1.1.1 创建一个新文件

开始一个新文档，创建一个你刚才所预览的简单动画。

**1.** 在 Flash 中，选择“文件”>“新建”。

打开“新建文档”对话框（如图 1.2 所示）。

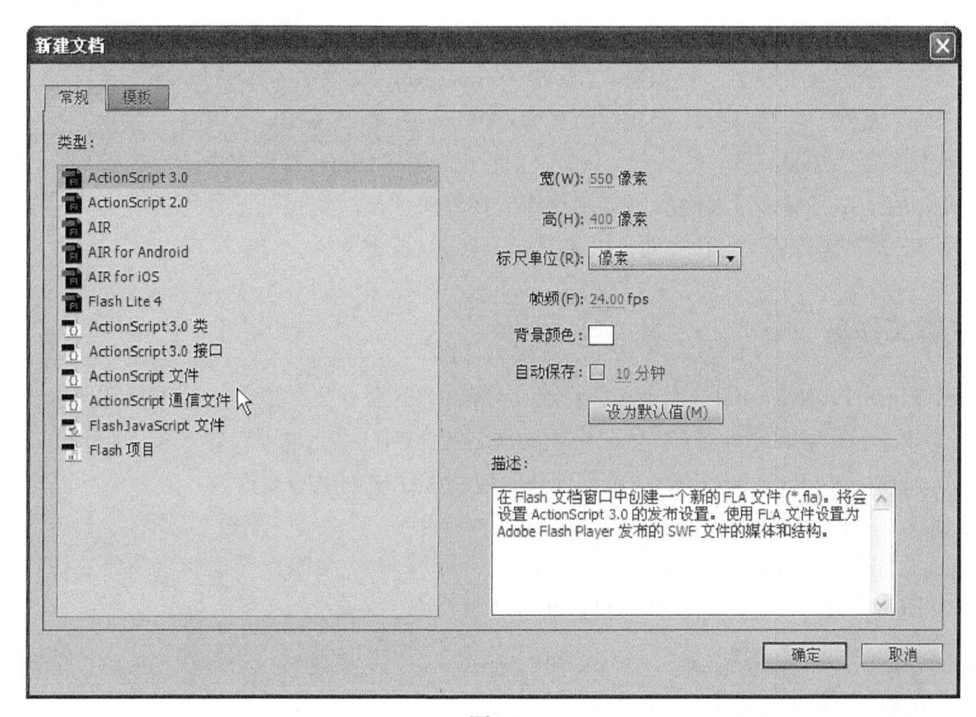


图1.2

**2.** 在“常规”选项卡下，选择“ActionScript 3.0”。

ActionScript 3.0 是 Flash 脚本语言的最新版本，可用来添加交互性。本课中不会使用 ActionScript，但是必须选择你的文件将与哪个版本兼容。选择 ActionScript 3.0 将创建一个配置用于在具有 Flash Player 的桌面浏览器（例如 Chrome、Safari 或 Firefox）上播放的新文档。

其他选项将针对不同的播放环境。例如，“AIR for Android”和“AIR for iOS”创建配置用于在 Android 或者 Apple 移动设备上以 AIR 播放的新文档。

**3.** 在对话框的右侧，你可以在“宽”和“高”中输入新的像素值，以确定文件的尺寸。为宽度输入 800，为高度输入 600，标尺单位为“像素”（如图 1.3 所示）。

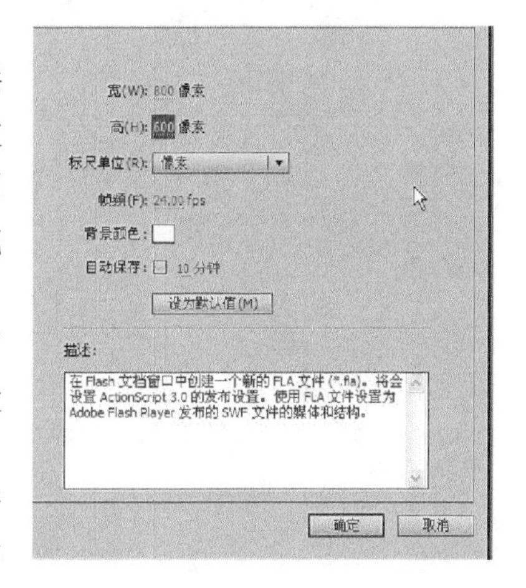


图1.3

> **Fl** **注意：**对于简单的项目，如你在本课中创建的示例动画，创建单个FLA文档就足够了。但是对于较为复杂、需要与多位开发人员进行协调的复杂项目，旨在与多种不同环境（桌面和移动）中播放的项目，最好使用“项目”面板（“窗口”>“项目”）创建新项目。一个项目有助于组织多个资源。你将在第10课中学习到“项目”面板。

保留“帧频”和“背景颜色”默认设置。你始终可以编辑这些文档属性，本课后面将对此作出解释。

4. 单击“确定”按钮。

Flash用已经指定的所有设置创建一个新的ActionScript 3.0文件。

5. 选择“文件”>“保存”。把文件命名为“01_workingcopy.fla”，并从“保存类型”下拉菜单中选择“Flash CS6文档（*.fla）”。把它保存在01Start文件夹中。立即保存文件是一种良好的工作习惯，可以确保当应用程序或计算机崩溃时所做的工作不会丢失。应该总是利用.fla扩展名保存Flash文件，以将其标识为Flash源文件。

## 1.2 了解工作区

Adobe Flash Professional工作区包括位于屏幕顶部的命令菜单以及多种工具和面板，用来在影片中编辑和添加元素。你可以在Flash中为动画创建所有对象，也可以导入在Adobe Illustrator、Adobe Photoshop、Adobe After Effects及其他兼容应用程序中创建的元素。

默认情况下，Flash会显示菜单栏、“时间轴”、“舞台”、“工具”面板、“属性”检查器以及另外几个面板（如图1.4所示）。在Flash中工作时，可以打开、关闭、停放和取消停放面板，在屏幕上四处移动面板以适应自己的工作风格或者屏幕分辨率。

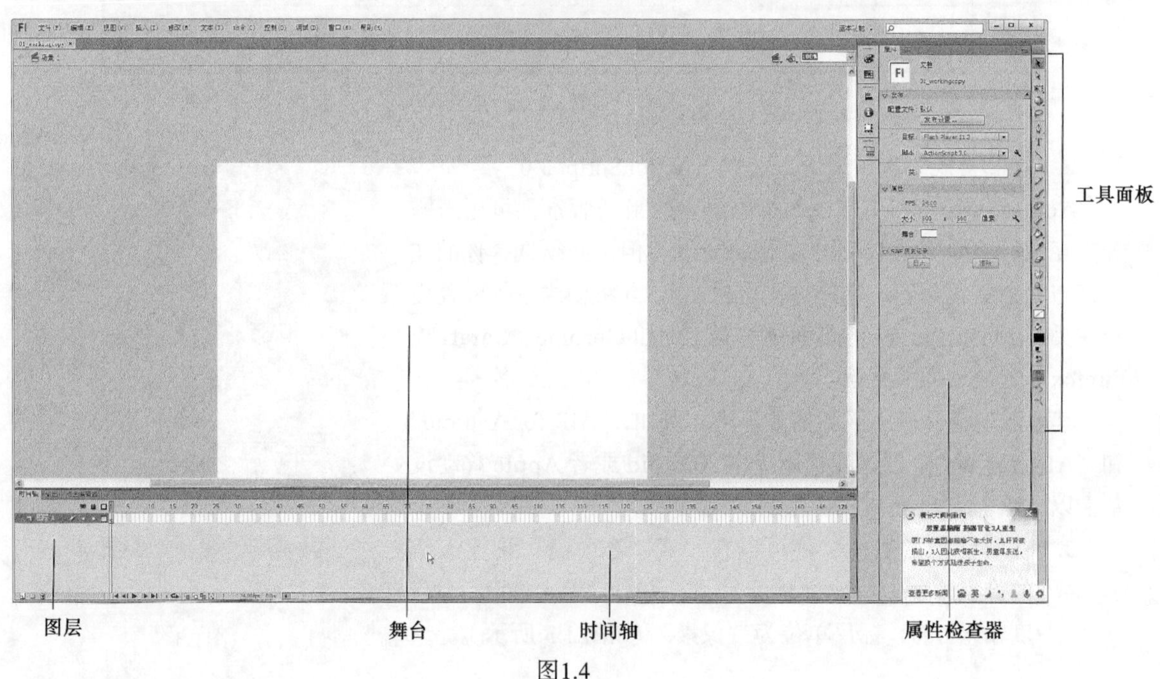


图1.4

### 1.2.1 选择新工作区

Flash 还提供了几种预置的面板排列方式，它们可能更适合于特定用户。在 Flash 工作区右上方的下拉菜单中或者在“窗口”>“工作区”之下的顶部菜单中列出了多种工作区排列方式。

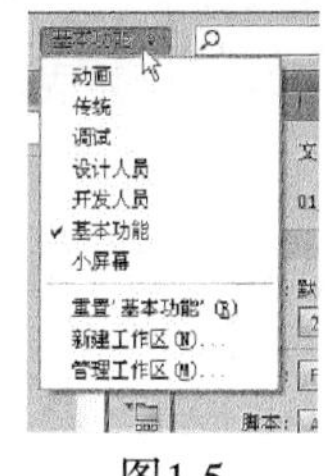

图1.5

1. 在 Flash 工作区的右上方单击“基本功能”按钮，并选择一种新的工作区（如图 1.5 所示）。

这将依据多个面板对于特定用户的重要性而重新排列并调整大小。例如，“动画”和“设计人员”工作区将把“时间轴”置于顶部，以便轻松频繁地访问它。

2. 如果四处移动了一些面板，并且希望返回到预先排列工作区之一的状态，可以选择“窗口”>“工作区”>“重置”并预置工作区的名称。
3. 要返回到默认的工作区，可以选择“窗口”>“工作区”>“基本功能”。在本书中，我们将使用“基本功能”工作区。

### 1.2.2 保存工作区

如果你发现面板的某种排列方式适合自己的工作风格，就可以保存自定义工作区，以便之后可以返回到它。

1. 单击 Flash 工作区右上角的“工作区”按钮，并选择“新建工作区”（如图 1.6 所示），弹出“新建工作区”对话框。
2. 为新工作区输入一个名称，然后单击“确定”按钮（如图 1.7 所示）。

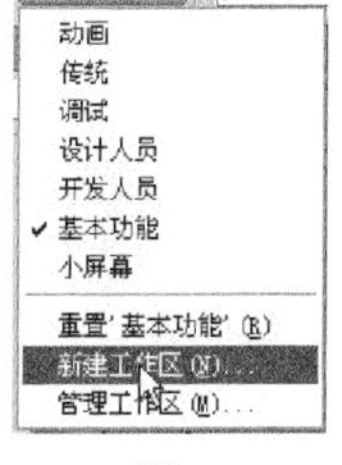

图1.6

图1.7

Flash 将保存面板当前的排列方式。你的工作区被添加到“工作区”下拉菜单的选项中，这样就可以随时访问它。

### 1.2.3 关于“舞台”

屏幕中间的大白色矩形称为“舞台”。与剧院的舞台一样，Flash 中的“舞台”是播放影片时观众查看的区域。它包含出现在屏幕上的文本、图像和视频。把元素移到“舞台”上或者“舞台”之外，将把它们移入或移出视野。可以借助于标尺（“视图”>“标尺”）或网格（“视图”>“网格”>“显示网格”）来在“舞台”上定位项目。此外，也可以使用“对齐”面板以及本书的课程中将要学到的其他工具。

默认情况下，你将看到“舞台”外面的灰色区域，而其中放置的元素将不会被看到。这个灰色区域称为“粘贴板”。要想只看到“舞台”,可选择“视图”>“粘贴板”，并取消选择该选项。目前，保持选择该选项。

要缩放“舞台”使之能够完全放在应用程序窗口中，可选择“视图”>“缩放比率”>“符合窗口大小”。也可以从“舞台”上方的弹出式菜单中选择不同的缩放比率视图选项（如图 1.8 所示）。

图1.8

## 1.2.4 更改“舞台”属性

现在，将改变“舞台”的颜色。舞台的颜色和其他文档属性（如舞台的尺寸和帧频）可在“属性”检查器中找到，它是位于“舞台”右边的一个垂直面板。

1. 在“属性”检查器底部可以看到，当前“舞台”的尺寸被设置为 800 像素 ×600 像素。这是你在创建文件时设置的（如图 1.9 所示）。
2. 单击“背景颜色”按钮,并为“舞台”选择一种新颜色。这里选择深灰色（#333333）（如图 1.10 所示）。

图1.9

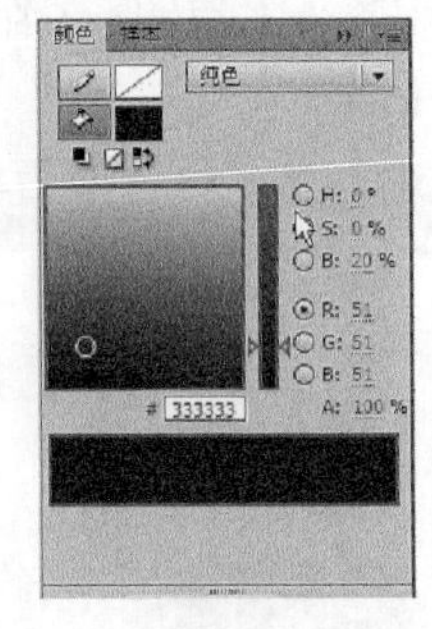


图1.10

“舞台”现在已有不同的颜色。你可以随时更改舞台的属性。

## 1.3 使用“库”面板

可以通过“属性”检查器右边的选项卡访问“库”面板。“库”面板用于存储和组织在 Flash 中创建的元件（symbol）以及导入的文件，包括位图、图形、声音文件和视频剪辑。元件是用于动画和交互性的常用图形。

> **Fl** 注意：在第 3 课“创建和编辑元件”中将学习关于元件的更多知识。

### 1.3.1 关于“库”面板

使用“库”面板可以在文件夹中组织库项目，查看文档中的某个项目多久被使用一次，并按类型对项目进行排序。当导入项目到 Flash 中时，可以把它们直接导入“舞台”上或者库中。不过，导入“舞台”中的任何项目也会被添加到库中，就像创建的任何元件一样。然后，你就可以轻松地访问这些项目，并把它们再次添加到“舞台”上进行编辑，或者查看它们的属性。

要显示“库”面板，可选择“窗口” > “库”，或者按下 Ctrl+L 组合键（Windows）或者 Command+L 组合键（Mac）。

### 1.3.2 把项目导入“库”面板中

通常，你将直接利用 Flash 的绘图工具创建图形并把它们保存为元件，存储在“库”中。其他时候，你将导入 JPEG 图像或 MP3 声音文件之类的媒体，也存储在“库”中。在本课程中，将把几幅 JPEG 图像导入“库”中，以便在动画中使用它们。

1. 选择“文件” > “导入” > “导入到库”。在“导入到库”对话框中，选择 Lesson01/01Start 文件夹中的 background.jpg 文件，并单击“打开”按钮。
2. Flash 将导入所选的 JPEG 图像，并把它存放在“库”面板中。
3. 继续导入 01Start 文件夹中的图像 photo1.jpg，photo2.jpg 和 photo3.jpg。不要导入最后一幅图像 photo4.jpg，在本课程后面将使用到它。可以按住 Shift 键选择多个文件，同时导入所有这些文件。
4. “库”面板将显示所有导入的 JPEG 图像，以及它们的文件名和缩略图预览（如图 1.11 所示）。现在，可以在你的 Flash 文档中使用这些图像了。

图1.11

### 1.3.3 从“库”面板中添加项目到“舞台”上

要使用导入的图像，只需把它从“库”面板中拖到“舞台”上即可。

1. 如果还没有打开“库”面板，可选择“窗口” > “库”以打开它。
2. 在“库”面板中选择 background.jpg 项目。
3. 把 background.jpg 项目拖到“舞台”上，并放在“舞台”大约中央的位置（如图 1.12 所示）。

> Fl 注意：你也可以选择“文件” > “导入” > “导入到舞台”或者按下 Ctrl+R 组合键（Windows）、Command+R 组合键（Mac），一步将图像文件导入库和舞台。

图1.12

## 1.4　了解“时间轴”

“时间轴”位于“舞台”下面。和电影一样，Flash 文档以帧为单位度量时间。在影片播放时，播放头（如红色垂直线所示）在“时间轴”中向前移过帧。你可以为不同的帧更改“舞台”上的内容。要在“舞台”上显示帧的内容，可以在“时间轴”中把播放头移到那个帧上。

在“时间轴”的底部，Flash 会指示所选的帧编号、当前帧频（每秒钟播放多少帧）以及到目前在影片中所流逝的时间（如图 1.13 所示）。

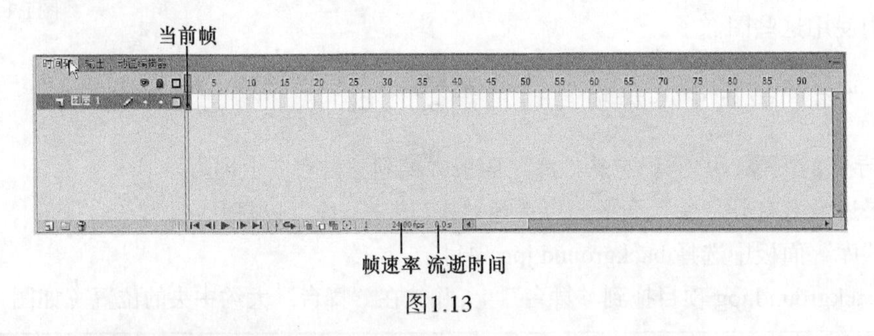


图1.13

“时间轴”还包含图层，它有助于在文档中组织作品。现在，你的项目只有一个图层——“图层 1”。可以把图层视作堆叠起来的多张幻灯片。每个图层都包含一幅出现在“舞台”上的不同图像，可以在一个图层上绘制和编辑对象，而不会影响另一个图层上的对象。图层按它们出现在“时间轴”中的顺序堆叠在一起，使得位于“时间轴”底部图层上的对象将出现在“舞台”上一堆对象的底部。你可以单击图层选项图标下图层中的小点，以隐藏、显示、锁定或解锁图层的内容（如图 1.14 所示）。

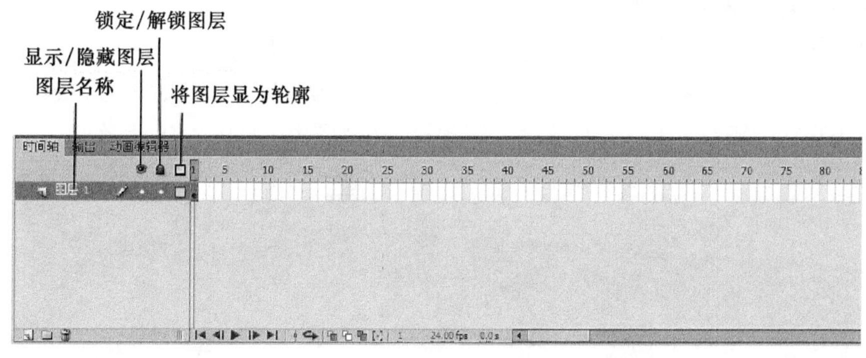


图1.14

### 1.4.1 重命名图层

把内容分隔在不同的图层上，并为每个图层命名以指示其内容，以便之后可以轻松地查找所需的图层。这是一种好的做法。

1. 在“时间轴”中选择现有的图层。
2. 双击图层名称以重命名它，并输入“background”。
3. 在名称框外面单击，应用新名称（如图 1.15 所示）。
4. 单击锁形图标下面的圆点以锁定图层（如图 1.16 所示）。锁定图层可以防止意外被更改。

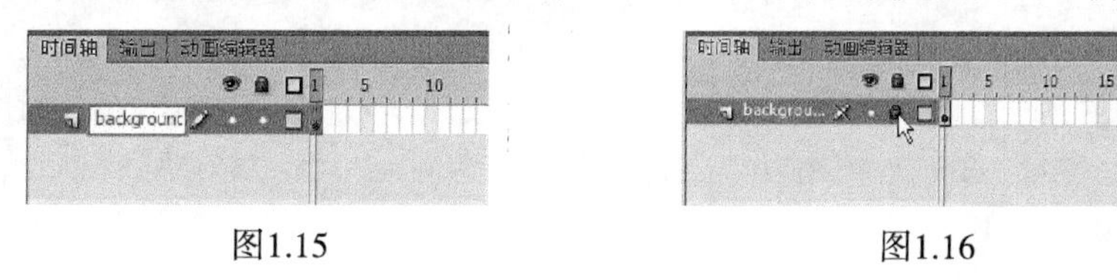

图1.15　　图1.16

出现在图层名称之后带有对角线的铅笔图标指示你不能编辑锁定的图层。

### 1.4.2 添加图层

新的 Flash 文档只包含一个图层，但是可以根据需要添加许多图层。顶部图层中的对象将覆盖底部图层中的对象。

1. 在“时间轴”中选择 background 图层。
2. 选择“插入”>“时间轴”>“图层”（如图 1.17 所示）。也可以单击“时间轴”下面的“新建图层”按钮。新图层将出现在 background 图层上面。
3. 双击新图层以重命名它，并输入“photo1”。在名称框外面单击，以应用新名称。

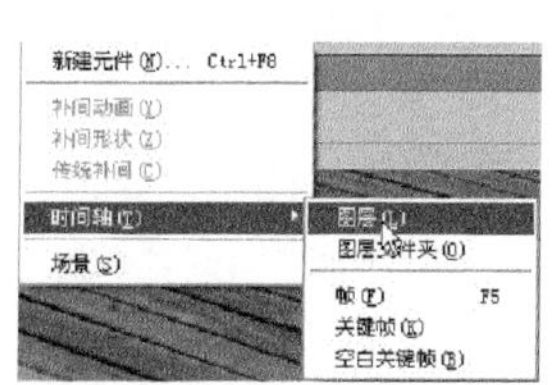

图1.17

你的“时间轴”现在具有两个图层。background 图层包含背景照片，位于它上面新创建的 photo1 图层是空的。

4. 选择顶部名为 photo1 的图层。
5. 如果“库”面板还没有打开，可选择“窗口”>“库”以打开它。
6. 从“库”面板中把名为 photo1.jpg 的库项目拖到“舞台”上。这时名为 photo1 的 JPEG 图像将出现在“舞台”上，并且会叠盖住背景 JPEG 图像（如图 1.18 所示）。

图1.18

7. 选择“插入”>“时间轴”>“图层”或者单击“时间轴”下面的“新建图层”按钮（ ），以添加第三个图层。
8. 第三个图层重命名为“photo2”（如图 1.19 所示）。

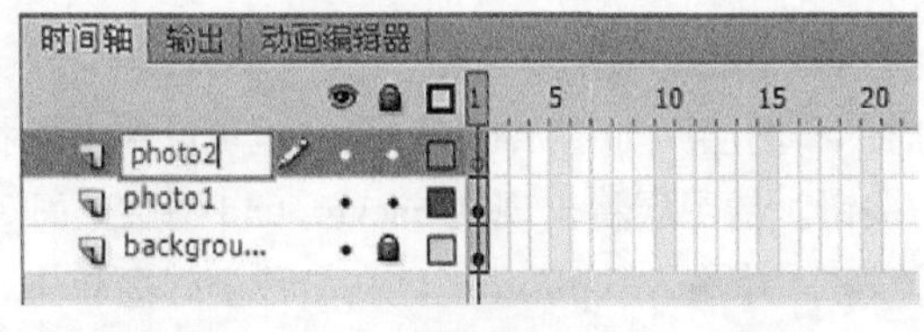


图1.19

## 处理图层

如果不想要某个图层，可以轻松地删除。其方法是：选取该图层并单击“时间轴”下面的“删除”按钮（如图1.20所示）。

如果想重新排列图层，只需简单地单击并拖动任何图层，将其移到图层组中的新位置。

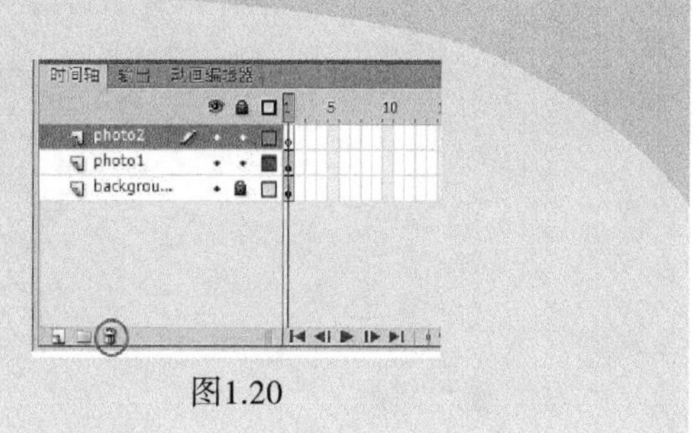

图1.20

### 1.4.3 插入帧

目前，你的“舞台”上已具有一张背景照片及另一张重叠的照片，但是整个动画只会存在单个帧的时间。而要在“时间轴”上创建更多的时间，必须添加额外的帧。

**1.** 在 background 图层中选择第 48 帧（如图 1.21 所示）。

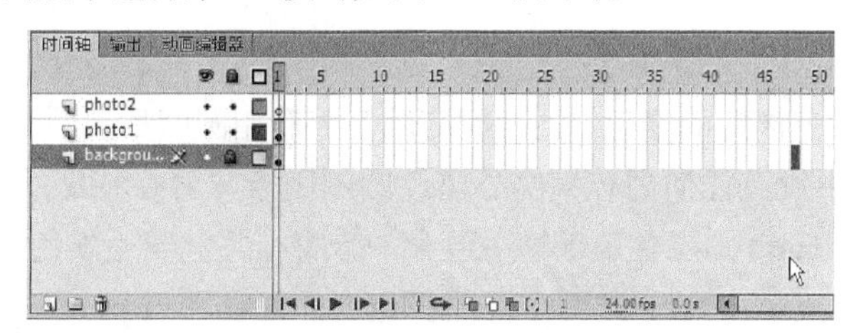

图1.21

**2.** 选择“插入”>“时间轴”>“帧”（F5 键）。也可以右击（Windows）或者按住 Ctrl 键并单击（Mac），然后从弹出的菜单中选择“插入帧”。

Flash 将在 background 图层中添加帧直到所选的位置（第 48 帧），如图 1.22 所示。

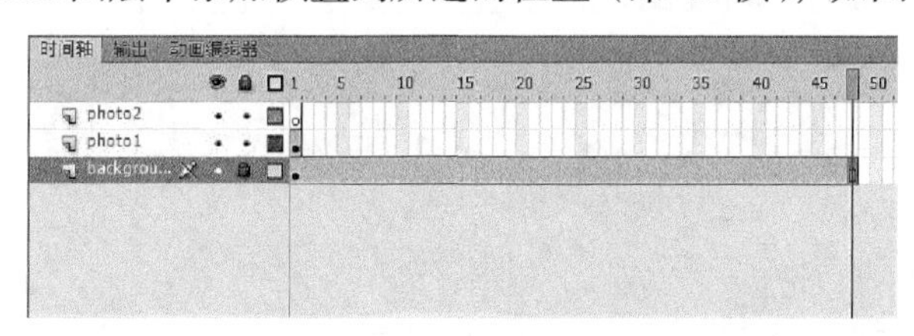

图1.22

**3.** 在 photo1 图层中选择第 48 帧。

**4.** 选择“插入”>“时间轴”>“帧”（F5 键）。也可以右击 / 按住 Ctrl 键并单击，然后从弹出的菜单中选择“插入帧”。

Flash 将在 photo1 图层中添加帧直到所选的位置（第 48 帧）。

**5.** 在 photo2 图层中选择第 48 帧，并向这个图层中插入帧（如图 1.23 所示）。

现在你已拥有 3 个图层，它们在“时间轴”上都有 48 个帧。由于 Flash 文档的帧频是 24 帧 / 秒，因此目前的动画将持续 2 秒钟。

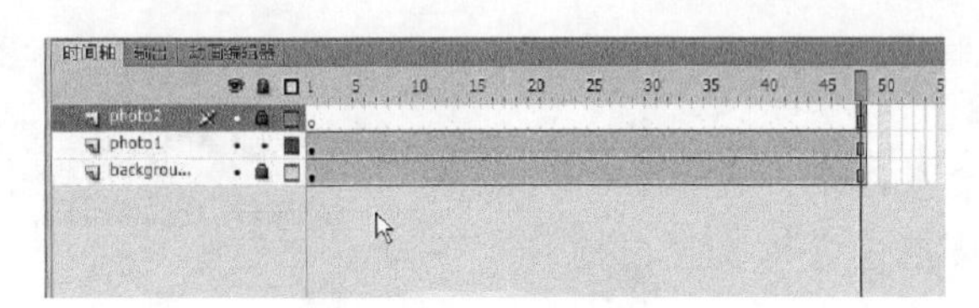


图1.23

### 选取多个帧

就像可以按住Shift键在桌面上选取多个文件一样，也可以按住Shift键在Flash“时间轴”上选取多个帧。如果有多个图层并且希望向所有这些图层中插入一些帧，则可按住Shift键，并在所有图层中希望添加帧的位置单击；然后选择“插入”>“时间轴”>“帧”。

## 1.4.4 创建关键帧

关键帧指示“舞台”上内容的变化。在“时间轴”上利用圆圈指示关键帧。空心圆圈意味着在特定的时点上特定图层中没有任何内容，实心黑色圆圈则意味着在特定的时点上特定图层中具有某些内容。例如，background 图层在第 1 帧中包含一个实心关键帧（黑色圆圈）。photo1 图层也在它的第 1 帧中包含一个实心关键帧。这两个图层都包含照片。不过 photo2 图层在第 1 帧中包含一个空心关键帧，这表示它目前是空的（如图 1.24 所示）。

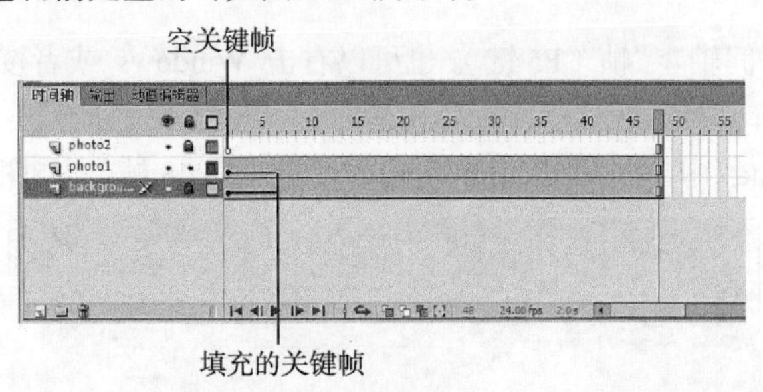


图1.24

在 photo2 图层中，将在希望显示下一张照片的位置插入一个关键帧。

1. 在 photo2 图层上选择第 24 帧。在选择一个帧时，Flash 将会在“时间轴”下面显示帧编号（如图 1.25 所示）。

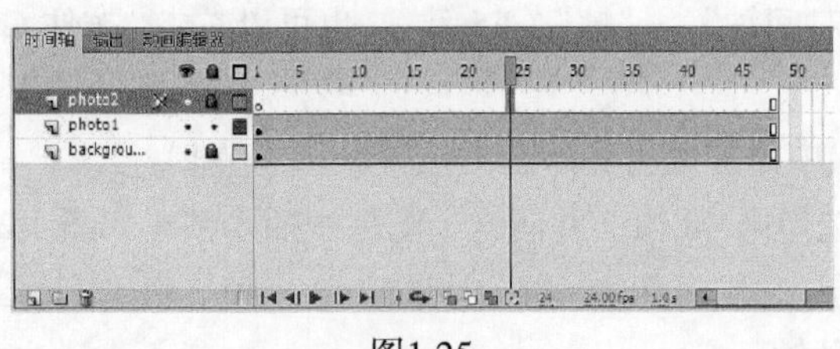


图1.25

**2.** 选择“插入”>“时间轴”>“关键帧”（F6 键）。

新的关键帧（通过空心圆圈指示）将出现在 photo2 图层中的第 24 帧中（如图 1.26 所示）。

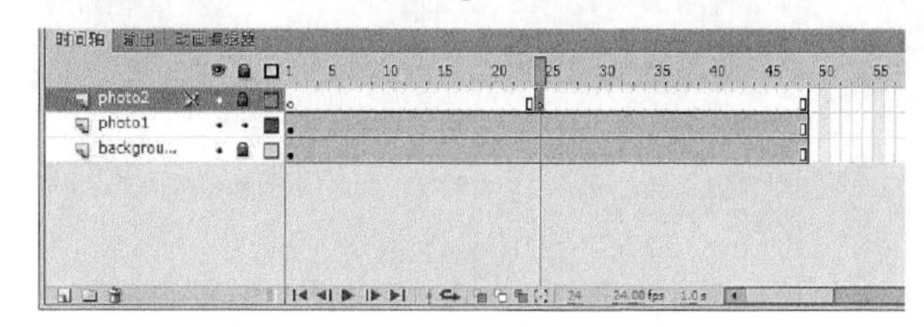


图1.26

**3.** 在 photo2 图层中的第 24 帧处选择新的关键帧。

**4.** 从库中把 photo2.jpg 项目拖到“舞台”上。

第 24 帧中的空心圆圈将变成实心圆圈，表示现在 photo2 图层中发生了变化。在第 24 帧处，有一张照片出现在“舞台”上。可以从“时间轴”上面单击红色播放头并把它拖到“偏远位置”，或者显示沿着“时间轴”任意位置在“舞台”上所发生的事情。你将看到背景照片和 photo1 都会沿着整个“时间轴”保持在“舞台”上，而 photo2 则只出现在第 24 帧处（如图 1.27 所示）。

理解帧和关键帧对于掌握 Flash 是非常重要的。一定要理解 photo2 图层包含 48 个帧，其中有 2 个关键帧：一个是位于第 1 帧处的空白关键帧；另一个是位于第 24 帧处的实心关键帧（如图 1.28 所示）。

图1.27

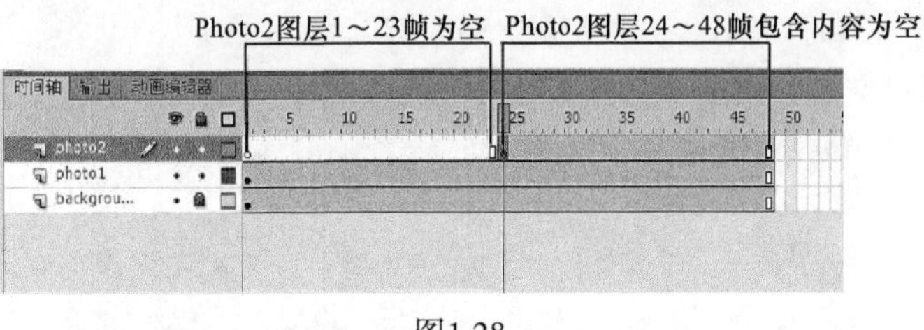


图1.28

1. 选择 photo2 图层上第 24 帧中的关键帧。
2. 稍微移动光标，将会看到光标旁边显示了一个方框图标，它指示可以重新定位关键帧。
3. 在 photo2 图层中，单击并拖动关键帧到第 12 帧处（如图 1.29 所示）。

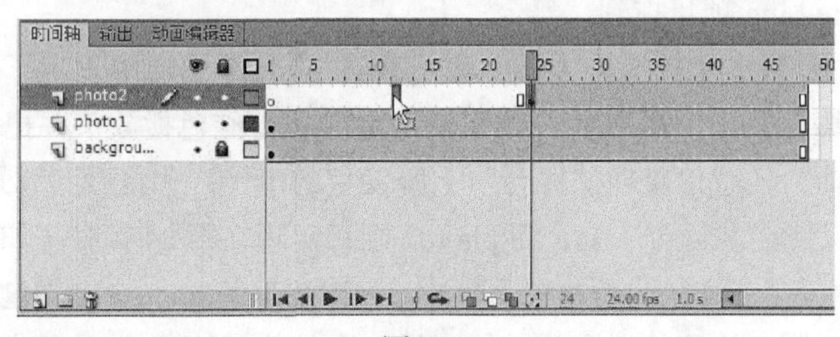

图1.29

现在，“舞台”上动画中的 photo2.jpg 将提前出现（如图 1.30 所示）。

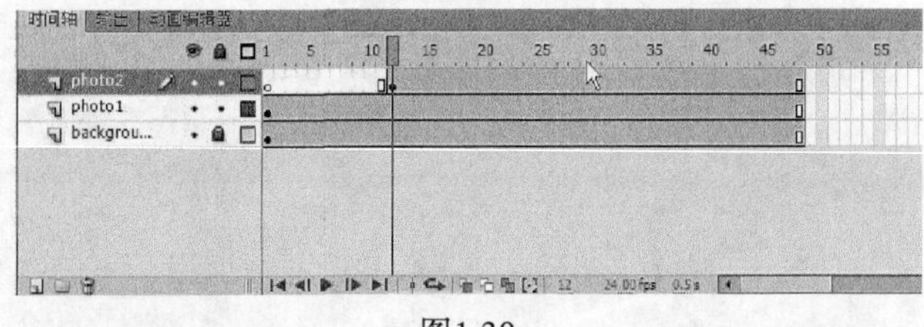

图1.30

**删除关键帧**

如果想删除关键帧，就不要按下Delete键！这样将删除“舞台”上那个关键帧的内容。正确的方法是先选取关键帧，然后选择“修改”>“时间轴”>“清除关键帧”（Shift+F6组合键）。这样将从“时间轴”中删除关键帧。

## 1.5 在“时间轴”中组织图层

此时，正在工作的 Flash 文件只有 3 个图层：background 图层、photo1 层和 photo2 图层。你将为这个项目添加额外的图层，并且和大多数其他项目一样，最终将不得不管理多个图层。图层文件夹有助于组合相关的图层，使“时间轴”有条不紊且易于管理，就像在桌面电脑上为相关文档创建文件夹一样。尽管创建文件夹要花费一些时间，但是往后你将明确到哪里寻找特定的图层，从而可节省时间。

### 1.5.1 创建图层文件夹

对于这个项目，你将继续为额外的照片添加图层，并且要把这些图层存放在图层文件夹中。

**1.** 选择 photo2 图层，单击“时间轴”底部的“新建图层”按钮（ ）。

**2.** 把该图层命名为“photo3”。

**3.** 在第 24 帧处插入一个关键帧。

**4.** 从库中把 photo3.jpg 拖到“舞台”上。

现在有了 4 个图层。上面的 3 个图层包含来自科尼岛的风景照片，它们出现在不同的关键帧中（如图 1.31 所示）。

图1.31

**5.** 选择 photo3 图层，单击“新建文件夹”图标（ ）。

新的图层文件夹将出现在 photo3 图层上面。

**6.** 把该文件夹命名为“photos”（如图 1.32 所示）。

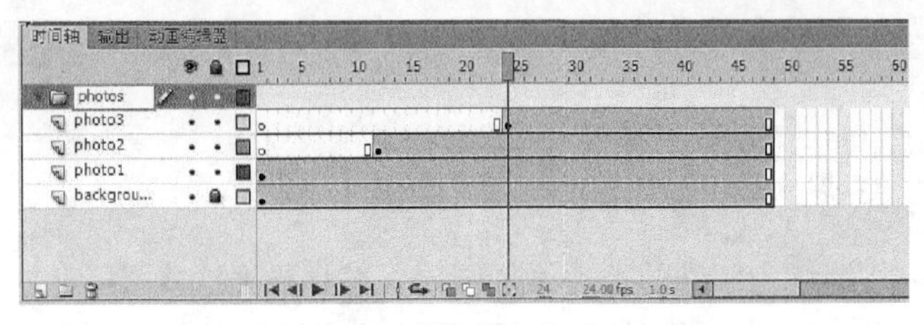


图1.32

### 1.5.2 向图层文件夹中添加图层

现在，你将把各个照片图层添加到照片文件夹中。在安排图层时要记住，Flash 将会按照各个图层出现在“时间轴”中的顺序来显示它们，即上面的图层出现在前面，下面的图层出现在后面。

**1.** 把 photo1 图层拖到 photos 文件夹中。

> **注意：**粗线条表示图层的目的地（如图 1.33 所示）。当把图层放在文件夹内时，图层名称将变成缩进形式。

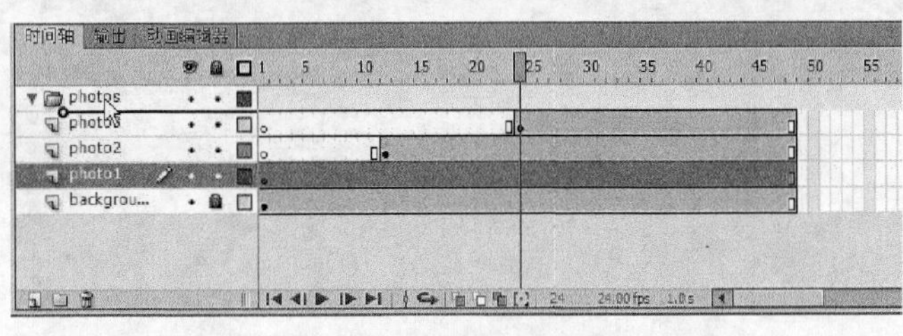


图1.33

**2.** 把 photo2 图层拖到 photos 文件夹中。

**3.** 把 photo3 图层拖到 photos 文件夹中。

现在 3 幅照片图层都应该位于 photos 文件夹中（如图 1.34 所示）。

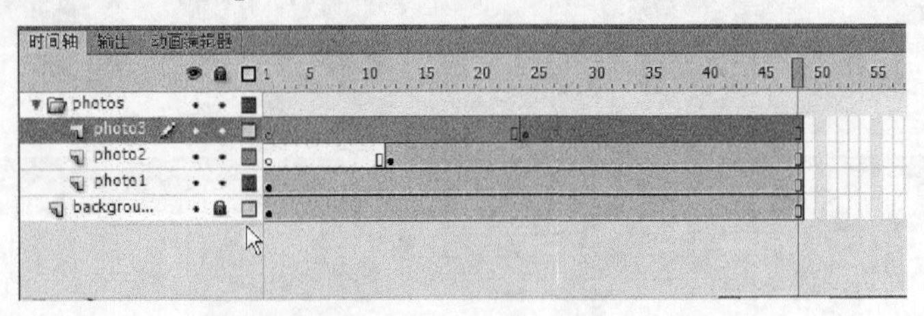


图1.34

单击箭头可折叠文件夹，再次单击箭头可展开文件夹。要知道，如果删除一个图层文件夹，那么也会删除那个文件夹内的所有图层。

### 1.5.3 更改“时间轴”的外观

可以调整“时间轴”的外观以适应工作流程。如果想查看更多的图层，可以从“时间轴”右上角的“帧视图”弹出式菜单中选择“较短”。“较短”命令将会减小帧单元格的行高度。“预览”和“关联预览”选项将显示“时间轴”中关键帧内容的缩略图版本。

也可以通过选择“很小”、“小”、“标准”、“中”或“大”命令更改帧单元格的宽度（如图 1.35 所示）。

**剪切、拷贝、粘贴和复制图层**

管理多个图层和图层文件夹时，可以依靠剪切、拷贝、粘贴和复制图层命令简化工作流，使之更有效率。选中图层的所有属性都被复制和粘贴，包括帧、关键帧、任何动画甚至图层名称和类型。图层文件夹及其内容也可以被复制和粘贴。

要剪切、拷贝任何图层或者图层文件夹，只需选择图层，然后右键单击/Ctrl+单击图层。在弹出的菜单中，选择“剪切图层”或者“拷贝图层”，右键单击/Ctrl+单击“时间轴”，并选择“粘贴图层”（如图1.36所示）。剪切或者拷贝的图层被粘贴到时间轴中。使用“复制图层”可以在一次操作中完成拷贝和粘贴。

图1.35

图1.36

也可以从 Flash 顶部的菜单剪切、拷贝、粘贴或者复制图层。选择“编辑”>“时间轴”，然后选择“剪切图层”、“拷贝图层”、“粘贴图层”或者“复制图层”。

## 1.6 使用“属性”检查器

“属性”检查器能快速访问你最有可能需要的属性。其显示的内容取决于选中的内容。例如，如果没有选取任何内容，“属性”检查器中将包括用于常规 Flash 文档的选项，包括更改“舞台”颜色和尺寸等；如果选取“舞台”上的某个对象，“属性”检查器将会显示它的 x 和 y 坐标以及宽度和高度，还包括其他一些信息。你将使用“属性”检查器移动“舞台”上的照片。

### 1.6.1 在“舞台”上定位对象

首先利用“属性”检查器移动照片。同时，还将使用“变形”面板旋转照片。

> **注意：**如果没有打开“属性”检查器，可选择“窗口”>“属性”命令，或者按下 Ctrl+F3/Command+F3 组合键。

1. 在 photo1 图层中，在“时间轴”的第 1 帧处选择要拖到“舞台”上的 photo1.jpg。蓝色框线表示选取了对象。
2. 在“属性”检查器中，为 X 值输入“50”，为 Y 值输入“50”，然后按下 Enter/Return 键以应用这些值。也可以简单地在 X 值和 Y 值上单击并拖曳光标，来更改照片的位置。照片将被移到“舞台”的左边（如图 1.37 所示）。

图1.37

在“舞台”上从左上角度量 X 值和 Y 值。X 开始于 0，并向右增加；Y 开始于 0，并向下增加。导入照片的定位点（registration point）位于左上角。

3. 选择“窗口”>“变形”，打开“变形”面板。
4. 在“变形”面板中选择“旋转”，并在“旋转”框中输入“-12”，或者在这个值上单击并拖动来更改旋转角度，然后按下 Enter/Return 键以应用这个值（如图 1.38 所示）。

“舞台”上选中的照片逆时针旋转 12 度。

5. 选择 photo2 图层的第 12 帧。现在，单击“舞台”上的 photo2.jpg。
6. 使用“属性”检查器和“变形”面板以一种有趣的方式定位和旋转第二张照片。使用 X=80、Y=50 和“旋转”值 6，使之与第一张照片产生某种对比效果（如图 1.39 所示）。

## 使用面板

在Flash中所做的任何事情几乎都会涉及面板。在本课程中，要使用“库”面板、“工具”面板、“属性”检查器、“变形”面板、“历史记录”面板和“时间轴”。在以后的课程中，将使用“动作”面板、“颜色”面板、“动画”面板以及能够控制项目不同特征的其他面板。由于这些面板是Flash工作区的一个组成部分，因此要了解如何管理它们。

图1.38

图1.39

要在 Flash 中打开任何面板，可以从“窗口”菜单中选择其名称。在少数情况下，可能需要从子菜单中选择面板，如“窗口”>“其他面板”>“历史记录”（如图 1.40 所示）。

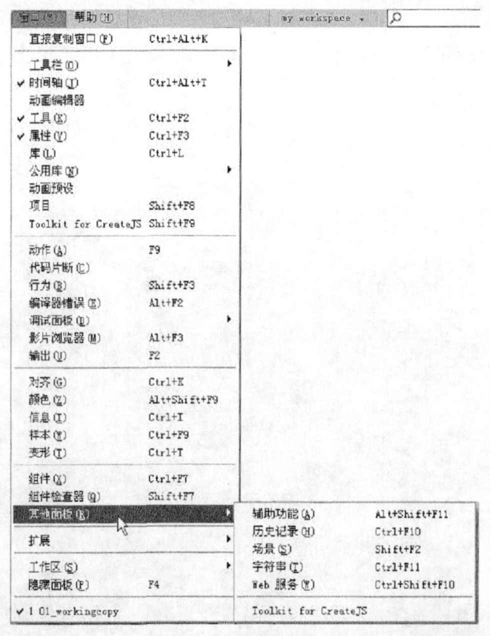


图1.40

默认情况下,“属性”检查器、“库”面板和“工具”面板将一起出现在屏幕右边,“时间轴”和“动画编辑器”出现在底部，而“舞台”则出现在顶部。不过，可以把面板移到便于自己执行工作的任意位置。

- 要从屏幕右边取消停放某个面板，可以把它的选项卡拖到一个新位置。
- 要停放某个面板，可以拖动它的选项卡，使其停放在屏幕上的一个新位置。可以向上或向下拖动面板，或者在其他面板之间拖动。蓝色突出标记指示可以停放面板的位置。
- 要把一个面板与另一个面板组合在一起，可以把它的选项卡拖到另一个面板的选项卡上。
- 要移动一个面板组，可以拖动面板组上面的深灰色条。

也可以选择把大多数面板显示为图标以节省空间，但是仍能保持快速访问。单击面板右上方的箭头，可以把面板折叠成图标；再次单击该箭头，则可展开面板。

**7.** 在 photo3 图层中选择第 24 帧。现在，单击“舞台”上的 photo3.jpg。

**8.** 使用“属性”检查器和“变形”面板以一种有趣的方式定位和旋转第三张照片。使用 X=120、Y=55 和“旋转”值 –2，使之与其他照片产生某种对比效果（如图 1.41 所示）。

> Fl 注意：在 Flash 中缩放或旋转图像时，它们可能会呈现出锯齿状。可以通过在“库”面板中双击位图图标来平滑它们。在出现的“位图属性”对话框中，选中“允许平滑”选项。

图1.41

## 1.7 使用“工具”面板

“工具”面板——工作区最右边那个狭长的面板——包含选择工具、绘图和文字工具、着色和编辑工具、导航工具以及工具选项（如图 1.42 所示）。你将频繁使用“工具”面板切换到为手头任务设计的工具。最经常使用的是“选择”工具——“工具”面板顶部的黑色箭头，它用来选择和单击“舞台”或者“时间轴”上的项目。当选择一种工具时，可以检查位于面板底部的选项区域，以了解更多选项及适合于自己任务的其他设置。

图1.42

### 1.7.1 选择和使用工具

选择一种工具时，“工具”面板底部可用的选项以及“属性”检查器将会发生变化。例如，选择“矩形”工具时，将会出现“对象绘制”模式和“贴紧至对象”选项。选择“缩放”工具时，将会出现“放大”和“缩小”选项。

“工具”面板中包含了太多的工具，以至于不能同时把它们显示出来。有些工具在“工具”面板中被分成组；在一个组中只会显示上一次选择的工具。工具按钮右下角的小三角形表示在这个组中还有其他工具。单击并按住可见工具的图标，即可查看其他可用的工具，然后从弹出式菜单中进行选择。

你将使用“文本”工具向动画中添加一个标题。

1. 在“时间轴”中选择最上面的图层，然后单击“新建图层”按钮。
2. 把新图层命名为“text”。
3. 锁定它下面的其他图层，这样就不会意外地把任何内容移入其中。
4. 在“时间轴”中把播放头移到第 36 帧，并在 text 图层中选择第 36 帧。

5. 选择“插入”>“时间轴”>“关键帧”(F6键)，在text图层中的第36帧处插入一个新的关键帧(如图1.43所示)。

在这个图层中将创建出现在第36帧处的文本。

6. 在“工具”面板中，选择“文本”工具，大写字母T指示该工具(如图1.44所示)。

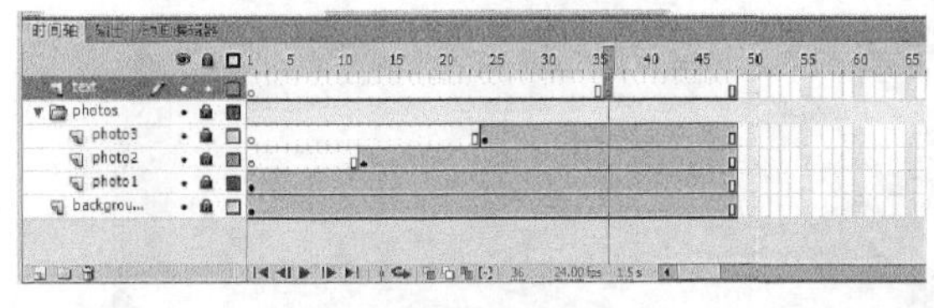

图1.43

图1.44

7. 在“属性”检查器中,从下拉菜单中选择“传统文本”。然后在下面出现的下拉菜单中选择“静态文本”。

“传统文本”是用于添加简单文本的模式，其不需要诸如多栏或环绕其他对象之类的高级选项。“静态文本”是用于显示目的的任何文本选项。“动态文本”和“输入文本”是用于更具交互性目的的特殊文本选项，可以利用ActionScript控制它们。在第7课将学习更多高级的文本选项。

8. 在“属性”检查器中选择字体和大小。你的计算机可能没有与本课程中所显示字体完全相同的字体，但只需选择一种外观上接近的字体即可。
9. 在“属性”检查器中单击彩色方格，选择一种文本颜色。可以单击右上角的色轮，访问Adobe Color Picker(拾色器)；也可以更改右上角的Alpha百分比，它确定了透明度(如图1.45所示)。
10. 确保选择了标题图层第36帧中的空白关键帧，然后在“舞台”上想添加文本的地方单击。可以单击一次并且开始输入文本，也可以单击并拖动以定义文本框的宽度。
11. 输入一个标题，用于描述在“舞台”上显示的照片(如图1.46所示)。

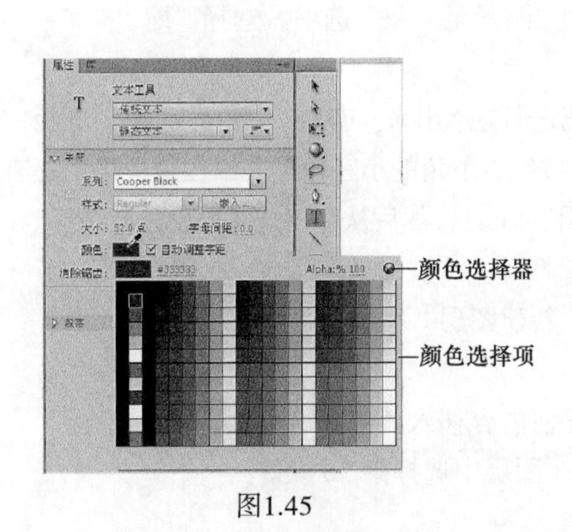


图1.45

图1.46

## “工具”面板概述

“工具”面板包含选择工具、绘图和着色工具以及导航工具。“工具”面板中的选项区域允许修改所选的工具。右边展开的菜单显示了隐藏的工具，黑色方格指示出现在“工具”面板中的默认工具。圆括号中的单个大写字母指示用于选择这些工具的键盘快捷键。要注意如何根据类似的功能把工具组织在一起（如图1.47所示）。

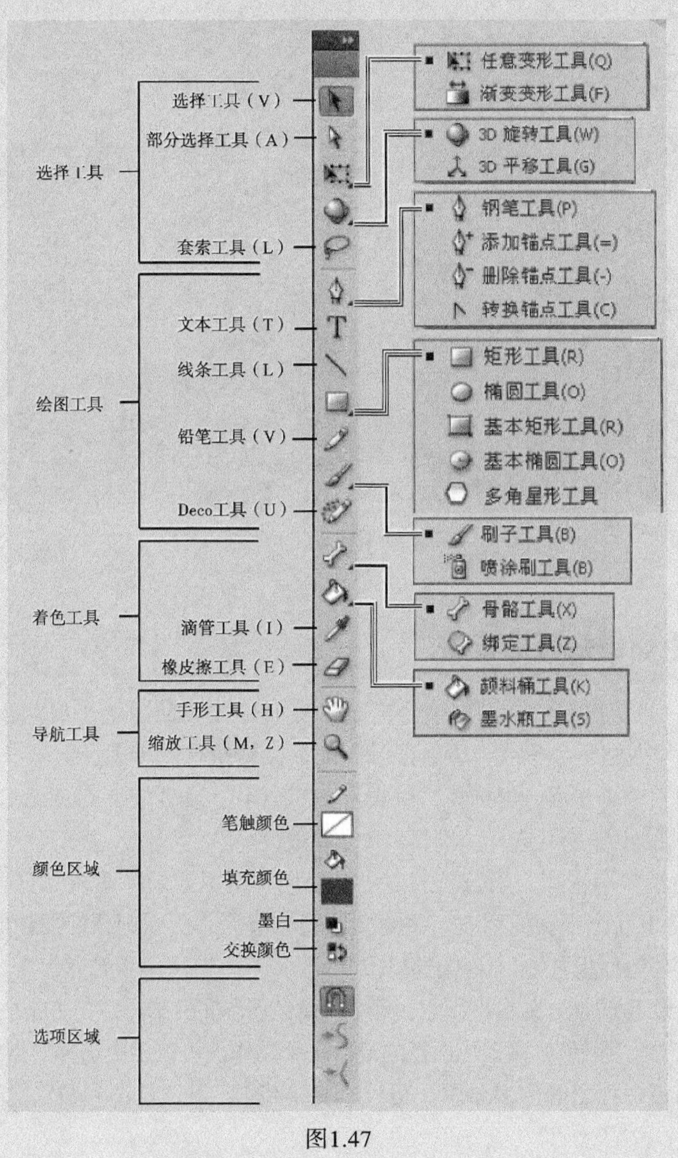


图1.47

**12.** 选取“选择”工具（![]）退出“文本”工具。

**13.** 可以使用“属性”检查器或“变形”面板在“舞台”上重新定位或旋转文本；也可以选择“选

择”工具，简单地将文本拖到“舞台”上的新位置。“属性”检查器上的 X 和 Y 值将随着拖动而更新。

14. 现在就完成了用于本课程的动画（如图 1.48 所示）！可以把你的文件与最终的文件 01End.fla 进行比较。

图1.48

## 1.8 在 Flash 中撤销执行的步骤

在理想世界中，一切都是依计划行事。但是，有时你需要回退一步或两步，并重新开始。在 Flash 中，可以使用“撤销”命令或“历史记录”面板撤销执行的步骤。

要在 Flash 中撤销单个步骤，可选择“编辑” > “撤销”，或者按下 Ctrl+Z/Command+Z 组合键。要重做已经撤销的步骤，可选择“编辑” > “重做”。

要在 Flash 中撤销多个步骤，最容易的方法是使用“历史记录”面板，它会显示自从你打开当前文档起执行的最后 100 个步骤的列表。关闭文档就会清除其历史记录。要访问“历史记录”面板，可选择“窗口” > “其他面板” > “历史记录”。

例如，如果你对最近添加的文本不满意，就可以撤销所做的工作，并把 Flash 返回到以前的状态。

1. 选择“编辑” > “撤销”，撤销你执行的最后一个动作。可以多次选择“撤销”命令，回退“历史记录”面板中列出的许多步骤。可以选择“编辑” > “首选参数”，更改“撤销”命令的最大数量。
2. 选择“窗口” > “其他面板” > “历史记录”，打开“历史记录”面板（如图 1.49 所示）。
3. 把“历史记录”面板的滑块向上拖动到错误步骤之前的那个步骤。在“历史记录”面板中那个位置以下的步骤将会灰显，并将被从项目中删除。要添加回某个步骤，可以向下移回滑块（如图 1.50 所示）。

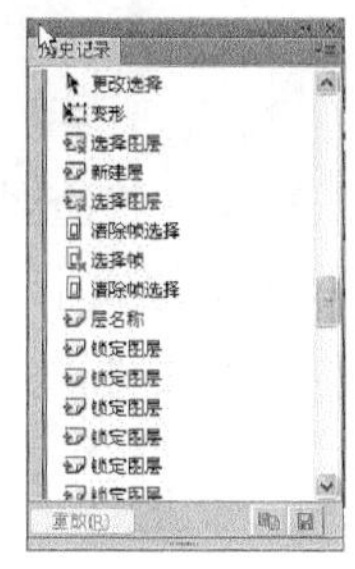


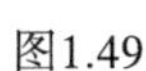
图1.49

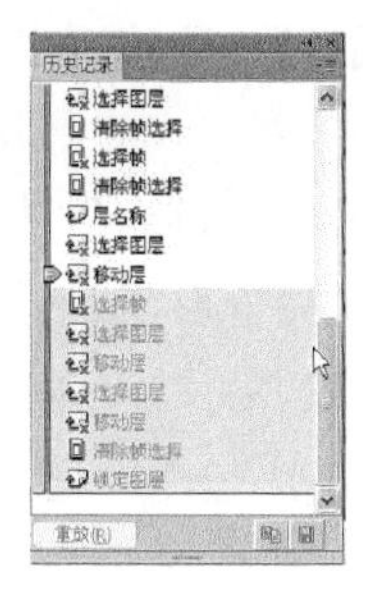


图1.50

> **Fl** 注意：如果在“历史记录”面板中删除一些步骤，然后执行另外的步骤，那么删除的步骤将不再可用。

## 1.9　预览影片

在处理项目时，一种很好的做法是频繁地预览它，以确保实现想要的效果。要快速查看动画或影片在观众眼里是什么样子的，可以选择“控制” > “测试影片” > “在 Flash Professional 中”；也可以按下 Ctrl+Enter 或 Command+Return 组合键。

**1.** 选择“控制” > “测试影片” > “在 Flash Professional 中”。

Flash 将在与 FLA 文件相同的位置创建一个 SWF 文件，然后在单独的窗口中打开并播放该文件（如图 1.51 所示）。SWF 文件是将上传到 Web 的压缩过的、发布的文件。

图1.51

Flash 会在这种预览模式下自动循环播放影片。如果不想让影片循环播放，可选择“控制”>“循环”，取消选中该选项。

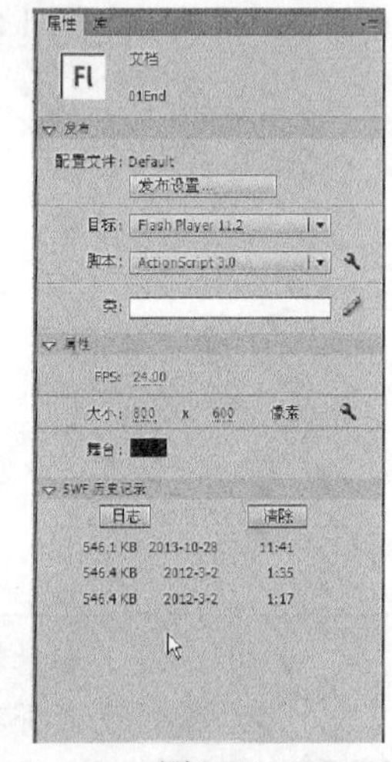

图1.52

**2.** 关闭预览窗口。

**3.** 利用“选择”工具在“舞台”上单击。注意在“属性”检查器底部，“SWF 历史记录”显示并保存了最近发布的 SWF 文件的文件大小、日期和时间的日志（如图 1.52 所示），这有助于跟踪工作进度和文件的修订情况。

## 1.10 修改内容和舞台

在刚刚开始本课时创建了一个新文件，“舞台”被设置为 800 像素 ×600 像素。但是，你的客户可能会告诉你，他们希望用多种不同尺寸的动画来适应不同的布局。例如，他们希望创建一个使用不同长宽比的较小版本，用于一个横幅广告；他们也可能希望创建一个在 Android 设备所用的 AIR 上运行的版本，该版本有特定的尺寸。

幸运的是，即使内容已就位，你也可以修改“舞台”。当你修改“舞台”的尺寸时，Flash 提供随着“舞台”缩放内容的选项，自定地按照比例缩小或者扩大所有内容。

### 1.10.1 改变“舞台”大小和内容缩放

你将创建具有不同“舞台”尺寸的另一个动画项目版本。

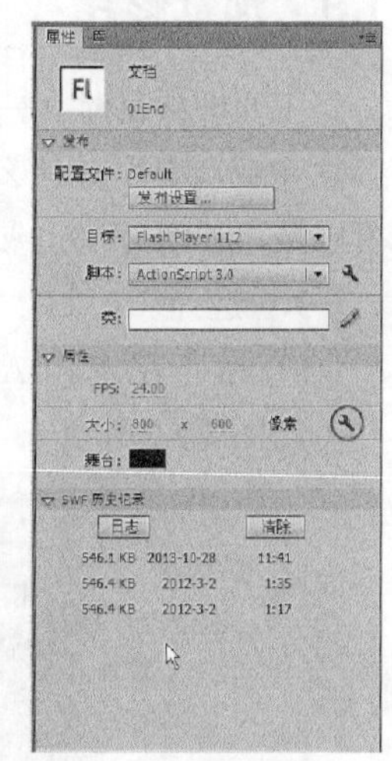

图1.53

**1.** 在“属性”检查器的底部，注意当前舞台的尺寸被设置为 800 像素 ×600 像素。单击“舞台”大小旁边的“编辑”按钮（“扳手”图标）（如图 1.53 所示），弹出“文档设置”对话框。

**2.** 在“宽度”和“高度”框中输入新的像素尺寸，在“宽度”中输入 400，在“高度”中输入 300。

> **注意：**在输入新的宽度和高度值时，“以舞台大小缩放内容”选项变成可用。

**3.** 选中“以舞台大小缩放内容”选项（如图 1.54 所示）。

**4.** 单击“确定”按钮。

Flash 修改“舞台”的尺寸，并自动改变所有内容的大小。如果你的新尺寸和原始尺寸的比例不同，Flash 将改变所有内容的大小，使其最大限度地相匹配。这就意味着，如果你的新“舞台”比原来的宽，在右边将有额外的“舞台”空间；如果你的新“舞台”比原来的高，在底部将有额外的“舞台”空间。

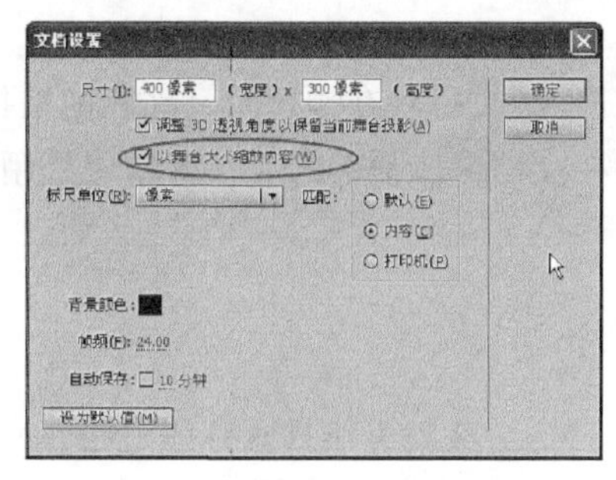

图1.54

**5.** 选择“文件”>“另存为”,并在“保存类型”中选择“Flash CS6 文档”,将文件命名为“01_workingcopy_resized.fla”。

现在你有两个 Flash 文件，内容完全相同但是舞台尺寸不同。关闭文件并重新打开 01_workingcopy.fla，继续本课程。

## 1.11 保存影片

多媒体制作经常重申的规则之一是“尽早保存，经常保存”。应用程序、操作系统和硬件崩溃的频繁程度超出了任何人的想象，而且常常出现在意外和令人不快的时候。你应该始终在固定的时间间隔内保存你的影片，以避免崩溃发生时损失过多。Flash 能够大大地减轻人们对丢失工作的担心。自动保存功能将自动在指定间隔之后保存你的文件，自动回复功能则创建一个备份文件，以防止死机。

### 1.11.1 使用自动保存

自动保存功能启用时，能够在你所设置的固定时间间隔自动保存你的 Flash 文件。你可以将 Flash 文件的自动保存设置为 1 ~ 1440 分钟（24 个小时）。

**1.** 在“属性”检查器底部,单击“舞台”大小旁边的“编辑”按钮(“扳手”图标),弹出“文档设置”对话框。

**2.** 勾选“自动保存”复选框，并输入每次保存的间隔（如图 1.55 所示）。

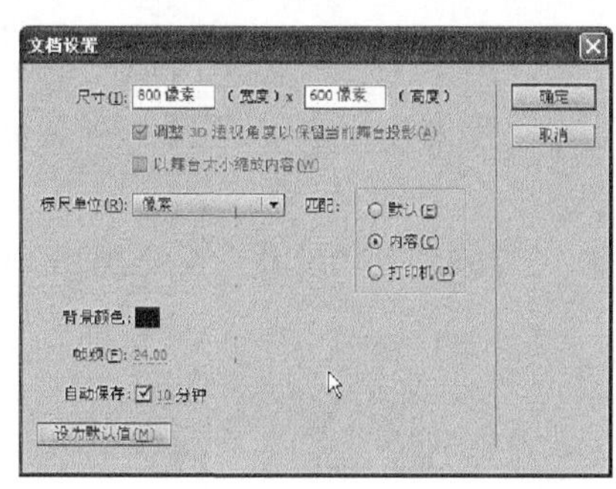

图1.55

3. 单击“确定”按钮。

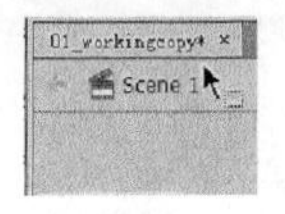

图1.56

这下就可以放心了，你的旧 Flash 文件将在预定时间间隔内被打开的文档所替代。有尚未保存的更改过的打开文件在文档窗口顶部的文件名结尾处用一个星号表示（如图 1.56 所示）。

### 1.11.2 用自动恢复建立备份

“自动恢复”功能和“自动保存”功能的工作方式有些不同。

“自动恢复”功能是一个 Flash 应用程序首选项设置，用于所有文档；而“自动保存”功能则针对每个文档。

“自动恢复”功能保存一个备份文件，以便在死机的时候可以返回一个备用文件。

1. 选择 Flash>“Preferences”（Mac）或者“编辑”>“首选参数”（Windows），弹出“首选参数”对话框。
2. 选择左列中的“常规”类别。
3. 勾选“自动恢复”复选框,并输入 Flash 创建备份文件的时间间隔（以分钟表示）（如图 1.57 所示）。

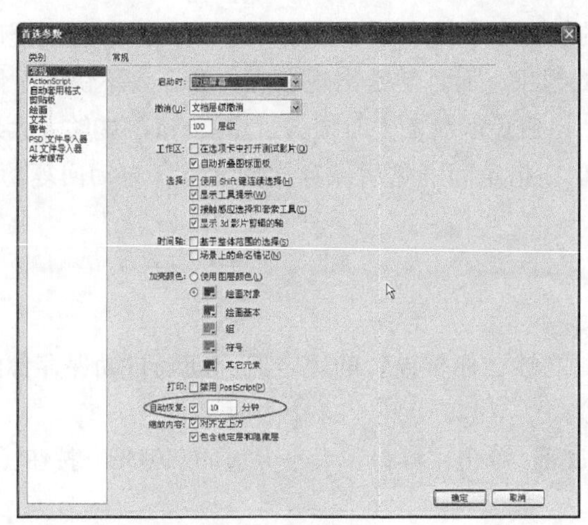

图1.57

4. 单击“确定”按钮。

Flash 在你的 FLA 文件相同的位置创建一个新文件，在文件名的开头添加 RECOVER_（如图 1.58 所示）。

图1.58

只要文档打开，该文件就存在。当关闭文档或者安全地退出 Flash 时，该文件则被删除。

### 1.11.3 保存 XFL 文档

虽然你已经将 Flash 影片保存为 FLA 文件，但是也可以选择以一种未压缩的格式（称为 XFL

格式）保存影片。XFL 格式实际上是文件的文件夹，而不是单个文档。XFL 文件格式将展示 Flash 影片的内容，使得其他开发人员或动画师可以轻松地编辑你的文件或者管理它的资源，而无须在 Flash 应用程序中打开影片。例如，“库”面板中所有导入的照片都会出现在 XFL 格式内的一个 LIBRARY 文件夹中。可以编辑库照片或者用新照片替换它们。Flash 将自动在影片中进行这些替换操作。

1. 选择“文件” > “另存为”。
2. 把文件命名为“01_workingcopy.xfl”，并选择“Flash CS6 未压缩文档（*.xfl）”（如图 1.59 所示）。然后单击“保存”按钮。

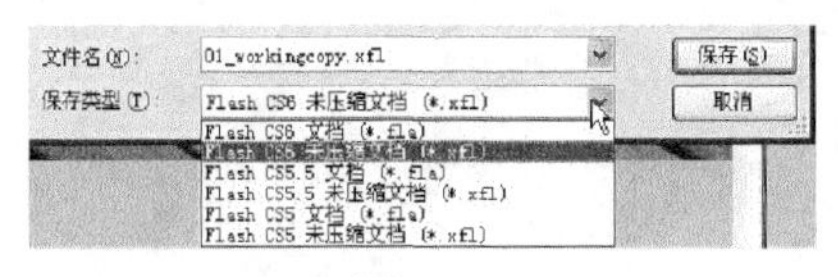

图1.59

Flash 创建了一个名为 01_workingcopy 的文件夹，包含 Flash 电影的所有文件。

3. 选择“文件” > “关闭”，关闭 Flash 文档。

### 1.11.4 修改 XFL 文档

在这一步中，你将修改 XFL 文档的 LIBRARY 文件夹，以更改 Flash 影片。

1. 打开 01_workingcopy 文件夹内的 LIBRARY 文件夹。

该文件夹包含你导入 Flash 影片中的所有照片（如图 1.60 所示）。

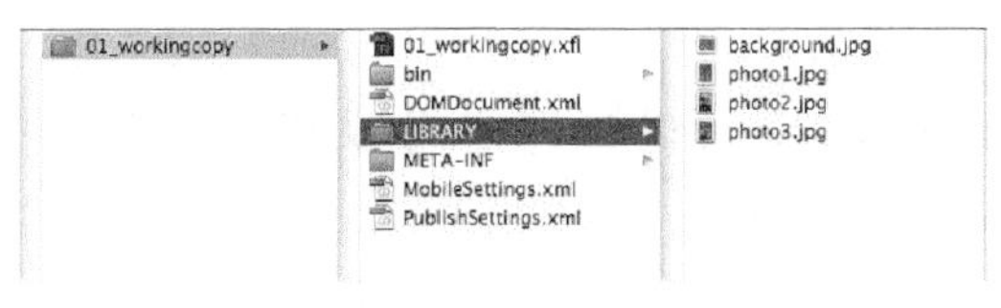

图1.60

2. 选择 photo3.jpg 文件并删除它。
3. 从 01Start 文件夹中拖动 photo4.jpg 文件，并把它移到 01_workingcopy 文件夹内的 LIBRARY 文件夹中。然后把 photo4.jpg 重命名为“photo3.jpg”，如图 1.61 所示。

图1.61

用新图像替换 LIBRARY 文件夹中的 photo3.jpg 将自动在 Flash 影片中执行相应的更改。

4. 要打开 XFL 文档，可以双击 .xfl 文件。

此时，就用替换的 photo4.jpg 图像代替了“时间轴”关键帧 24 中的最后一幅图像，如图 1.62 所示。

图1.62

## 1.12 发布影片

当你准备与其他人共享影片时，可以在 Flash 中发布它。对于一些项目，这意味着将一个 HTML 文件和一个 SWF 文件发布到 Web，以便你的受众从桌面浏览器中进行查看。对于其他项目，这可能会涉及发布一个应用程序文件，让你的受众下载并在移动设备上观看。

Flash 提供了在各种平台上发布的选项。在第 10 课将学习关于发布选项的更多知识。

在本课中，你将创建一个 HTML 文件和一个 SWF 文件。SWF 文件是你最终的 Flash 电影，HTML 文件告诉 Web 浏览器如何显示 SWF 文件。

你必须将两个文件都上传到 Web 服务器的同一文件夹。在上传之后，要测试影片，以确保它可正常工作。

1. 选择“文件”>“发布设置”；或者单击“属性”检查器“配置文件”区域的“发布设置”按钮，弹出“发布设置”对话框。输出格式出现在左侧，对应的设置出现在右侧（如图 1.63 所示）。
2. 选中“Flash”和“HTML”包装器选项（如果它们未被选中）。
3. 选择“HTML 包装器”。

HTML 文件的各个选项确定 SWF 文件在浏览器中的显示方式。在本课中，保留所有默认设置，如果“循环”复选框被勾选，取消选择（如图 1.64 所示）。

4. 单击“发布设置”对话框底部的“发布”。

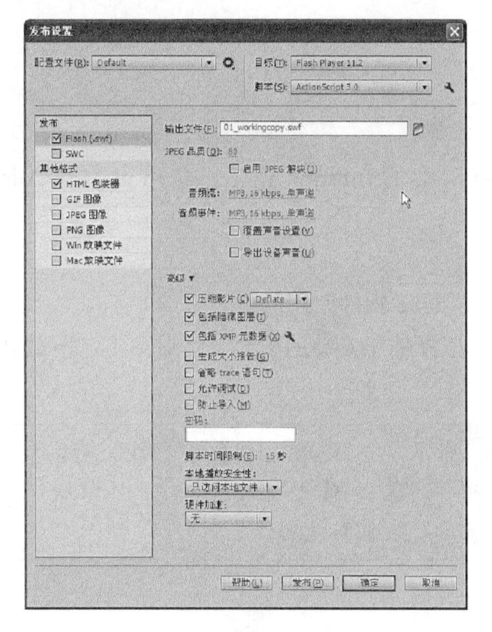


图1.63

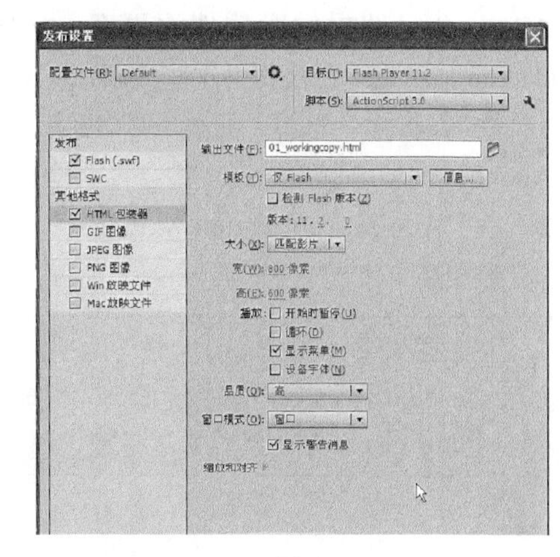


图1.64

5. 单击“确定”按钮关闭对话框。
6. 导航到 Lesson01/01Start 文件夹中查看 Flash 创建的文件，如图 1.65 所示。

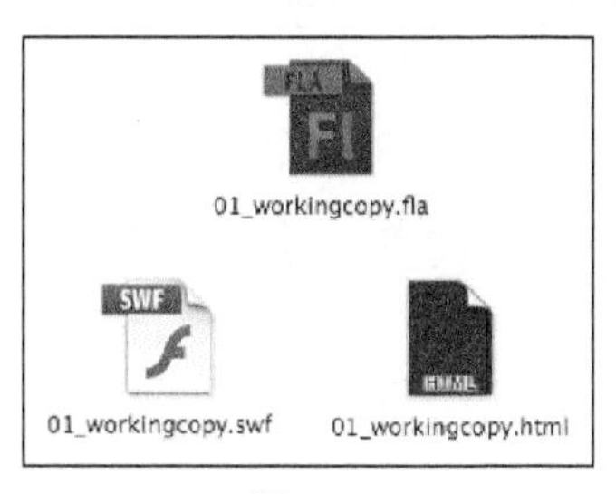


图1.65

## 1.13　查找关于使用 Flash 的资源

为了获取关于使用 Flash 面板、工具及其他应用程序特性完整的、最新的信息，请访问 Adobe 网站。选择“帮助”>“Flash 支持中心”，将连接到 Adobe Flash Professional 帮助网站，可以在那里搜索支持文档中的答案。另外，那里还有实用教程、论坛、产品指南、产品更新等链接。

> Fl　注意：当你启动应用程序时，如果 Flash 检测到你没有连接到 Internet，那么选择“帮助”>“Flash 帮助”将会打开与 Flash 一起安装的 HTML 帮助页面。为了获取更多最新信息，可在线查看帮助文件，或者下载当前 PDF 文档用于参考。

你完全可以到 Adobe 网站之外搜索 Web，以寻找其他资源。全球范围内有许多网站、博客和论坛，它们专门针对 Flash 用户，包括新手和高级用户。

## 1.14 检查更新

Adobe 会定期提供对软件的更新。只要你具有活动的 Internet 连接，就可以通过 Adobe Application Manager 轻松获得这些更新。

1. 在 Flash 中，选择“帮助”>“更新”。

Adobe Application Manager 将会自动检查可供你的 Adobe 软件使用的更新。

2. 在“Adobe Application Manager”对话框中，选择你想安装的更新，然后单击“下载并安装更新”安装它们。

> Fl | 注意：要设置将来更新的首选项，可以选择“帮助”>“更新”，然后在“Adobe Application Manager”对话框中单击“首选项”。选择你想让 Adobe Application Manager 检查更新的应用程序，然后单击“确定”按钮接受新设置。

# 复习

## 复习题

1. 什么是“舞台”？
2. 帧与关键帧之间的区别是什么？
3. 什么是隐藏的工具，怎样才能访问它们？
4. 指出在 Flash 中用于撤销步骤的两种方法，并描述它们。
5. 如何查找关于 Flash 问题的答案？

## 复习题答案

1. 在播放影片时，“舞台”是观众看到的区域。它包含出现在屏幕上的文本、图像和视频。存储在“舞台”外面粘贴板上的对象不会出现在影片中。
2. 帧是“时间轴”上的时间度量。在“时间轴”上利用圆圈表示关键帧，表示“舞台”上内容中的变化。
3. 由于在“工具”面板中的工具太多而无法同时显示，所以把一些工具组合在一起，只显示该组中的一种工具（显示的是最近使用的工具）。在一些工具图标上显示的小三角形表示有隐藏的工具可用。可以单击并按住显示的工具图标，然后从菜单中选择隐藏的工具。
4. 在 Flash 中可以使用“撤销”命令或者“历史记录”面板撤销步骤。要一次撤销一个步骤，可以选择“编辑”>“撤销”。要一次撤销多个步骤，可以在“历史记录”面板中向上拖动滑块。
5. 选择“帮助”>“Flash 支持中心”，浏览或搜索关于使用 Flash CS6 和 ActionScript 3.0 的 Flash 帮助信息。这个站点可以作为 Flash 用户免费教程、技巧和其他资源的出发点。

# 第2课　处理图形

课程概述

在这一课中，你将学习如何执行以下任务：

- 绘制矩形、椭圆及其他形状；
- 了解各种绘制模式之间的区别；
- 修改所绘制对象的形状、颜色和大小；
- 了解填充和笔触设置；
- 制作对称的和装饰性的图案；
- 创建和编辑曲线；
- 应用渐变和透明度；
- 组合元素；
- 创建和编辑文本。

完成本课程的学习需要大约 90 分钟。如果需要，可以从硬盘驱动器上删除前一课的文件夹，并把 Lesson02 文件夹复制其上。

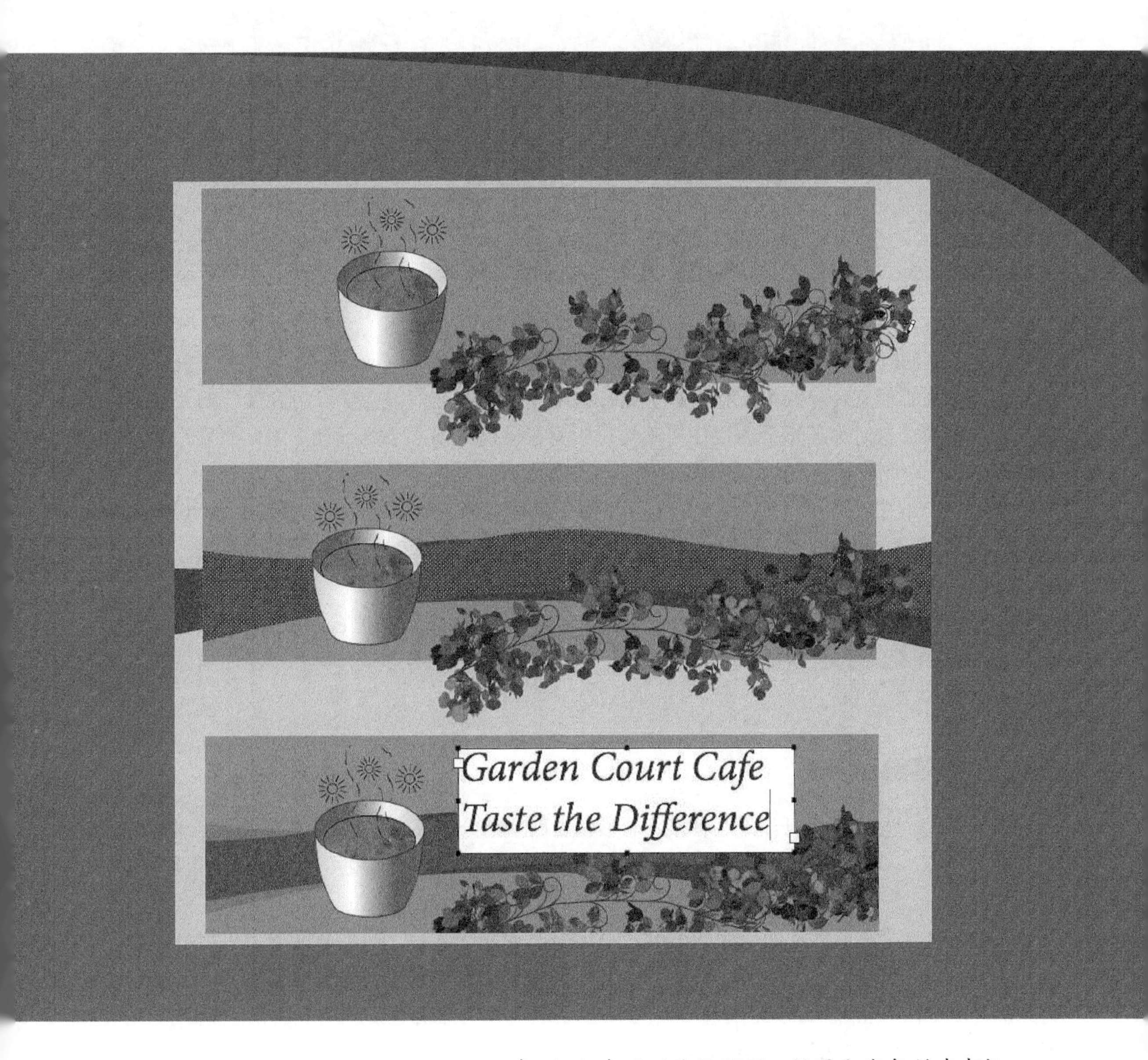


在 Flash 中可以使用矩形、椭圆和线条创建有趣的、复杂的图形及插图。同时，把它们与渐变、透明度、文本和滤镜结合起来，从而创建更精彩的效果。

## 2.1 开始

首先查看完成的影片，看看你在本课程中将要创建的动画。

1. 双击 Lesson02/02End 文件夹中的 02End.swf 文件，查看最终的项目（如图 2.1 所示）。

图2.1

这个项目是横幅广告中简单的静态插图，用于一家虚拟的公司 Garden Court Cafe，它正在为自己的商店和咖啡做宣传。在本课程中将绘制一些形状，修改它们，并学习组合简单的元素来创建更复杂的画面。这时你还不会创建任何动画，毕竟在会跑之前必须先学会走路！而且，学习创建和修改图形是在制作任何 Flash 动画之前的一个重要步骤。

2. 在 Flash 中，选择“文件”>“新建”。在“新建文档”对话框中，选择“ActionScript 3.0”。
3. 在对话框的右侧，把“舞台”的大小设置为 700 像素 ×200 像素，并把“舞台”的颜色设置为浅褐色（#CC9966）。
4. 选择“文件”>“保存”。把文件命名为“02_workingcopy.fla”，并把它保存在 02Start 文件夹中。立即保存文件是一种良好的工作习惯，可以确保当应用程序或计算机崩溃时所做的工作不致丢失。

## 2.2 了解笔触和填充

Flash 中的每幅图形都开始于某种形状。形状由两个部分组成：填充（fill，也就是形状的内部）和笔触（stroke，也就是形状的轮廓）。如果能记住这两个组成部分，就可以比较顺利地创建美观、复杂的画面。

填充和笔触是彼此独立的，因此可以轻松地修改或删除其一，而不会影响另一个。例如，可以利用蓝色填充和红色笔触创建一个矩形，之后把填充更改为紫色，并完全删除红色笔触，最终得到的是一个没有轮廓线的紫色矩形；也可以独立地移动填充或笔触，因此如果想移动整个形状，就要确保同时选取它的填充和笔触。

## 2.3 创建形状

Flash 包括多种绘图工具，它们在不同的绘制模式下工作。你的许多创作都始于像矩形和椭圆形这样的简单形状，因此能够熟练地绘制它们、修改它们的外观以及应用填充和笔触很重要。

你将从绘制一只咖啡杯开始。

### 2.3.1 使用“矩形”工具

咖啡杯实质上是一个圆柱体，是一个顶部和底部都为椭圆的矩形。你首先将绘制矩形主体。把复杂的对象分解成各个组成部分非常有益，可以更容易地绘制它们。

> **注意**：在 Flash、HTML 和许多其他应用程序中，每种颜色都用十六进制值表示。浅灰色为 #999999，白色为 #FFFFFF，黑色为 #000000。因此，记住最常用的颜色值是很方便的。

1. 从“工具”面板中选择“矩形”工具（ ）。确保没有选择“对象绘制”模式图标（ ）。
2. 从“工具”面板底部选择笔触颜色（ ）和填充颜色（ ）。为笔触选择 #663300（深褐色），为填充选择 #CC6600（浅褐色）。
3. 在“舞台”上绘制一个矩形，其高度比宽度稍大一点（如图 2.2 所示）。你将在第 6 步中指定这个矩形的准确大小和位置。
4. 选取“选择”工具。
5. 在整个矩形周围拖动“选择”工具，选取它的笔触和填充。当选取一种形状时，Flash 将会用白色虚线显示它（如图 2.3 所示）；也可以双击一种形状，Flash 将同时选取它的笔触和填充。
6. 在“属性”检查器中，为宽度输入“130”，为高度输入“150”，然后按下 Enter/Return 键以应用这些值（如图 2.4 所示）。

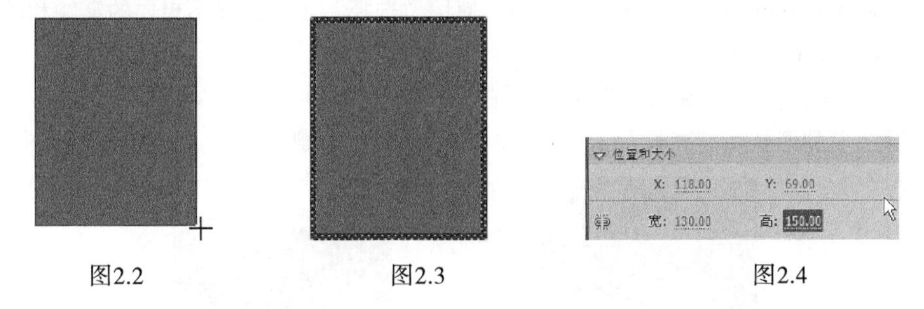


图2.2　图2.3　图2.4

### 2.3.2 使用“椭圆”工具

现在将创建咖啡杯的杯口和圆形的底部。

1. 在“工具”面板中，在“矩形”工具上单击并按住鼠标访问隐藏的工具，然后选择“椭圆”工具（如图 2.5 所示）。
2. 确保启用了“贴紧至对象”选项（ ）。该选项将强制你在“舞台”上绘制的形状相互贴紧，以确保线条和角相互连接。

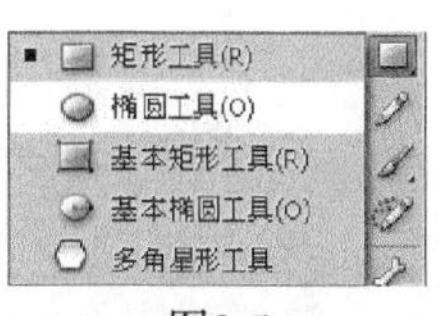


图2.5

> **Fl** 注意：Flash 将对矩形和椭圆应用默认的填充和笔触，它们是由上一次应用的填充和笔触决定的。

3. 在矩形内单击并拖动它，创建一个椭圆。“贴紧至对象”选项使得椭圆的边连接到矩形的边（如图 2.6 所示）。
4. 在矩形底部附近绘制另一个椭圆（如图 2.7 所示）。

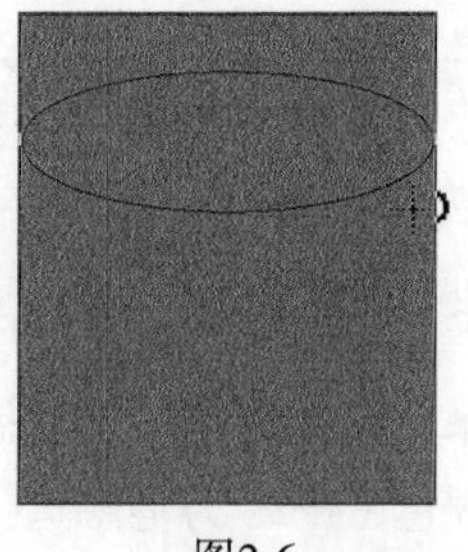
图2.6

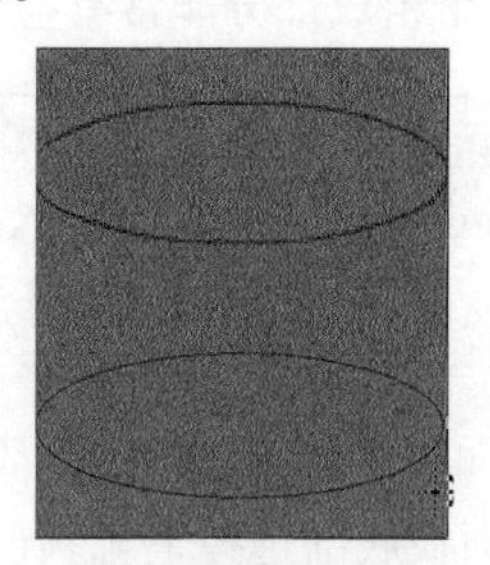
图2.7

## 2.4 进行选择

要修改对象，必须先能够选择它的不同部分。在 Flash 中，可以使用“选择”、“部分选取”和“套索”等工具进行选择。通常，可使用“选择”工具选取整个对象或者对象的一个选区。“部分选取”工具允许选择对象中特定的点或线。利用“套索”工具可以绘制任意选区。

### 2.4.1 选择笔触和填充

现在你将使矩形和椭圆看起来更像咖啡杯。使用“选择”工具删除不想要的笔触和填充。

1. 在“工具”面板中，选取“选择”工具（ ）。
2. 单击顶部椭圆上面的填充以选取它。

顶部椭圆上面的形状将高亮显示（如图 2.8 所示），这样就删除了所选的形状（如图 2.9 所示）。

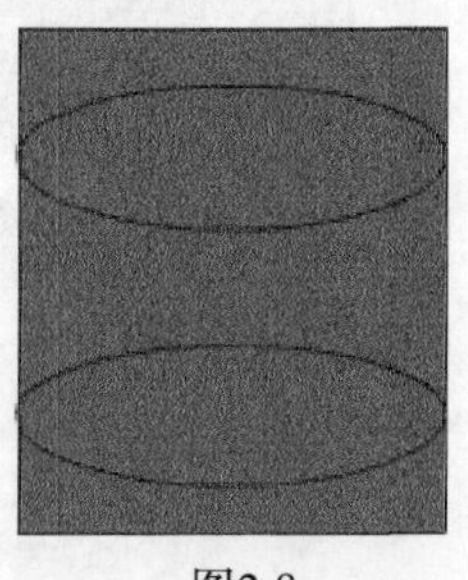
图2.8

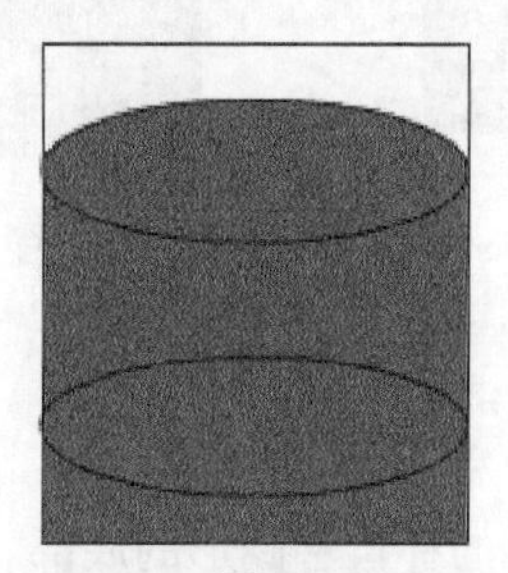
图2.9

3. 按下 Delete 键。
4. 选取顶部椭圆上面全部的三条线段，并按下 Delete 键删除它们。

这样就删除了各个笔触，而只保留了连接到矩形顶部的椭圆（如图 2.10 所示）。

5. 现在选择底部椭圆下面的填充和笔触，以及杯底里面的圆弧，并按下 Delete 键。

> **注意**：在选择时可以按住 Shift 键，以同时选择多个填充或笔触。

余下的形状看上去就像一个圆柱体（如图 2.11 所示）。

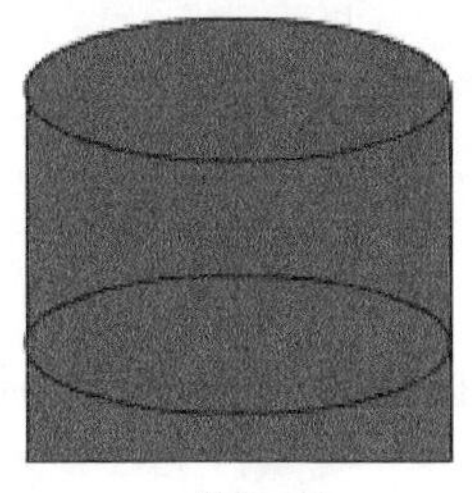

图2.10

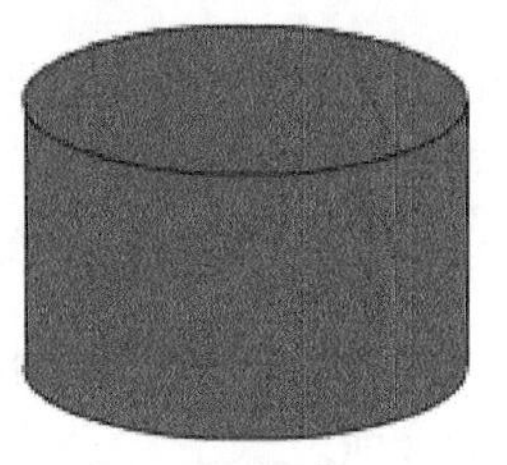

图2.11

## 2.5 编辑形状

在 Flash 中绘图时，通常将开始于“矩形”或“椭圆”工具。但是要创建更复杂的图形，就要使用其他工具对这些基本形状进行修改。“任意变形”工具、“复制”和“粘贴”命令以及“选择”工具可以帮助你把普通的圆柱体变形成咖啡杯。

### 2.5.1 使用“任意变形”工具

如果使咖啡杯的底边缘变窄一些，那么咖啡杯看起来将更逼真。你可以使用“任意变形”工具更改它的总体形状。也可以更改对象的比例、旋转或斜度，或者通过在边界框周围拖动控制点来扭曲对象。

> **注意**：如果在移动某个控制点时按下 Alt 或 Option 键，将相对于其变形点（通过圆圈图标表示）缩放对象。可以在对象内的任意位置甚至对象外面拖动变形点。按下 Shift 键可以约束对象比例；按下 Ctrl 键 /Command 键可以从单个控制点使对象变形。

1. 在“工具”面板中，选择“任意变形”工具（ ）。
2. 在“舞台”上围绕圆柱体拖动“任意变形”工具以选取它，圆柱体上将出现变形手柄（如图 2.12 所示）。
3. 在向里拖动其中一个角时按下 Ctrl+Shift/Command+Shift 组合键，可以同时把两个角移动相同的距离。
4. 在形状外面单击，取消选择它。圆柱体的底部将变窄，而顶部比较宽。它现在看起来更像一只咖啡杯（如图 2.13 所示）。

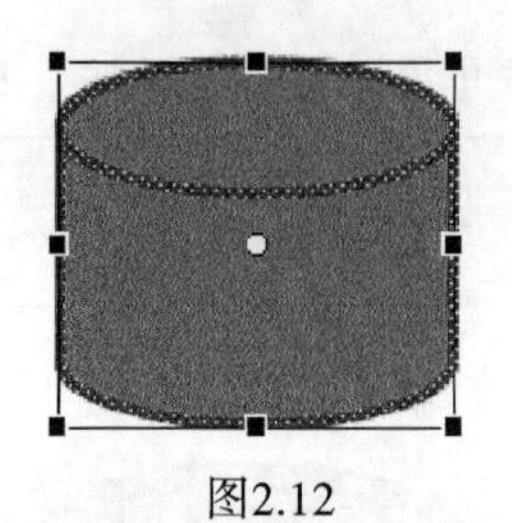

图2.12

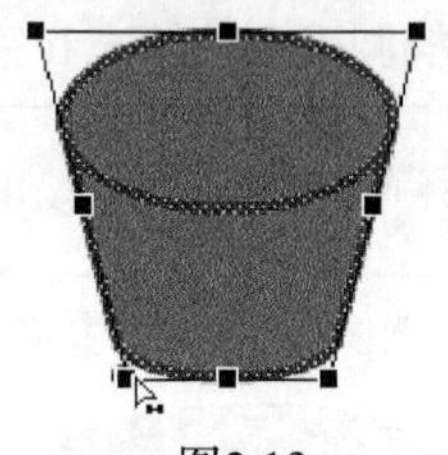

图2.13

### 2.5.2 使用“复制”和“粘贴”命令

使用“复制”和“粘贴”命令可以轻松地在“舞台”上复制形状。你将通过复制和粘贴咖啡杯的上边缘来制作咖啡的液面。

1. 选取“选择”工具，按住 Shift 键并选择咖啡杯开口的上圆弧和下圆弧（如图 2.14 所示）。
2. 选择“编辑”>“复制”（Ctrl+C/Command+C 组合键），复制椭圆顶部的笔触。
3. 选择“编辑”>“粘贴到中心位置”（Ctrl+V/Command+V 组合键），在“舞台”上就会出现复制的椭圆。
4. 在“工具”面板中，选择“任意变形”工具，在椭圆上将出现变形手柄。
5. 在向里拖动角时按下 Shift 键和 Alt/Option 键，使椭圆缩小大约 10%（如图 2.15 所示）。按下 Shift 键可以一致更改形状，使得椭圆保持其高宽比率。按下 Alt/Option 键将从其变形点更改形状。

图2.14

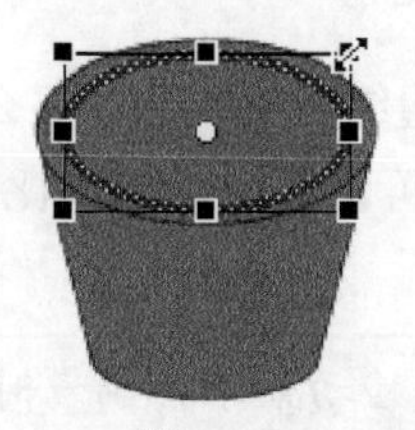

图2.15

6. 选取“选择”工具。
7. 把椭圆拖到咖啡杯的边缘上，使之叠盖住前边缘，如图 2.16 所示。
8. 在选区外面单击，取消选择椭圆。
9. 选取较小椭圆的下面部分并删除它。

现在咖啡杯中就好像装有咖啡了（如图 2.17 所示）。

图2.16

图2.17

### 2.5.3 更改形状轮廓

利用“选择”工具可以推、拉线条和角，更改任何形状的整体轮廓。它是处理形状一种快速、直观的手段。

1. 在“工具”面板中，选取“选择”工具。
2. 移动光标，使之接近于咖啡杯的某一个边缘。在光标附近将出现一条曲线，指示可以更改笔触的曲度。
3. 单击并向外拖动笔触。

> **注意**：在拖动形状的边缘时按住 Alt/Option 键可以添加新的角。

咖啡杯的边缘将弯曲，使得咖啡杯稍微凸出（如图 2.18 所示）。

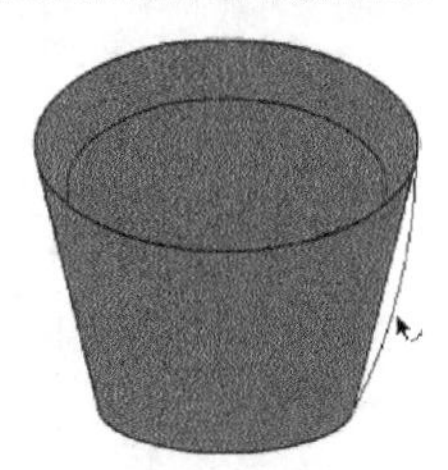

图2.18

4. 单击并稍微向外拖动咖啡杯的另一个边缘。咖啡杯现在具有更圆滑的形状。

### 2.5.4 更改笔触和填充

如果你想更改任何笔触或填充的属性，可以使用“墨水瓶”工具或“颜料桶”工具。“墨水瓶”工具用于更改填充颜色，“颜料桶”工具用于修改笔触颜色。

1. 在“工具”面板中，选择“颜料桶”工具（）。
2. 在“属性”检查器中，选择一种较深的褐色（#663333）（如图 2.19 所示）。

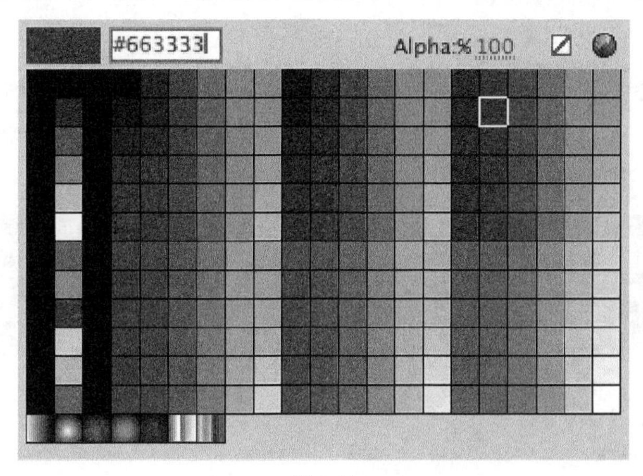


图2.19

> **注意**：如果“颜料桶”工具改变了周围区域中的填充，那么可能就有较小的间隙使填充溢出。封闭间隙，或者在“工具”面板底部为“颜料桶”工具选择封闭不同的间隙大小。

3. 单击杯子里面咖啡的液面（如图 2.20 所示），顶部椭圆的填充将变成较深的褐色。

图2.20

4. 在“工具”面板中，选择隐藏在“颜料桶”工具下面的“墨水瓶”工具（）。

> Fl | 注意：也可以选择笔触或填充，并在“属性”检查器中更改其颜色，而无须使用“颜料桶”或“墨水瓶”工具。

5. 在“属性”检查器中，选择一种较深的褐色（#330000）。
6. 单击咖啡液面上面的顶部笔触，咖啡液面周围的笔触将变成较深的褐色。

## Flash绘制模式

Flash提供了3种绘制模式，它们决定了“舞台”上的对象彼此之间如何交互，以及被编辑的方式。默认情况下，Flash使用合并绘制模式。但是你可以启用对象绘制模式，或者使用“基本矩形”或“基本椭圆”工具以启用基本绘制模式。

### 合并绘制模式

在这种模式下，Flash将会合并所绘制重叠的形状（比如矩形和椭圆），使得多种形状看起来就像单个形状一样。如果移动或删除已经与另一种形状合并的形状，就会永久删除重叠的部分（如图2.21所示）。

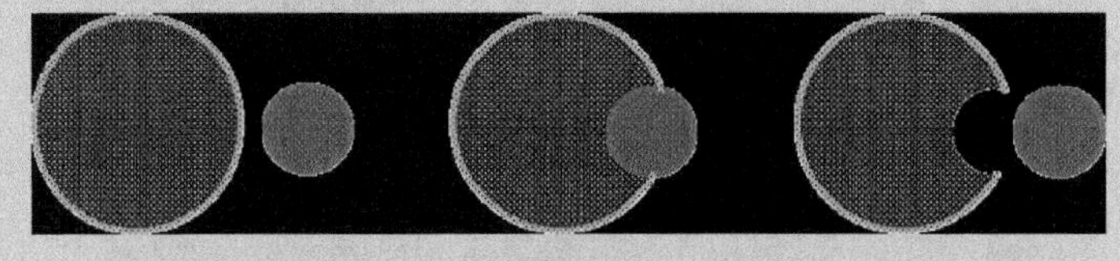

图2.21

### 对象绘制模式

在这种模式下，Flash不会合并绘制的对象。它们仍将泾渭分明，甚至重叠时也是如此。要启用对象绘制模式，可选择你想使用的工具，然后在“工具”面板的选项区域中单击“对象绘制”图标。

要把对象转换为形状（合并绘制模式），可选取它，并按下Ctrl+B/Command+B组合键。要把形状转换为对象（对象绘制模式），可选取它，并选择

"修改" > "合并对象" > "联合"（如图2.22所示）。

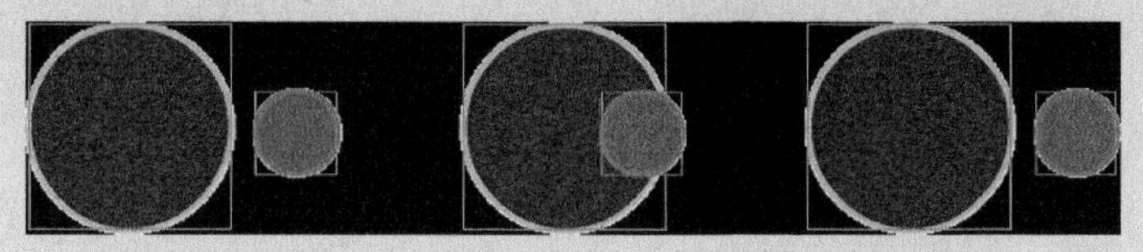

图2.22

**基本绘制模式**

当你使用"基本矩形"工具或"基本椭圆"工具时，Flash将把形状绘制为单独的对象。不过与普通对象不同的是，可以使用"属性"检查器轻松地修改基本矩形的边角半径，修改基本椭圆的开始角度、结束角度和内径（如图2.23所示）。

图2.23

## 2.6 使用渐变填充和位图填充

填充( fill )是所绘制对象的内部区域。目前可以使用纯褐色填充,也可以应用渐变或位图图像( 比如 JPEG 文件）作为填充，或者指定对象根本没有填充。

在渐变（gradient）中，一种颜色将逐渐变成另一种颜色。Flash 可以创建线性（linear）渐变或径向（radical）渐变，前者沿着水平方向、垂直方向或对角线方向改变颜色；后者从一个中心焦点向外改变颜色。

在本课程中，你将使用线性渐变填充给咖啡杯添加三维效果。为了提供泡沫顶层的外观，你将导入一幅位图图像用作填充。你可以在"颜色"面板中导入位图文件。

### 2.6.1 创建渐变变换

你将在"颜色"面板中定义你想在渐变中使用的颜色。默认情况下，线性渐变将把一种颜色变成另一种颜色。但是在 Flash 中，渐变可以使用多达 15 种颜色变换。颜色指针（color pointer）决定了渐变在什么地方从一种颜色变成另一种颜色。可以在"颜色"面板中的渐变定义条下面添加颜色指针，以添加颜色变换。

你将在咖啡杯的表面创建从褐色转变成白色再转变成深褐色的渐变效果，从而给它提供圆滑的外观。

1. 选取"选择"工具，选取表示咖啡杯正面的填充（如图 2.24 所示）。
2. 打开"颜色"面板（选择"窗口" > "颜色"）。在"颜色"面板中，单击"填充颜色"图标并选择"线性渐变"（如图 2.25 所示）。

图2.24

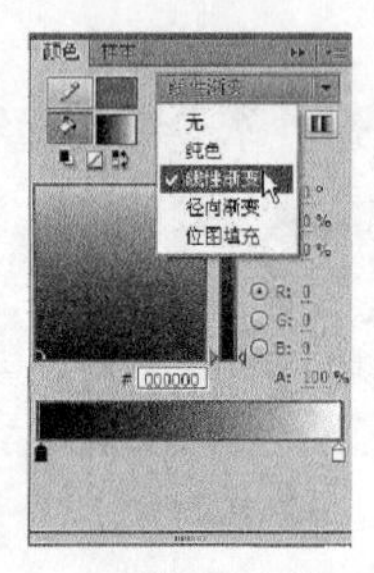

图2.25

咖啡杯的正面将从左到右利用一种颜色渐变填充（如图 2.26 所示）。

3. 在“颜色”面板中选择位于颜色渐变左边的颜色指针（当选择它时，它上面的三角形将变成黑色），然后在十六进制值框中输入“FFCCCC”。按下 Enter/Return 键，以应用该颜色。也可以从拾色器中选择一种颜色，或者双击颜色指针从色板中选择一种颜色。
4. 选择最右边的颜色指针，然后输入代表深褐色的“B86241”，并按下 Enter/Return 键，以应用该颜色（如图 2.27 所示）。

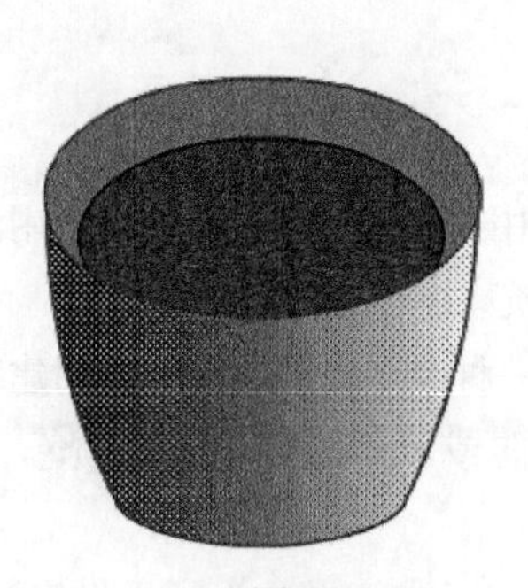

图2.26

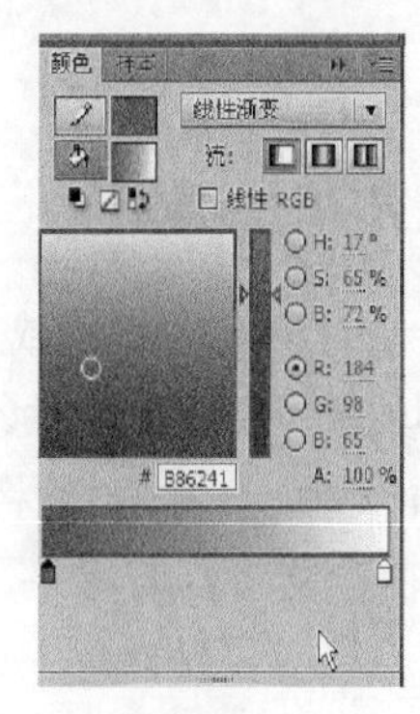

图2.27

咖啡杯的渐变填充将在其表面从浅褐色逐渐变为深褐色。

5. 在渐变定义条的下面单击，创建新的颜色指针，如图 2.28 所示。
6. 把新的颜色指针拖到渐变的中间位置。
7. 选择新的颜色指针，然后在十六进制值框中输入“FFFFFF”，为新颜色指定白色（如图 2.29 所示）然后按下 Enter/Return 键以应用该颜色。

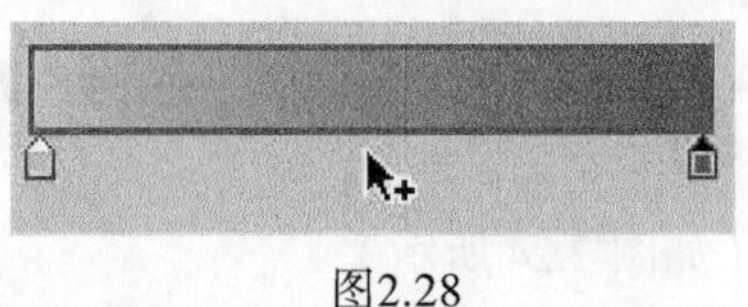

图2.28

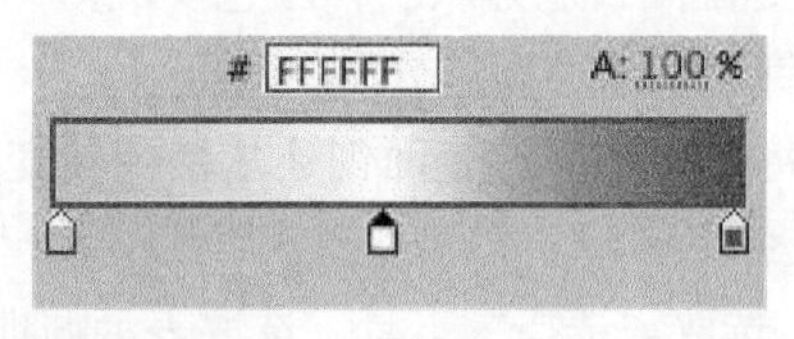


图2.29

咖啡杯的渐变填充将逐渐从浅褐色变为白色再变为深褐色（如图 2.30 所示）。

8. 单击“舞台”上其他位置，取消选择“舞台”上的填充。选择“颜料桶”工具，并且确保取消选择“工具”面板底部的“锁定填充”选项（ ）。

“锁定填充”选项将把当前渐变锁定到应用它的第一个形状，使得后续的形状扩展渐变。你希望为咖啡杯的背面应用一种新的渐变，因此应该取消选择“锁定填充”选项。

9. 使用“颜料桶”工具选取咖啡杯的背面。这就会对咖啡杯的背面应用渐变（如图 2.31 所示）。

图2.30

图2.31

> **Fl** 注意：要从渐变定义栏上删除颜色指针，只需将其拖离定义栏即可。

### 2.6.2 使用“渐变变形”工具

除了为渐变选择颜色和定位颜色指针之外，还可以调整渐变填充的大小、方向或中心。你将使用“渐变变形”工具，挤压咖啡杯正面中的渐变并颠倒背面中渐变的方向。

1. 选择“渐变变形”工具（“渐变变形”工具与“任意变形”工具组合在一起）（如图 2.32 所示）。

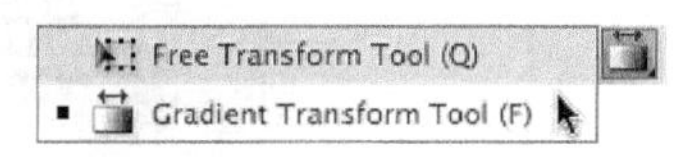


图2.32

2. 单击咖啡杯的正面，将显示变形手柄。
3. 向里拖动边界框边线上的方块手柄压紧渐变。拖动中心圆圈把渐变向左移动，把白色亮区定位于中心稍稍偏左一点（如图 2.33 所示）。
4. 现在单击咖啡杯的背面，将显示变形手柄。
5. 拖动边界框角上的圆形手柄把渐变旋转 180°，使得渐变从左边的深褐色渐渐减弱到白色再到右边的浅褐色（如图 2.34 所示）。

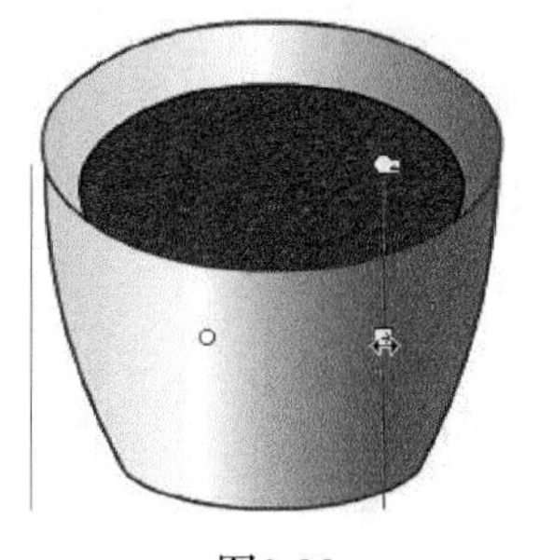

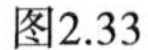

图2.33

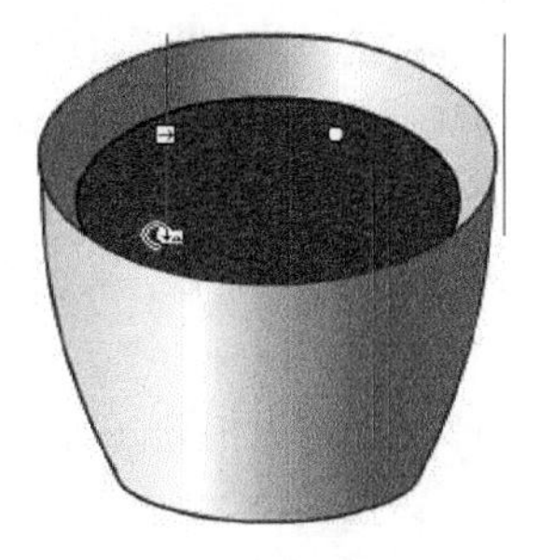

图2.34

> **注意**：移动中心圆圈将改变渐变的中心；拖动带箭头的圆圈可以旋转渐变；拖动方块中的箭头可以拉伸渐变。

咖啡杯现在看上去更逼真，因为阴影和亮区使得正面看上去是凸起的，而背面则是凹陷的。

### 2.6.3 添加位图填充

接着将通过添加一层泡沫，使这个咖啡杯看上去更奇特一点。这里将使用一幅泡沫的 JPEG 图像作为位图填充。

1. 利用"选择"工具选取咖啡顶部的液面。
2. 打开"颜色"面板（选择"窗口" > "颜色"）。
3. 选择"位图填充"（如图 2.35 所示）。
4. 在"导入到库"对话框中，导航到 Lesson02/02Start 文件夹中的 coffeecream.jpg 文件。
5. 选择 coffeecream.jpg 文件，并单击"打开"按钮。

> **注意**：也可以使用"渐变变形"工具改变应用位图填充的方式。

这时会用泡沫图像填充咖啡顶部的液面（如图 2.36 所示）。这样咖啡杯就制作完成了。把包含完整绘图的图层命名为 coffee，剩余的工作便是添加一些气泡和热气。

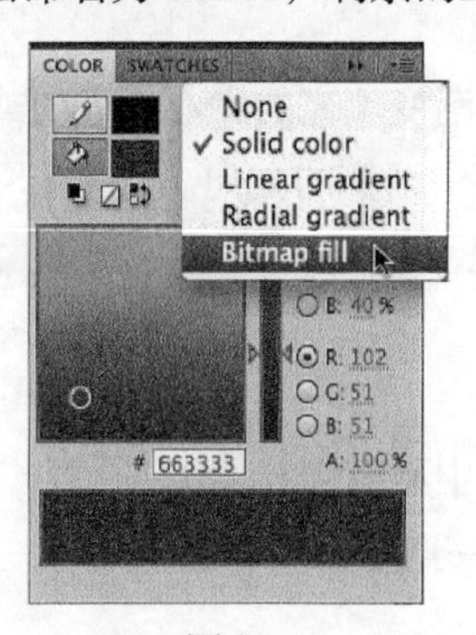


图2.35

图2.36

### 2.6.4 组合对象

既然已经完成了咖啡杯的创建，那么就可以使之变成单个组。组把形状与其他图形的集合保存在一起以保持它们的完整性。在组合时，可以将咖啡杯作为一个单元移动，而无须担心它可能与底层的形状合并。因此，可以使用组来组织你的绘图。

1. 选取"选择"工具。
2. 选取组成咖啡杯的所有形状（如图 2.37 所示）。
3. 选择"修改" > "组合"。

咖啡杯现在就是单个组。在选取它时，蓝色外框线指示其边界框（如图 2.38 所示）。

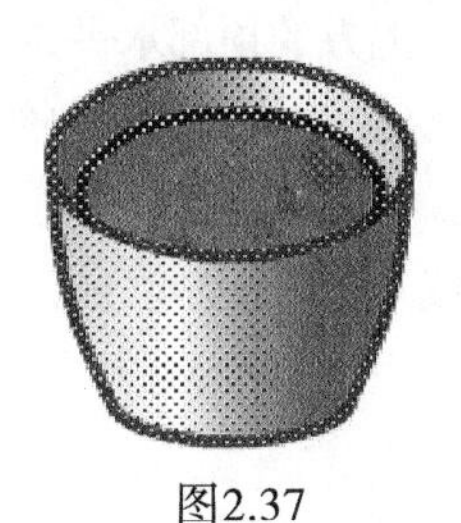

图2.37

图2.38

4. 如果想更改咖啡杯的任何部分，可以双击组以编辑它。

> Fl 注意："舞台"上所有的其他元素都会变暗淡，并且"舞台"上面的顶部水平条将显示"场景 1 组"（如图 2.39 所示）。这指示你现在位于特定的组中，并且可以编辑其内容。

图2.39

5. 单击"舞台"顶部水平条中的"场景 1"图标，或者双击"舞台"上的空白部分，可返回到主场景。

> Fl 注意：要把组改回它的成分形状，可以选择"修改">"取消组合"【Shift+Ctrl+G 组合键（Windows）或者 Shift+Command+G 组合键（Mac）】。

## 2.7 制作图案和装饰

Deco 工具具有不同的刷子和配置，可以制作复杂的图案。它提供了多个选项，允许快速、容易地构建对称的设计、网格或者枝繁叶茂的效果。在本课中，将使用 Deco 工具创建对称的起泡形状和虚线，给横幅广告提供更多的活力，同时提供花式装饰使边缘更美观。

### 2.7.1 创建图案的元件

在使用 Deco 工具的对称刷子之前，必须创建一个元件，用作将重复使用的基本形状。在第 3 课将学习关于元件的更多知识。

1. 从顶部的菜单中，选择"插入">"新建元件"。
2. 在出现的"创建新元件"对话框中，为名称输入"line"，并选择"图形类型"的元件。然后单击"确定"按钮（如图 2.40 所示）。

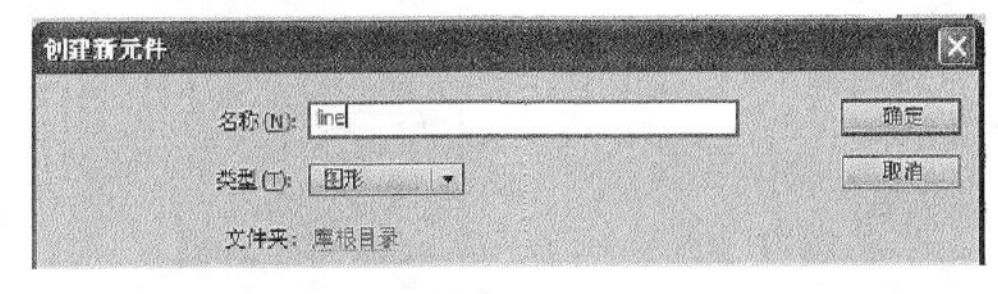


图2.40

Flash 将立即把你带到“元件编辑”模式。注意“舞台”上方的顶部水平条，它指示你目前正在编辑名为“line”的元件（如图 2.41 所示）。现在，为该元件绘制线条。

图2.41

3. 选择“线条”工具（ ）。
4. 为笔触选择褐色，并为“笔触样式”选择“极细线”（如图 2.42 所示）。

> **注意：**不管如何缩放，“极细线”笔触都保持统一的粗细。

5. 在按住 Shift 键的同时，绘制一根穿过“舞台”中心的线条，在其中将会看到一个十字交叉线，表示元件的中心点（如图 2.43 所示）。应确保线条的高度大约为 25 像素。
6. 在“舞台”上方的水平条上单击“场景 1”，返回到主“时间轴”。这样就创建了名为“line”的新元件，并将其存储在“库”中，以便之后使用（如图 2.44 所示）。

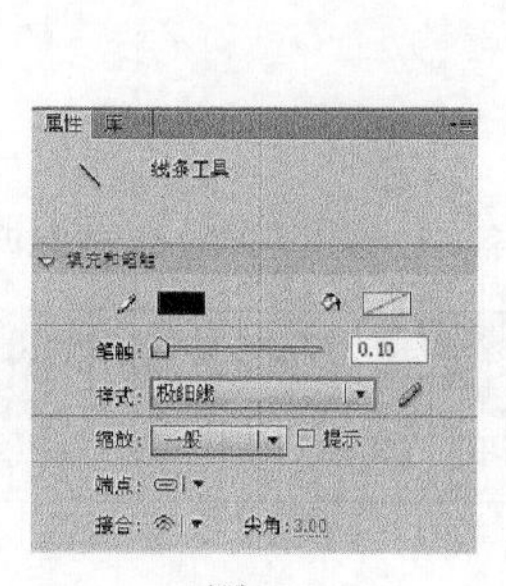

图2.42

图2.43

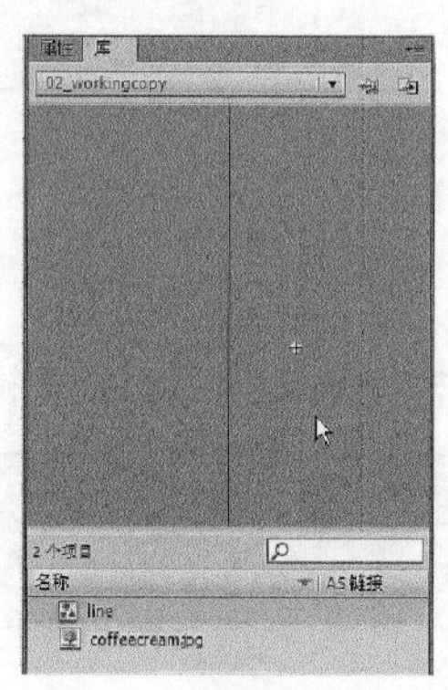

图2.44

## 2.7.2 使用 Deco 工具的“对称刷子”

你将利用 Deco 工具创建一个星星的形状。

1. 在“时间轴”上插入一个新图层，并把它命名为“coffee aroma”。你将在这个图层中绘制对称形状。
2. 在“工具”面板中，选择 Deco 工具（ ）。
3. 在“属性”检查器中，选择“对称刷子”选项（如图 2.45 所示）。
4. 单击“模块”旁边的“编辑”按钮，更改将重复的形状。
5. 在“选择元件”对话框中，选择 line 元件（如图 2.46 所示）。然后单击“确定”按钮。

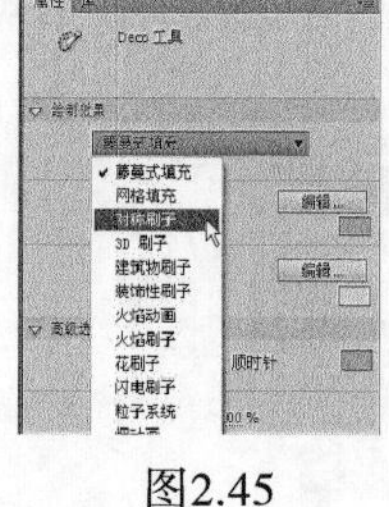

图2.45

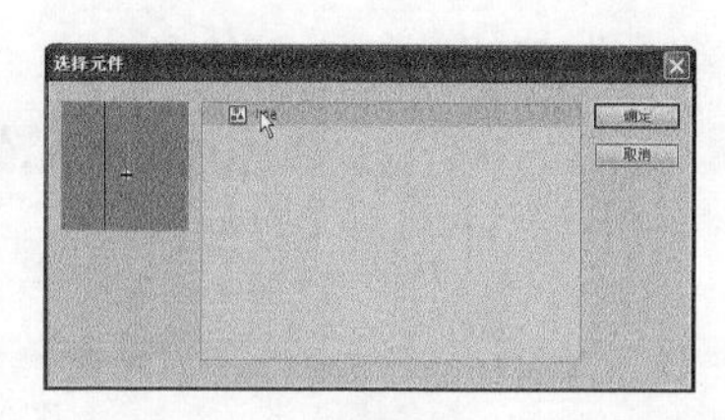

图2.46

6. 在“属性”检查器中的“高级选项”下面，选择“旋转”（如图 2.47 所示）。

利用这些 Deco 工具选项，可以创建 line 元件的重复图案，它们是围绕某个点对称的。“舞台”上出现的绿色辅助线显示了确定元件重复频率的中心点、主轴线和次轴线。

7. 在“舞台”上单击以放置元件，并在保持按住鼠标键的情况下在绿色辅助线周围移动它，直至得到想要的放射状图案。初始线条应该是垂直的（如图 2.48 所示）。

图2.47

8. 把绿色次轴线拖到离主轴线更近的位置，以增加重复次数（如图 2.49 所示）。

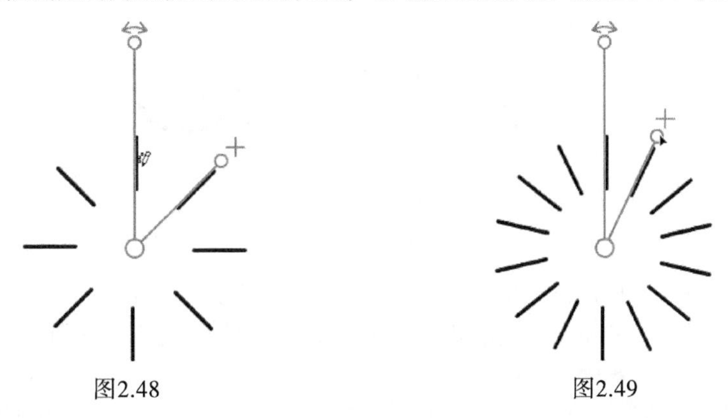

图2.48　　图2.49

9. 完成后选取“选择”工具，退出 Deco 工具。

得到的图案是一个组，其中包含许多 line 元件（如图 2.50 所示）。

图2.50

### 2.7.3 对齐对象

现在将为放射线创建中心气泡。该气泡应该正好位于放射线的中心，为此可以转向“对齐”面板。你可能已猜到，“对齐”面板可以对所选的许多对象进行水平或垂直对齐。另外，它还可以均匀地分布对象。

1. 选择“椭圆”工具。

2. 为笔触选择褐色，并且选择不进行填充。要选择不进行填充，可以选择有一条对角红线穿过它的颜色框，为“笔触样式”选择“极细线”。

3. 选择 coffee aroma 图层。然后在按住 Shift 键的同时，在“舞台”上绘制一个小圆形。

4. 现在选取“选择”工具。

5. 在星星形状的组和最近绘制的椭圆上拖动“选择”工具。这时，不得不锁定下面的图层，以防意外地选择下面图层中的形状（如图 2.51 所示）。

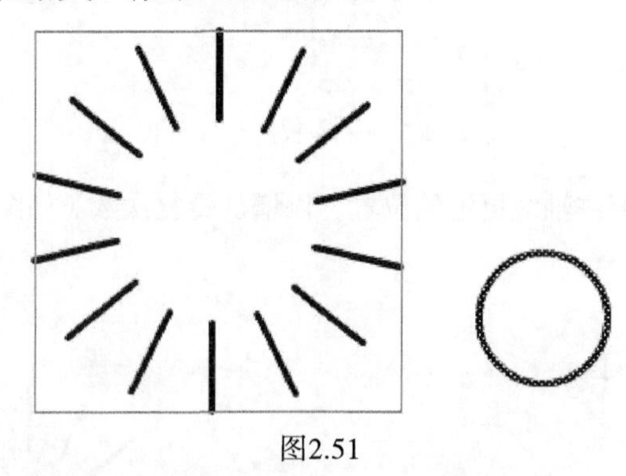

图2.51

6. 打开“对齐”面板（选择“窗口”>“对齐”）。

7. 单击“水平中齐”按钮，星星形状的组和椭圆将变成水平对齐（如图 2.52 所示）。

8. 单击“垂直中齐”按钮，星星形状的组和椭圆将变成垂直对齐（如图 2.53 所示）。

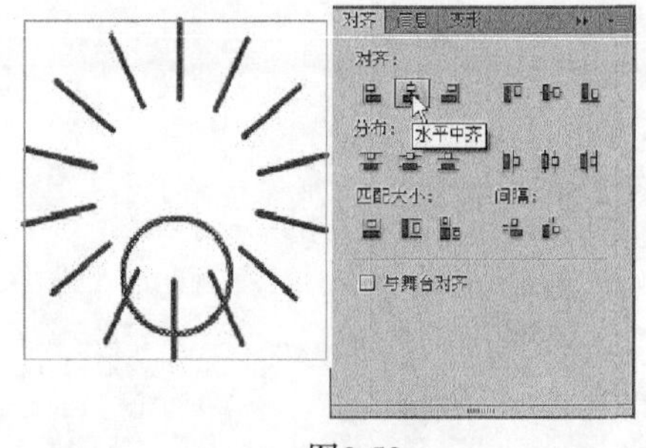

图2.52

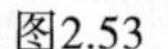
图2.53

### 2.7.4 分离与组合对象

你使用了 Deco 工具创建放射线的组，并且使用了“对齐”面板使气泡与线条居中对齐。现在，你将把泡沫形状组合进单个实体中。为此，你将分离放射线的组，并把它们与椭圆重新组合起来。

1. 利用“选择”工具，拖动选择整个星星形状，使它选取所有的线条和圆形。

2. 选择“修改”>“分离”，线条的组将分解为它的各个组成部分，并且变成 line 元件的集合（如图 2.54 所示）。

3. 再一次选择“修改”>“分离”，line 元件的集合将分解为它的各个组成部分，并且变成笔触的集合（如图 2.55 所示）。

**4.** 选择“修改” > “组合”，线条和中心圆圈将变成一个组（如图 2.56 所示）。

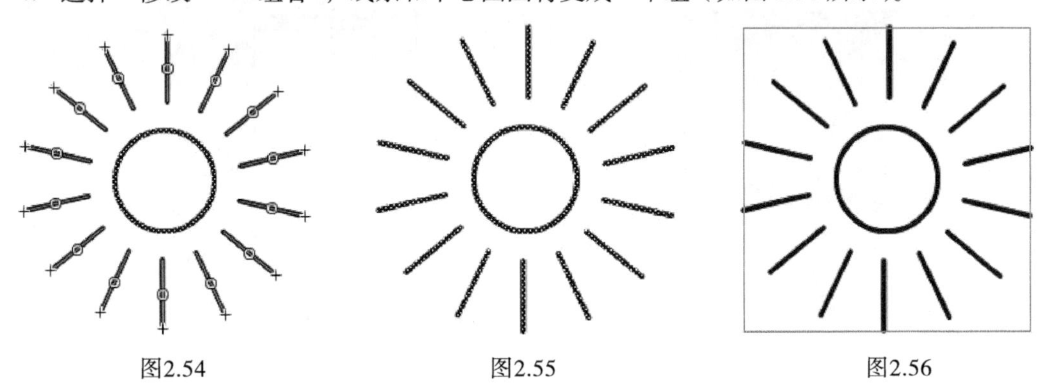

图2.54　　图2.55　　图2.56

**5.** 复制并粘贴这个组，以在咖啡杯上方创建多个气泡。

使用“变形”工具把气泡缩放成不同的大小（如图 2.57 所示）。

图2.57

### 2.7.5 使用 Deco 工具的“装饰性刷子”

现在将探索 Deco 工具的“装饰性刷子”，它用于创建装饰性边界和复杂的线条图案。

**1.** 在“工具”面板中，选择 Deco 工具（ ）。

**2.** 在“属性”检查器中，选择“装饰性刷子”选项（如图 2.58 所示）。

**3.** 在“高级选项”中，选择“虚线”（如图 2.59 所示）。为“图案颜色”选择一种深褐色，并保留“图案大小”和“图案宽度”的默认值。

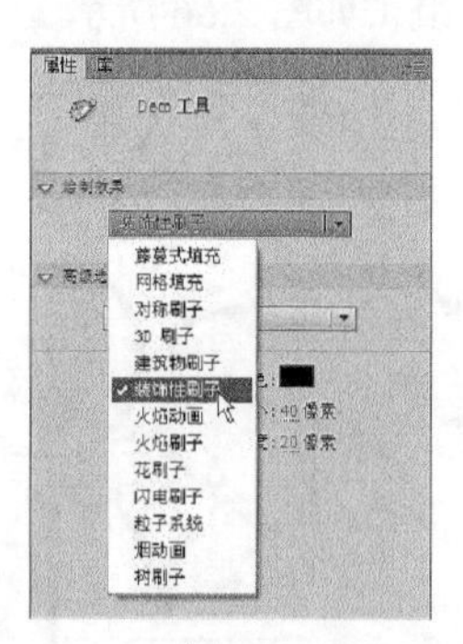


图2.58

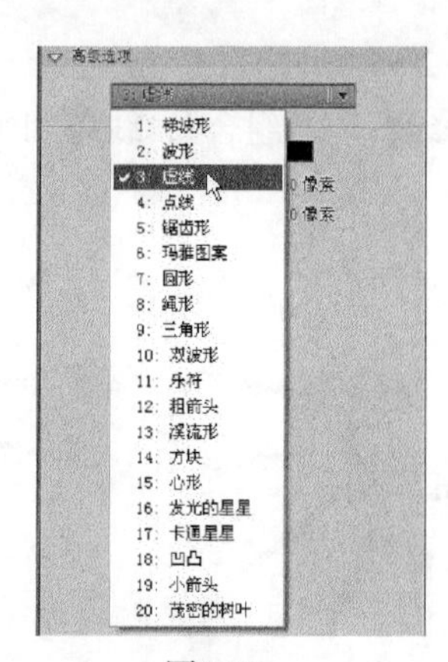


图2.59

**4.** 在“舞台”上，在咖啡杯上方绘制几条曲线。

“装饰性刷子”创建的虚线可以给你的咖啡杯提供更多活力（如图 2.60 所示）。

图2.60

> Fl 注意：“线条”和“铅笔”工具也可用于创建虚线和不同的线条图案，但是它们不能像 Deco 工具那样制作重复的复杂图案。在“属性”检查器中，单击“编辑笔触样式”按钮，可以自定义虚线的笔触。

### 2.7.6 使用 Deco 工具的“花刷子”

现在将创建花朵图案，以装饰横幅广告的边界。

**1.** 在“工具”面板中，选择 Deco 工具（ ）。

**2.** 在“属性”检查器中，选择“花刷子”选项（如图 2.61 所示）。

**3.** 在“高级选项”中，选择“园林花”。选择“分支”选项，并保留颜色和大小的默认值（如图 2.62 所示）。

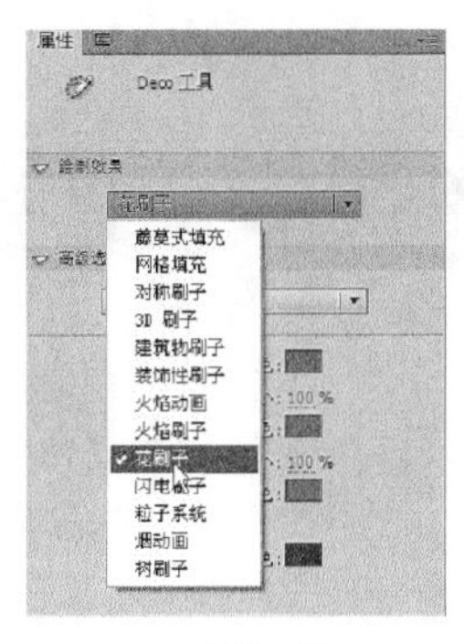


图2.61

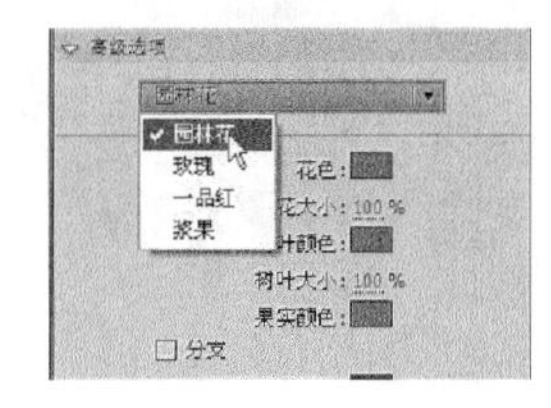


图2.62

**4.** 在“舞台”下面的部分绘制迷人的花枝。

当你在“舞台”上移动刷子时，将重复生成花朵、叶子、果实和枝条，如图 2.63 所示。

图2.63

**5.** 选取“选择”工具（如果还没有选取）。选取所有的花朵、叶子、果实和枝条，并选择“修改”>“组合”。

这将把花朵装饰组合进单个组中，从而可以作为一个单元移动或修改它们。

### 2.7.7 将矢量图转换为位图

矢量图（尤其是具有复杂曲线和许多形状的图像，就像你刚刚创建的那样）可能是处理器密集的，这会给移动设备带来性能不足的麻烦。“转换为位图”选项提供了将“舞台”上所选的插图转换为位图的一个途径，这对处理器的占用较小。

一旦对象被转换为位图，就可以移动对象而不用担心其与底层的形状合并。但是，这些图形不再能用 Flash 的编辑工具进行编辑。

**1.** 选取“选择”工具。

**2.** 单击花朵所在的组（如图 2.64 所示）。

**3.** 选择“修改”>“转换为位图”，花朵将变成位图保存在“库”面板中（如图 2.65 所示）。

图2.64

图2.65

## 2.8 创建曲线

现在已经使用“选择”工具推拉形状的边缘，以直观的方式制作了曲线。为了能够实施更精确的控制，可以使用“钢笔”工具（![]）。

### 2.8.1 使用“钢笔”工具

现在将创建舒适的、类似于波浪的背景图形。

1. 选择“插入”>“时间轴”>“图层”，并把新图层命名为“dark brown wave”。
2. 把该图层拖到图层组的底部。
3. 锁定所有的其他图层（如图 2.66 所示）。

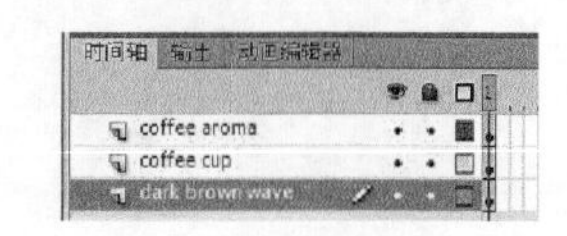


图2.66

4. 在“工具”面板中，选择“钢笔”工具（![]）。
5. 将“笔触颜色”设置为深褐色。
6. 在“舞台”上单击，建立第一个锚点，开始绘制形状。
7. 在“舞台”上的另一个部分单击，指示形状中的下一个锚点。

当你想创建平滑的曲线时，可以用“钢笔”工具单击并拖动。此时从锚点出现了手柄，指示线条的曲度（如图 2.67 所示）。

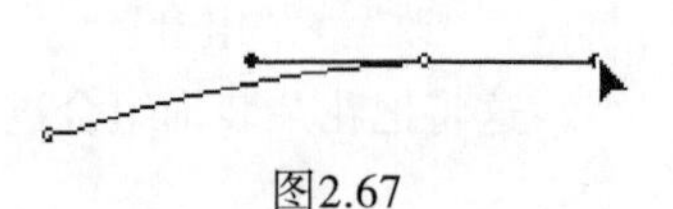

图2.67

8. 继续单击并拖动，构建波浪的轮廓线。使波浪的宽度比“舞台”宽（如图 2.68 所示）。

图2.68

9. 通过单击第一个锚点封闭形状（如图 2.69 所示）。不用担心绘制的曲线不完美，多次实践就能熟练使用“钢笔”工具。在本课程的下一部分你还有机会美化曲线。
10. 选择“颜料桶”工具。
11. 将“填充颜色”设置为深褐色。
12. 在你刚才创建的轮廓线内单击，用所选的颜色填充它并删除笔触（如图 2.70 所示）。

图2.69

图2.70

### 2.8.2 利用“选择”和“部分选取”工具编辑曲线

在第一次尝试创建平滑的波浪时，结果可能不会非常好。这时，可以使用“选择”工具或“部分选取”工具进行美化。

1. 选取“选择”工具。
2. 把光标悬停在一条线段上，如果看到光标附近出现了曲线，就表示可以编辑曲线；如果光标附近出现的是一个角，就表示可以编辑顶点。
3. 拖动曲线以编辑它的形状（如图 2.71 所示）。

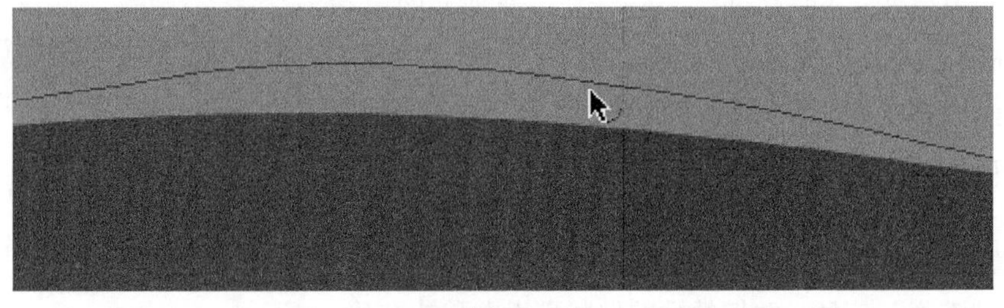

图2.71

4. 在“工具”面板中，选择“部分选取”工具（ ）。
5. 在形状的轮廓线上单击。
6. 把锚点拖到新位置或者移动句柄，以美化总体形状（如图 2.72 所示）。

图2.72

### 2.8.3 删除或添加锚点

可以使用“钢笔”工具下面的隐藏工具，根据需要删除或添加锚点。

1. 单击并按住“钢笔”工具，访问它下面隐藏的工具。
2. 选择“删除锚点”工具（ ）。
3. 单击形状轮廓线上的一个锚点，并删除它。
4. 选择“添加锚点”工具（ ）。
5. 在曲线上单击，添加一个锚点。

## 2.9 创建透明度

接下来将创建第二个波浪，并使之与第一个波浪部分重叠。你将使第二个波浪稍微有点透明，以创建更全面的深度。可以把透明度应用于笔触或者填充。透明度是用百分数度量的，被称为 Alpha。Alpha 值 100% 表示颜色完全不透明，而 Alpha 值 0% 则表示颜色完全透明。

### 2.9.1 修改填充的 Alpha 值

1. 选择 dark brown wave 图层中的形状。
2. 选择“编辑”>“复制”。
3. 选择“插入”>“时间轴”>“图层”，并把新图层命名为“light brown wave”（如图 2.73 所示）。

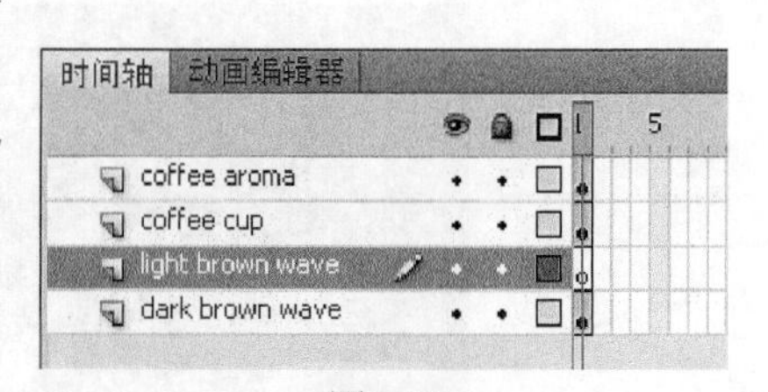


图2.73

4. 选择“编辑”>“粘贴到当前位置”（Ctrl+Shift+V/Command+Shift+V 组合键）。

“粘贴到当前位置”命令把复制的项目放到与复制它时完全相同的位置。

5. 选取“选择”工具，并把粘贴的形状稍微左移或右移，以使浪峰有点偏移（如图 2.74 所示）。

图2.74

6. 在 light brown wave 图层中选取形状的填充。

7. 在“颜色”面板中（选择“窗口”>“颜色”），将填充颜色设置为稍微不同的褐色色调（CC6666），然后把 Alpha 值更改为 50%（如图 2.75 所示）。

“颜色”面板底部的色板预览了最近选择的颜色，并通过出现在色板后面的灰色图案指示透明度（如图 2.76 所示）。

图2.75

图2.76

> **注意**：也可以通过“属性”检查器更改形状的透明度。其方法是单击“填充颜色”图标，并在弹出的颜色菜单中更改 Alpha 值。

### 2.9.2 匹配现有对象的颜色

如果你想准确地匹配某种颜色，可以使用“滴管”工具（）对填充或笔触进行取样。在用“滴管”工具单击某个形状之后，Flash 将自动提供具有所选颜色的“颜料桶”工具或“墨水瓶”工具，以及可以应用于另一个对象的关联属性。

1. 在“工具”面板中，选择“滴管”工具。

2. 在 dark brown wave 图层中单击形状的填充（如图 2.77 所示），你的工具会自动变为“颜料桶”工具，它带有取样的填充颜色。

3. 在 light brown wave 图层中的形状上单击，light brown wave 图层中的填充将变成与 dark brown wave 图层中填充的颜色匹配（如图 2.78 所示）。撤销这个步骤将返回到两种不同的彩色波浪形状。

图2.77

图2.78

## 2.10 创建和编辑文本

最后，让我们添加一些文本来完成这幅插图。Flash 具有两个文本选项：即“传统文本”和名称为“文本布局框架（Text Layout Framework，TLF）文本”的更高级文本引擎。在第 7 课将学习关于“TLF 文本”的更多知识。对于本项目，将使用较简单的“传统文本”选项。

当在“舞台”上创建静态文本并发布项目时，Flash 会自动包括所有必需的字体以正确地显示文本。这意味着，你不必担心观众是否具有必需的字体而按你预期的那样查看文本。

### 2.10.1 使用“文本”工具

1. 选择最上面的图层。
2. 选择“插入”>“时间轴”>“图层”，并把新图层命名为“text”。
3. 选择“文本”工具（T）。
4. 在“属性”检查器中，选择“传统文本”并选择“静态文本”（如图 2.79 所示）。

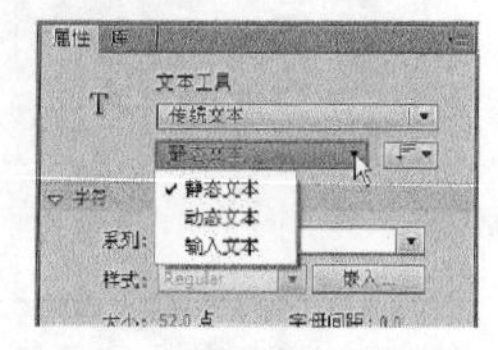


图2.79

5. 在“字符”选项下面，选择字体、样式、大小和颜色。
6. 在“段落”选项下面还有另外一些选项用于格式化文本，如对齐或间距。选择具体的值或者接受默认值。
7. 在“舞台”上单击并开始输入文本。输入“Garden Court Cafe Taste the Difference”（如图 2.80 所示）。此外也可以单击并拖出一个文本框，定义文本的最大宽度。

图2.80

8. 选取“选择”工具，退出“文本”工具。

# 复习

## 复习题

1. Flash 中的 3 种绘制模式是什么，它们有何区别？
2. 怎样使用“椭圆”工具绘制标准的圆形？
3. Flash 中的每一种选择工具都在什么时候使用？
4. “对齐”面板用来做什么？

## 复习题答案

1. 3 种绘制模式是：合并绘制模式、对象绘制模式和基本绘制模式。
   - 在合并绘制模式下，将会合并在“舞台”上绘制的形状，使之变成单个形状。
   - 在对象绘制模式下，每个对象将保持泾渭分明，甚至与另一个对象重叠时也是如此。
   - 在基本绘制模式下，可以修改对象的角度、半径或者角半径。
2. 要绘制标准的圆形，可以用“椭圆”工具在“舞台”上绘图时按住 Shift 键。
3. Flash 包括 3 种选择工具：“选择”工具、“部分选取”工具和“套索”工具。
   - 使用“选择”工具选取整个形状或对象。
   - 使用“部分选取”工具选取对象中特定的点或线。
   - 使用“套索”工具绘制任意选区。
4. “对齐”面板可以把所选的许多元素水平或垂直对齐，并且可以均匀地分布。

# 第3课 创建和编辑元件

课程概述

在这一课中，你将学习如何执行以下任务：

- 导入 Illustrator 和 Photoshop 文件；
- 创建新元件；
- 编辑元件；
- 了解各种元件类型之间的区别；
- 了解元件与实例之间的区别；
- 使用标尺和辅助线在“舞台”上定位对象；
- 调整透明度和颜色，关闭和开启可见性；
- 应用混合效果；
- 利用滤镜应用特效；
- 在 3D 空间中定位对象。

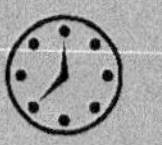

完成本课程的学习需要大约 90 分钟。如果需要，可以从硬盘驱动器上删除前一课的文件夹，并把 Lesson03 文件夹复制其上。

元件是存储在“库”面板中的可重用资源。影片剪辑、图形和按钮元件是你将创建的3种元件，它们通常被用于特效、动画和交互性。

## 3.1 开始

首先查看最终的项目，看看你在学习使用元件时将要创建的内容。

1. 双击 Lesson03/03End 文件夹中的 03End.html 文件，在 Flash 中查看最终的项目（如图 3.1 所示）。

图3.1

本项目是一幅卡通画面的静态插图。在本课程中，将使用 Illustrator 图形文件、导入的 Photoshop 文件和一些元件创建一幅吸引人的静态图像，会有非常有趣的效果。而学习如何使用元件是创建任何动画或交互性的必要步骤。

2. 关闭 03End.html 文件。
3. 在 Flash 中选择“文件” > “新建”。在“新建文档”对话框中，选择“ActionScript 3.0”。
4. 在对话框右侧，把“舞台”的大小设置为 600 像素（宽）× 450 像素（高）。然后单击“确定”按钮。
5. 选择“文件”>“保存”。把文件命名为“03_workingcopy.fla”，并把它保存在 03Start 文件夹中。

## 3.2 导入 Illustrator 文件

正如你在第 2 课中所学到的，在 Flash 中可以使用“矩形”、“椭圆”及其他工具绘制对象。不过对于复杂的绘图，你可能更喜欢在另一个应用程序中创建作品。Adobe Flash Professional CS6 支持多种图形格式，包括 Adobe Illustrator 文件，因此可以在 Illustrator 应用程序中创建原始作品，然后导入 Flash 中。

在导入 Illustrator 文件时，可以选择导入文件中的哪些图层以及 Flash 应该如何处理这些图层。你将导入一个 Illustrator 文件，其中包含用于卡通画面的所有人物。

1. 选择“文件”>“导入”>“导入到舞台”。
2. 选择 Lesson03/03Start 文件夹中的 characters.ai 文件。
3. 单击“打开”按钮。
4. 在“导入到舞台”对话框中，确保选择了顶级的“hero”和“robot”图层。你可以扩展它们下面的组，查看单独的绘制路径（如图 3.2 所示）。

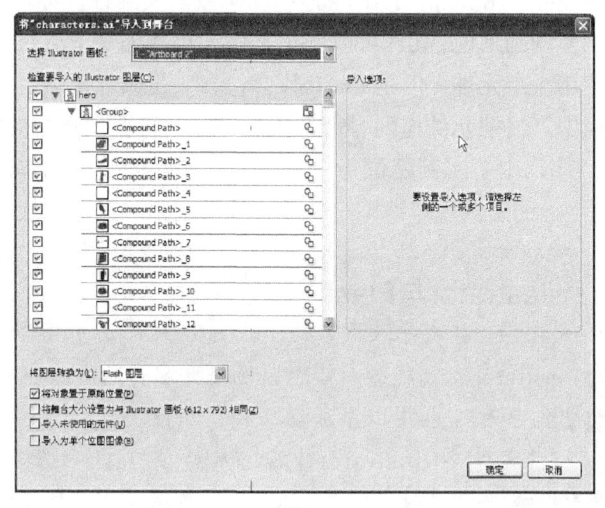

图3.2

如果只想导入某些图层，可以取消选中不想导入的图层。

5. 从“将图层转换为”菜单中选择“Flash 图层”,然后选择“将对象置于原始位置”（如图 3.3 所示）。设置完成后，单击“确定”按钮。

此时，Flash 将导入 Illustrator 图形，Illustrator 文件中的所有图层也会出现在“时间轴”中（如图 3.4 所示）。

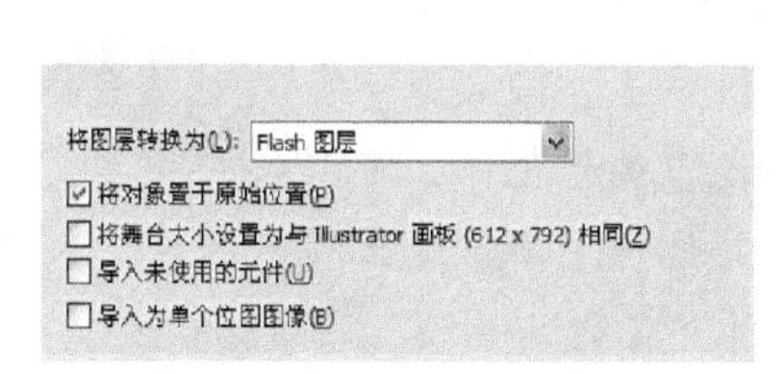

图3.3

图3.4

> 注意：可以选择 Illustrator 文件中显示的任何对象，并且选择将其导入为元件或位图图像。在本课程中将只导入 Illustrator 图形，并且采取额外的步骤将其转换为元件，以便你可以查看完整的过程。

## 3.3 关于元件

元件（Symbol）是一种可重用资源，可用于特效、动画或者交互性。你可以创建 3 种元件：图形、按钮和影片剪辑。对于许多动画来说，元件可以减小文件大小和缩短下载时间，因为它们可以重用。可以在项目中无限次地使用一个元件，但是 Flash 只会包含一份其数据。

元件存储在“库”面板中。当把元件拖到“舞台”上时，Flash 将会创建元件的一个实例（instance），并把原始的元件保存在“库”中。实例是位于“舞台”上元件的一个副本。可以把元件视作原始的摄影底片，而把“舞台”上的实例视作冲印出来的相片。只需利用一张底片，即可创建多张相片。

### 结合使用Adobe Illustrator与Flash

Flash Professional CS6可以导入原始的Illustrator文件，并且自动识别图层、帧和元件。如果你对Illustrator较为熟悉，可能会发现更容易的方法：即在Illustrator中设计布局，然后把它们导入Flash中以添加动画和交互性。

以Illustrator AI格式保存Illustrator作品，然后在Flash中选择“文件”>“导入”>“导入到舞台”或者“文件”>“导入”>“导入到库”，把作品导入Flash中。此外，还可以从Illustrator中复制作品，并把它粘贴到Flash文档中。

#### 导入图层

当导入的Illustrator文件包含图层时，可用以下任何一种方式导入它们：

- 把 Illustrator 图层转换为 Flash 图层；
- 把 Illustrator 图层转换为 Flash 关键帧；
- 把每个 Illustrator 图层都转换为 Flash 图形元件；
- 把所有 Illustrator 图层都转换为单个 Flash 图层；

#### 导入元件

在Illustrator中与在Flash中处理元件相似。事实上，在Illustrator和Flash中可以使用许多相同的针对元件的键盘快捷键：如都可以按下F8键来创建元件。

在Illustrator中创建元件时，“元件选项”对话框允许命名元件并设置特定于Flash的选项，包括元件类型（比如影片剪辑）和注册网格位置。

如果你想在不干扰其他任何内容的情况下在Illustrator中编辑元件，可以双击元件在隔离模式下编辑它。Illustrator将灰显画板上所有的其他对象。当退出隔离模式时，将会相应地更新“元件”面板中的元件以及元件的所有实例。

在Illustrator中可以使用“元件”面板或“控制”面板给元件实例指定名称、断开元件与实例之间的链接、交换一个元件实例与另一个元件，或者创建元件的副本。

**复制并粘贴图片**

在Illustrator与Flash之间复制并粘贴（或者拖动并释放）作品时，将会显示“粘贴”对话框。该对话框提供了用于正在复制的Illustrator文件的导入设置。可以把文件粘贴为单个位图对象，也可以使用AI文件的当前首选参数粘贴它（如果要更改设置，可以在Windows中选择“编辑”>“首选参数”或者在Mac中选择“Flash”>“首选参数”）。和把文件导入“舞台”或者“库”面板时一样，在粘贴Illustrator作品时可以把Illustrator图层转换为Flash图层。

**FXG文件格式**

FXG文件格式是一种跨平台的图形文件格式，可用于在Flash与其他Adobe图形程序（如Illustrator）之间轻松地移动作品。如果你想把Flash作品导出为FXG文件，可以选择“文件”>“导出”>“导出图像”，并选择“Adobe FXG”。和任何其他的外部文件一样，可以选择“文件”>“导入”>“导入到舞台”或者“文件”>“导入”>“导入到库”来导入FXG作品。

把元件视作容器也是有益的。元件只是用于内容的容器，可以包含 JPEG 图像、导入的 Illustrator 图画或者在 Flash 中创建的图画。任何时候都可以进入元件内部编辑它，这意味着编辑或替换其内容。

Flash 中的 3 种元件都用于特定目的。可以通过在“库”面板中查看元件旁边的图标，辨别它是图形（ ）、按钮（ ），还是影片剪辑（ ）。

### 3.3.1 影片剪辑元件

影片剪辑元件是最常见、最强大、最灵活的元件之一。在创建动画时，通常使用影片剪辑元件。可以对影片剪辑实例应用滤镜、颜色设置和混合模式，从而利用特效丰富其外观。

另一个值得注意的事实是，影片剪辑元件可以包含它们自己独立的“时间轴”。可以在影片剪辑元件内放入动画，就像在主“时间轴”上放置动画一样容易。这使得制作非常复杂的动画成为可能。例如，飞越“舞台”的蝴蝶可以从左边移动到右边，同时使它拍打的翅膀独立于它的移动。最重要的是，可以利用 ActionScript 控制影片剪辑，使它们对用户做出响应。例如，影片剪辑可以具有拖放行为。

### 3.3.2 按钮元件

按钮元件用于交互性。它们包含 4 个独特的关键帧，用于描述与鼠标交互时它们将怎样显示。

不过，按钮需要 ActionScript 功能才可工作。

你也可以对按钮应用滤镜、混合模式和颜色设置。在第 6 课中创建非线性导航模式以允许用户选择所看到的内容时，将学习关于按钮的更多知识。

### 3.3.3 图形元件

图形元件是最基本的元件类型。尽管可以把它们用于动画，但影片剪辑元件仍更受依赖。

图形元件是最不灵活的元件，因为它们不支持 ActionScript，也不能被应用滤镜或混合模式。不过在某些情况下，当你希望图形元件内的动画与主“时间轴”同步时，图形元件就是有用的。

## 3.4 创建元件

在前一课中，已学习了如何创建一个元件用于 Deco 工具。在 Flash 中，可以用两种方式创建元件。第一种方式是在“舞台”上不选取任何内容，然后选择“插入”>“新建元件”。Flash 会把你带入元件编辑模式，从而在那里开始绘制或导入用于元件的图形。

第二种方式是选取“舞台”上现有的图形，然后选择“修改”>“转换为元件”（F8 键）。这将把选取的任何内容都自动放在新元件内。

这两种方法都是有效的，使用哪种方法取决于特定的工作流程首选参数。大多数设计师更喜欢使用“转换为元件”命令（F8 键），因为他们可以在“舞台”上创建所有的图形，并在把各个组件转变为元件之前一起查看它们。

> Fl | 注意：当使用“转换为元件”命令时，实际上不会“转换”任何内容，而是把所选的任何内容都放在元件内。

在本课程中，将选取导入的 Illustrator 图形的不同部分，然后把它们转换为元件。

1. 在“舞台”上，选取 hero 图层中的卡通人物（如图 3.5 所示）。
2. 选择“修改”>“转换为元件”（F8 键）。
3. 将元件命名为“hero”，并为“类型”选择“影片剪辑”。
4. 保持所有其他设置不变。“对齐”指示元件的注册点，保持注册点位于左上角（如图 3.6 所示）。

图3.5

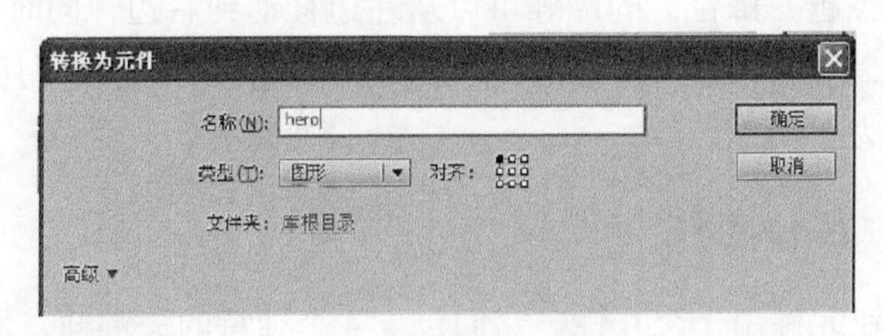


图3.6

5. 单击“确定”按钮，hero 元件将出现在“库”中（如图 3.7 所示）。

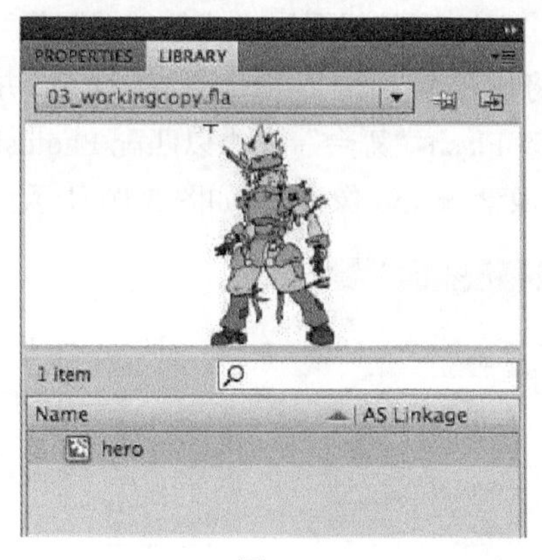


图3.7

6. 选取 robot 图层中的另一个卡通人物，也把它转换为影片剪辑元件，并命名为“robot”。现在“库”中就具有两个影片剪辑元件，并且“舞台”上还具有每个元件的一个实例。

## 3.5 导入 Photoshop 文件

你将导入一个 Photoshop 文件作为背景。这个 Photoshop 文件包含两个图层以及一种混合效果。混合效果可以在不同图层之间创建特殊的颜色混合。你将看到 Flash 在导入 Photoshop 文件时可以保持所有图层不变，并且还会保留所有的混合信息。

1. 在“时间轴”中选择顶部的图层。
2. 从顶部的菜单中，选择“文件”>“导入”>“导入到舞台”。
3. 在 Lesson03/03Start 文件夹中选择 background.psd 文件。
4. 单击“打开”按钮。
5. 在“导入到舞台”对话框中，确保选择了所有图层。在每个图层旁边的复选框中都应该显示一个选中标记。
6. 在左边的窗口中，选择 flare 图层。
7. 在右边的选项中，单击“具有可编辑图层样式的位图图像”单选按钮（如图 3.8 所示）。

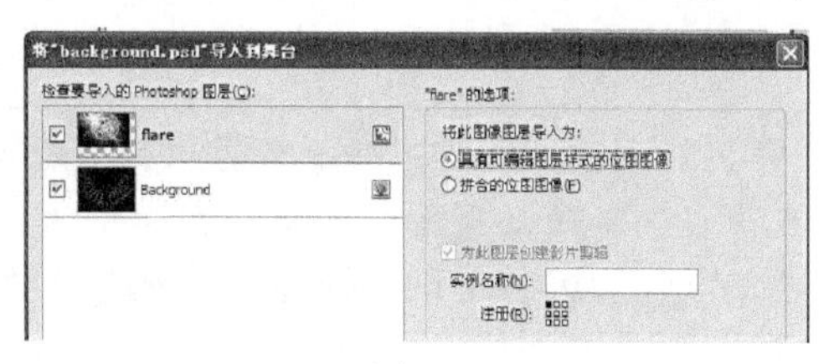


图3.8

影片剪辑元件图标出现在 Photoshop 图层的右边，指示导入的图层将转变为影片剪辑元件。另一个选项“拼合的位图图像”将不会保留任何图层效果，如透明度或混合。

**8.** 在左边的窗口中，选择 Background 图层。

**9.** 在右边的选项中，单击“具有可编辑图层样式的位图图像”单选按钮（如图 3.9 所示）。

**10.** 在对话框底部，设置“将图层转换为 Flash 图层”选项，并选择“将图层置于原始位置”。

你还具有一个选项，用于更改 Flash“舞台”大小以匹配 Photoshop 画布。不过，当前的“舞台”已经被设置为正确的尺寸（600 像素 ×450 像素），如图 3.10 所示。

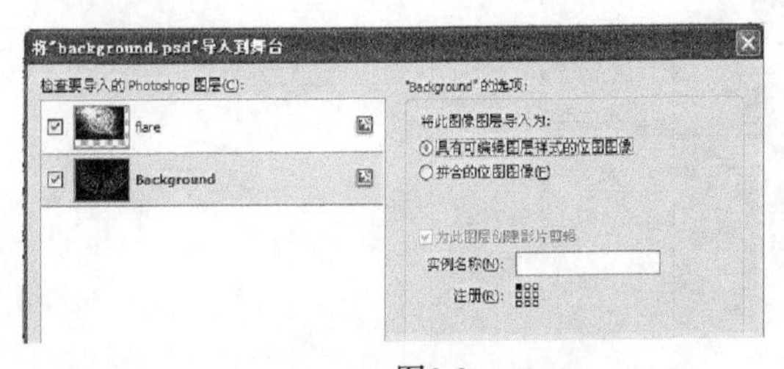


图3.9

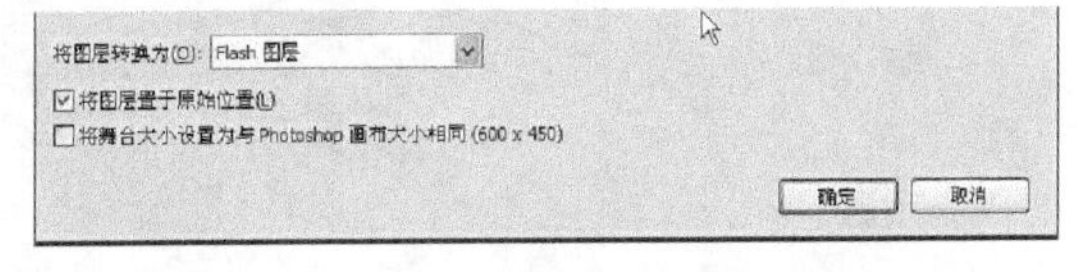


图3.10

**11.** 单击“确定”按钮，将把两个 Photoshop 图层导入 Flash 中，并置于“时间轴”中单独的图层上。

Photoshop 图像将自动被转换为影片剪辑元件，并且保存在“库”中。所有的混合和透明度信息都会被保留下来。如果选取 flare 图层中的图像，将会在“属性”检查器的“显示”区域中看到“混合”选项被设置为“变亮”（如图 3.11 所示）。

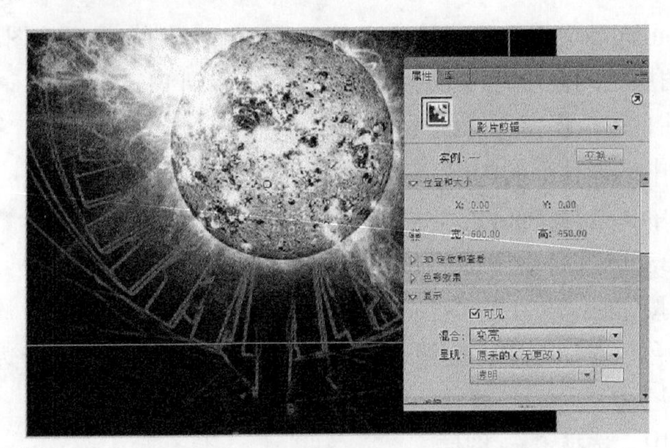


图3.11

**12.** 把 robot 和 hero 图层拖到“时间轴”的顶部，使得它们盖住背景图层。

> Fl 注意：如果你想编辑 Photoshop 文件，则不必再次执行整个导入过程。可以在 Adobe Photoshop 或者任何其他的图像编辑应用程序中的“舞台”上或者“库”面板中编辑任何图像。右击 / 按住 Ctrl 并单击“舞台”上或者“库”中的图像，选择利用 Adobe Photoshop 或者你首选的应用程序编辑它。Flash 将启动该应用程序，一旦保存了所做的更改，就会立即在 Flash 中更新图像。

## 3.6 编辑和管理元件

现在“库”中已具有多个影片剪辑元件，并且在“舞台”上具有多个实例。可以通过在文件夹中组织这些元件，更好地在“库”中管理它们。你还可以随时编辑任何元件。例如，如果你决定更改机器人一只手臂的颜色，可以轻松地进入元件编辑模式并执行这种更改。

### 关于图像格式

Flash支持导入多种图像格式。Flash可以处理JPEG，GIF，PNG和PSD（Photoshop）文件。对于包含渐变和细微变化（比如照片中出现的那些变化）的图像，可使用JPEG文件；对于具有较大的纯色块或者黑色和白色线条画的图像，可使用GIF文件；对于包括透明度的图像，可使用PNG文件；如果想保留来自Photoshop文件中的所有图层、透明度和混合信息，则可使用PSD文件。

### 把位图图像转换为矢量图形

有时，你希望把位图图像转换为矢量图形。Flash把位图图像作为一系列彩色点（或像素）进行处理，而把矢量图形作为一系列线条和曲线进行处理。这种矢量信息是动态呈现的，因此矢量图形的分辨率不像位图图像那样固定不变。这意味着可以放大矢量图形，而计算机总会清晰、平滑地显示它。把位图图像转换为矢量图形通常具有使之看起来像“多色调分色相片”的作用，因为细微的渐变将被转换为可编辑的、不连续的色块，这将达到一种有趣的效果。

要把位图图像转换为矢量图形，可以把位图图像导入Flash中。选取位图，并选择“修改”>“位图”>“转换位图为矢量图”。其中的选项确定了描绘的矢量图形相对于原始位图的忠实程度。

如图3.12所示，左图是原始位图，右图是矢量图形。

图3.12

在使用“转换位图为矢量图”命令时一定要小心谨慎，因为与原始位图图像相比，复杂的矢量图形通常要占用更多的内存，并且需要更长的计算机处理器周期。

### 3.6.1 添加文件夹和组织“库”

1. 在“库”面板中，右击 / 按住 Ctrl 键并单击空白空间，然后选择“新建文件夹”（如图 3.13 所示）。此外，也可以单击“库”面板底部的“新建文件夹”按钮（），将在“库”中创建一个新文件夹。
2. 把该文件夹命名为“characters”（如图 3.14 所示）。
3. 把 hero 和 robot 影片剪辑元件拖到 characters 文件夹中。
4. 可以折叠或展开文件夹，以隐藏或显示它们的内容，并保持“库”组织有序（如图 3.15 所示）。

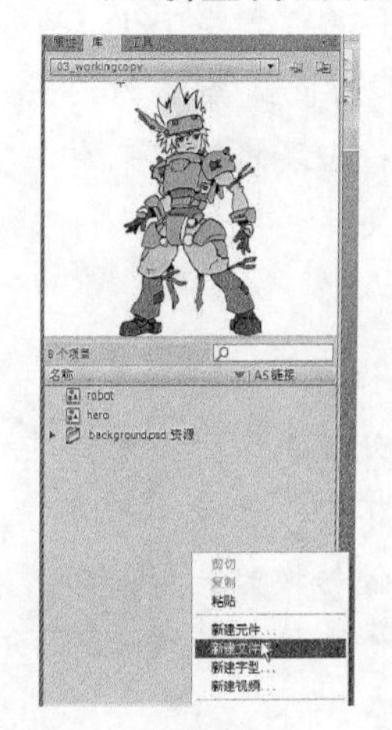

图3.13

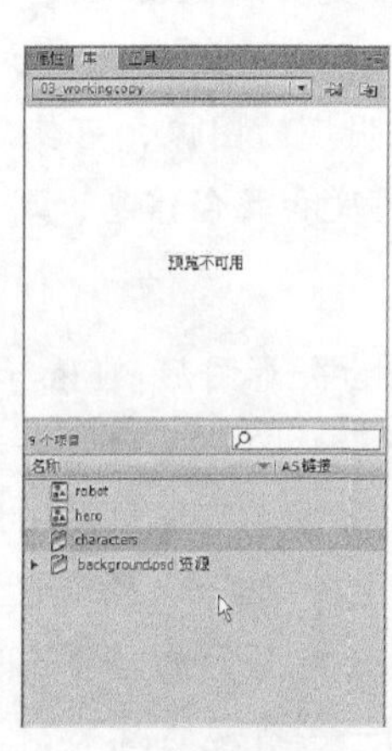

图3.14

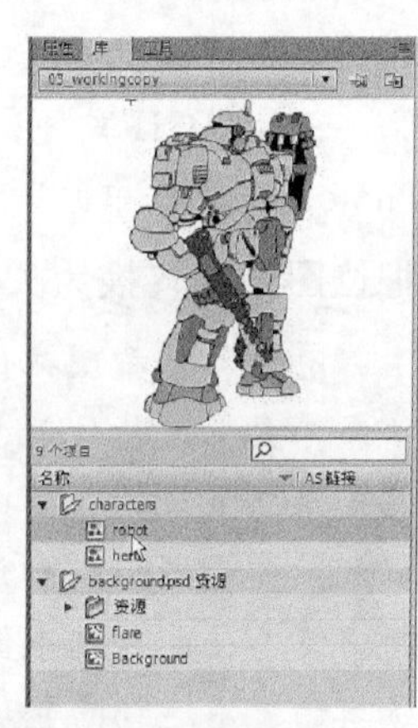

图3.15

### 3.6.2 在“库”中编辑元件

1. 在“库”中双击 robot 影片剪辑元件。

Flash 将把你带入元件编辑模式，以查看元件的内容，在这个例子中是“舞台”上的机器人。注意顶部的水平条，指示你不再处于“场景 1”中，而是处于名为“robot”的元件内（如图 3.16 所示）。

2. 双击图画以编辑它。你将需要多次双击图画组，以寻找到想编辑的单个形状（如图 3.17 所示）。

图3.16

图3.17

3. 选择“颜料桶”工具。选取新的填充颜色，并把它应用于机器人图画上的形状（如图 3.18 所示）。

4. 在“舞台”上方的顶部水平条中单击“场景 1”，返回到主“时间轴”。

“库”中的影片剪辑元件反映了所做的修改，“舞台”上的实例也反映了对元件所做的修改。如果编辑元件，“舞台”上的所有元件都会相应地发生改变（如图 3.19 所示）。

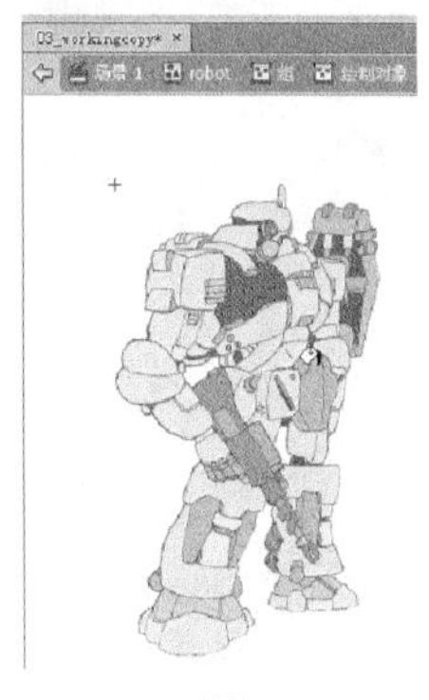

图3.18

图3.19

> **注意：**在“库”中可以快速、容易地复制元件。选取“库”元件，右击 / 按住 Ctrl 键并单击它，然后选择“复制”；或者从“库”右上角的“选项”菜单中选择“复制”，这将在“库”中创建所选元件的精确副本。

### 3.6.3 就地编辑元件

要想在“舞台”上其他对象的环境中编辑元件，可以通过在“舞台”上双击一个实例来完成。你将进入元件编辑模式，但是也能查看其周围的环境。这种编辑模式称为就地编辑（editing in place）。

1. 使用“选择”工具，双击“舞台”上的 robot 影片剪辑实例。

Flash 将灰显舞台上所有的其他对象，并把你带入元件编辑模式。注意顶部的水平条，指示你不再处于“场景 1”中，而是处于名为“robot”的元件内（如图 3.20 所示）。

图3.20

2. 双击图画以编辑它。你将需要多次双击图画组，以寻找到想编辑的单个形状（如图 3.21 所示）。
3. 选择“颜料桶”工具。选取新的填充颜色，并把它应用于机器人图画上的形状（如图 3.22 所示）。
4. 在“舞台”上方的顶部水平条中单击“场景 1”，返回到主“时间轴”。也可以只双击“舞台”上该图形外面的任何部分，返回到下一个更高的组级别。

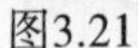

图3.21

图3.22

“库”中的影片剪辑元件反映了所做的修改，“舞台”上的实例也反映了对元件所做的修改。“舞台”上的所有元件都会根据对元件所做的编辑工作而发生相应的改变（如图 3.23 所示）。

图3.23

## 3.6.4 分离元件实例

如果你不再希望“舞台”上的某个对象是一个元件实例，可以使用“分离”命令把它返回到其原始形式。

**1.** 选取“舞台”上的机器人实例。

**2.** 选择“修改”>“分离”，Flash 将会分离 robot 影片剪辑实例（如图 3.24 所示）。留在“舞台”上的是一个组，只要愿意就可以进一步分离它以进行编辑。撤销“分离”命令可以将机器人对象恢复为一个元件实例。

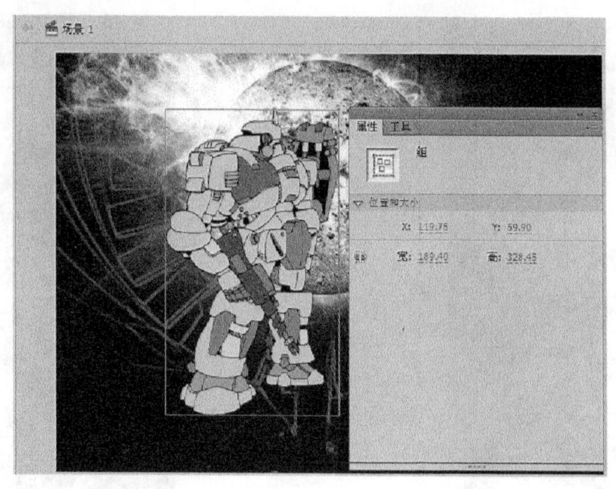


图3.24

## 3.7 更改实例的大小和位置

“舞台”上可以有相同元件的多个实例。现在将添加另外几个机器人，创建一支小型的机器人军队。你将学习如何单独更改每个实例的大小和位置（甚至更改其旋转方式）。

1. 在“时间轴”中选择 robot 图层。
2. 从“库”中把另一个 robot 元件拖到“舞台”上，“舞台”上将显示新实例（如图 3.25 所示）。

图3.25

3. 选择“任意变形”工具，在所选的实例周围将出现控制手柄（如图 3.26 所示）。
4. 拖动选区两边的控制句柄翻转机器人，使得它面对另一个方向（如图 3.27 所示）。

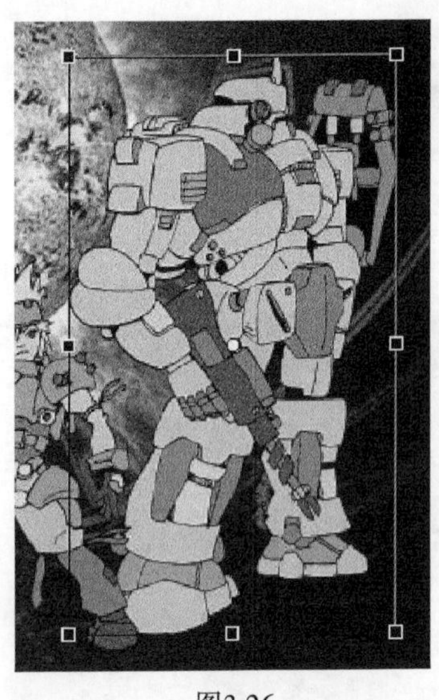

图3.26

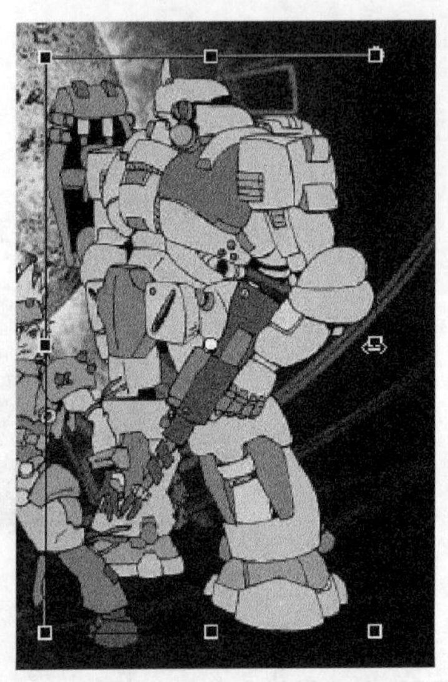

图3.27

5. 在按住 Shift 键的同时拖动选区某个角上的控制句柄，以缩小机器人（如图 3.28 所示）。
6. 从“库”中把第三个机器人拖到“舞台”上。利用“任意变形”工具翻转机器人，调整它的大小，并使之与第二个机器人部分重叠。

机器人军队在不断地发展壮大（如图 3.29 所示）！

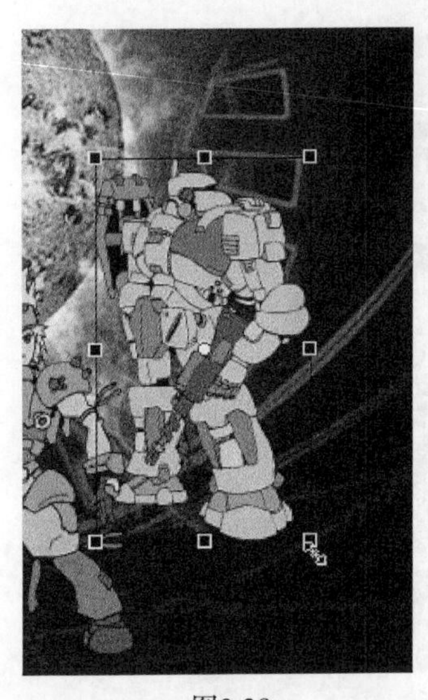

图3.28

图3.29

### 3.7.1 使用标尺和辅助线

你可能会希望更精确地放置元件实例。在第 1 课中，已学习了如何在“属性”检查器中使用 X

和 Y 坐标来定位各个对象。在第 2 课中，已学习了使用“对齐”面板使多个对象相互对齐。在“舞台”上定位对象的另一种方式是使用标尺和辅助线。标尺出现在粘贴板的上边和左边，沿着水平轴和垂直轴提供度量单位。辅助线是出现在“舞台”上的水平线或垂直线，但它不会出现在最终发布的影片中。

**1.** 选择“视图”>“标尺”(Ctrl+Alt+Shift+R/Option+Shift+Command+R 组合键)。

以像素为单位进行度量的水平标尺和垂直标尺分别出现在粘贴板的上边和左边。在“舞台”上移动对象时，标记线指示边界框在标尺上的位置（如图 3.30 所示）。

图3.30

**2.** 单击顶部的水平标尺，并拖动一条辅助线到“舞台”上。

“舞台”上将出现一条彩色线条，可把它用于对齐（如图 3.31 所示）。

图3.31

**3.** 利用“选择”工具双击辅助线，弹出“移动辅助线”对话框。

**4.** 输入“435”作为辅助线的新像素值，然后单击“确定”按钮（如图 3.32 所示）。

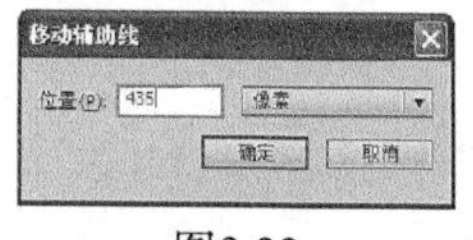

图3.32

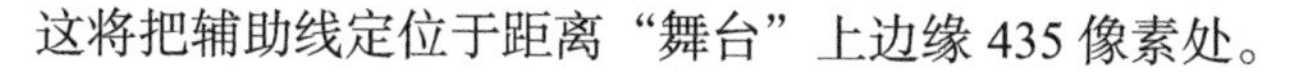
这将把辅助线定位于距离“舞台”上边缘 435 像素处。

5. 选择“视图”>“贴紧”>“贴紧至辅助线”，确保选中“贴紧至辅助线”选项。

对象现在将贴紧至“舞台”上的任何辅助线。

6. 拖动 robot 实例和 hero 实例，使得它们的底部边缘与辅助线对齐（如图 3.33 所示）。

图3.33

> **Fl** 注意：选择“视图”>“辅助线”>“锁定辅助线”可以锁定辅助线，以防止意外地移动它们。选择“视图”>“辅助线”>“清除辅助线”可清除所有的辅助线。选择“视图”>“辅助线”>“编辑辅助线”可更改辅助线的颜色和贴紧精确度。

## 3.8 更改实例的色彩效果

“属性”检查器中的“色彩效果”选项允许更改任何实例的多种属性。这些属性包括亮度、色调或 Alpha 值。

亮度控制显示实例的明暗；色调控制总体色彩；Alpha 值控制不透明度。减小 Alpha 值将减小不透明度，增加透明度。

### 3.8.1 更改亮度

1. 使用“选择”工具，单击“舞台”上最小的那个机器人。
2. 在“属性”检查器中，从“色彩效果”的“样式”菜单中选择“亮度”（如图 3.34 所示）。
3. 把“亮度”滑块拖到 -40%（如图 3.35 所示）。

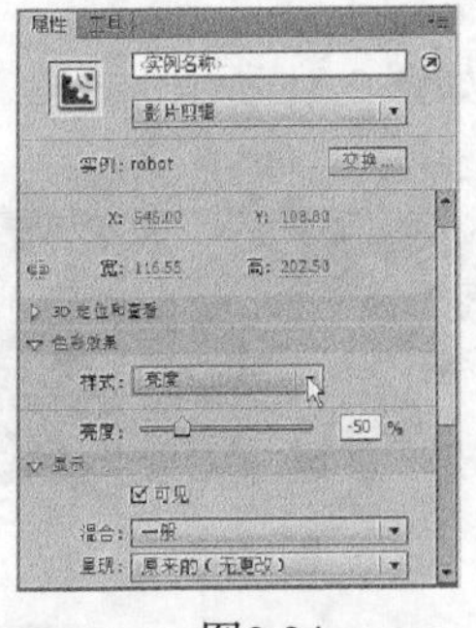


图3.34

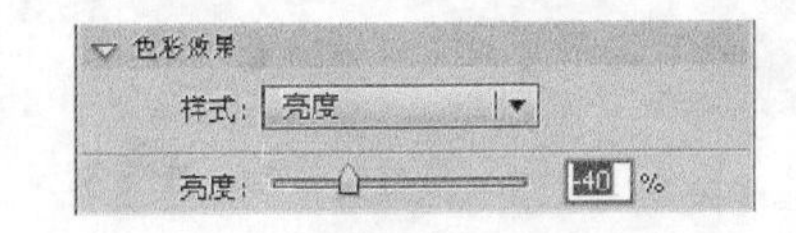


图3.35

“舞台”上的 robot 实例将变得更暗，并且看起来好像更遥远（如图 3.36 所示）。

图3.36

## 3.8.2 更改透明度

1. 在 flare 图层中选取发光的天体。
2. 在“属性”检查器中，从“色彩效果”的“样式”菜单中选择 Alpha（如图 3.37 所示）。
3. 把 Alpha 滑块拖动到值 50%（如图 3.38 所示）。

“舞台”上 flare 图层中的天体将变得更透明（如图 3.39 所示）。

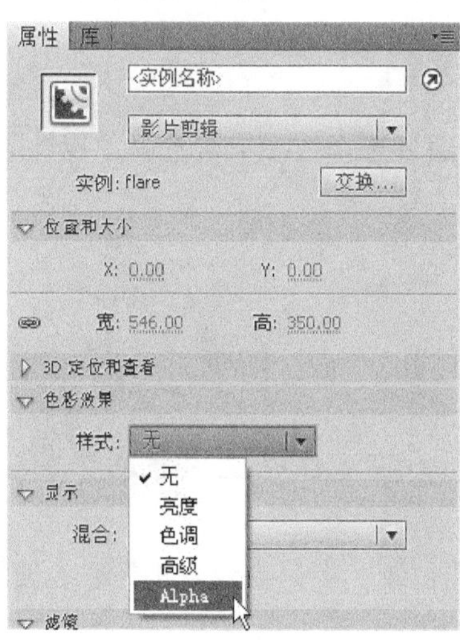


图3.37

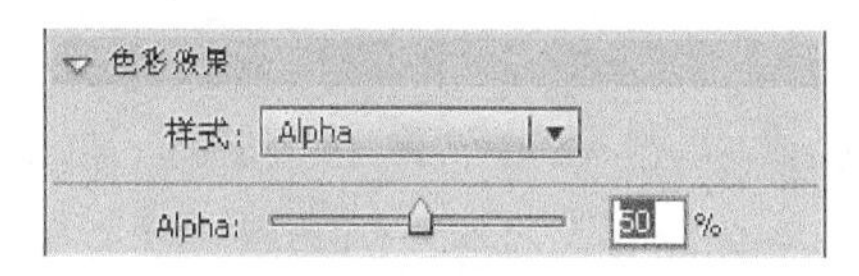


图3.38

图3.39

> **Fl** 注意：要重新设置任何实例的“色彩效果”，可以从“样式”菜单中选择“无”。

## 3.9 理解显示选项

“属性”检查器中的“显示”区域为影片剪辑提供了控制实例可见性、混合与呈现的选项。

### 3.9.1 影片剪辑的可见选项

“可见”属性使对象对观众可见或者不可见。你可以通过选择或者取消选择“属性”检查器中的该选项，直接控制影片剪辑的“可见”属性。

1. 选取“选择”工具。
2. 选择“舞台”上的一个机器人影片剪辑实例。
3. 在“属性”检查器中的“显示”区域下，可以注意到“可见”选项默认选中，这意味着实例可见（如图 3.40 所示）。
4. 取消勾选“可见”复选框，所选的实例变为不可见（如图 3.41 所示）。

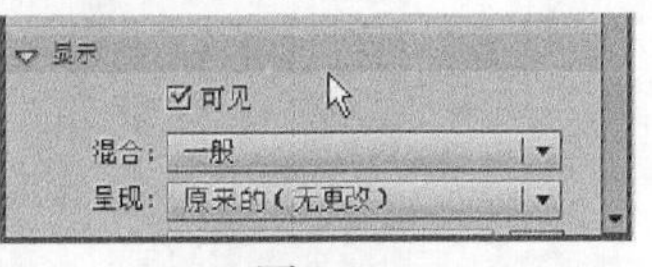


图3.40

该实例存在于“舞台”上，你仍然可以将其移到新的位置，但是观众看不到它。使用“可选”选项可在影片期间开启或者关闭实例，而不是完全删除它们。你还可以使用“可选”选项定位“舞台”上的不可见实例，以便用 Flash 编码语言 ActionScript 在以后将它们变为可见。

选中“可见”选项，使“舞台”上的机器人再次可见。

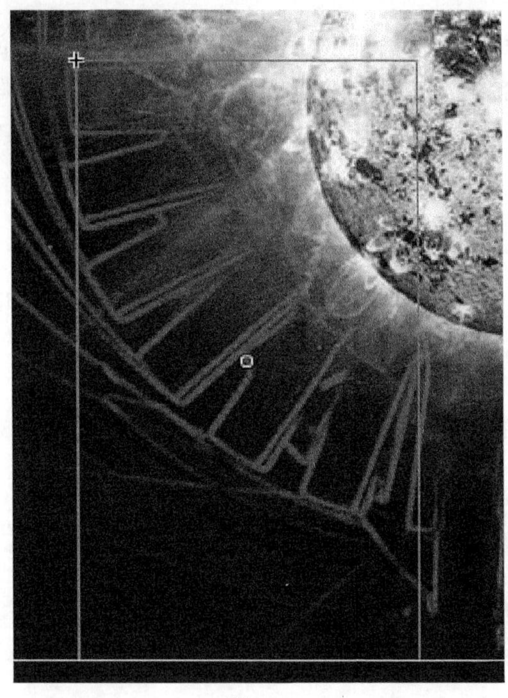

图3.41

### 3.9.2 混合效果

混合是指一个实例的颜色如何同它下面的颜色相互作用。你已看到如何对 flare 图层中的实例应用“变亮”选项（继承自 Photoshop），这使它与 Background 图层中的实例更好地融为一体。

有许多种“混合”选项，其中一些具有令人惊奇的效果，这取决于实例中的颜色以及它下面图层中的颜色。可试验所有的选项，以了解它们的工作方式。图 3.42 显示了一些“混合”选项，以及它们对于蓝色 - 黑色渐变上 robot 实例的作用。

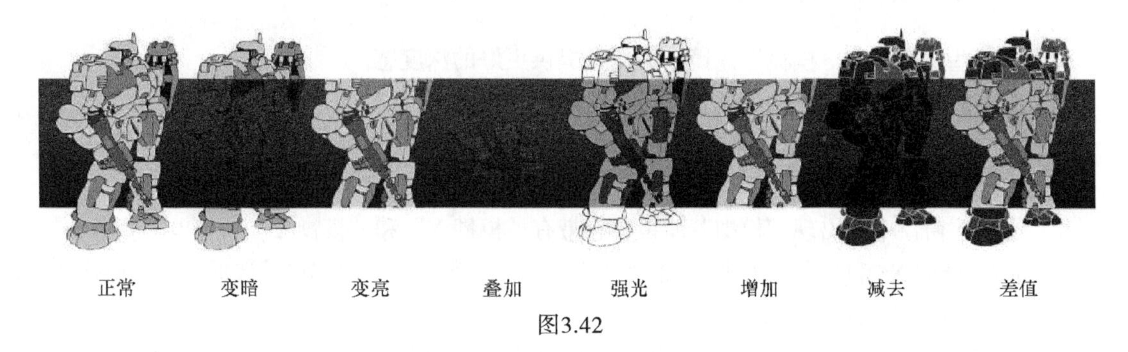


图3.42

### 3.9.3 导出为位图

本课中的机器人和英雄角色是包含从 Illustrator 导入的复杂矢量图的影片剪辑元件。但矢量图是处理器密集的，可能会给性能和播放带来沉重的代价。“导出为位图”选项可能对此有帮助，它将矢量图当作位图呈现，降低了性能负荷。不过影片剪辑在 FLA 文件中仍然是可以编辑的矢量图，所以你仍然可以修改插图。

1. 选取“选择”工具。
2. 选择“舞台”上的英雄影片剪辑实例。
3. 在“属性”检查器中，为“呈现”选项选择“导出为位图”（如图 3.43 所示）。

英雄影片剪辑实例显示为发布时呈现的样子。你可能会发现，由于图片的“光栅化”，它显得有些“柔化”。

4. 在“呈现”选项下的下拉式菜单中，保持“透明”选择（如图 3.44 所示）。

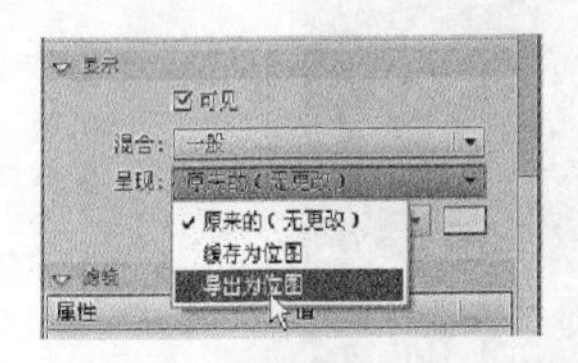

图3.43

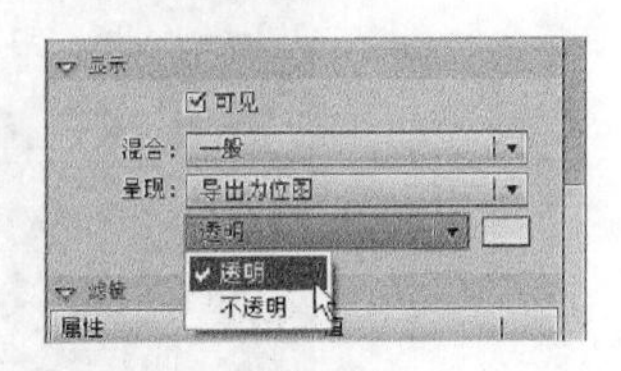

图3.44

“透明”选项将影片剪辑元件的背景呈现为透明的；反之，你可以选择“不透明”并为影片剪辑元件的背景选择一种颜色。

## 3.10 应用滤镜以获得特效

滤镜是可以应用于影片剪辑实例的特效。“属性”检查器的“滤镜”区域中提供了多种滤镜，且都具有不同的选项，可用于美化效果。

### 3.10.1 应用“模糊”滤镜

你将对一些实例应用“模糊”滤镜，为场景提供更好的深度感。

1. 选取 flare 图层中发光的天体。
2. 在“属性”检查器中，展开“滤镜”区域。
3. 单击“滤镜”区域底部的“添加滤镜”按钮，并选择“模糊”（如图 3.45 所示）。

在“滤镜”窗口中将出现“模糊”滤镜，它带有“模糊 X”和“模糊 Y”的选项。

4. 如果“模糊 X”和“模糊 Y”尚未链接，可以单击“模糊 X”和“模糊 Y”选项旁边的链接图标，链接两个方向上的模糊效果。
5. 将“模糊 X”和“模糊 Y”的值设置为 10 像素（如图 3.46 所示）。

图3.45

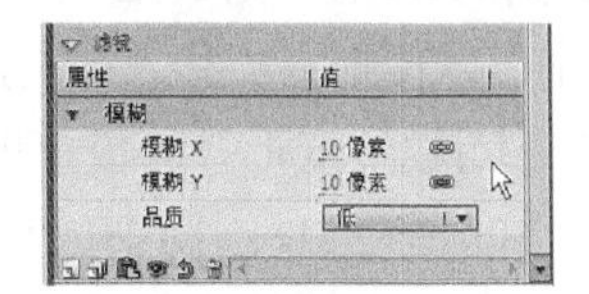


图3.46

“舞台”上的实例将变模糊，这有助于给该场景提供一种大气透视效果（如图 3.47 所示）。

图3.47

> **Fl** 注意：最好把“滤镜”的“品质”设置保持为“低”。较高的设置是处理器密集的，可能会损害性能，应用了多种滤镜时更甚。

## 更多的滤镜选项

在“滤镜”窗口底部有一排选项，它们可以帮助你管理和应用多种滤镜（如图3.48所示）。

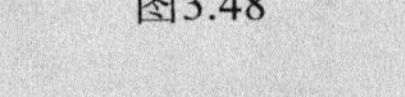

图3.48

“预设”按钮允许保存特定的滤镜及其设置，以便你可以把它应用于另一个实例。“剪贴板”按钮允许复制并粘贴任何所选的滤镜。“启用或禁用滤镜”按钮允许查看已应用或未应用滤镜的实例。“重置滤镜”按钮将把滤镜参数重置为它们的默认值。

## 3.11 在 3D 空间中定位

你还具有在真实的 3D 空间中定位对象并制作其动画的能力。不过，这些对象必须是影片剪辑元件或者 TLF 文本，以便把它们移入 3D 空间中。有两个工具能在 3D 空间中定位对象："3D 旋转"工具和"3D 平移"工具。"变形"面板也提供了用于定位和旋转的信息。

理解 3D 坐标空间是在 3D 空间中成功地放置对象所必不可少的。Flash 使用 3 根轴（*x* 轴、*y* 轴和 *z* 轴）划分空间。*x* 轴水平穿越"舞台"，左边缘的 *x*=0；*y* 轴垂直穿越"舞台"，上边缘的 *y*=0；*z* 轴则进出"舞台"平面（朝向或离开观众），并且"舞台"平面上的 z=0。

### 3.11.1 更改对象的 3D 旋转

接着向图像中添加一些文本，但是为了增加一点趣味性，你将使之倾斜以更符合透视原则。考虑一下电影 *Star Wars*（《星球大战》）开头的文字介绍，看看你是否可以实现相似的效果。

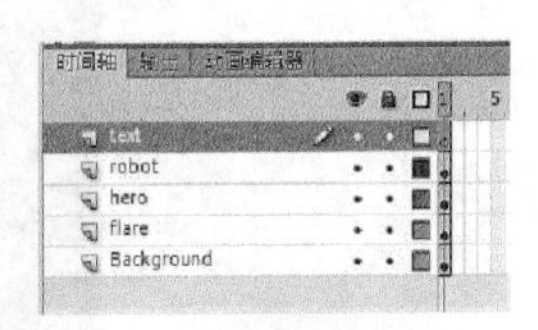

图3.49

1. 在图层组顶部插入一个新图层，并把它重命名为"text"（如图 3.49 所示）。
2. 在"工具"面板中，选择"文本"工具。
3. 在"属性"检查器中，选择"TLF 文本"、"只读"，并选择一种大号字体。它带有一种有趣的颜色，可增加活力。你的字体看起来可能与本课中显示的字体略有不同，这取决于你的计算机上的可用字体。
4. 在 text 图层中，在"舞台"上单击以输入标题（如图 3.50 所示）。

图3.50

5. 要退出“文本”工具，可选取“选择”工具。

6. 选择“3D旋转”工具（ ）。

实例上出现了一个圆形的彩色靶子，这是用于3D旋转的辅助线。把这些辅助线视作地球仪上的线条是有用的。红色经线围绕 $x$ 轴旋转实例；沿着赤道的绿线围绕 $y$ 轴旋转实例；圆形蓝色辅助线则围绕 $z$ 轴旋转实例（如图3.51所示）。

图3.51

7. 单击其中一条辅助线（红线用于 $x$ 轴，绿线用于 $y$ 轴，蓝线用于 $z$ 轴），并在任何一个方向上拖动光标，在3D空间中旋转实例（如图3.52所示）。

也可以单击并拖动外部的橙色圆形辅助线，在全部3个方向上任意旋转实例。

图3.52

## 全局变形与局部变形

在选择“3D旋转”或“3D平移”工具时，必须了解“工具”面板底部的“全局变形”选项（它显示为一个三维立方体）。在选择“全局变形”选项时，旋转和定位将相对于全局（或“舞台”）坐标系统进行。你正在移动的对象上的3D视图在固定的位置显示3根轴，而不管对象是怎样旋转或移动的。注意在下面的图像中，3D视图是怎样总是垂直于“舞台”的（如图3.53所示）。

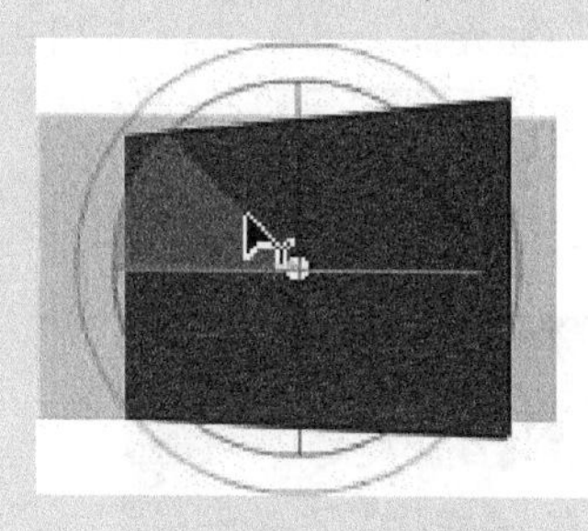
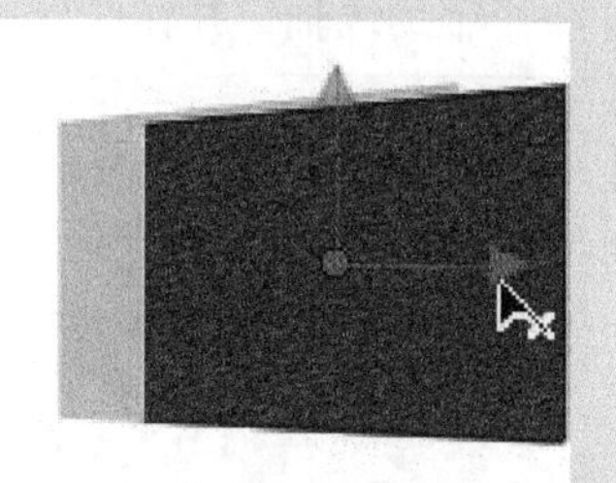

图3.53

不过，当关闭“全局变形”选项（释放该按钮）时，旋转和定位将相对于对象进行。3D视图显示了相对于对象（而不是“舞台”）定位的3根轴。例如在下面的图像中，注意“3D平移”工具显示了从矩形（而不是“舞台”）伸出的z轴（如图3.54所示）。

图3.54

### 3.11.2 更改对象的 3D 位置

除了更改对象在 3D 空间中的旋转方式之外，还可以把它移到 3D 空间中的特定点处。可以使用“3D 平移”工具，它隐藏在“3D 旋转”工具之下。

1. 选择“3D 平移”工具（ ）。
2. 单击文本。

实例上将出现辅助线，这是用于 3D 平移的辅助线。红色辅助线表示 *x* 轴，绿色辅助线表示 *y* 轴，蓝色辅助线表示 *z* 轴（如图 3.55 所示）。

图3.55

3. 单击其中一个辅助线轴，并在任何一个方向上拖动光标，可在 3D 空间中移动实例。

Fl | 注意：当在“舞台”周围移动文本时，它仍将保持在透视图内（如图 3.56 所示）。

图3.56

### 3.11.3 重置旋转和定位

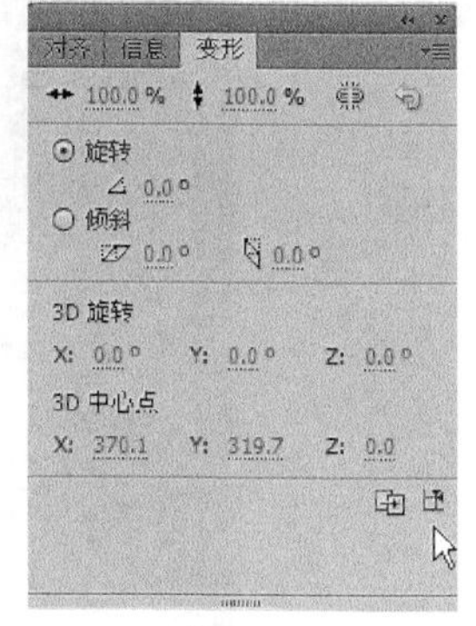

图3.57

如果在3D变形中出错，并且希望重置实例的定位和旋转，可以使用“变形”面板。

1. 选取“选择”工具，并选择想重置的实例。
2. 选择“窗口”>“变形”，打开“变形”面板。

“变形”面板将显示 $x$、$y$ 和 $z$ 的角度及定位的所有值。

3. 单击“变形”面板右下角的“取消变形”按钮（如图3.57所示）。

所选的实例将返回到其原始设置。

### 3.11.4 了解消失点和透视角度

在2D平面（比如计算机屏幕）上表示的3D空间中的对象是利用透视图呈现的，以使它们看上去和现实中一样。正确的透视图依赖于许多因素，包括消失点（vanishing point）和透视角度（perspective angle），在Flash中可以更改它们。

消失点可确定透视图的水平平行线汇聚于何处。消失点通常位于视野中心与眼睛水平的位置，因此默认的设置正好在“舞台”的中心。不过，可以更改消失点设置使之出现在平视位置的上、下、左、右。

透视角度可确定平行线能够多快地汇聚于消失点。角度越大，汇聚得越快，因此插图看起来更费力、更扭曲。

1. 在“舞台”上选取已经在3D空间中移动或旋转了的对象。
2. 在“属性”检查器中，展开“3D定位和查看”区域（如图3.58所示）。

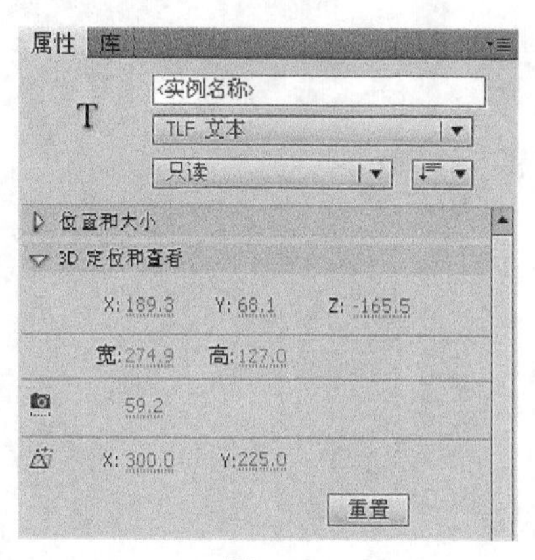

图3.58

3. 单击并拖动“消失点”的X值和Y值，更改消失点，在“舞台”上通过相交的灰线指示它（如图3.59所示）。
4. 要将“消失点”重置为默认值（“舞台”的中心），可单击“重置”按钮。
5. 单击并拖动“透视角度”值，更改扭曲程度。角度越大，扭曲越明显（如图3.60所示）。

图3.59

图3.60

# 复习

## 复习题

**1.** 什么是元件，它与实例之间有什么区别？

**2.** 指出可用于创建元件的两种方式。

**3.** 在导入 Illustrator 文件时，如果选择将图层导入为图层，会发生什么？如果选择将图层导入为关键帧，又会发生什么？

**4.** 在 Flash 中怎样更改实例的透明度？

**5.** 编辑元件的两种方式是什么？

## 复习题答案

1. 元件是图形、按钮或影片剪辑，在 Flash 中只需创建它们一次，然后就可以在整个文档或其他文档中重复使用。所有元件都存储在“库”面板中。实例是位于“舞台”上元件的副本。
2. 创建元件有两种方式，一种是选择“插入”>“新建元件”；另一种是选取“舞台”上现有的对象，然后选择“修改”>“转换为元件”。
3. 当把 Illustrator 文件中的图层导入为 Flash 中的图层时，Flash 将识别 Illustrator 中的图层，并在“时间轴”中把它们添加为单独的图层。当把图层导入为关键帧时，Flash 将把每个 Illustrator 图层都添加到“时间轴”中单独的帧中，并为它们创建关键帧。
4. 实例的透明度是由其 Alpha 值确定的。要更改透明度，可以在“属性”检查器中从“色彩效果”菜单中选择 Alpha，然后更改 Alpha 百分数。
5. 编辑元件的两种方式是：双击“库”中的元件进入元件编辑模式；或者双击“舞台”上的实例就地进行编辑。就地编辑元件允许查看实例周围的其他对象。

# 第4课 添加动画

课程概述

在这一课中，你将学习如何执行以下任务：

- 制作对象位置、缩放和旋转的动画；
- 调整动画的播放速度（pacing）和播放时间（timing）；
- 制作透明度和特效的动画；
- 更改运动的路径；
- 在元件内创建动画；
- 更改动画的缓动（easing）；
- 在 3D 空间中制作动画。

完成本课程的学习需要大约两个小时。如果需要，可以从硬盘驱动器上删除前一课的文件夹，并把 Lesson04 文件夹复制其上。

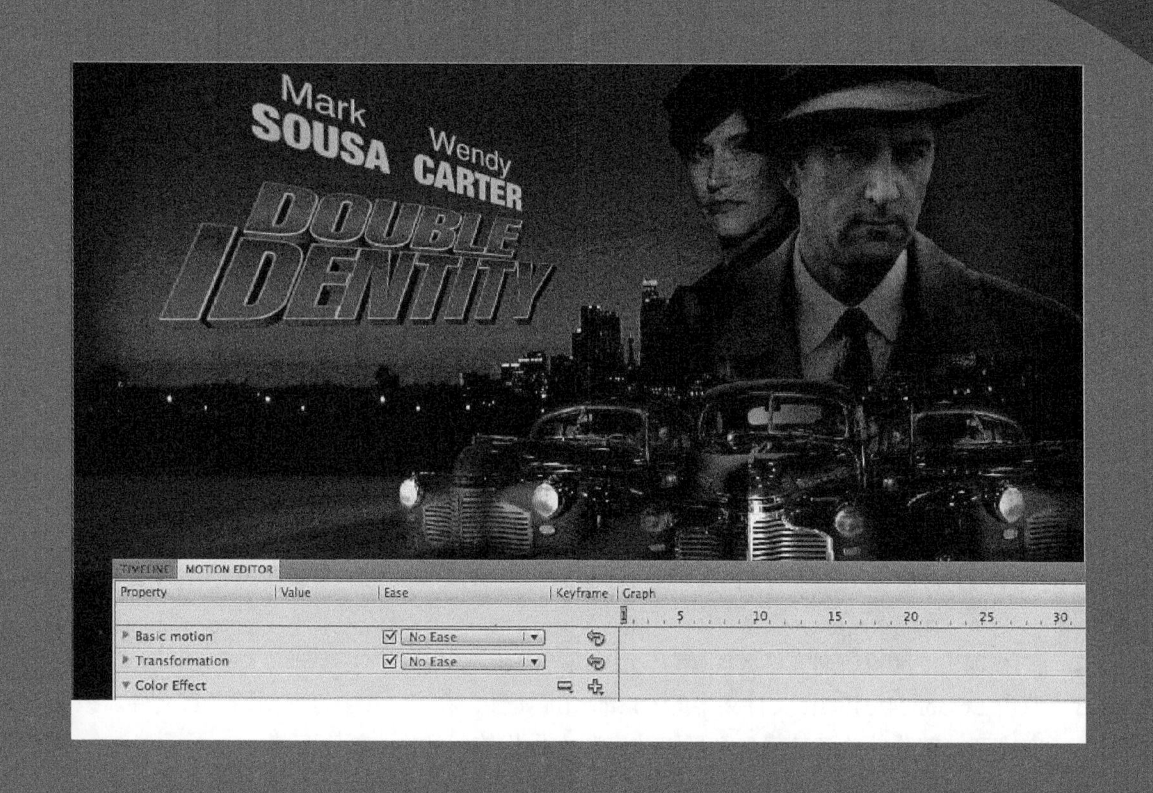


随着时间的推移，Flash Professional CS6 可被用于更改对象的几乎所有方面，包括位置、颜色、透明度、大小和旋转等。补间动画是利用元件实例创建动画的基本技术。

## 4.1 开始

首先查看完成的影片文件，看看你将在本课程中创建的动画式标题页面。

1. 双击 Lesson04/04End 文件夹中的 04End.html 文件，播放动画（如图 4.1 所示）。

图4.1

本项目是一个动画式醒目页面，用于即将发布的虚拟运动图片。本课程将使用补间动画（motion tween）对页面上的多个组成部分制作动画，包括城市风光、主要演员、几辆老式汽车和主标题。

2. 关闭 04End.html 文件。
3. 双击 Lesson04/04Start 文件夹中的 04Start.fla 文件，在 Flash 中打开初始项目文件。该文件完成了一部分，并且已经包含导入“库”中供你使用的许多图形元素。
4. 在“舞台”上方的视图选项中选择“符合窗口大小”，使得你可以在自己的计算机屏幕上查看整个“舞台”。
5. 选择“文件”>“另存为”。把文件命名为“04_workingcopy.fla”，并保存在 04Start 中。

保存工作副本可确保当你想重新开始时，能使用原始起始文件。

## 4.2 关于动画

动画是对象随着时间的推移而发生的运动或变化。动画可能像从一个帧到下一个帧移动盒子经过“舞台”那样简单，也可能复杂得多。在本课程中，将学习把单个对象的许多不同方面制作成动画。你可以更改对象在“舞台”上的位置，改变它们的颜色或透明度，更改它们的大小和旋转方式，甚至对你在前一课中看到的特殊滤镜制作动画。你还可以控制对象的运动路径，甚至控制它们的缓动——对象加速或减速的方式。

在 Flash 中，动画制作的基本流程如下：选取“舞台”上的对象，右击 / 按住 Ctrl 键并单击它，然后在上下文菜单中选择“创建补间动画”。接着把红色播放头移到“时间轴”中的不同点处，并把对象移到一个新位置。而 Flash 会负责余下的工作。

补间动画（motion tween）将为“舞台”上位置的改变以及大小、颜色或其他属性的改变创建动画，但要求使用元件实例。如果所选的对象不是一个元件实例，Flash 将自动要求把所选内容转换为元件。Flash 还会自动把补间动画分隔在它们自己的图层上，这些图层称为“补间”图层。每个图层中只能有一个补间动画，而不能有任何其他元素。“补间”图层允许随着时间的推移在不同关键点处更改实例的多种属性。例如，航天飞机可以位于“舞台”左边的开始关键帧上以及“舞台”最右边的结束关键帧上，由此得到的补间将使航天飞机飞越“舞台”。

术语“补间”来自于经典动画领域。高级动画师负责绘制其人物的开始和结束姿势，这是动画的关键帧。然后初级动画师将加入进来绘制中间的帧，或者做中间工作。因此，“补间”是指关键帧之间的平滑过渡。

## 4.3 了解项目文件

04Start.fla 文件包含几个已经完成或部分完成的动画式元素。6 个图层（man，woman，Middle_car，Right_car，footer 和 ground）中的每个图层都包含一个动画。man 和 woman 图层位于名为 actors 的文件夹中，Middle_car 和 Right_car 图层则位于名为 cars 的文件夹中（如图 4.2 所示）。

你将添加更多的图层以添加动画式城市风光，美化其中一位演员的动画，并添加第三辆汽车和一个 3D 标题。所有必需的图形元素都已经导入“库”面板中。“舞台”被设置为 1280 像素 ×787 像素以充满高分辨率显示器，“舞台”颜色被设置为黑色。

你可能需要选择不同的视图选项来查看整个“舞台”。选择“视图”>“缩放比率”>“符合窗口大小”或者从“舞台”右上角的视图选项中选择“符合窗口大小”，以适合屏幕的缩放百分比查看“舞台”（如图 4.3 所示）。

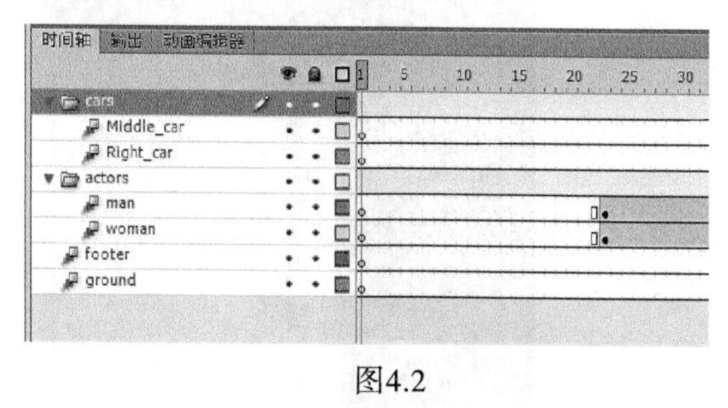


图4.2

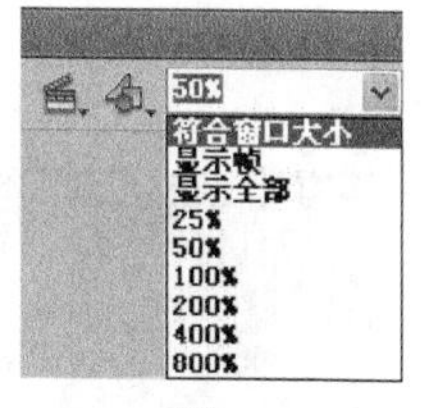


图4.3

## 4.4 制作位置的动画

你将通过制作城市风光的动画来开始这个项目。它将开始于比“舞台”上边缘稍低一点的位置，然后缓慢上升，直至顶部与“舞台”顶部对齐。

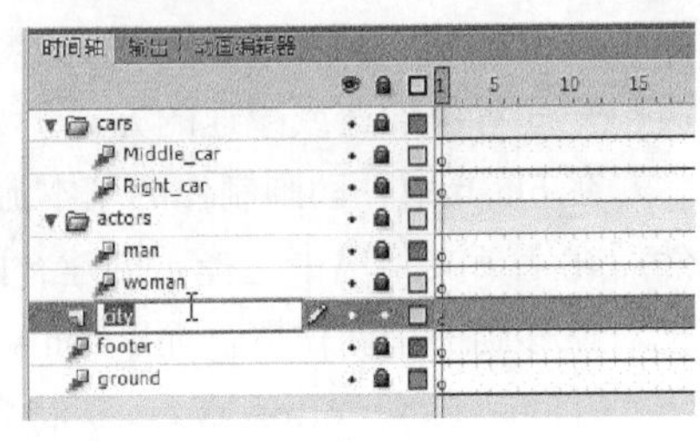


图4.4

1. 锁定所有现有的图层，使得你不会意外地修改它们。在 footer 图层上面创建一个新图层，并把它重命名为“city”（如图 4.4 所示）。
2. 从“库”面板中的 bitmaps 文件夹中把名为“cityBG.jpg”的位图图像拖到“舞台”上（如图 4.5 所示）。
3. 在“属性”检查器中，将 X 的值设置为 0，将 Y 的值设置为 90（如图 4.6 所示）。

这将把城市风光图像定位于比“舞台”上边缘稍低的位置。

4. 右击 / 按住 Ctrl 键并单击城市风光图像，并选择“创建补间动画”（如图 4.7 所示）。

图4.5

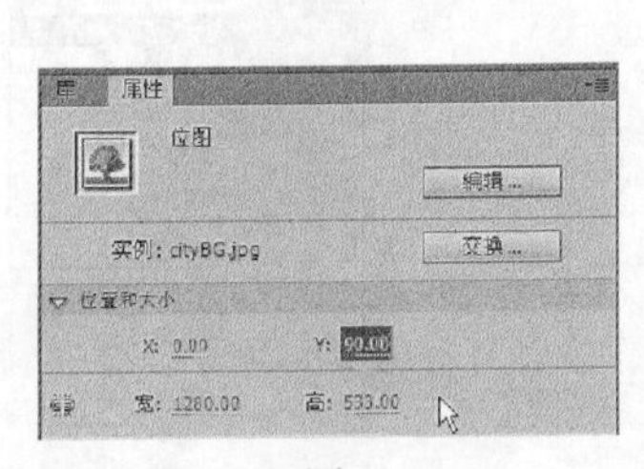


图4.6

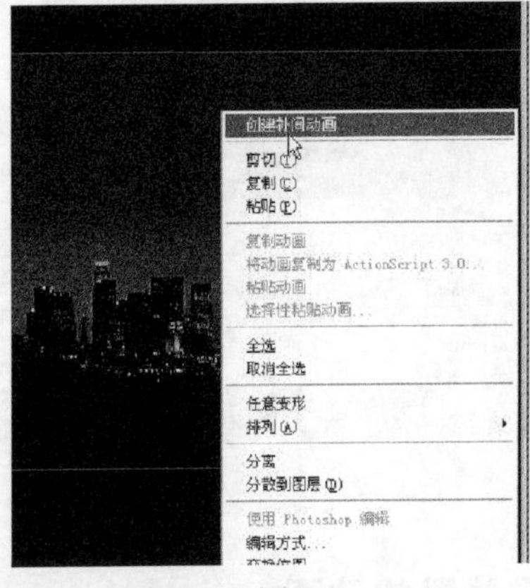


图4.7

在顶部的菜单中，也可以选择“插入”>“补间动画”。

5. 此时将弹出一个对话框，警告你所选的对象不是一个元件。补间动画需要元件。Flash 将询问你是否想把所选的内容转换为元件，以便它可以继续处理补间动画（如图 4.8 所示）。然后单击“确定”按钮。

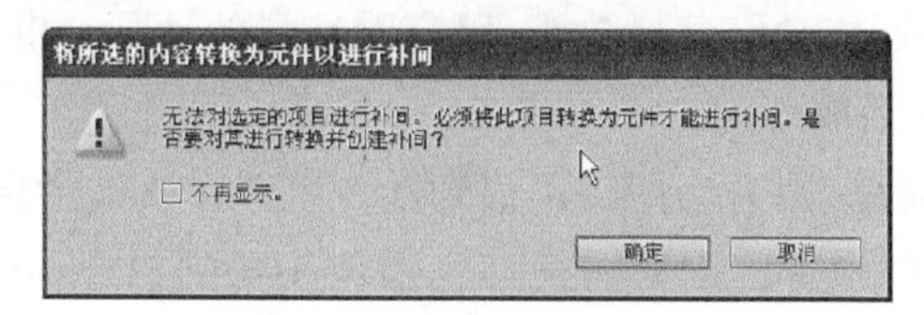


图4.8

Flash 会自动把所选的内容转换为元件，并保存在“库”面板中。Flash 会把当前图层转换为“补间”图层，以便你可以开始对实例制作动画。“补间”图层通过图层名称前面的特殊图标来区分，其中的帧被设置成蓝色（如图 4.9 所示）。“补间”图层被保留用于补间动画，因此不允许在“补间”图层上绘制对象。

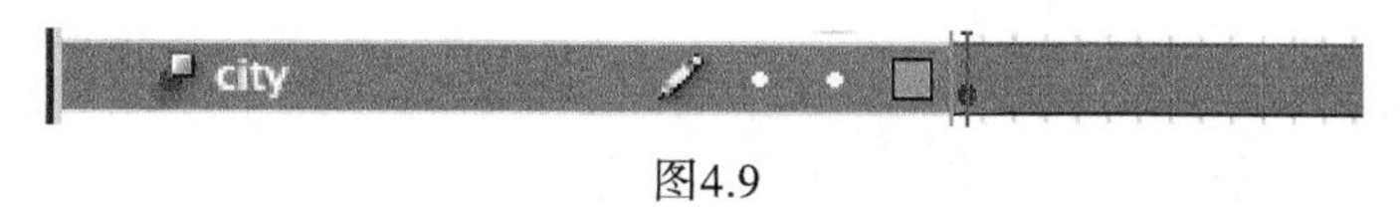


图4.9

6. 把红色播放头移到补间范围的末尾，即第 190 帧处。
7. 在“舞台”上选取城市风光的实例，并在按住 Shift 键的同时在“舞台”上进行移动。按住 Shift 键用于限制沿直角移动。
8. 为了更精确，可以在“属性”检查器中把 Y 的值设置为 0。

在补间范围末尾的第 190 帧中出现一个小黑色三角形，表示关键帧位于补间的末尾。Flash 将平滑地在第 1 帧到第 190 帧的位置中插入变化，并用运动路径表示此动画。隐藏所有的其他图层，以查看城市风光上补间动画的结果（如图 4.10 所示）。

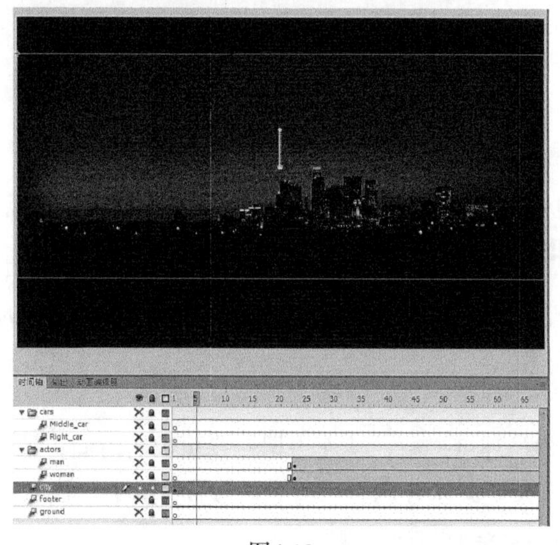


图4.10

> Fl | **注意**：要删除补间动画，可以在“时间轴”或“舞台”上右击 / 按住 Ctrl 键并单击补间动画，然后选择“删除补间”。

**9.** 在“时间轴”顶部来回拖动红色播放头，以查看平滑的动画。也可以选择“控制”>“播放”（Enter 键），使 Flash 播放动画。

制作位置变化的动画很简单，因为当把实例移到新位置时，Flash 会自动在这些位置创建关键帧。如果想让对象移到许多不同的位置，则只需把红色播放头移到想要移到的帧上，然后把对象移至其新位置。而 Flash 会负责其余的工作。

### 4.4.1 用控制器预览动画

“控制器”面板允许你播放、倒回或者在“时间轴”上逐步回退或者前进，以受控的方式预览动画。选择“窗口”>“工具栏”显示一个单独的“控制器”面板，或者使用“时间轴”底部的播放控件。

**1.** 单击“时间轴”之下控制器上的任何播放按钮转到第一帧，转到最后一帧、播放、停止或者前后移动一帧（如图 4.11 所示）。

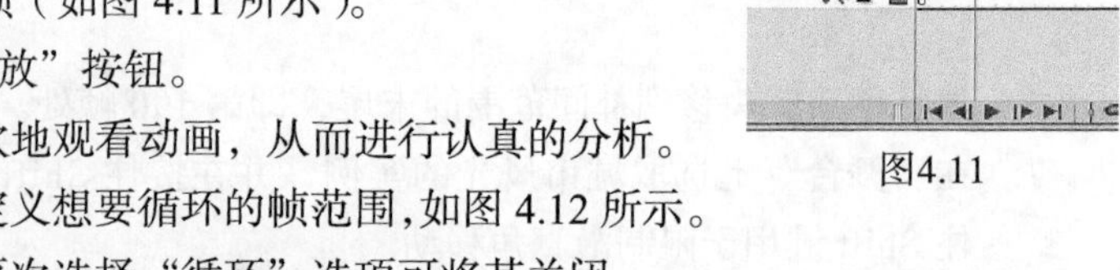

图4.11

**2.** 选择“循环”选项并单击“播放”按钮。

播放头循环，使你可以一次又一次地观看动画，从而进行认真的分析。

**3.** 移动“时间轴”的前后括号，定义想要循环的帧范围，如图 4.12 所示。

播放头在括号限定的帧中循环。再次选择“循环”选项可将其关闭。

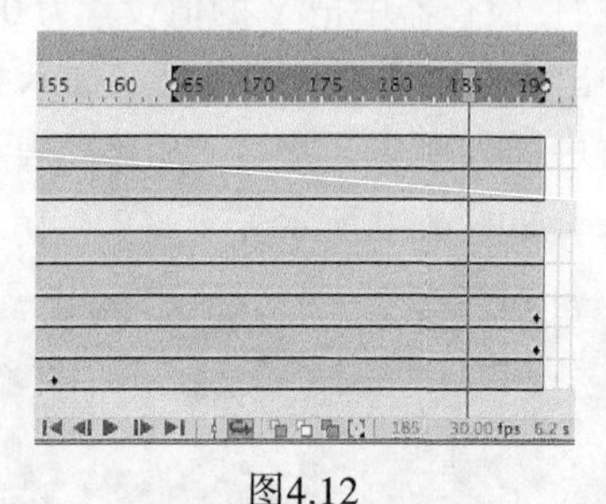


图4.12

## 4.5 更改播放速度和播放时间

可以通过在“时间轴”上单击并拖动关键帧，更改整个补间范围的持续时间或者动画的播放时间。

### 4.5.1 更改动画的持续时间

如果你想让动画以较慢的速度进行，从而占据一段更长的时间，就需要延长开始关键帧与结束关键帧之间的整个补间范围。如果你想缩短动画，就需要减小补间范围。可以通过在“时间轴”上拖动补间范围的末尾来延长或缩短补间动画。

1. 把光标移到补间范围末尾附近，光标将变为双箭头，指示你可以延长或缩短补间范围（如图 4.13 所示）。

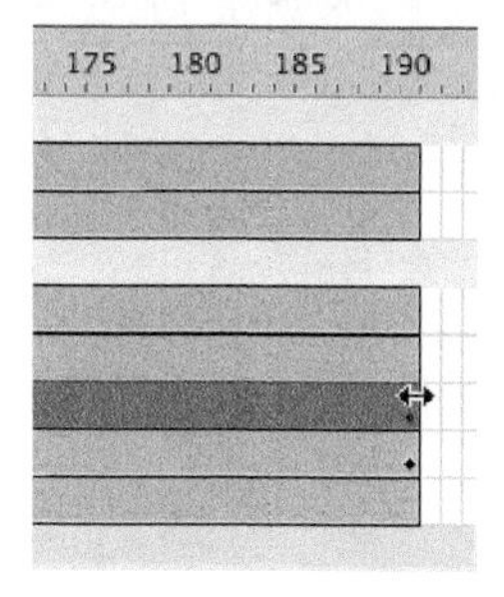


图4.13

2. 单击补间范围的末尾，并朝着第 60 帧向后拖动（如图 4.14 所示）。

补间动画将缩短至 60 帧，因此现在城市风光的移动时间要短得多。

3. 把光标移到补间范围开始处（在第 1 帧）附近（如图 4.15 所示）。
4. 单击补间范围的开始处，并向前拖动到第 10 帧。

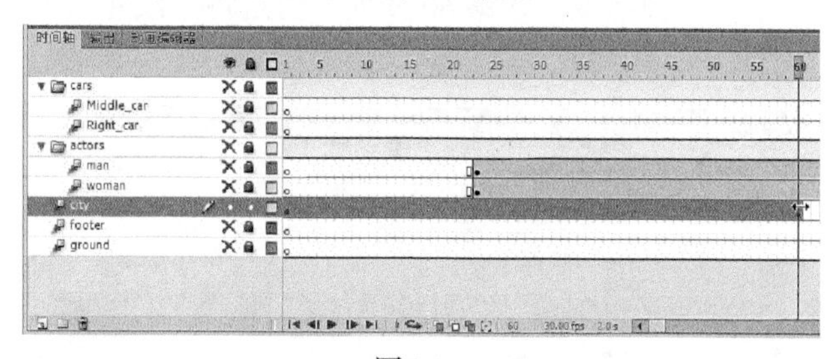


图4.14

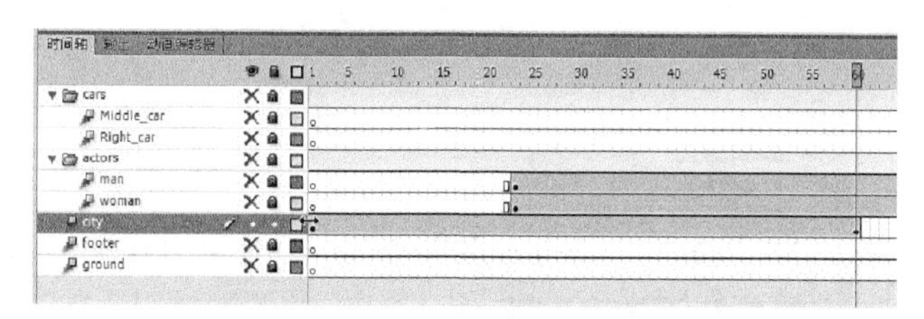


图4.15

补间动画将开始于一个更早的时间，因此它现在只会从第 10 帧播放到第 60 帧（如图 4.16 所示）。

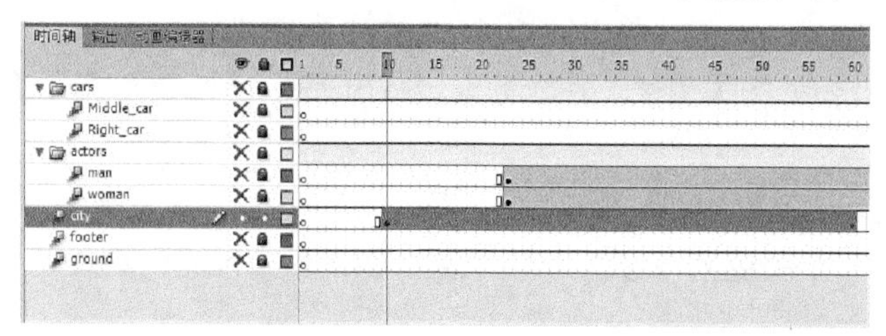


图4.16

> Fl | 注意：如果补间中具有多个关键帧，拖长补间范围将均匀地分布所有关键帧。整个动画的播放时间将保持相同，只有长度会发生变化。

### 4.5.2 添加帧

若希望补间动画的最后一个关键帧在动画的剩余时间中保持，就需要添加一些帧，使得动画持续相应长的时间。可通过按住 Shift 键并拖动补间范围的末尾来添加帧。

1. 把光标移到补间范围的末尾附近。
2. 按住 Shift 键，单击补间范围的末尾并向前拖动到第 190 帧（如图 4.17 所示）。

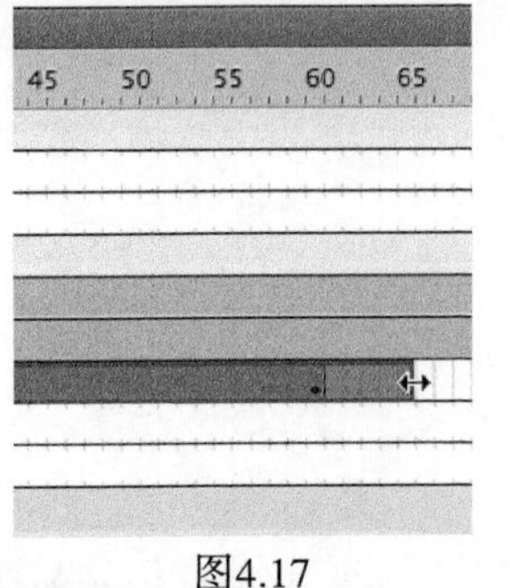

图4.17

> Fl | 注意：也可以选择“插入”>“时间轴”>“帧”（F5 键），添加单独的帧；或者选择“编辑”>“时间轴”>“删除帧”（Shift+F5 组合键），删除单独的帧。

补间动画中的最后一个关键帧将保持在第 60 帧处，但是将把额外的帧添加到第 190 帧处（如图 4.18 所示）。

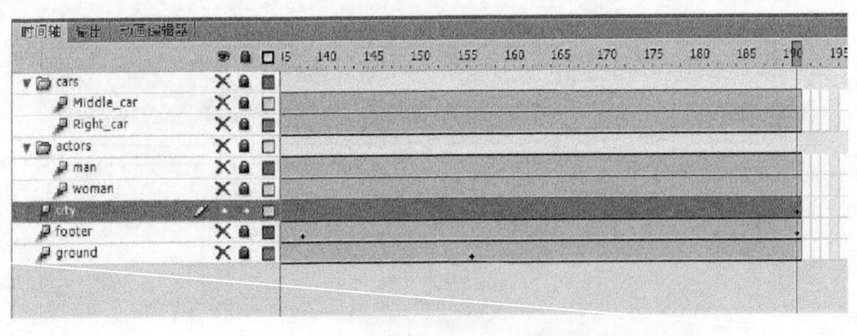

图4.18

### 4.5.3 移动关键帧

当在“时间轴”上单击补间动画时，将会选取整个范围。你可以在单个时间单位内向前或向后移动整个补间动画。不过，如果希望移动补间动画内特定的关键帧以更改动画的播放速度，就不得不选取单独的帧。按住 Ctrl 键（Windows）/Command 键（Mac）就可以选取补间动画内的单个帧或者某个帧范围。

1. 按住 Ctrl 键 / Command 键并单击第 60 帧处的关键帧。

这样就选取了第 60 帧处的关键帧。在光标旁边将出现一个小方框，指示你可以移动关键帧（如图 4.19 所示）。

2. 单击并拖动关键帧到第 40 帧。

补间动画中的最后一个关键帧将移到第 40 帧处，因此城市风光的动画将更快地进行（如图 4.20 所示）。

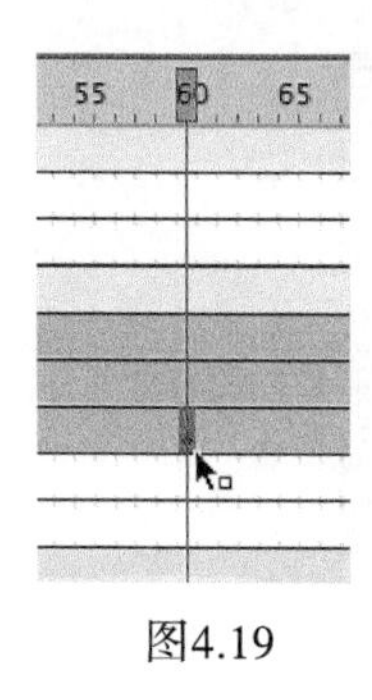


图4.19

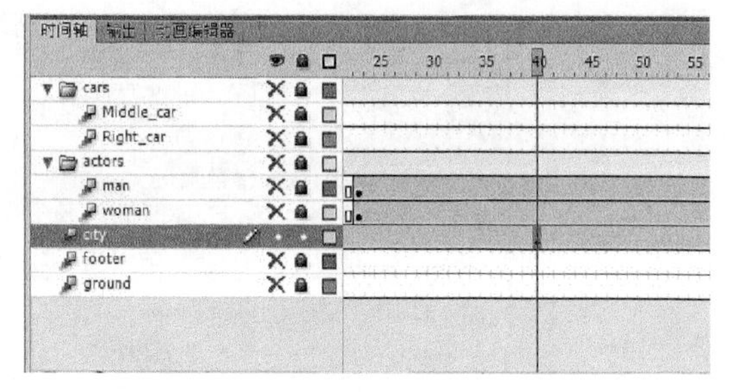


图4.20

## 4.6 制作透明度的动画

在前一课中，已学习了如何更改任何元件实例的色彩效果，以更改透明度、色调或亮度。你可以更改一个关键帧中实例的色彩效果并且更改另一个关键帧中色彩效果的值，而Flash将自动显示平滑的变化，就像它处理位置中的变化一样。

你将更改开始关键帧中的城市风光，使之完全透明，但是会保持末尾关键帧中的城市风光不透明。Flash将创建平滑的淡入效果。

1. 把红色播放头移到补间动画的第一个关键帧处（第10帧）（如图4.21所示）。
2. 选取“舞台”上的城市风光实例。
3. 在“属性”检查器中，为“色彩效果”选择Alpha选项（如图4.22所示）。
4. 把Alpha值设置为0%。

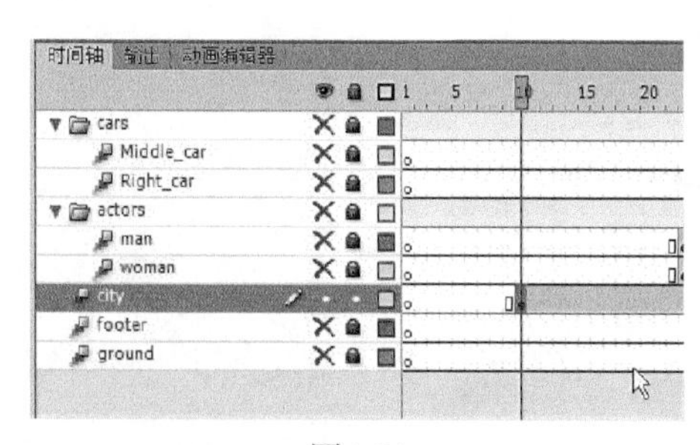


图4.21

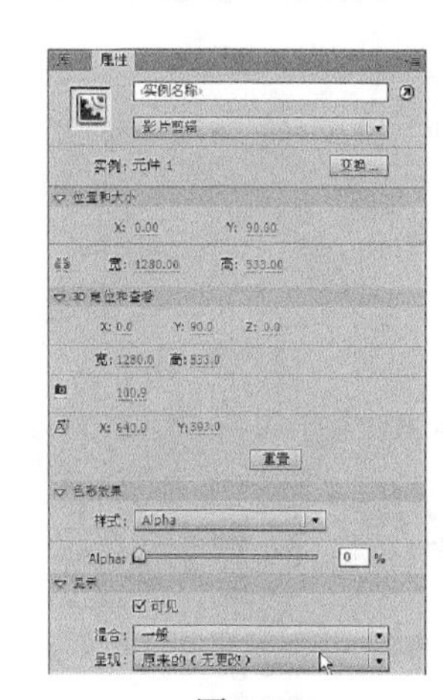


图4.22

> **注意**：正如本课程后面将解释的，也可以通过“动画编辑器”应用“色彩效果”。单击“时间轴”旁边的“动画编辑器”选项卡，然后单击“色彩效果”旁边的加号按钮并选择“Alpha”（如图4.23所示）。

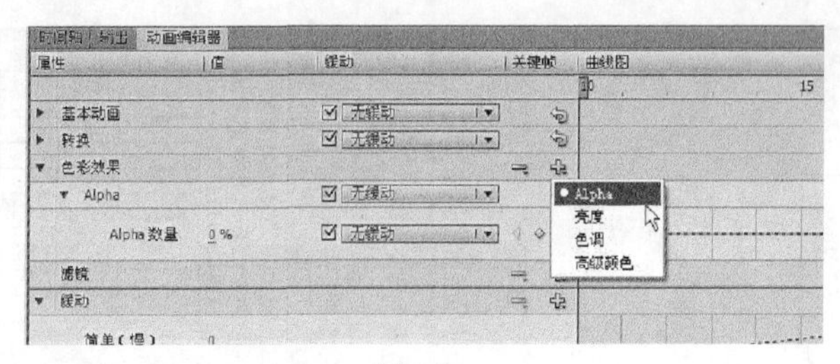

图4.23

“舞台”上的城市风光实例将变成完全透明（如图 4.24 所示）。

**5.** 把红色播放头移到补间动画的最后一个关键帧处（第 40 帧）（如图 4.25 所示）。

**6.** 选取“舞台”上的城市风光实例。

**7.** 在“属性”检查器中，将“色彩效果”下的 Alpha 值设置为 100%（如图 4.26 所示）。

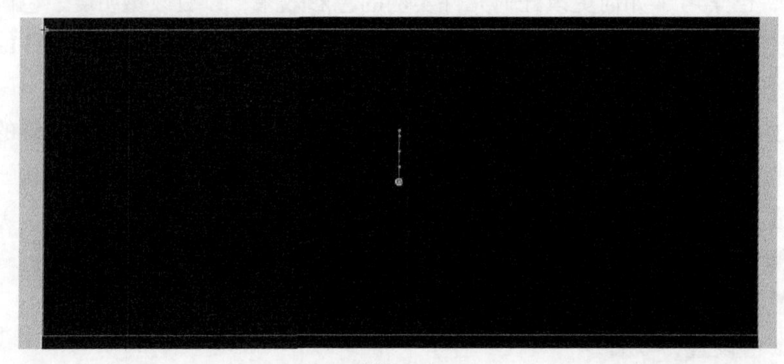

图4.24

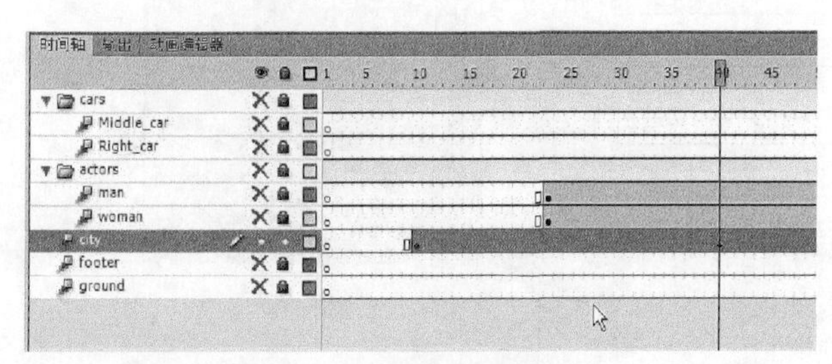


图4.25

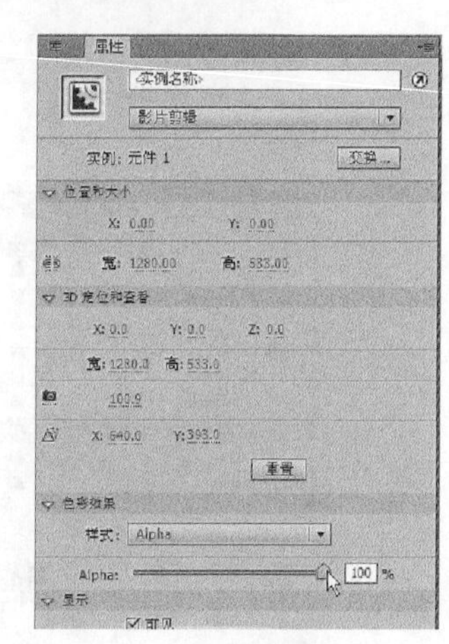


图4.26

“舞台”上的城市风光实例将变成完全不透明（如图 4.27 所示）。

**8.** 选择“控制”>“播放”（Enter 键），预览效果。

Flash 将会在两个关键帧之间的位置和透明度中插入变化。

图4.27

## 4.7 制作滤镜的动画

滤镜可以给实例提供特效，如模糊和投影，也可以用来制作动画。你将通过对其中一位演员应用模糊滤镜，产生类似于摄影机改变焦点的效果，来美化演员的补间动画。制作滤镜的动画与制作位置变化或色彩效果变化的动画并无二致，即只需在一个关键帧中为滤镜设置值，并在另一个关键帧中为滤镜设置不同的值，Flash 就会创建平滑的过渡。

1. 使“时间轴”上的 actors 图层文件夹可见。
2. 锁定“时间轴”上除 woman 图层之外的所有其他图层。
3. 在 woman 图层中把红色播放头移到补间动画的开始关键帧处——在第 23 帧上（如图 4.28 所示）。
4. 在“舞台”上选取女人的实例。

你将不能看到她，因为她具有 Alpha 值 0%（完全透明）。但是如果你单击“舞台”的右上方，则会选取透明的实例（如图 4.29 所示）。

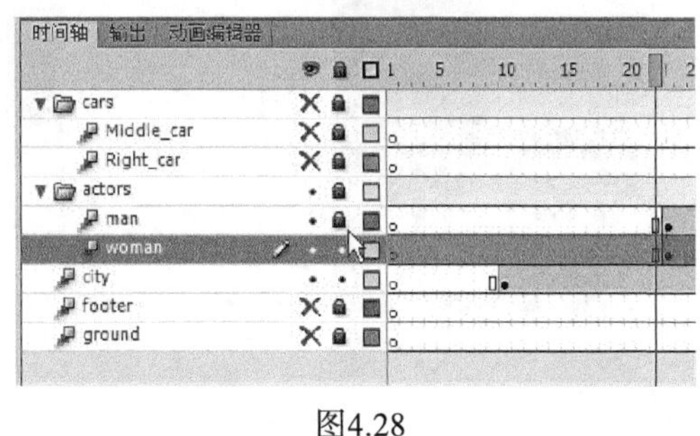


图4.28

图4.29

5. 在“属性”检查器中，展开“滤镜”区域。

6. 单击“滤镜”区域底部的“添加滤镜”按钮，并选择“模糊”(如图 4.30 所示)。

这将对实例应用“模糊”滤镜。

> **注意：**正如本课程后面所解释的，你也可以通过“动画编辑器”应用“滤镜”。单击“时间轴”旁边的“动画编辑器”选项卡，然后单击“滤镜”旁边的加号按钮并选择“模糊”(如图 4.31 所示)。

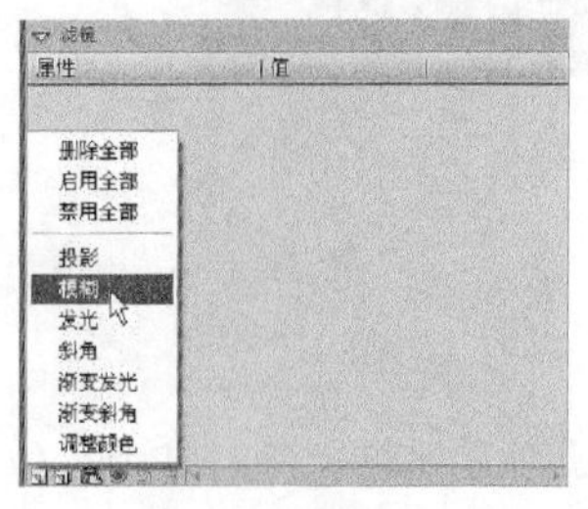


图4.30

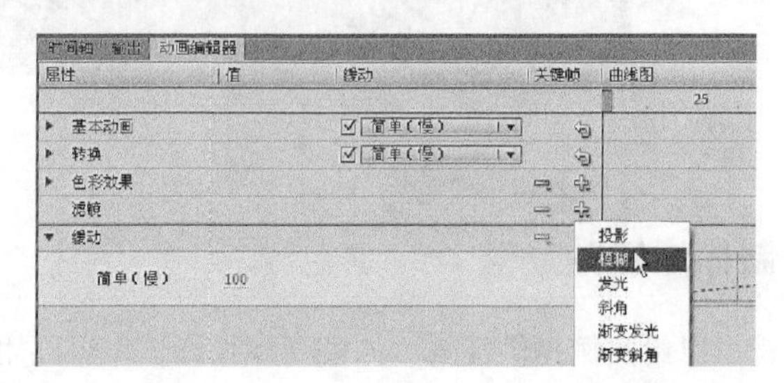


图4.31

7. 在“属性”检查器的“滤镜”区域中，单击链接图标，限制 x 方向和 y 方向的模糊值相等。把“X 模糊”和“Y 模糊”的值都设置为 20 像素(如图 4.32 所示)。

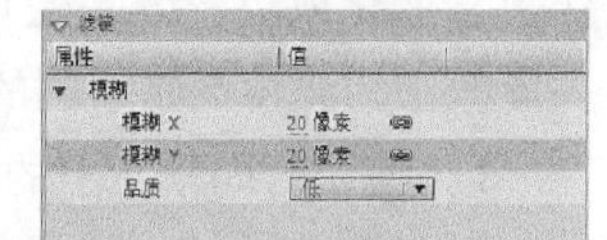


图4.32

8. 把红色播放头移过整个“时间轴”以预览动画。

这将在整个补间动画中对女人实例应用 20 像素的“模糊”滤镜(如图 4.33 所示)。

9. 将播放头定位在第 140 帧处，右击 / 按住 Ctrl 键并单击 woman 图层，并选择“插入关键帧”>“滤镜”(如图 4.34 所示)。

图4.33

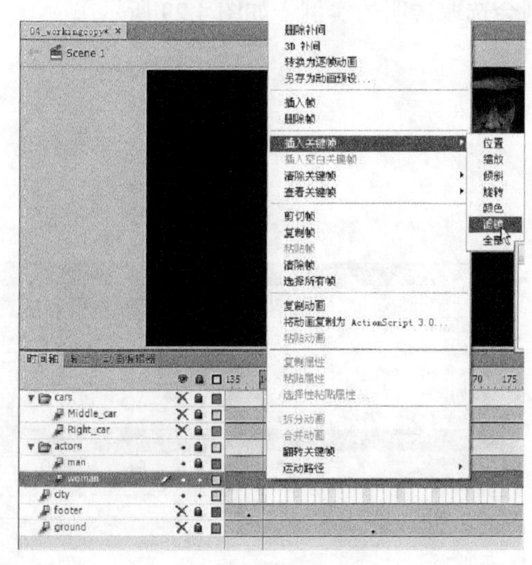


图4.34

这将在第 140 帧处建立用于滤镜的关键帧。

**10.** 把红色播放头移到“时间轴”的末尾（在第 160 帧处），如图 4.35 所示。

**11.** 在“舞台”上选取女人的实例。

**12.** 在“属性”检查器中，把“模糊”滤镜的值更改为 X=0 和 Y=0。

“模糊”滤镜从第 140 帧处的关键帧变为第 160 帧处的关键帧。Flash 将从模糊的实例（如图 4.36 所示）到清晰的实例（如图 4.37 所示）之间创建平滑的过渡。

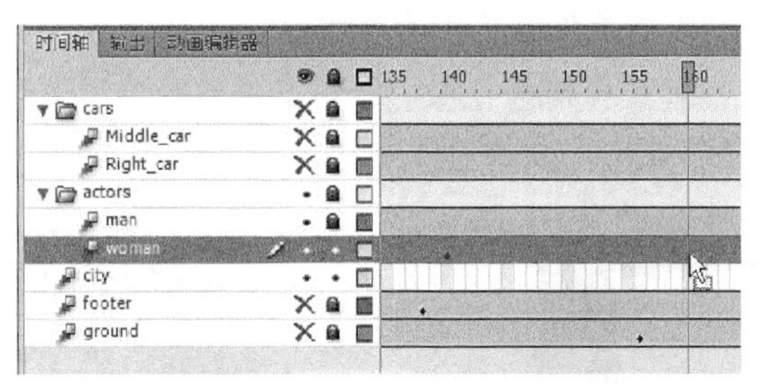


图4.35

图4.36

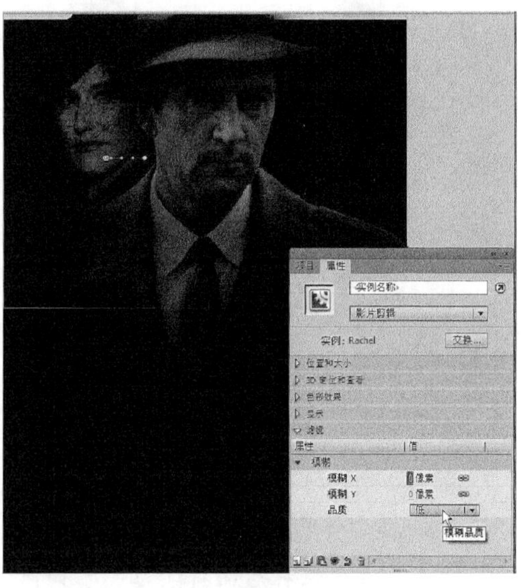

图4.37

## 了解属性关键帧

属性中的变化是彼此独立的，不需要绑定到相同的关键帧上。也就是说，可以有一个用于位置的关键帧、一个用于色彩效果的关键帧以及另外一个用于滤镜的关键帧。管理许多不同类型的关键帧可能会令人不知所措，尤其是当你希望在补间动画期间不同的属性在不同的时间发生变化时则更甚。幸运的是，Flash Professional CS6提供了几个有用的关键帧管理工具。

在查看补间范围时，可以选择只查看某些属性的关键帧。例如，可以选择只查看位置关键帧，以便查看对象何时移动；也可以选择只查看滤镜关键帧，以便查看滤镜何时发生变化。在“时间轴”中右击/按住Ctrl键并单击补间动画，选择“查看关键帧”，然后在列表中选择想要查看的属性。你也可以选择“全部”或“无”，以查看所有的属性或者不查看任何属性（如图4.38所示）。

在插入关键帧时，也可以插入特定于你想更改的属性的关键帧。在“时间轴”中右击/按住Ctrl键并单击补间动画，选择“插入关键帧”，然后选择想要的属性（如图4.39所示）。

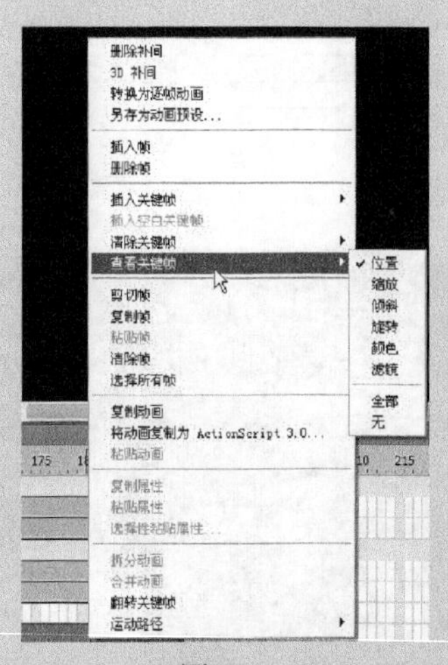


图4.38

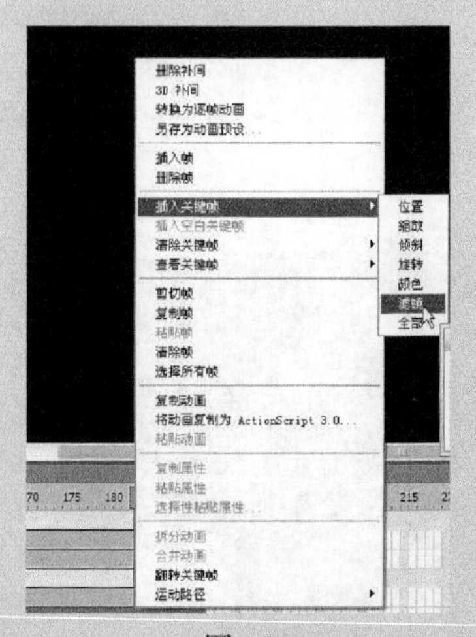


图4.39

“动画编辑器”是一个特殊的面板，它将补间动画的所有属性直观地显示为图表上的线条。当在不同时间更改多种属性时，“动画编辑器”很有用。例如下面的屏幕截图中显示了用于女人的“动画编辑器”，其中在前几个帧中显示了x位置和Alpha值中的变化，并在后几个帧中显示了“模糊”滤镜中的变化（如图4.40所示）。在本课程后面将学习关于如何使用“动画编辑器”的更多知识。

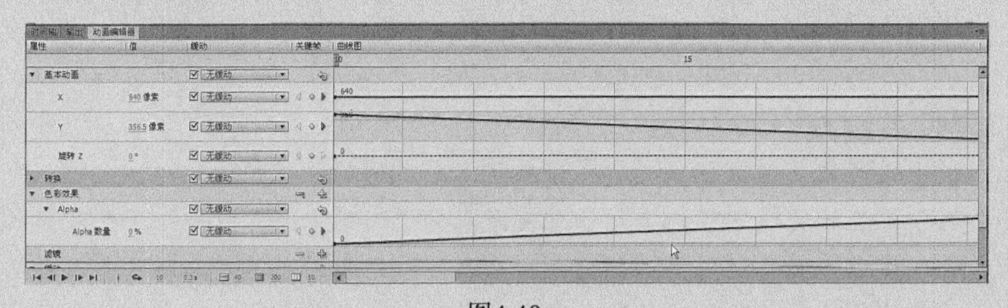


图4.40

## 4.8 制作变形的动画

现在将学习如何制作缩放比例或旋转中变化动画。可以利用“任意变形”工具或者“变形”面板执行这些类型的更改。

你将向项目中添加第三辆汽车。这辆汽车开始时比较小，而当它朝着观众向前移动时将逐渐变大。

1. 锁定“时间轴”上的所有图层。
2. 在 cars 文件夹内插入一个新图层，并重命名为“Left_car”（如图 4.41 所示）。
3. 选择第 75 帧并插入一个新的关键帧（F6 键）（如图 4.42 所示）。
4. 在第 75 帧处，从“库”面板中把名为“carLeft”的影片剪辑元件拖到“舞台”上。
5. 选择“任意变形”工具。

图4.41

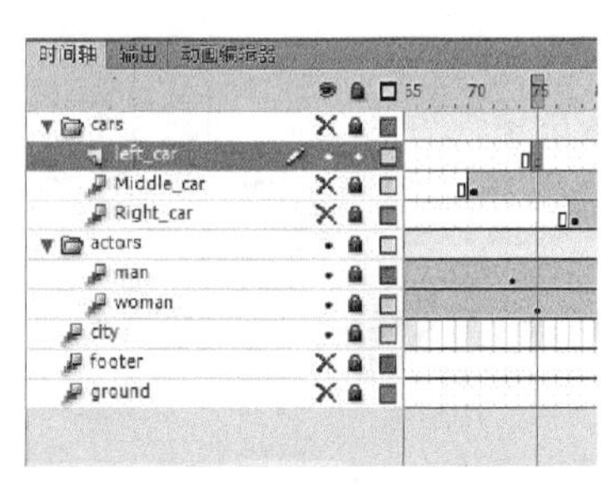

图4.42

在“舞台”上的实例周围将出现变形手柄（如图 4.43 所示）。

图4.43

6. 在按住 Shift 键的同时，单击并向里拖动一个角手柄使汽车变小。
7. 在“属性”检查器中，确保汽车的宽度大约为 400 像素。
8. 也可以使用“变形”面板（选择“窗口”>“变形”），并把汽车的缩放比例更改为大约 29.4%。
9. 把汽车移到其起点，大约是 X=710、Y=488（如图 4.44 所示）。

图4.44

**10.** 在“属性”检查器中，为“色彩效果”选择“Alpha”。

**11.** 把 Alpha 的值设置为 0%（如图 4.45 所示）。

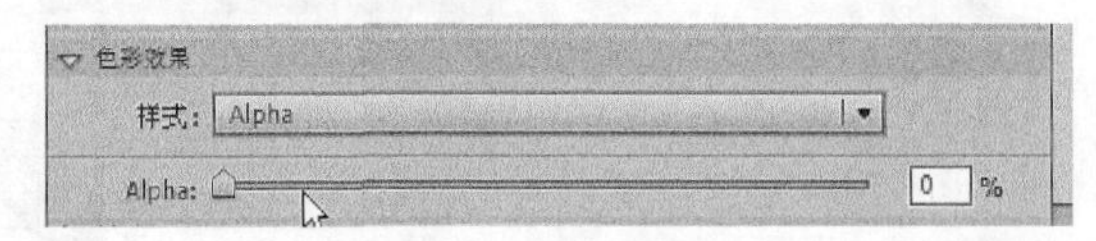


图4.45

这时汽车将变成完全透明。

**12.** 右击 / 按住 Ctrl 键并单击“舞台”上的汽车，然后选择“创建补间动画”（如图 4.46 所示）。当前图层将变成一个“补间”图层。

图4.46

**13.** 把“时间轴”上的红色播放头移到第 100 帧处（如图 4.47 所示）。

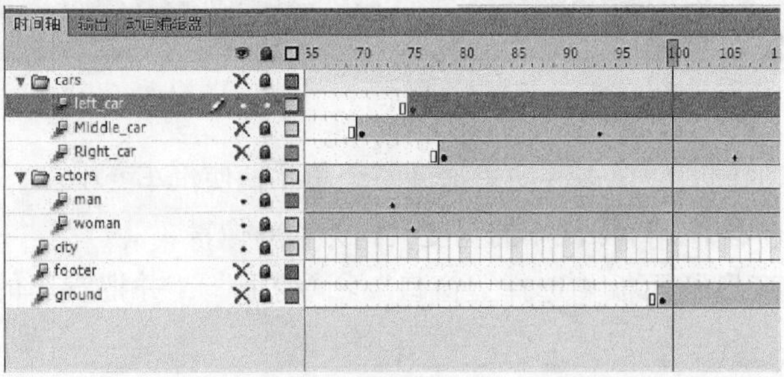

图4.47

14. 选取汽车的透明实例，然后在“属性”检查器中把 Alpha 值更改为 100%（如图 4.48 所示）。

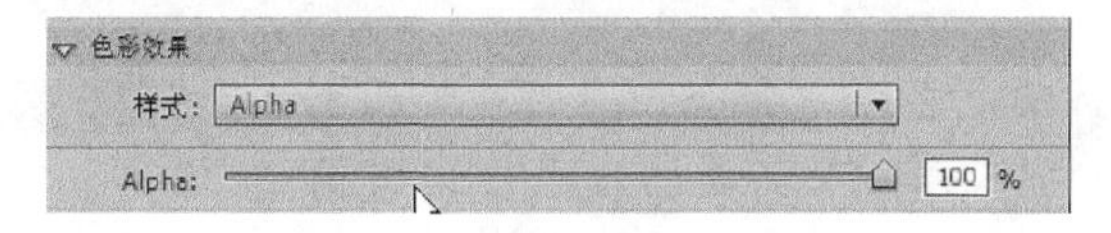


图4.48

这将在第 100 帧处自动插入一个新的关键帧，指示透明度的变化。

15. 如果还没有“任意变形”工具，选择它。

16. 在按住 Shift 键的同时，单击并向外拖动角手柄使汽车变大。为了更精确，可以使用“属性”面板，并把汽车的尺寸设置为宽度 =1379.5 像素，高度 =467.8 像素。

17. 把汽车定位于 X=607，Y=545（如图 4.49 所示）。

图4.49

18. 把 Left_car 图层移到 Middle_car 图层与 Right_car 图层之间，使得中间的汽车盖住两边的汽车。

Flash 将会从第 75 帧到第 100 帧对位置的变化和缩放比率的变化进行补间。Flash 还会从第 75 帧到第 100 帧对透明度的变化进行补间（如图 4.50 所示）。

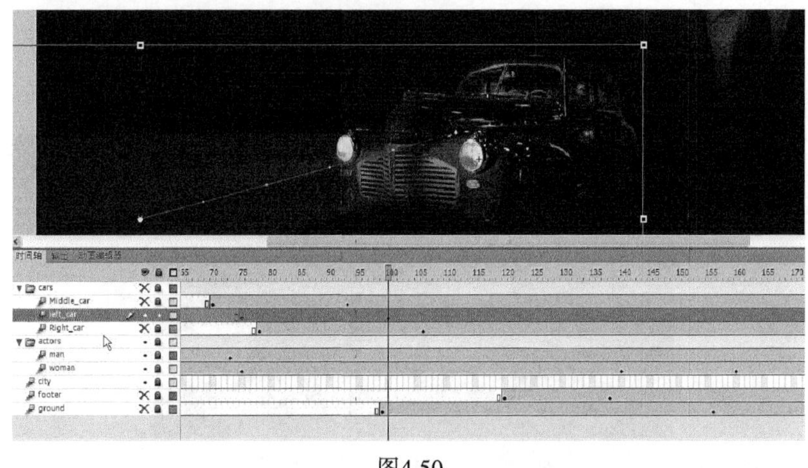


图4.50

## 动画预设

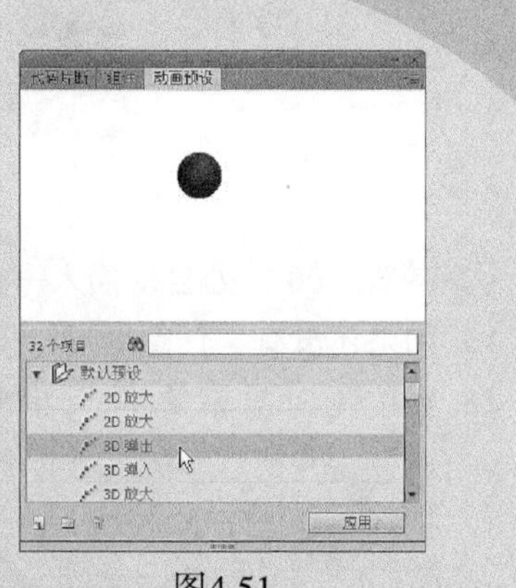

图4.51

如果你的项目涉及反复创建完全相同的补间动画，Flash有一个名为“动画预设”的新面板以提供帮助。“动画预设”面板（选择“窗口”>“动画预设”）存储了特定的补间动画，使得你可以将其应用于“舞台”上的不同实例（如图4.51所示）。

例如，如果你想制作放映幻灯片，其中每幅图像都以相同的方式淡出，就可以把这种过渡保存到“动画预设”面板中。

**1.** 选取“时间轴”上的第一个补间动画或者“舞台”上的实例。

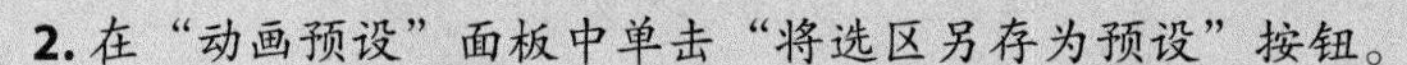

**2.** 在“动画预设”面板中单击“将选区另存为预设”按钮。

**3.** 对动画预设进行命名，并把它保存在“动画预设”面板中。

**4.** 选取“舞台”上的一个新实例，并选择动画预设。

**5.** 然后单击“应用”按钮，将把保存的动画预设应用于新实例。Flash提供了许多动画预设，可用于快速构建复杂的动画，而无须做大量的工作。

## 4.9 更改运动的路径

你刚才制作的左边汽车的补间动画显示了一根带有圆点的彩色线条，它表示运动的路径。你可以轻松地编辑运动的路径，使汽车沿着一条曲线行驶；还可以移动、缩放甚至旋转路径，就像“舞台”上的其他任何对象一样。

为了更好地演示编辑运动路径的方法，请打开示例文件 04MotionPath.fla。该文件包含单个“补间”图层，其中有一架火箭飞行器从“舞台”左上方飞行到右下方（如图 4.52 所示）。

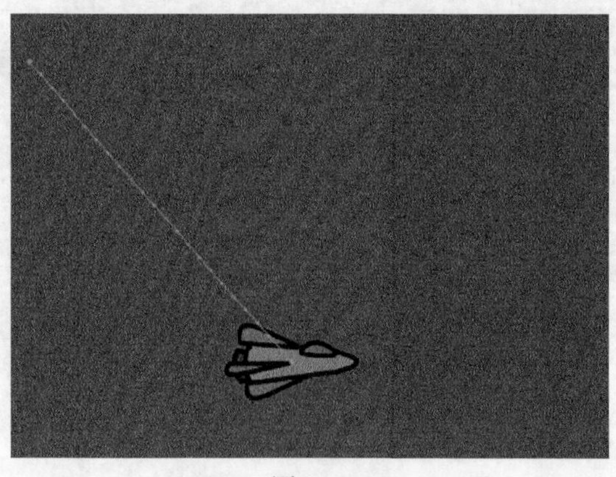

图4.52

### 4.9.1 移动运动的路径

你将移动运动的路径使得火箭飞行器的相对运动保持相同，但是其起始和终止位置将会改变。

1. 选取“选择”工具。
2. 单击运动的路径以选取它。

当选取运动的路径时，将凸显它（如图 4.53 所示）。

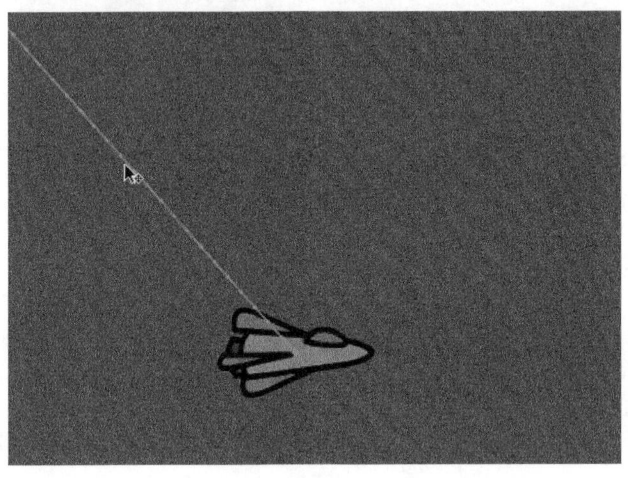

图4.53

3. 单击并拖动运动路径，把它移到“舞台”上一个不同的位置。

动画的相对运动和播放时间将保持相同，但是将重新定位起始和终止位置（如图 4.54 所示）。

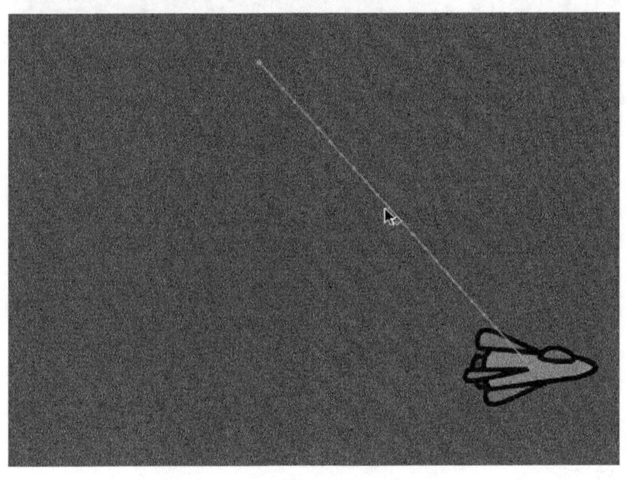

图4.54

### 4.9.2 更改路径的缩放比率或旋转

也可以利用“任意变形”工具操纵运动的路径。

1. 选取运动的路径。
2. 选择“任意变形”工具。

在运动的路径周围将出现变形手柄（如图 4.55 所示）。

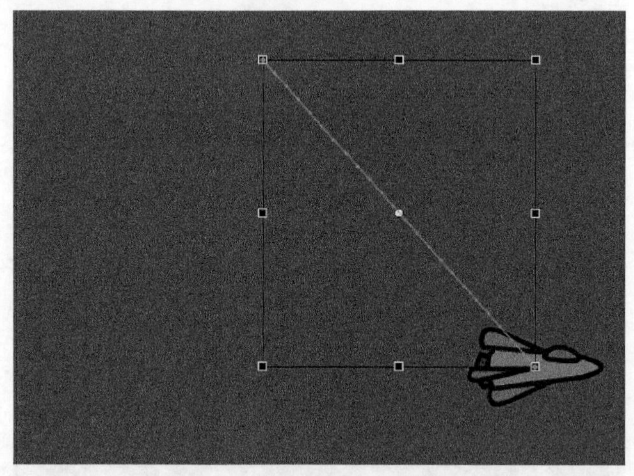

图4.55

3. 根据需要缩放或旋转运动的路径，可以使路径变小或变大；或者旋转路径，使得火箭飞行器从“舞台”的左下方开始飞行并终止于右上方（如图 4.56 所示）。

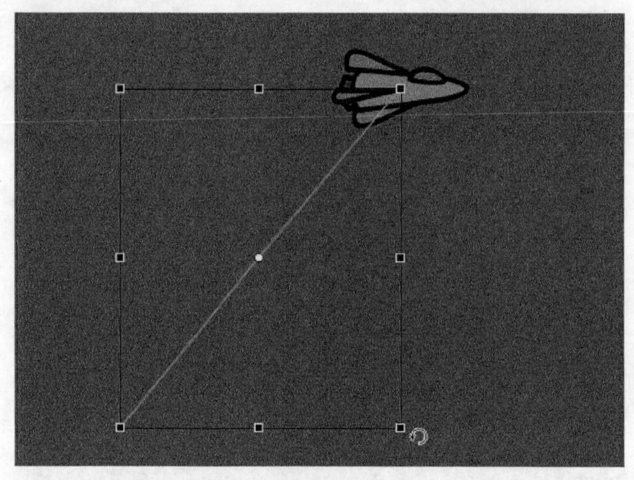

图4.56

### 4.9.3 编辑运动的路径

使对象行进在弯曲的路径上是一件简单的事情。可以使用锚点句柄利用贝塞尔精度编辑路径，或者使用“选择”工具以更直观的方式编辑路径。

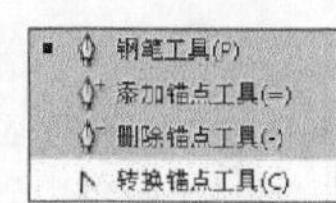


图4.57

1. 选择“转换锚点”工具，它隐藏在“钢笔”工具之下（如图 4.57 所示）。

**2.** 在“舞台”上单击运动路径的起点和终点，并从锚点拖出控制手柄（如图 4.58 所示）。

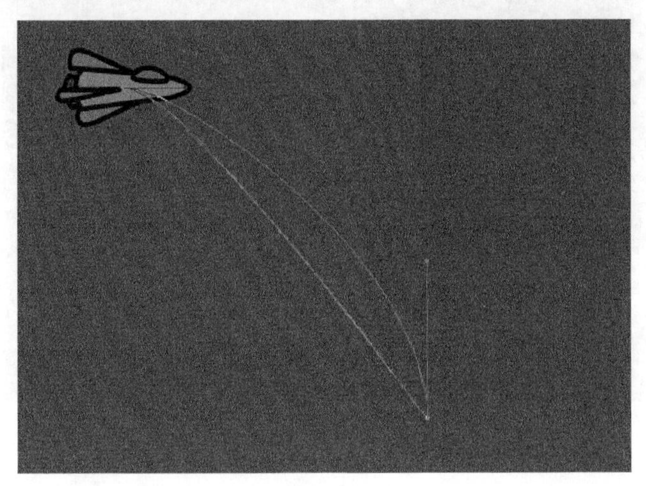

图4.58

锚点上的手柄将控制路径的曲度。

**3.** 选择“部分选取”工具。

**4.** 单击并拖动句柄，编辑路径的曲线，使火箭飞行器行进在较宽的曲线中（如图 4.59 所示）。

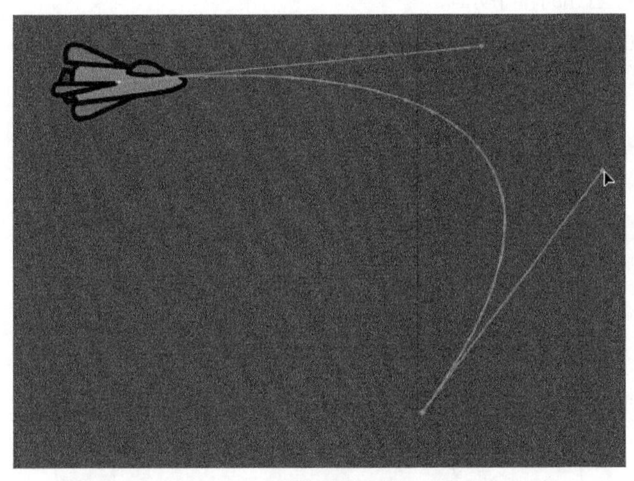

图4.59

> **Fl** **注意**：也可以利用“选择”工具直接操纵运动的路径。选取“选择”工具，把它移到运动的路径附近。在光标旁边将出现一个弯曲的图标，指示你可以编辑路径。此时可单击并拖动运动的路径，以更改其曲度（如图 4.60 所示）。

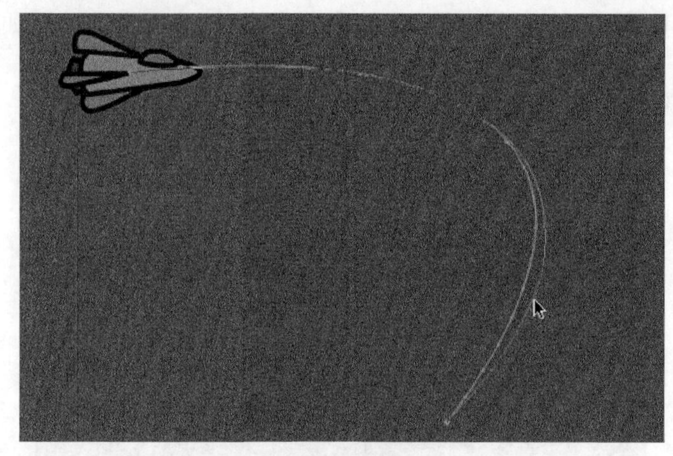

图4.60

### 4.9.4 将对象调整到路径

有时，对沿着路径行进的对象进行定向很重要。在动画图片的醒目页面项目中，汽车的方向与其向前行驶一样是持续不断的。不过在火箭飞行器示例中，火箭飞行器应该沿着其头部所指方向的路径行进。“属性”检查器中为你提供了“调整到路径”选项。

1. 选择“时间轴”上的补间动画。
2. 在“属性”检查器中，选择“调整到路径”选项（如图 4.61 所示）。

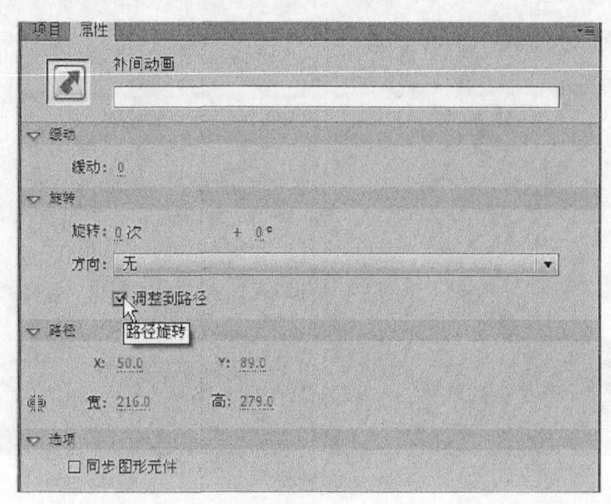


图4.61

Flash 将为沿着补间动画所进行的旋转插入关键帧，使得火箭飞行器的头部调整到运动的路径（如图 4.62 所示）。

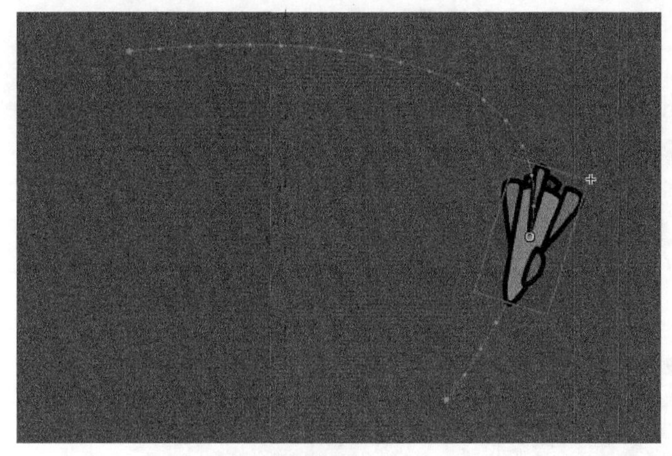

图4.62

> **Fl** 注意：要沿着运动的路径对准火箭飞行器的头部（或者其他任何对象）的方向，必须调整其初始位置的方向，使得它面向你想让它行进的方向。使用“任意变形”工具旋转其初始位置，使得它面向正确的方向。

## 4.10 交换补间目标

Flash Professional CS6 中的补间动画模型是基于对象的，这意味着对象及其旋转是相互独立的，可以轻松地交换补间动画的目标。例如，如果你想看到外星人在“舞台”上走来走去，而不是火箭飞行器，就可以用“库”面板中的外星人元件替换补间动画的目标，并且仍会保留动画。

1. 选取“舞台”上的火箭飞行器，以选择补间动画。
2. 从“库”中把外星人的影片剪辑元件拖到火箭飞行器上（如图 4.63 所示）。

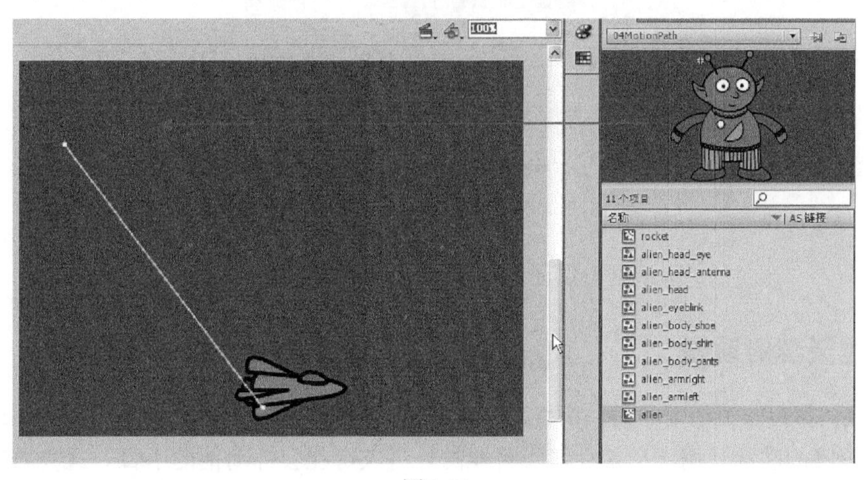


图4.63

Flash 将询问你是否想用新对象替换现有对象（如图 4.64 所示）。

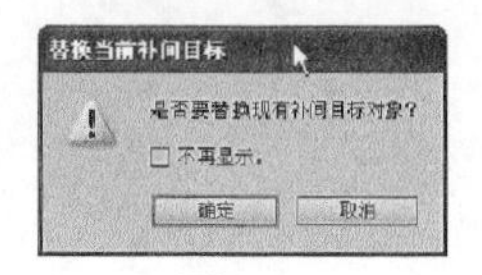

图4.64

3. 单击“确定”按钮，Flash 将用外星人替换火箭飞行器（如图 4.65 所示）。运动将保持相同，但是已经交换了补间动画的目标。

图4.65

> **注意**：也可以在“属性”检查器中交换实例。在“舞台”上选取你想交换的对象。在“属性”检查器中，单击“交换”按钮（如图 4.66 所示）。在弹出的对话框中，选择新元件并单击“确定”按钮，Flash 将会交换补间动画的目标。

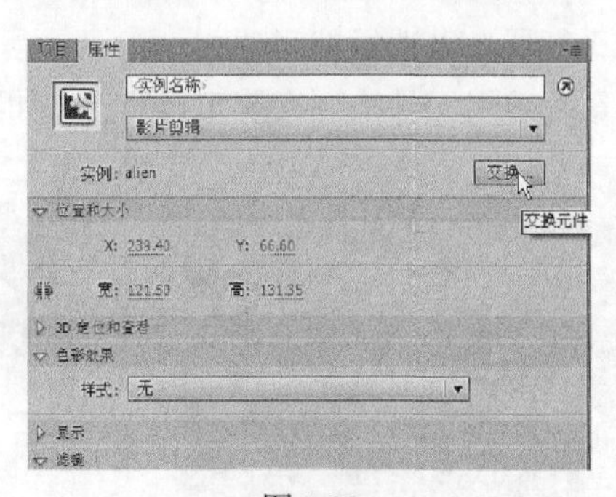

图4.66

## 4.11　创建嵌套的动画

通常，在“舞台”上活动的对象都将具有它自己的动画。例如，飞过“舞台”的蝴蝶在飞行时将具有拍打翅膀的动画，用于交换火箭飞行器的外星人可能会挥动他的手臂。这些类型的动画就是嵌套的动画，因为它们包含在影片剪辑元件内。影片剪辑元件具有自己的“时间轴”，它独立于主“时间轴”。

在这个示例中，你将使外星人在影片剪辑元件内挥动他的手臂，这样他在“舞台”上移动时就会挥手。

### 4.11.1 在影片剪辑元件内创建动画

**1.** 在“库”面板中，双击 alien（外星人）影片剪辑元件图标。

你现在处于外星人影片剪辑元件的元件编辑模式下。外星人位于“舞台”的中间。在“时间轴”中，外星人的各个部分分隔在不同的图层中（如图 4.67 所示）。

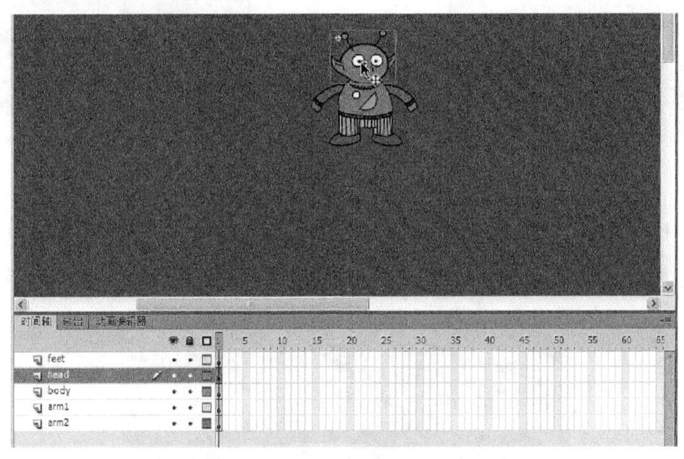


图4.67

**2.** 选取“选择”工具。

**3.** 右击 / 按住 Ctrl 键并单击外星人的右臂，然后选择“创建补间动画”（如图 4.68 所示）。

Flash 将把当前图层转换为“补间”图层，并插入另一组帧，使得你可以开始制作实例的动画（如图 4.69 所示）。

图4.68

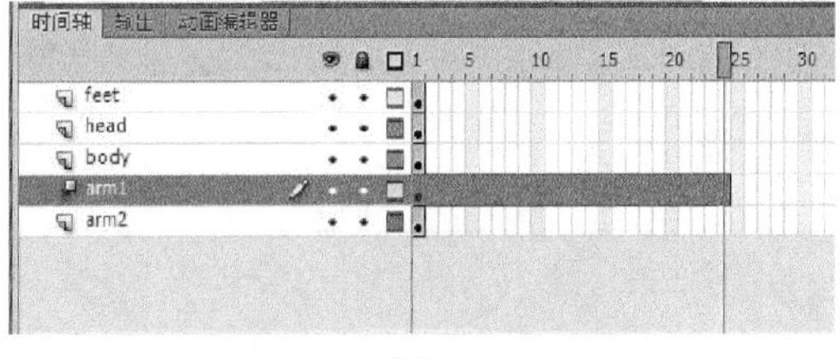


图4.69

**4.** 选择“任意变形”工具。

**5.** 拖动角旋转控制点，把手臂向上旋转到外星人的肩膀高度（如图 4.70 所示）。

在补间动画的末尾将插入一个关键帧，此时右臂从静止位置平滑地旋转到伸展位置。

**6.** 把红色播放头移回第 1 帧处。

7. 现在为外星人的另一只手臂创建补间动画。右击 / 按住 Ctrl 键并单击外星人的左臂，然后选择“创建补间动画”。

Flash 把当前图层转换为“补间”图层，并插入另一组帧，使得你可以开始制作实例的动画。

8. 选择“任意变形”工具。
9. 拖动角旋转控制点，把这只手臂向上旋转到外星人的肩膀高度（如图 4.71 所示）。

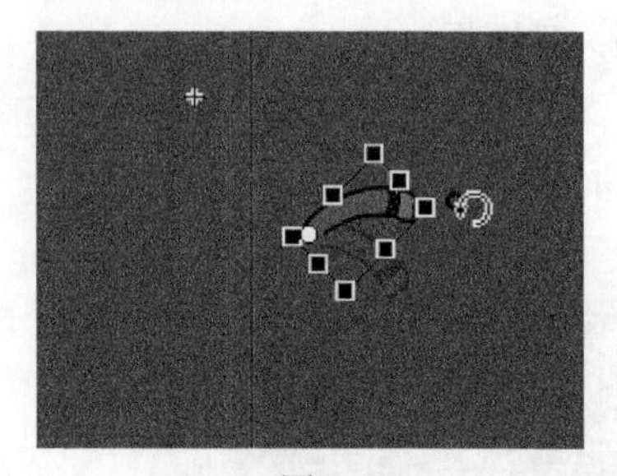
图4.70

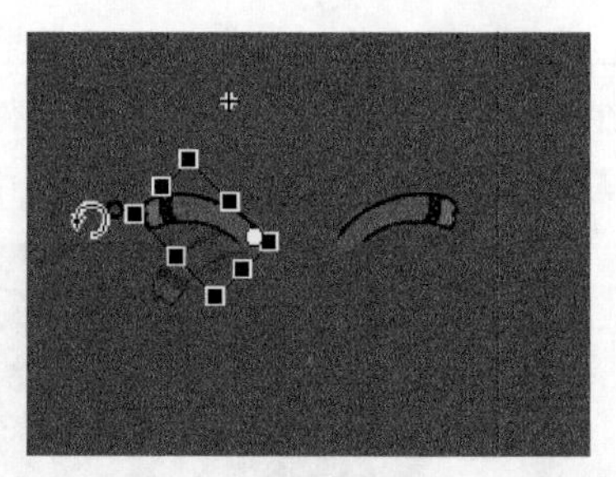
图4.71

在补间动画的末尾将插入一个关键帧，此时手臂从静止位置平滑地旋转到伸展位置。

10. 选取所有其他图层中的最后一个帧，并插入帧（F5 键），使得外星人的头、躯干和脚都会在“舞台”上保留与移动的手臂相同的时间（如图 4.72 所示）。

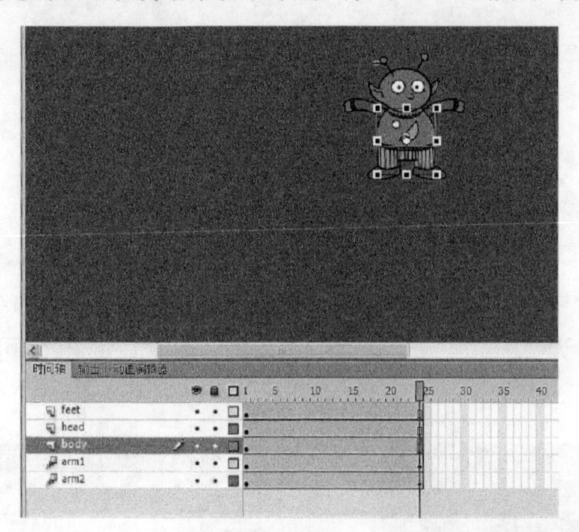

图4.72

Fl 注意：影片剪辑元件内的动画将不会在主“时间轴”上播放。可以选择“控制”>“测试影片”>“在 Flash Professional 中”来预览嵌套的动画。

Fl 注意：影片剪辑元件内的动画将会自动循环播放。要阻止循环播放，需要添加 ActionScript，告诉影片剪辑“时间轴”在其最后一帧停止播放。在第 6 课“创建交互式导航”中将学习关于 ActionScript 的更多知识。

**11.** 单击“舞台”左上角的“场景 1”按钮，退出元件编辑模式。

外星人举起手臂的动画现在就完成了。无论何时使用影片剪辑元件，外星人都会继续播放其嵌套的动画。

**12.** 选择“控制”>“测试影片”>“在 Flash Professional 中”，以预览动画。

Flash 将会打开一个窗口，显示导出的动画。外星人会沿着运动路径移动，同时将循环播放其手臂移动的嵌套动画（如图 4.73 所示）。

图4.73

## 4.12 使用“动画编辑器”

“动画编辑器”是一个面板，其中提供了针对补间动画所有属性的详细信息和编辑能力。“动画编辑器”位于“时间轴”后面，可以通过单击顶部的选项卡或者选择“窗口”>“动画编辑器”访问它。“舞台”上的动画对象或者“时间轴”上的补间动画必须选中，以便“动画编辑器”显示其信息。

在“动画编辑器”的左边，显示了属性的可扩展列表以及它们的值和缓动选项。在“动画编辑器”的右边，“时间轴”显示了多根直线和曲线，代表属性的更改（如图 4.74 所示）。

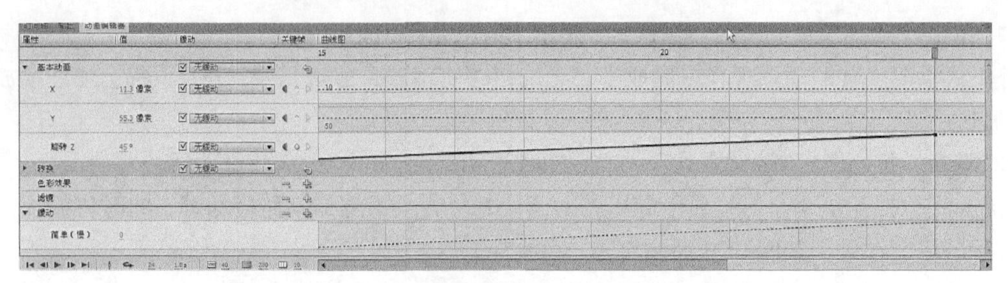


图4.74

## 4.12.1 设置“动画编辑器”的显示选项

“动画编辑器”面板底部列出了“动画编辑器”的显示选项。

**1.** 在“舞台”上选取外星人。

**2.** 如果还没有打开“动画编辑器”面板，打开它。

**3.** 将光标移到分隔“动画编辑器”与“舞台”的灰色水平条上，光标将变为双箭头，指示可以增加或减小“动画编辑器”面板的高度（如图 4.75 所示）。

**4.** 单击并拖动水平条，增加“动画编辑器”面板的高度。

**5.** 单击左边的三角形，折叠所有属性类别。可以展开或折叠一些类别，而只查看你感兴趣的（如图 4.76 所示）。

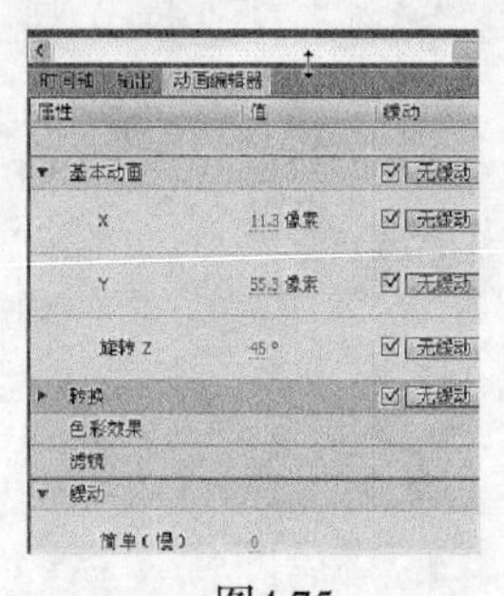


图4.75

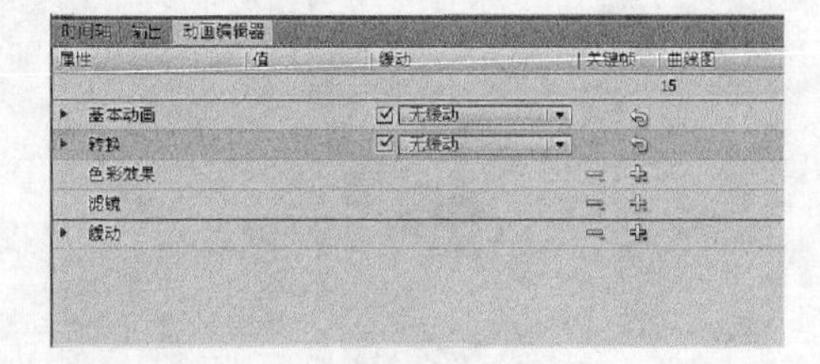


图4.76

**6.** 单击并拖动“动画编辑器”底部的“可查看的帧”图标，更改出现在“时间轴”中的帧数量。把“可查看的帧”的值设置成最大值，以查看整个补间动画（如图 4.77 所示）。

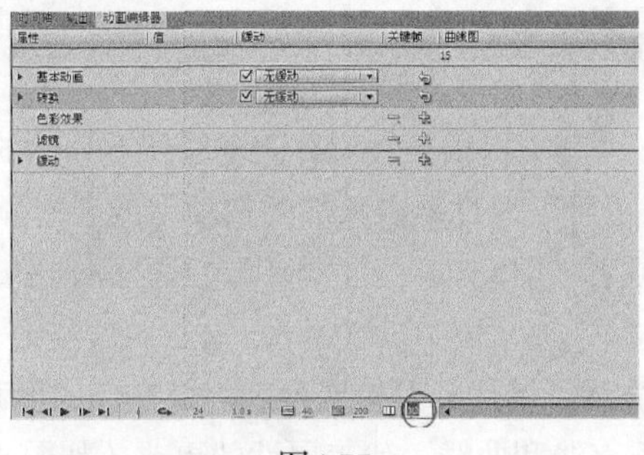


图4.77

**7.** 单击并拖动“动画编辑器”底部的“图形大小”图标，更改左边列出的每种属性的垂直高度（如图 4.78 所示）。

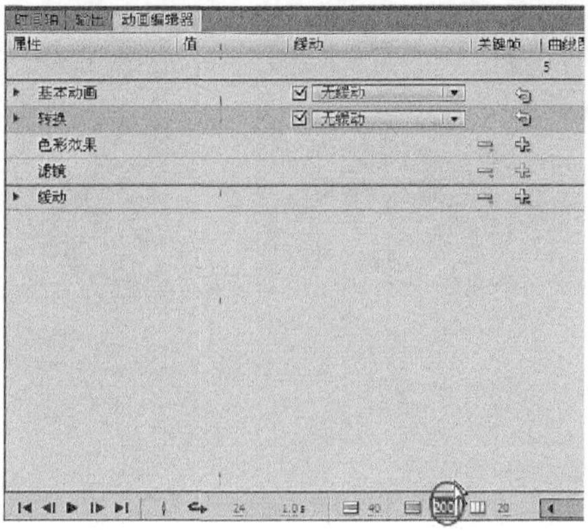

图4.78

**8.** 单击并拖动“动画编辑器”底部的“扩展图形的大小”图标，更改所选的每种属性的垂直高度。

要查看“扩展图形的大小”选项如何影响显示，可以单击“基本动画”下面的 X 属性。“扩展图形的大小”的值越大，可以查看的所选属性信息则越多（如图 4.79 所示）。

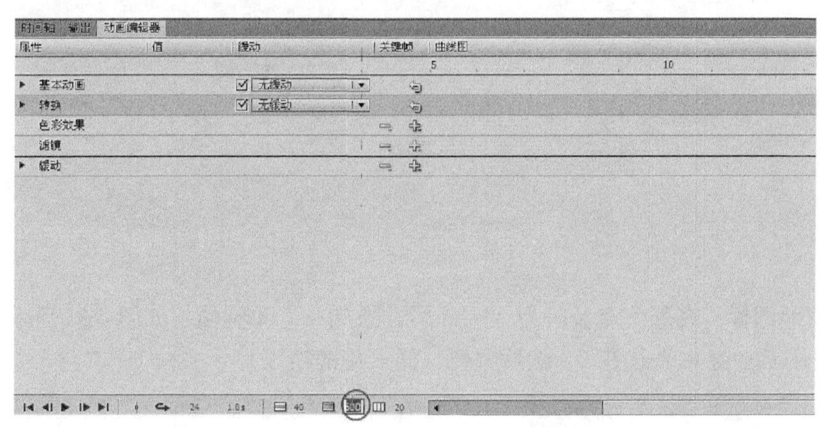


图4.79

## 4.12.2 更改属性值

你将利用“动画编辑器”更改挥动手臂的外星人的另一种属性，看看独立制作多种属性的动画有多容易。这个示例将通过更改 Alpha 属性来创建淡入效果。

**1.** 在“色彩效果”属性旁边，单击加号图标并选择“Alpha”（如图 4.80 所示）。

Alpha 属性将出现在“动画编辑器”中的“色彩效果”类别下面。

**2.** 选择“Alpha 数量”，Alpha 属性将展开，并显示一条从第 1 帧扩展到“时间轴”末尾（100%）的黑色水平虚线，这条线表示外星人在整个补间动画中的不透明度。

3. 单击第一个关键帧（通过黑色方块指示），并把它向下拖动到 0%（如图 4.81 所示）。也可以单击并拖动“Alpha 数量”旁边的值，来更改 Alpha 值。

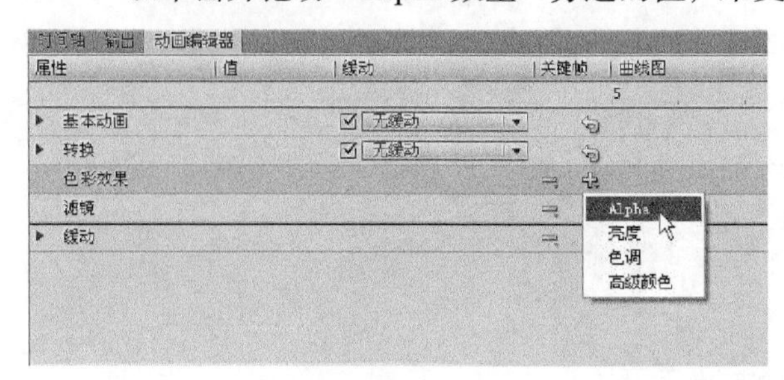


图4.80

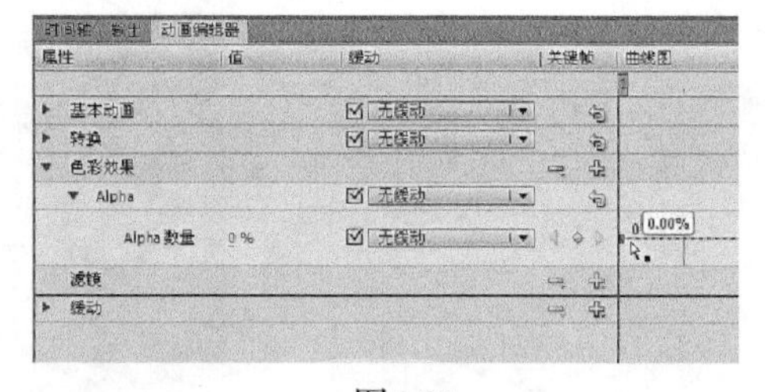


图4.81

外星人将从第 1 帧开始变得透明。

## 4.12.3　插入关键帧

插入关键帧很容易。

1. 把红色播放头移到第 20 帧（如图 4.82 所示）。

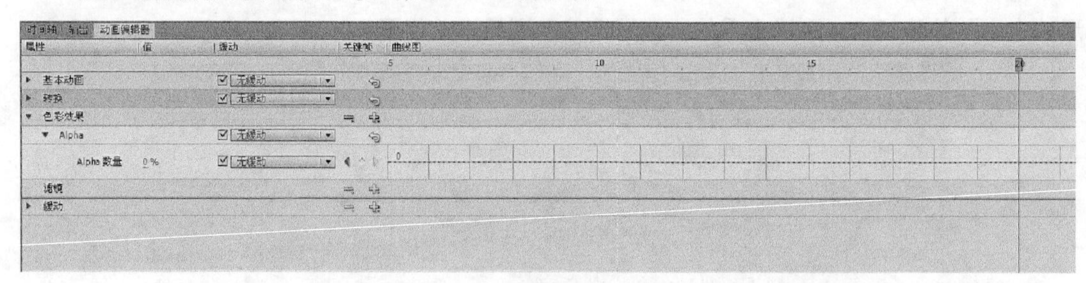


图4.82

2. 单击菱形图标，在那个点及时为 Alpha 属性添加一个关键帧（如图 4.83 所示）。也可以右击 / 按住 Ctrl 键并单击图形，然后选择“插入关键帧”。

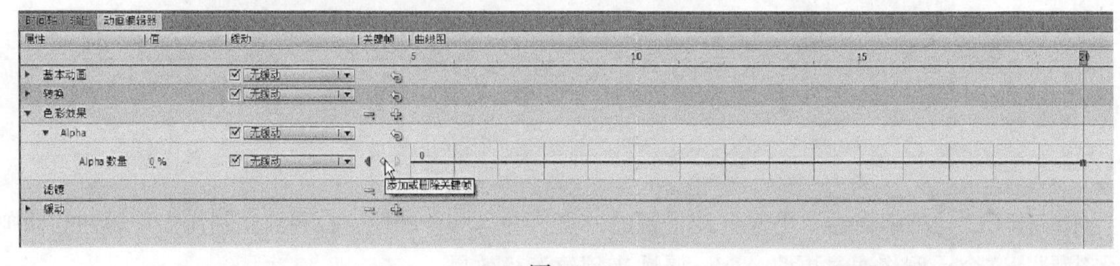


图4.83

将在第 20 帧处插入一个用于 Alpha 属性的新关键帧，在图形上用黑色的方块表示。

3. 单击第二个关键帧，将凸显所选的关键帧。

4. 向上拖动第二个关键帧，把 Alpha 值更改为 100%（如图 4.84 所示）。

Flash 将会制作从第 1 帧到第 20 帧透明度平滑过渡的动画。

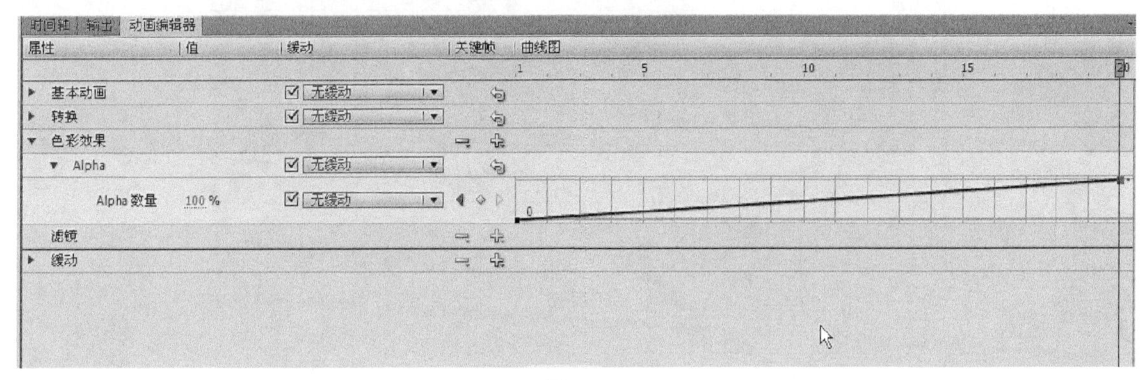


图4.84

## 4.12.4 编辑关键帧

可以轻松地导航关键帧并删除它们，也可以移动关键帧以控制每种过渡精确的播放时间。

- 单击菱形旁边向左或向右的箭头，在关键帧之间快速移动。
- 右击 / 按住 Ctrl 键并单击任何关键帧，然后选择“删除关键帧”来删除关键帧。
- 选择关键帧并单击黄色菱形删除关键帧。
- 按住 Shift 键并单击，选取多个连续的关键帧，并一起移动它们。

## 4.12.5 重置值和删除属性

如果在设置属性时出错，可以轻松地重置它的值或者从“动画编辑器”中完全删除它，这样将不会制作属性的动画。

**1.** 单击“重置值”按钮，把属性重置为它的默认值（如图 4.85 所示）。

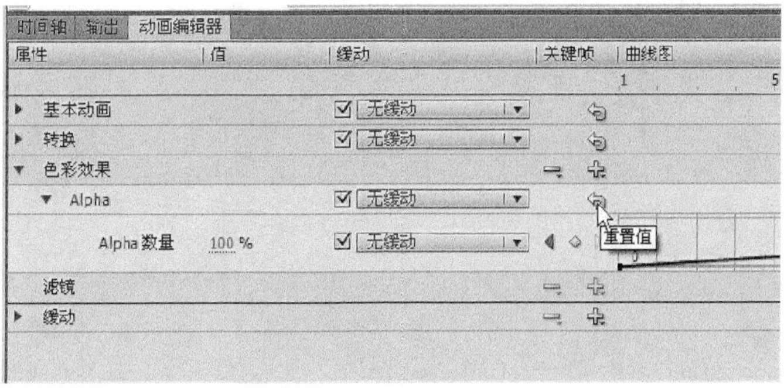

图4.85

**2.** 单击减号按钮并选取“Alpha”，从“动画编辑器”中删除属性（如图 4.86 所示）。

单击“编辑” > “撤销”（Ctrl+Z/Cmd+Z）恢复 Alpha 属性，因为在下一小节你将使用它。

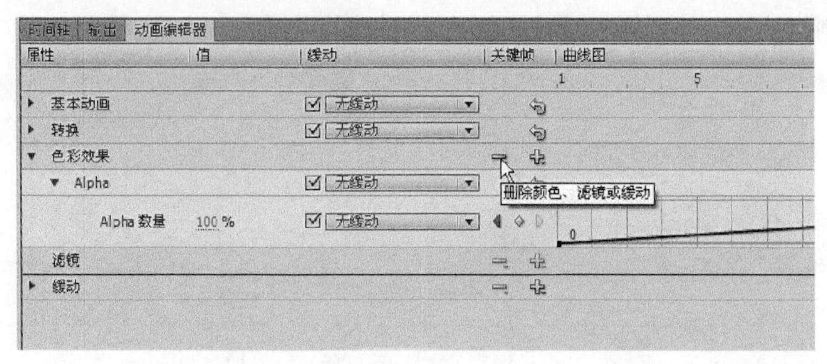

图4.86

## 4.13 缓动

缓动(Easing)是指补间动画进行的方式。从最基本的意义上来说,可以把它视作加速或减速。从"舞台"一边移到另一边的对象可以缓慢开始，然后加大冲力，再突然停止；或者对象可以快速开始，然后逐渐停止。但是缓动也可能更加复杂，它可以描述摆动、跳动和其他复杂模式的运动。你的关键帧仍然能表示运动的开始和结束点,但是缓动将确定你的对象如何从一个关键帧移到下一个关键帧。

在"动画编辑器"中最形象地表示了缓动。把一个关键帧连接到另一个关键帧的图形通常是直线，它表示从一个值到下一个值的改变是以线性方式进行的。不过，如果希望从起点进行更平缓的改变，称为缓入（ease-in），则开始关键帧附近的线条应该是弯曲的，表示更缓慢的开始。通过末尾关键帧附近的曲线表示平缓的减速，称为缓出（ease-out）。

### 4.13.1 设置补间动画的缓动

可以通过在"动画编辑器"中自定义属性曲线图的曲度来创建缓动。

1. 在"动画编辑器"中,右击/按住 Ctrl 键并单击 Alpha 属性中的第二个关键帧,然后选择"平滑点"（如图 4.87 所示）。

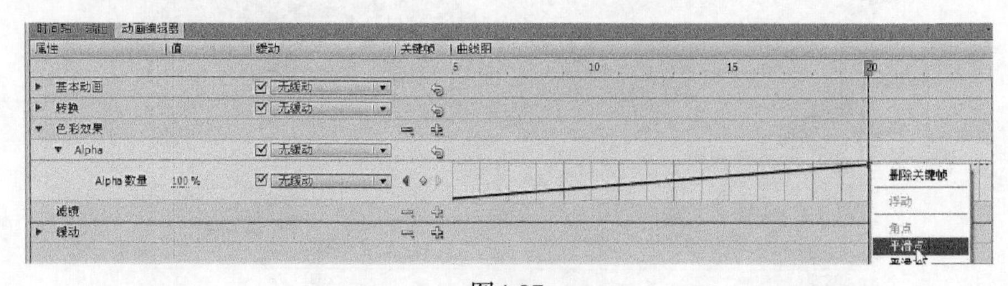

图4.87

关键帧中出现控制手柄，可以移动它来改变线条的曲度。

2. 单击并拖动控制手柄，创建接近 100% 的 Alpha 值的平滑曲线（如图 4.88 所示）。

当 Alpha 值接近 100% 时，从 0% ~ 100% 的过渡将会减慢（缓出）。

3. 右击/按住 Ctrl 键并单击 Alpha 属性中的第一个关键帧,并选择"平滑点"（如图 4.89 所示）。

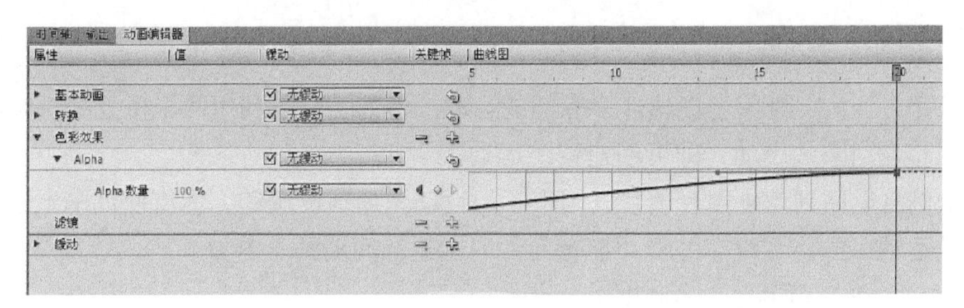


图4.88

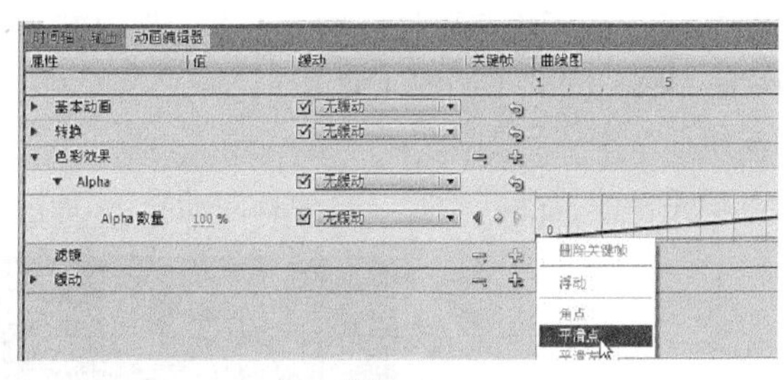


图4.89

关键帧中出现控制手柄，可以移动它来改变线条的曲度。

**4.** 单击并拖动控制手柄，创建开始于 0% 的平滑曲线（如图 4.90 所示）。

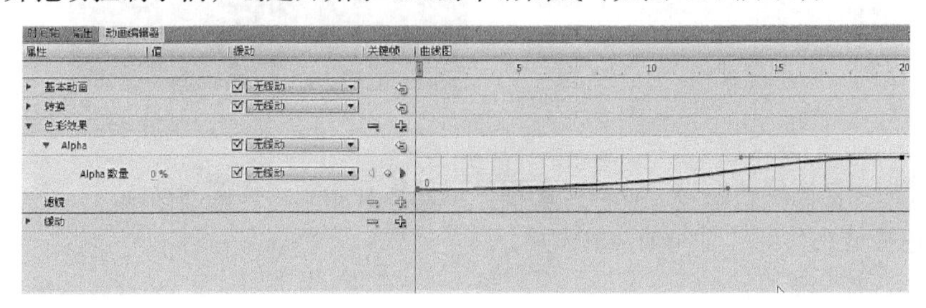


图4.90

除了缓慢减速之外，Alpha 值从 0%~100% 的过渡将从 0% 逐渐开始。S 形曲线的总体效果是缓入和缓出效果。

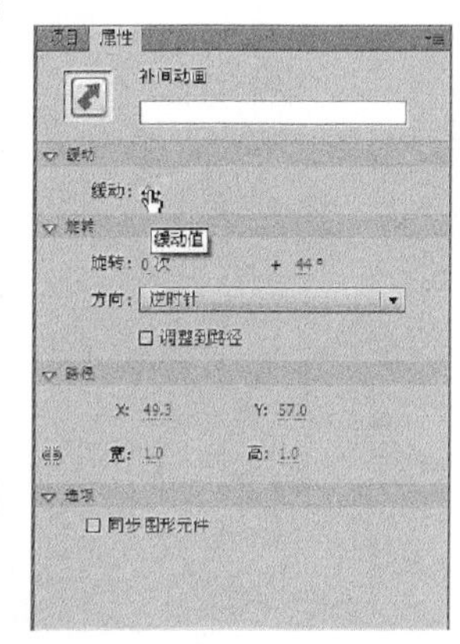


图4.91

> **Fl** 注意：也可以通过“属性”检查器应用缓入和缓出效果。在“时间轴”（而不是“动画编辑器”）中，选取补间动画。然后在“属性”检查器中，为缓动输入一个 -100（缓入）到 100（缓出）之间的值（如图 4.91 所示）。

> **Fl** 注意：通过“属性”检查器应用的缓动将全局应用于整个补间动画中的所有属性。利用“动画编辑器”，可以精确地控制各种属性和关键帧之间的缓动。

### 4.13.2 使用预设缓动

缓动可以非常强大，可用于创建许多专门的运动。例如，只需利用两个位置关键帧以及在两个位置之间来回移动对象的缓动，即可创建弹跳运动。

下一个示例将返回到动画图片项目，为汽车的运动添加预设缓动。你将使汽车上下震动，模仿汽车怠速时的运动，并将在汽车的影片剪辑元件内创建补间动画。

1. 继续处理 Flash 项目 04_workingcopy.fla。
2. 在“库”面板中，双击名为“carLeft”的影片剪辑元件。

Flash 将把你带入影片剪辑元件的元件编辑模式中。这个元件内有两个图层：上面的图层名为“lights”，下面的图层名为“smallRumble”（如图 4.92 所示）。

3. 锁定上面的 lights 图层。
4. 右击 / 按住 Ctrl 键并单击汽车，然后选择“创建补间动画”（如图 4.93 所示）。

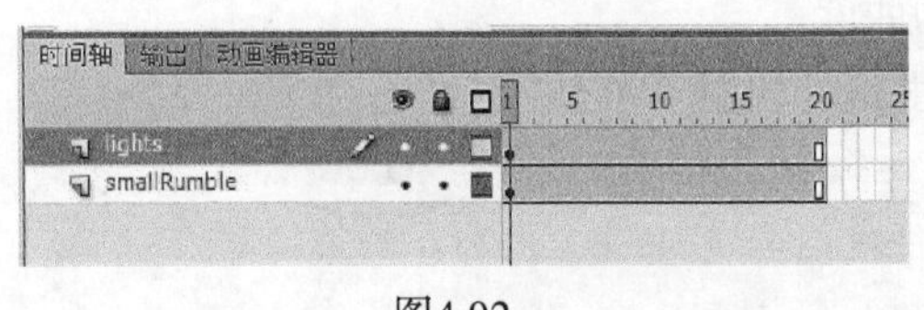

图4.92

图4.93

Flash 将会把当前图层转换为“补间”图层，以便你开始制作实例的动画。

5. 把红色播放头移到“时间轴”的末尾。
6. 选取“选择”工具。
7. 把汽车向下移动大约 5 像素（如图 4.94 所示）。

图4.94

Flash 将会创建汽车稍微向下移动的平滑动画。

**8.** 单击“时间轴”中的补间动画，并打开“动画编辑器”。

**9.** 单击“缓动”类别中的加号按钮，并选择“随机”（如图 4.95 所示）。

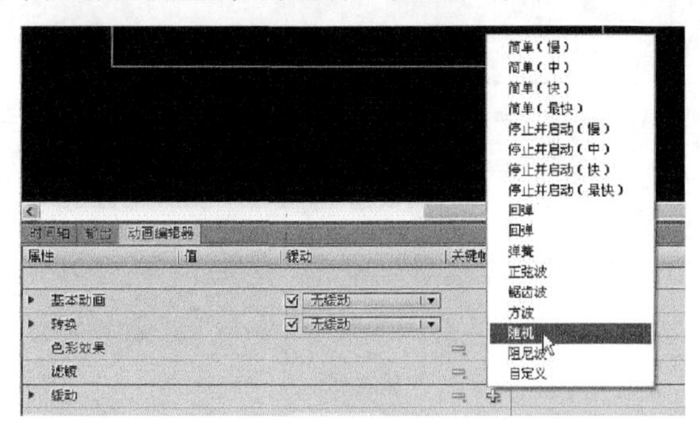


图4.95

这将显示“随机”预设缓动。

**10.** 选取“随机”缓动。

“随机”缓动以随机间隔从一个值跳到下一个值。以图形方式将其显示为一系列不连续的台阶（如图 4.96 所示）。

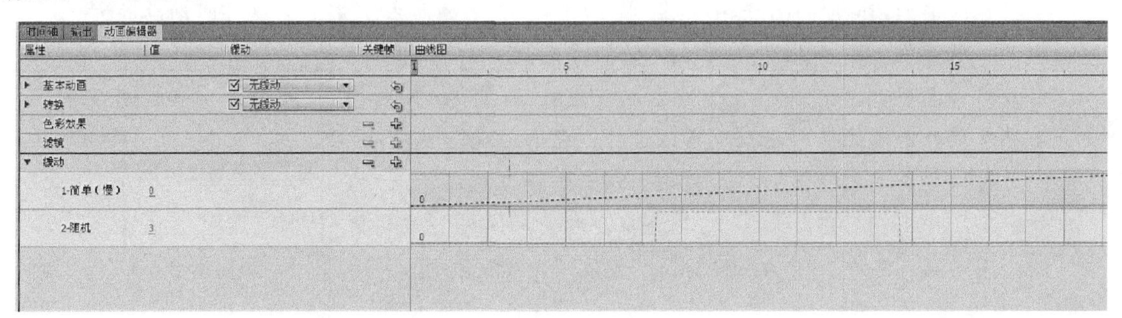


图4.96

**11.** 把“随机”值更改为 15，随机跳跃的频率将基于“随机”值而增大（如图 4.97 所示）。

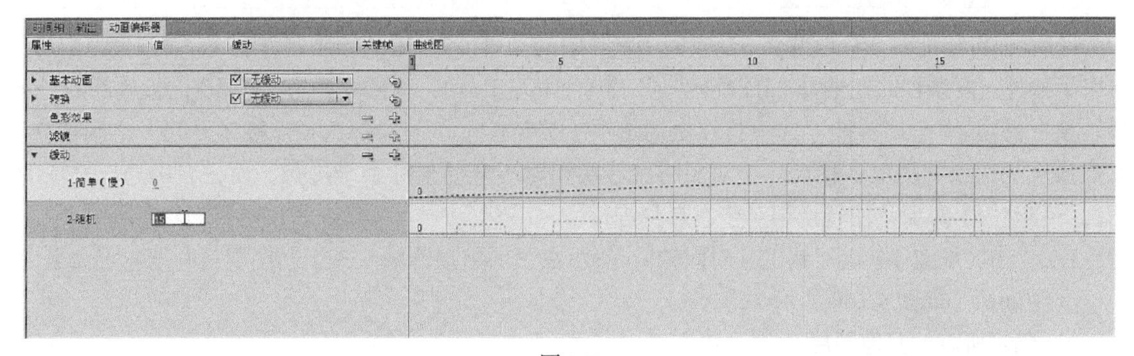


图4.97

12. 选择“基本动画”类别。

13. 在“基本动画”类别旁边的“缓动”下拉菜单中选择“随机”（如图 4.98 所示）。

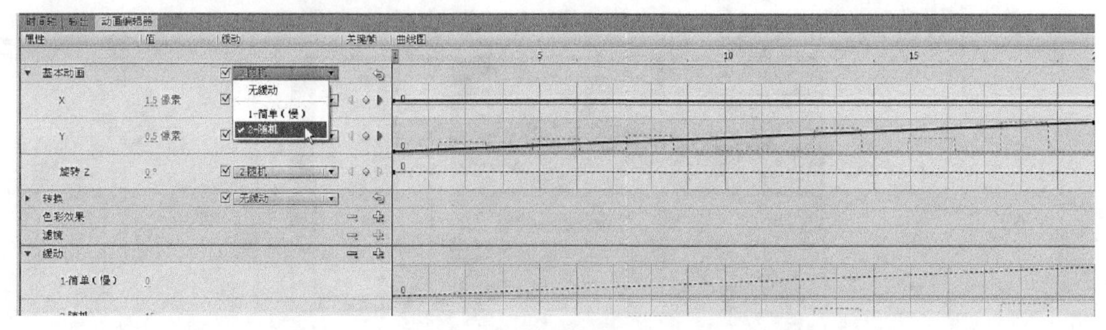

图4.98

Flash 将会对补间动画的位置变化应用“随机”缓动。Flash 将使汽车随机上下颠簸（而不是利用 y 位置中的平滑变化），来模拟发出隆隆声的怠速状态下的汽车。由于动画嵌套在影片剪辑内，因此可以选择“控制”>“测试影片”>“在 Flash Professional 中”以预览动画。

### 传统补间模型

在以前的Flash Professional版本（CS3及更早的版本）中，创建补间动画的方式是：首先在“时间轴”中建立关键帧，然后更改实例的一种或多种属性，再在两个关键帧之间应用补间动画。如果你更熟悉制作动画的老方法，也可以选择“传统补间”选项。

选取包含实例的第一个关键帧，然后选择“插入”>“传统补间”（如图4.99所示），Flash将会对“时间轴”应用传统补间动画。不过，“动画编辑器”不能用于传统补间。

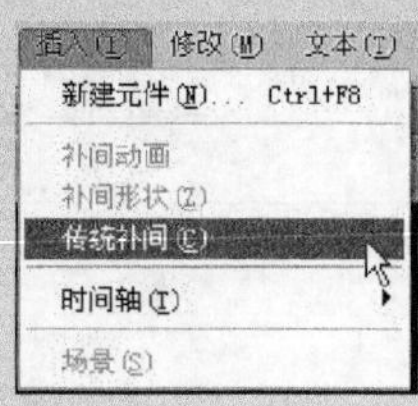


图4.99

## 4.14 制作 3D 运动的动画

最后，你将添加一个标题并在 3D 空间中制作它的动画。3D 中的动画制作引入了第三根（z）轴，带来了额外的复杂性。在选择“3D 旋转”或“3D 平移”工具时，你需要知道“工具”面板底部的“全局转换”选项。“全局转换”选项将在全局选项（按钮按下）与局部选项（按钮升起）之间切换。在启用全局选项的情况下移动一个对象将使转换相对于全局坐标系统进行，而在启用局部选项的情况下移动一个对象将使转换相对于它自身进行。

1. 单击“场景 1”返回到主“时间轴”，然后在图层组顶部插入一个新图层，并把它重命名为“title”（如图 4.100 所示）。
2. 锁定所有的其他图层。
3. 在第 120 帧处插入一个新的关键帧（如图 4.101 所示）。

**4.** 从“库”中把名为“movietitle”的影片剪辑元件拖到“舞台”上。

图4.100

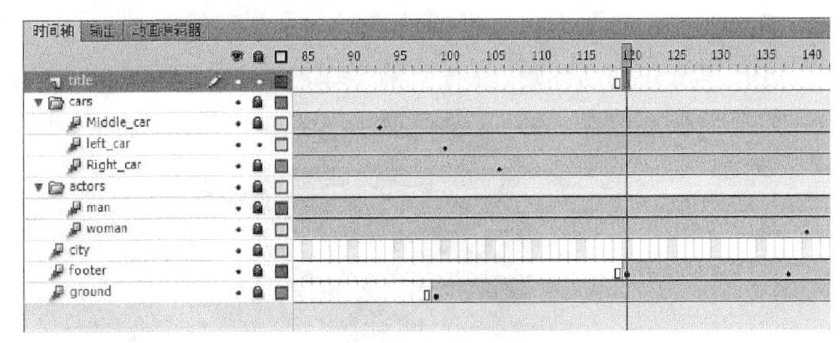

图4.101

该影片标题实例将出现在新图层中，位于第 120 帧处的关键帧中。

**5.** 把标题定位于 X=180，Y=90（如图 4.102 所示）。

图4.102

**6.** 右击 / 按住 Ctrl 键并单击影片标题，然后选择“创建补间动画”。

Flash 将把当前图层转换为“补间”图层，以便你开始制作实例的动画。

**7.** 把红色播放头移到第 140 帧（如图 4.103 所示）。

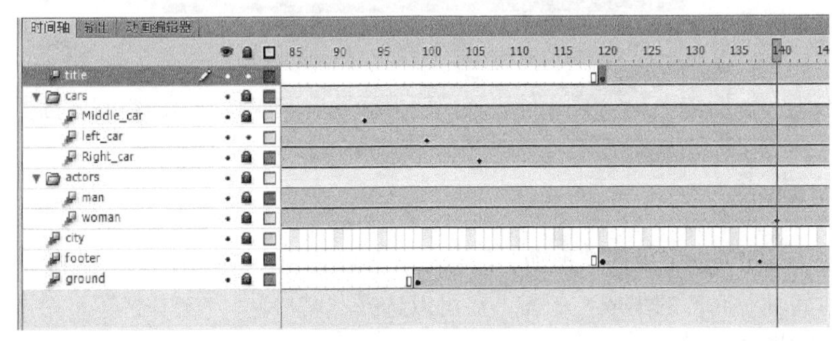

图4.103

8. 选择“3D 旋转”工具。
9. 在“工具”面板底部取消选择“全局转换”选项。
10. 单击并拖动标题,绕着 y 轴（绿色的轴）旋转它,使得其角度大约为 -50° 。可以在“变形”面板（选择“窗口”>“变形”）中检查旋转值（如图 4.104 所示）。

图4.104

11. 把红色播放头移到第 120 帧处的第一个关键帧上。
12. 单击并拖动标题，绕着 y 轴以相反的方向旋转它，使得其角度大约为 25° ，并且实例看上去就像一根长条（如图 4.105 所示）。

图4.105

Flash 将会创建 3D 旋转中变化的补间动画，使得标题看起来像在 3D 空间中摇摆。

## 4.15 测试动画

可以通过在“时间轴”上来回“拖动”红色播放头或者选择“控制”>“播放”快速预览动画。也可以使用“时间轴”底部的集成控制器，还可以选择“窗口”>“工具栏”>“控制器”，显示一个独立的控制器面板。

注意：在“测试影片”模式下导出的 SWF 文件将自动循环播放。要在“测试影片”模式下阻止循环播放，可选择“控制”>“循环”，取消选择“循环播放”选项。

不过，为了像你的观众那样预览动画或者预览影片剪辑元件内任何嵌套的动画，应该测试影片。可选择“控制”>“测试影片”>“在 Flash Professional 中”，Flash 将导出一个 SWF 文件，并存储在与 FLA 文件相同的位置。该 SWF 文件是你将嵌入 HTML 页面中的经过压缩的、最终的 Flash 媒体。Flash 将在与“舞台”尺寸完全相同的新窗口中显示此 SWF 文件，并播放动画（如图 4.106 所示）。

图4.106

注意：如果你在“发布设置”中针对另一种发布平台（如 Adobe AIR），这些选项将在“控制”>“测试影片”菜单中。

要退出“测试影片”模式，可以单击“关闭窗口”按钮。

你也可以选择“控制”>“测试影片”>“在浏览器中”，Flash 将导出一个 SWF 文件，并自动在你的默认浏览器中打开它。

## 生成PNG序列和Sprite表

你可以创建复杂的动画，像SWF文件一样使用Flash Player播放，也可以使用Flash的强大工具创建你的动画，并导出为一个图像序列而用于其他环境中。例如，在移动设备上的HTML5动画依靠PNG文件或者包含以行和列组织的所有图像的单个文件（称作Sprite表）。Sprite表附带一个数据文件，描述文件中每幅图像（Sprite）的位置。

为你的动画生成PNG序列或者Sprite表很简单。首先，你的动画必须在一个影片剪辑元件中。在“库”面板中，右击/Crtl-单击元件，选择“导出PNG序列”（如图4.107所示）。

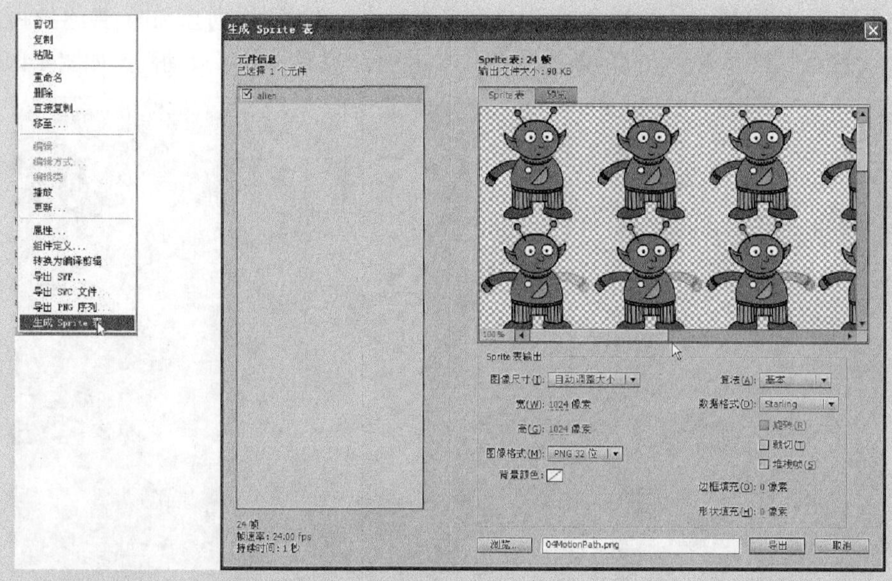


图4.107

选择图像保存的硬盘目标位置。

对于Sprite表，右击/Crtl-单击元件，选择“导出Sprite表”。

弹出“生成Sprite表”对话框，提供不同的选项，如大小、背景颜色和特定的数据格式。

单击“导出”输出Sprite表和数据文件。

# 复习

## 复习题

1. 补间动画的两种要求是什么?
2. 补间动画可以改变哪些类型的属性?
3. 什么是属性关键帧，它们为什么很重要?
4. 怎样编辑对象运动的路径?
5. 向补间动画添加缓动的 3 种方式是什么?

## 复习题答案

1. 补间动画需要“舞台”上的元件实例以及它自己的图层，该图层被称为“补间”图层。“补间”图层上不能有其他的补间或绘制对象存在。
2. 补间动画在对象的位置、缩放比率、旋转、透明度、亮度、色调、滤镜值以及 3D 旋转或平移的不同关键帧之间创建平滑的过渡。
3. 关键帧标记对象的一种或多种属性中的变化。关键帧特定于每种属性，因此补间动画所具有的针对位置的关键帧可以不同于针对透明度的关键帧。
4. 要编辑对象运动的路径，可以选取“选择”工具，然后直接在路径上单击并拖动使其弯曲；也可以选择“转换锚点”工具和“部分选取”工具，在锚点处拖出句柄。句柄控制着路径的曲度。
5. 向补间动画添加缓动的 3 种方式如下：
   - 在“时间轴”上选取补间动画，并在“属性”检查器中更改“缓动”值。
   - 在“动画编辑器”中，右击 / 按住 Ctrl 键并单击任何关键帧，拖出控制句柄，然后更改图形的曲度。
   - 向“动画编辑器”的“缓动”类别中添加预设缓动，并把它应用于属性。

# 第5课 关节运动和变形

## 课程概述

在这一课中，你将学习如何执行以下任务：

- 利用多个链接的影片剪辑制作骨架（armature）的动画；
- 约束和固定连接点（joint）；
- 利用形状制作骨架的动画；
- 利用补间形状对有机形状进行变形；
- 利用弹簧特性模拟物理学；
- 使用形状提示美化补间形状。

完成本课程的学习需要大约两个半小时。如果需要，可以从硬盘驱动器上删除前一课的文件夹，并把Lesson05文件夹复制其上。

可以利用反向运动学（inverse kinematics，IK）的新特性轻松地使用关节（articulation）—链接对象之间的连接点——创建复杂的运动；也可以利用补间形状进行变形，创建形状中的有机变化。

## 5.1 开始

你将从查看动画式起重机开始本课程，在 Flash 中学习关节运动和变形。另外，还将制作章鱼触须的动画。

1. 双击 Lesson05/05End 文件夹中的 05End.html 文件，播放该动画。然后双击 05ShapeIK_End. html，也播放该动画（如图 5.1 所示）。

图5.1

一个项目是描绘了在海边码头工作的起重机以及在水面上轻微起伏的浮标的动画。在本课程中，将制作旋臂起重机、浮标以及波浪平滑运动的动画。另一个项目是一只章鱼卷起某根触须的动画。

2. 双击 Lesson05/05Start 文件夹中的 05Start.fla 文件，在 Flash 中打开初始项目文件。
3. 选择“文件” > “另存为”。把文件命名为“05_workingcopy.fla”，并保存在 05Start 文件夹中。保存工作副本可以确保当你想重新开始时，就可以使用原始起始文件。

## 5.2 利用反向运动学制作关节运动

当你想制作有关节的对象（具有多个连接点的对象，如行走的人或者本示例中移动的起重机）的动画时，Flash Professional CS6 利用反向运动学可以帮你轻松执行该任务。反向运动学是一种数学方法，用于计算链接对象的不同角度，以实现某种配置。你可以在开始关键帧中摆好对象的姿势，然后在后面的关键帧中设置一种不同的姿势。Flash 将利用反向运动学计算出所有连接点的不同角度，从第一种姿势得到下一种姿势。

反向运动学使得制作动画很容易，因为你不必关注于制作对象的每一段或者人物四肢的动画，而只需关注总的姿势。

创建关节运动的第一步是定义对象的骨骼，可使用“骨骼”工具（ ）执行该操作。“骨骼”工具告诉 Flash 如何连接一系列影片剪辑实例。连接的影片剪辑称为骨架（armature），每个影片剪辑称为节点（node）。

1. 在 05_workingcopy.fla 文件中，选择 crane 图层，并且锁定所有的其他图层。

2. 从“库”面板中把 cranearm1 影片剪辑元件拖到“舞台”上，并把该实例放在矩形起重机底座的正上方（如图 5.2 所示）。
3. 从“库”面板中把 cranearm2 影片剪辑元件拖到“舞台”上，并把该实例放在 cranearm1 影片剪辑实例的顶部旁边（如图 5.3 所示）。

图5.2

图5.3

4. 从“库”中把 cranearm2 影片剪辑元件的另一个实例拖到“舞台”上，并把该实例放在第一个 cranearm2 实例的自由顶部旁边。

你将具有两个挨着的 cranearm2 实例（如图 5.4 所示）。

5. 从“库”面板中把 cranerope 影片剪辑元件拖到“舞台”上，并使该实例悬挂在后一个 cranearm2 实例上（如图 5.5 所示）。

图5.4

图5.5

影片剪辑实例现在就处于合适的位置，并且已准备好连接骨骼。

6. 选择“骨骼”工具。
7. 单击 cranearm1 实例的底部，并把“骨骼”工具拖到 cranearm2 实例的底部，然后释放鼠标键（如图 5.6 所示）。

这样就定义了第一个骨骼。Flash 把骨骼显示为极小的三角形，在其底部和顶部各有一个圆形连接点。每个骨骼都定义为从第一个节点的底部到下一个节点的底部。例如，要构建一条手臂，可以单击上臂的肩部，并把它拖到下臂的肘部。

**8.** 单击 cranearm2 实例的底部，并把它拖到下一个 cranearm2 实例的底部，然后释放鼠标键（如图 5.7 所示）。

这样就定义了第二个骨骼。

**9.** 单击第二个 cranearm2 实例的底部，并把它拖到 cranerope 实例的底部，然后释放鼠标键（如图 5.8 所示）。

图5.6

图5.7

图5.8

这样就定义了第三个骨骼。注意，现在用骨骼连接的 4 个影片剪辑元件被分隔到一个新图层中，该图层具有新的图标和名称。这个新图层是一个“姿势”图层，用于使骨架与“时间轴”上的其他对象（比如图形或补间动画）保持独立。

**10.** 把“姿势”图层重命名为“cranea-rmature”，并删除空的 crane 图层，其中包含初始影片剪辑实例（如图 5.9 所示）。

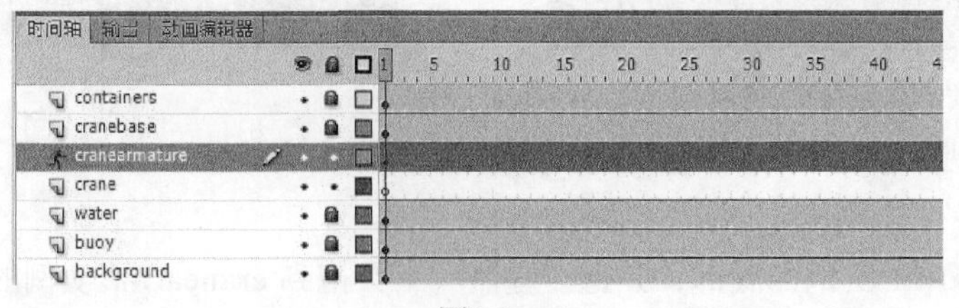


图5.9

## 骨架的层次结构

骨架中的第一个骨骼称为父级骨骼，连接到它的骨骼则称为子级骨骼。一个骨骼实际上也可以连接多个子级骨骼。例如，木偶的骨架具有一个骨盆，它连接到两条大腿，两条大腿又连接到它们自己的两条小腿。骨盆是父级骨骼，每条大腿是子级骨骼，两条大腿相互之间是同级骨骼。当骨架变得更复杂时，可以使用“属性”检查器利用这些关系上、下浏览层次结构。

选择骨架中的一个骨骼时，“属性”检查器的顶部将显示一系列箭头。

可以单击这些箭头在层次结构中移动，并快速选择和查看每个节点的属性。如果选择的是父级骨骼，就可以单击向下的箭头选择其子级骨骼。如果选择的是子级骨骼，就可以单击向上的箭头选择其其父级骨骼，或者单击向下的箭头选择其子级骨骼（如果它有子级骨骼的话）。横向箭头用于在同级节点之间导航（如图5.10所示）。

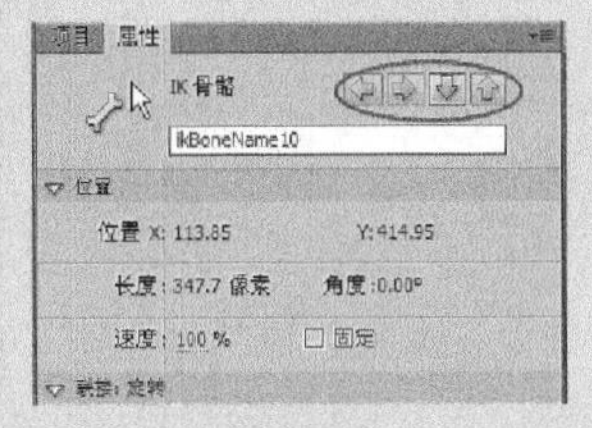


图5.10

### 5.2.1 插入姿势

可以把姿势视作骨架的关键帧。在第1帧中具有用于起重机的初始姿势，你将为起重机插入另外两种姿势。下一种姿势向下定位起重机，就像它正从大海中提起某种东西一样。最后一种姿势把起重机向上放回原来的位置，以提起对象。

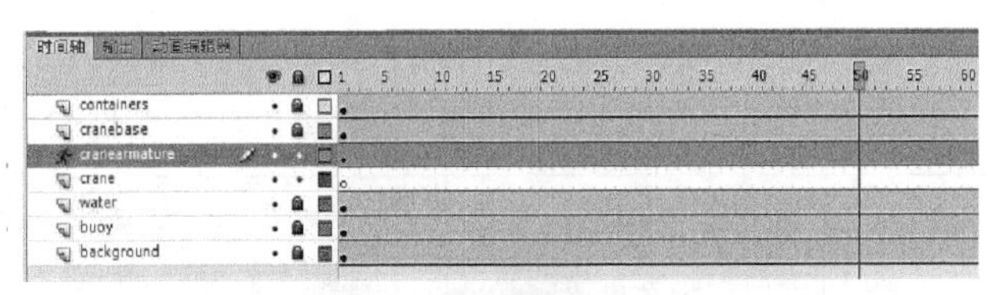


图5.11

1. 把红色播放头移到第 50 帧（如图 5.11 所示）。
2. 使用“选择”工具，单击 cranerope 实例末尾的吊钩，并把它向下拖入水中。

这将自动在第 50 帧处插入一种新姿势。在拖动 cranerope 实例时，注意整个骨架是如何随它一起移动的。骨骼将保持所有不同的节点相连接（如图 5.12 所示）。

图5.12

3. 把红色播放头移到第 100 帧（最后一个帧），如图 5.13 所示。
4. 单击 cranerope 实例末尾的吊钩，并把它向上拖出水中。

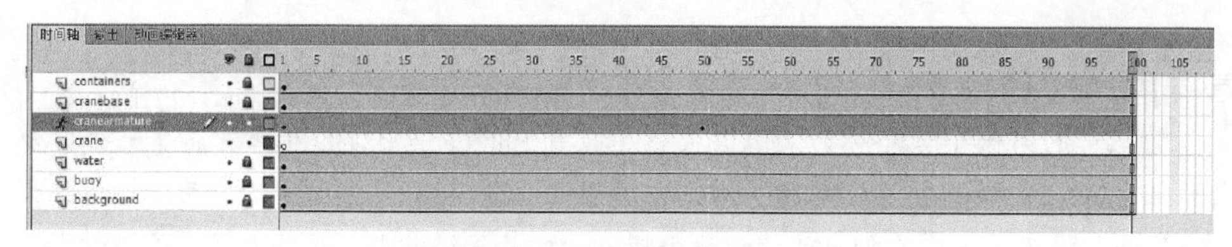


图5.13

这将自动在第 100 帧处插入一种新姿势（如图 5.14 所示）。

图5.14

**5.** 选择“控制” > “测试影片” > “在 Flash Professional 中”，以预览动画。

这将播放起重机的动画，移动起重机的各个部分，从一种姿势变换到另一种姿势。

> **Fl** 注意：就像可以利用补间动画的关键帧编辑姿势一样，也可以利用“时间轴”编辑姿势。沿着“时间轴”右击 / 按住 Ctrl 键并单击，然后选择“插入姿势”以插入一种新姿势。要从图层中删除任何姿势，可右击 / 按住 Ctrl 键并单击它，然后选择“清除姿势”。按住 Ctrl / Command 键并单击一种姿势可选取它。要把一种姿势移到一个不同的位置，可单击并沿着“时间轴”拖动它。

### 5.2.2 隔离各个节点的旋转

在拖拉骨架以创建姿势时，可能会发现很难控制各个节点的旋转，因为它们是连接在一起的。在移动各个节点时，按住 Shift 键将隔离它们的旋转。

**1.** 选取第 100 帧处的第三种姿势。

**2.** 按住 Shift 键，单击并拖动骨架中的第二个节点以旋转它，使其指向下方（如图 5.15 所示）。起重机的第二个节点将旋转，但是第一个节点不会旋转。

**3.** 按住 Shift 键，单击并拖动骨架中的第三个节点以旋转它，使其指向上方（如图 5.16 所示）。起重机的第三个节点将旋转，但是第一个和第二个节点不会旋转。

**4.** 按住 Shift 键，单击并拖动骨架中的最后一个节点（cranerope 实例），使其指向正下方（如图 5.17 所示）。

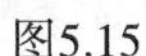

图5.15

图5.16

图5.17

按住 Shift 键有助于隔离各个节点的旋转，以便可以根据需要准确地定位姿势。起重机现在通过折叠其不同的起重臂部分来进行收缩。

### 5.2.3 固定单独节点

更精确地控制骨架的旋转或者定位的另一种方法是固定单独节点，让子节点自由地以不同的姿势移动。你可以通过“属性”检查器中的“固定”选项来完成该任务。

**1.** 选取“选择”工具。

**2.** 选择起重机骨架中的第二个节点。

**3.** 在“属性”检查器中，勾选“固定”复选框（如图 5.18 所示）。

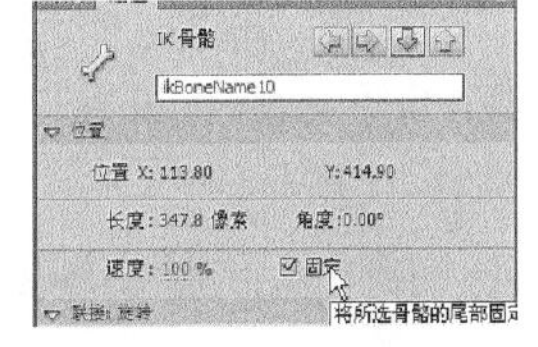


图5.18

所选节点的尾部被固定在“舞台”上的当前位置。

连接点上出现“X”，表示它被固定（如图 5.19 所示）。

**4.** 拖动骨架中的最后一个节点，如图 5.20 所示。

只有最后两个节点移动，注意使用“固定”选项和使用 Shift 键时骨架的运动有何不同。Shift 键将单独节点和相连节点隔离开来。当固定一个节点时，被固定的节点保持不动，但是可以自由地移动所有子节点（如图 5.21 所示）。

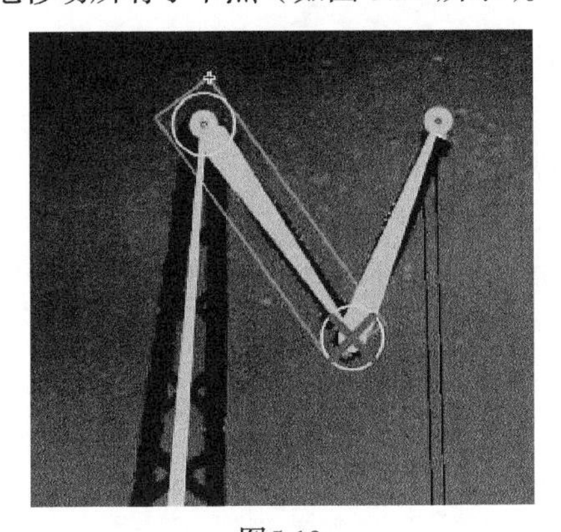

图5.19

图5.20

图5.21

> **Fl** 注意：你也可以选择一个节点并在你的光标变成图钉图标时选择一个节点。选中的节点被固定，在此单击解除节点的固定。

> **编辑骨架**
>
> 可以通过重新定位节点或者删除和添加新骨骼，轻松地编辑骨架。例如，如果骨架中的某个骨骼稍有偏离，可以使用“任意变形”工具旋转它或者把它移入一个新位置，但这不会改变骨骼。
>
> 你还可以通过在把节点拖到一个不同的位置时按住Alt/Option键，把节点移入新的位置。
>
> 如果想删除骨骼，只需单击你想删除的骨骼，然后按下键盘上的Delete键即可。所选的骨骼以及骨骼链下面连接到它的所有骨骼都将被删除，然后可以根据需要添加新骨骼。

## 5.3 约束连接点

起重机的多个连接点可以自由旋转，但这并不是特别现实。现实中的许多骨架都被约束到某些旋转角度。例如，你的前臂可以朝着肱二头肌向上旋转，但是它不能超越肱二头肌在其他方向旋转。在 Flash Professional CS6 中处理骨架时，可以选择约束多个连接点的旋转，甚至约束多个连接点的平移（运动）。

接下来，你将约束起重机多个连接点的旋转和平移，使它们进行更逼真的移动。

### 5.3.1 约束连接点的旋转

默认情况下，不会约束连接点的旋转，这意味着它们可以在整个圆圈中（或者 360° ）旋转。如果只想让某个连接点在四分之一的圆弧内旋转，可以把该连接点约束为 90° 。

1. 确保你的骨架中没有被固定的节点。
2. 在 cranearmature 图层中单击第 50 帧处的第二种姿势，右击 / 按住 Ctrl 键并单击它，然后选择“清除姿势”（如图 5.22 所示）。
3. 在 cranearmature 图层中单击第 100 帧处的第三种姿势，右击 / 按住 Ctrl 键并单击它，然后选择“清除姿势”（如图 5.23 所示）。

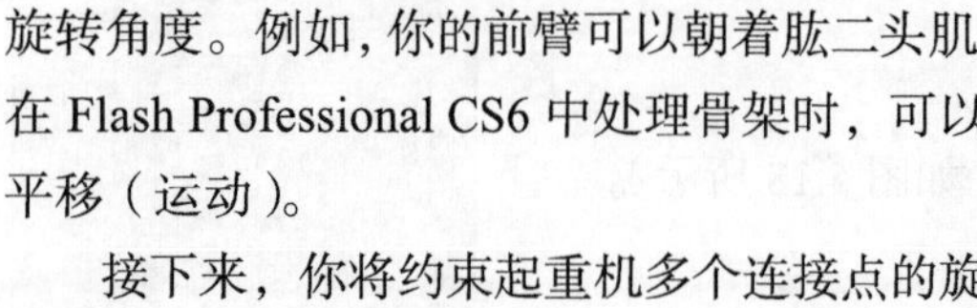

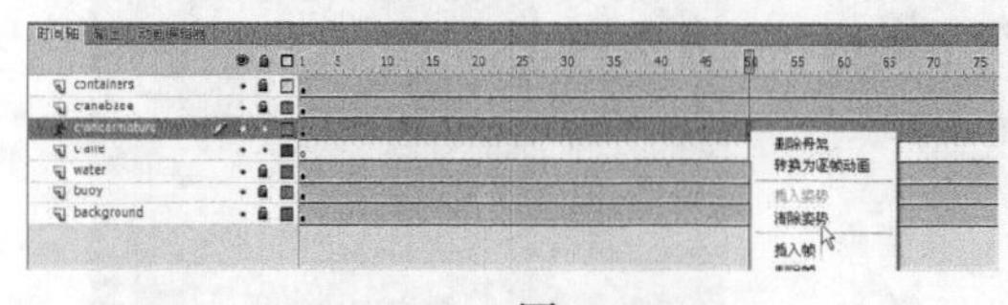

图5.22

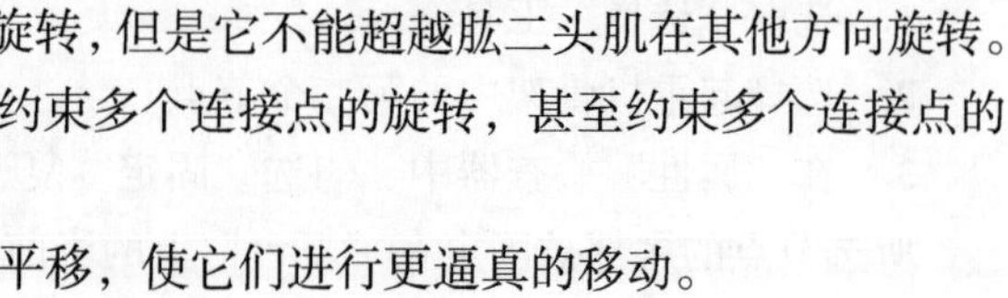

图5.23

骨架现在只在第 1 帧处具有一种姿势。

**4.** 把红色播放头移到第 1 帧。

**5.** 选取“选择”工具。

**6.** 单击起重机骨架中的第二个骨骼（如图 5.24 所示）。

该骨骼将凸显，表示被选取。

**7.** 在“属性”检查器中，在“连接：旋转”区域中勾选“约束”复选框（如图 5.25 所示）。

图5.24

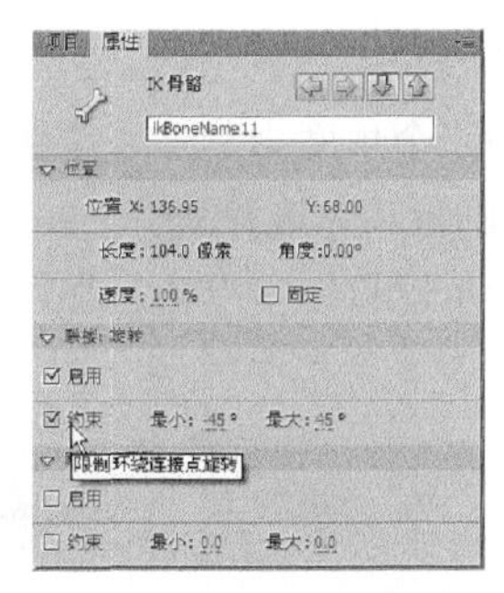


图5.25

在连接点上将出现一个角度指示器，说明允许的最小和最大角度以及节点的当前位置(如图 5.26 所示)。

图5.26

**8.** 把连接点旋转的最小角度设置为 0°，并将其最大角度设置为 90°（如图 5.27 所示）。

连接点上的角度指示器将发生变化，显示允许的角度。在这个示例中，起重机的第二段只能向下弯曲或者上抬到水平位置（如图 5.28 所示）。

图5.27

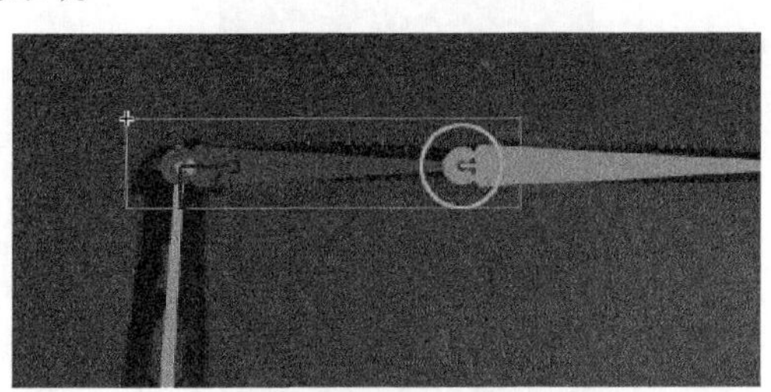

图5.28

9. 单击起重机骨架中的第三个骨骼，将凸显该骨骼，指示选取了它（如图 5.29 所示）。

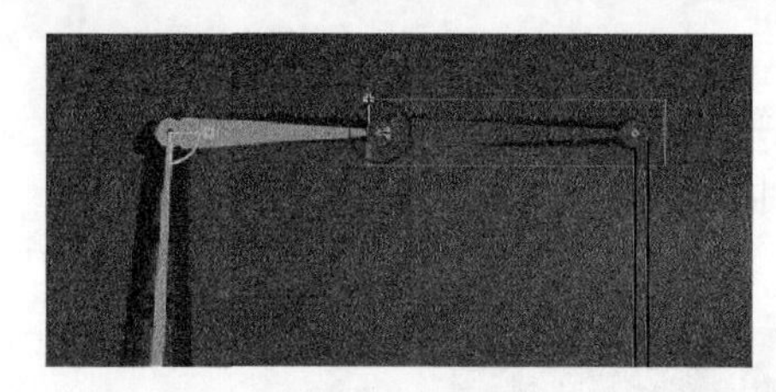

图5.29

10. 在“属性”检查器中，在“连接：旋转”区域中勾选“约束”复选框。

在连接点上将出现一个角度指示器，说明允许的最小和最大角度以及节点的当前位置。

11. 把连接点旋转的最小角度设置为 -90° ，并将其最大角度设置为 0° （如图 5.30 所示）。

连接点上的角度指示器将发生变化，显示允许的角度。在这个示例中，起重机的第三段只能从水平位置弯曲到垂直位置。骨架中的每个连接点都有它自己的旋转约束（如图 5.31 所示）。

图5.30

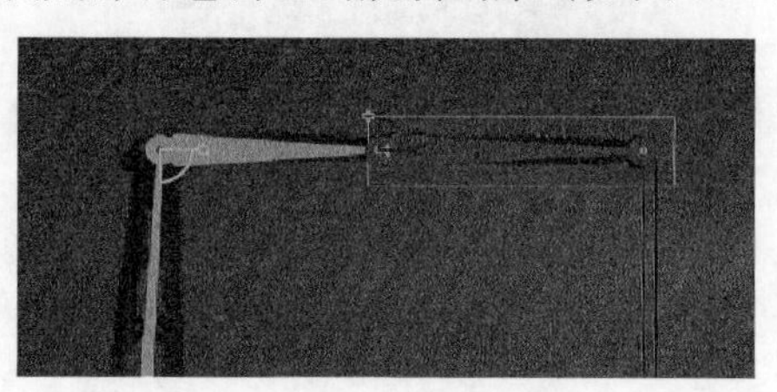

图5.31

## 5.3.2 约束连接点的平移

你通常不会考虑连接点的位置移动。不过在 Flash Professional CS6 中，可以允许连接点在 x（水平）方向或 y（垂直）方向实际地滑动，并限制这些连接点可以移动的距离。

在这个示例中，将允许第一个节点（起重机中长长的第一段）来回移动，就好像它位于轨道上一样。这将使它能够从大海中提取任何类型的货物，并将其放在码头上。

1. 在起重机骨架中的第一个节点上单击（如图 5.32 所示）。

2. 在“属性”检查器，在“连接：旋转”区域中取消勾选“启用”复选框（如图 5.33 所示）。

图5.32

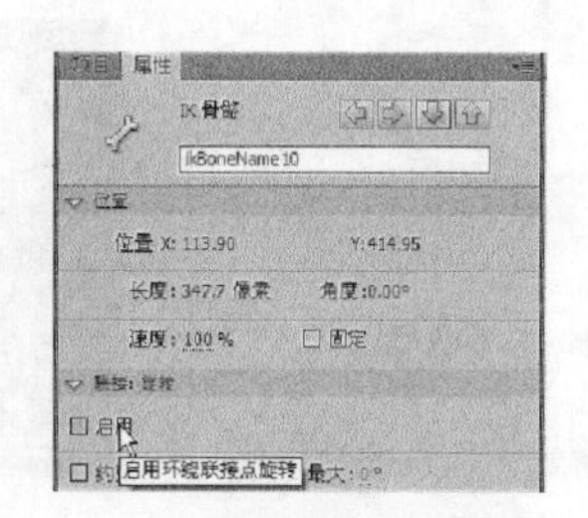


图5.33

连接点周围的圆圈将消失，表示它不再能够旋转（如图 5.34 所示）。

**3.** 在“属性”检查器中，在“连接 : X 平移”区域中勾选“启用”复选框。

连接点上将出现箭头，指示该连接点可以在那个方向上移动（如图 5.35 所示）。

图5.34

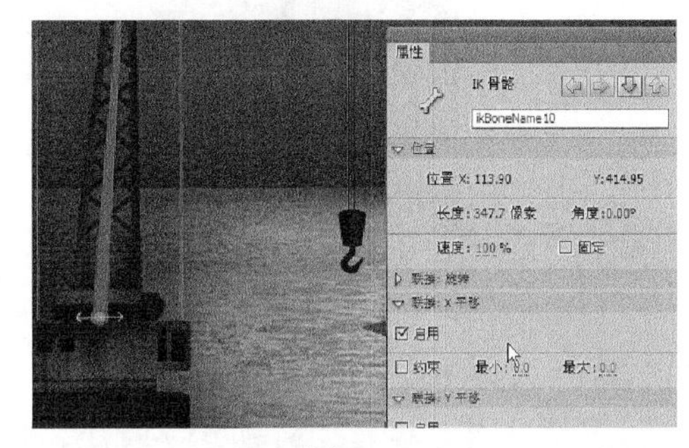


图5.35

**4.** 在“属性”检查器中，在“连接 : X 平移”区域中勾选“约束”复选框。

箭头将变成直线，表示平移是受限制的。

**5.** 把 X 平移的最小值设置为 -50，并将其最大值设置为 50。

横条指示第一个骨骼在 x 方向上可以平移的距离（如图 5.36 所示）。

图5.36

**6.** 在第一个关键帧中抓取吊钩并创建起重机的姿势，使得第一个节点接近于水面，并且降低吊钩（如图 5.37 所示）。

**7.** 把“时间轴”上的红色播放头移到最后一帧。

**8.** 把吊钩移出水面并从水面移回起重机，创建一种新姿势（如图 5.38 所示）。

对连接点旋转和连接点平移设置的约束将对姿势施加限制，这可以帮助你创建更逼真的动画。

**9.** 选择“控制” > “测试影片” > “在 Flash Professional 中”，以观看动画。

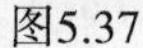

图5.37

图5.38

## 更改连接点速度

连接点速度指连接点的黏性或刚度。具有较低连接点速度值的连接点反应缓慢；而具有较高连接点速度值的连接点反应很快。可以在“属性”检查器中为所选的任何连接点设置连接点速度值。

在拖动骨架的末端时，就能明显看出连接点速度。如果在骨架链上较高的位置具有缓慢的连接点，那么这些特定的连接点反应较慢，并且其旋转角度也将比其他连接点小一些。

要更改连接点速度，可以单击骨骼以选取它，然后在“属性”检查器中设置连接点“速度”值，它在0%～100%之间（如图5.39所示）。

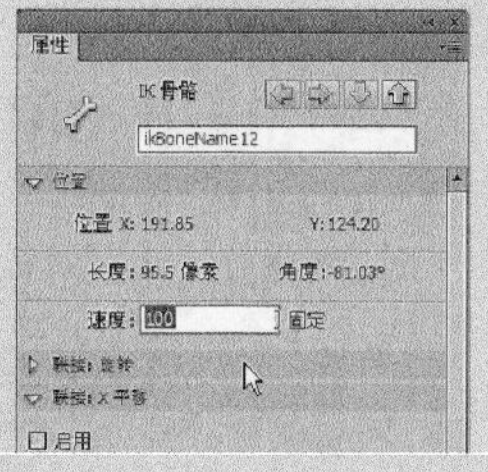


图5.39

## 5.4 形状的反向运动学

起重机是利用多个影片剪辑元件制作的骨架。你也可以利用形状创建骨架，形状可用于制作对象的动画，它们无须明显的连接点和分段，但是仍然可以具有关节运动。例如，章鱼的臂没有实际的连接点，但是可以向平滑的触须中添加骨骼，对其波状运动进行动画处理。

### 5.4.1 在形状内定义骨骼

你将为章鱼添加骨骼——这只章鱼也许就是起重机从大海深处捞起的，并制作它的一根触须的动画。

1. 打开文件 05ShapeIK_Start.fla。选择“文件” > “另存为”，并把文件命名为“05ShapeIK_workingcopy.fla”。

该文件包含章鱼的插图，其中一条臂分隔在它自己名为“arm1”的图层上（如图 5.40 所示）。

2. 锁定除 arm1 图层之外的所有其他图层，并选取 arm1 图层的内容。

3. 选择“骨骼”工具。

4. 在 arm1 图层中单击触须的底部,并朝着触须的末梢向下拖出第一个骨骼(如图 5.41 所示)。

图5.40

图5.41

这样就定义了第一个骨骼,并把 arm1 图层的内容分隔到新的“姿势”图层中(如图 5.42 所示)。

5. 单击第一个骨骼的末尾，并朝着触须的顶部再向下拖出第二个骨骼(如图 5.43 所示)。

这样就定义了第二个骨骼。

6. 继续构建骨架，它总共包含 4 个骨骼(如图 5.44 所示)。

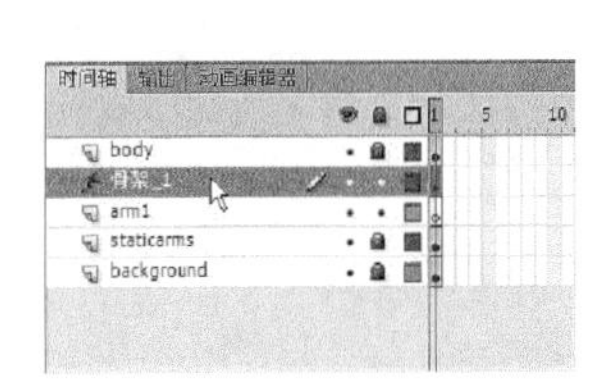


图5.42

图5.43

7. 当骨架完成时，使用“选择”工具单击并拖动最后一个骨骼，查看触须怎样依据骨架的骨骼变形(如图 5.45 所示)。

图5.44

图5.45

### 5.4.2 编辑形状

在编辑包含骨骼的形状时，无须使用任何特殊的工具。可以使用“工具”面板中许多相同的绘图和编辑工具（比如“颜料桶”、“墨水瓶”和“部分选取”工具），编辑填充、笔触或轮廓线。

**1.** 选择“颜料桶”工具。

**2.** 为“填充”选择深桃红色。

**3.** 单击“姿势”图层中的形状。

触须的填充颜色将改变（如图 5.46 所示）。

**4.** 选择“墨水瓶”工具。

**5.** 为笔触选择深红色。

**6.** 单击“姿势”图层中的形状。

触须的轮廓线将改变颜色（如图 5.47 所示）。

图5.46

图5.47

**7.** 选择“部分选取”工具。

**8.** 单击形状的轮廓线。

在形状的轮廓线周围将出现锚点和控制句柄（如图 5.48 所示）。

**9.** 把锚点拖动到新位置或者单击并拖动手柄，以编辑触须的形状（如图 5.49 所示）。

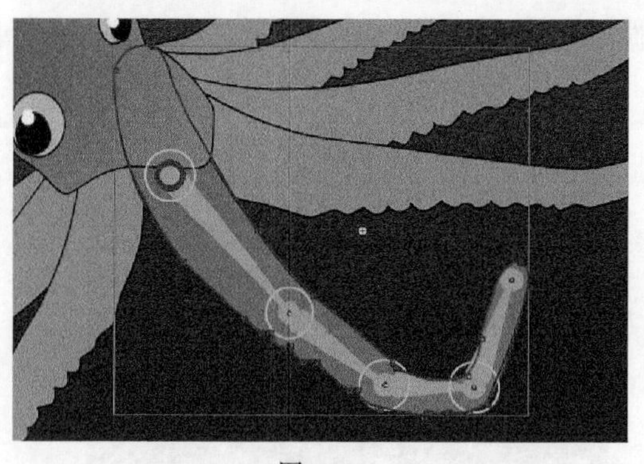

图5.48

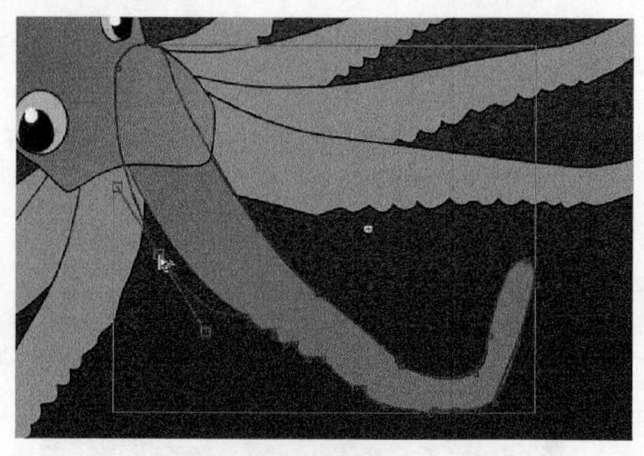

图5.49

> **Fl** **注意**：可以利用“添加锚点”工具在形状的轮廓线上添加新的点；利用“删除锚点”工具删除形状的轮廓线上的点。“添加锚点”工具和“删除锚点”工具都位于“钢笔”工具之下。

### 5.4.3 编辑骨骼和骨架

“部分选取”工具可以移动形状内的连接点。不过仅当具有骨架的一种姿势时，才能编辑形状内的连接点。在“姿势”图层后面的帧中重新定位骨架之后，将不能更改骨骼结构。

如果想把整个骨架移到一个不同的位置而又想使骨骼结构保持不变,就可以使用“选择”工具。

1. 选择“部分选取”工具。
2. 单击某个连接点。
3. 单击形状内的连接点，并把它拖到一个新位置（如图 5.50 所示）。

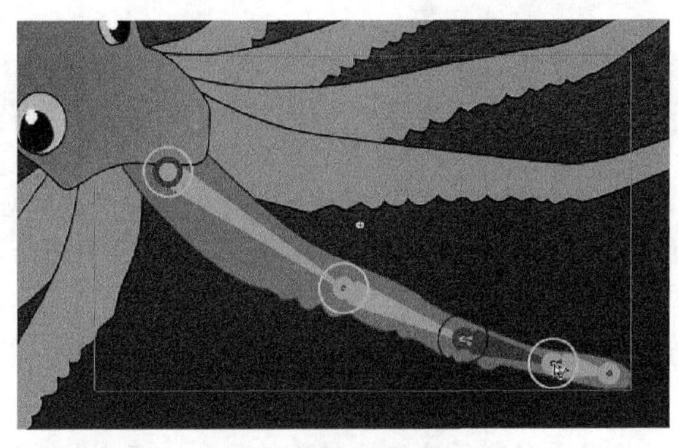

图5.50

4. 选取“选择”工具。按住 Alt/Option 键，并把整个骨架（以及包围它的形状）拖到一个新位置。

> **Fl** **注意**：可以轻松地删除骨骼或者向骨架中添加更多骨骼。选取“选择”工具，并单击你想删除的骨骼。然后按下 Delete 键，这将会删除所选的骨骼及其所有的子级骨骼。选择“骨骼”工具，然后单击骨架，即可添加新骨骼。

**利用“绑定”工具美化形状的状态**

利用形状上的锚点与其骨骼之间的映射，可以通过其骨架对形状进行有机的控制。例如，沿着触须末梢的点可以映射到最后一个骨骼，而向上远离触须的点则可以映射到向上远离触须的骨骼。因此在骨骼旋转的地方，形状也会跟着旋转。

可以利用“绑定”工具（ ）编辑骨骼与其控制点之间的联系。“绑定”工具隐藏在“骨骼”工具下面。“绑定”工具会显示哪些控制点与哪些骨骼相联系，并且允许中断这些联系并建立新的联系。

选择“绑定”工具，并单击形状中的任何骨骼。将以红色凸显所选骨骼，并且会以黄色凸显形状上所有相连的控制点（如图5.51所示）。

如果想重新定义哪些控制点与所选的骨骼相联系，可以执行以下操作。

- 按住 Shift 键并单击，以添加与控制点的额外联系。
- 按住 Ctrl / Command 键并单击，以删除与控制点的联系。
- 拖动骨骼与控制点之间的连线。如图 5.52 所示，从所选的骨骼拖动一条直线到左边的点，以建立联系。

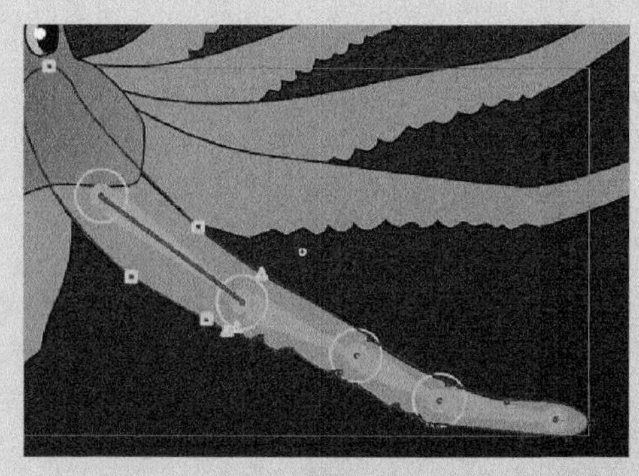

图5.51

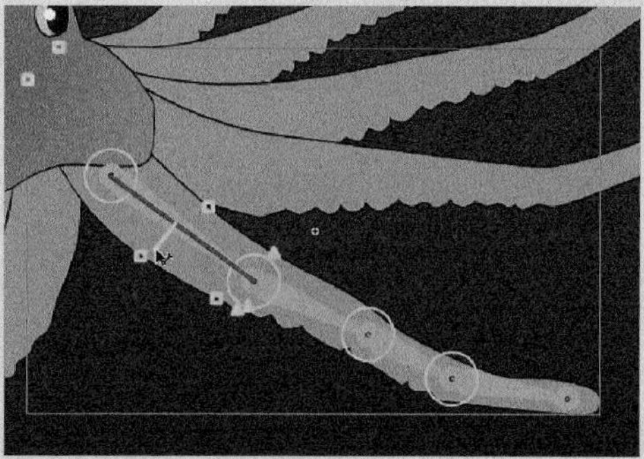

图5.52

单击形状上的任何控制点，将以红色凸显所选控制点，并以黄色凸显所有相连的骨骼。如图5.53所示，如红色凸显的点与第一个骨骼相关联。

如果想重新定义哪些骨骼与所选的控制点相联系，可以执行以下操作。

- 按住 Shift 键并单击，以添加与骨骼的额外联系。
- 按住 Ctrl / Command 键并单击，以删除与骨骼的联系。
- 拖动控制点与骨骼之间的连线。如图 5.54 所示，将向下远离触须的另一个控制点与第一个骨骼相关联。

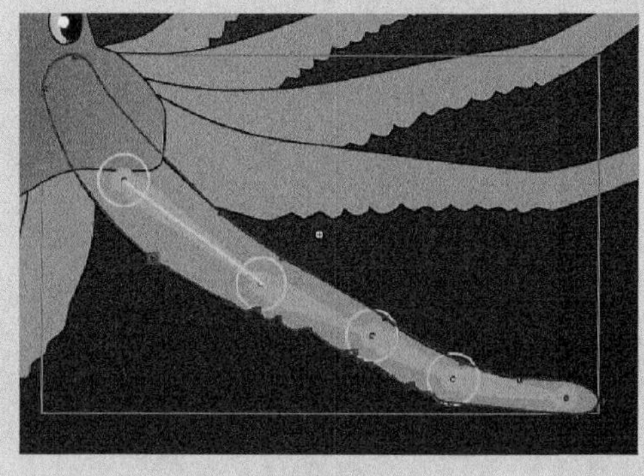

图5.53

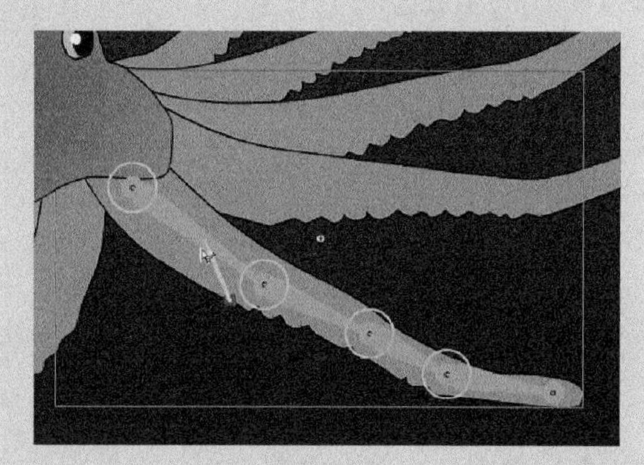

图5.54

## 5.5 骨架选项

可以通过“属性”检查器使用许多设置，它们有助于使骨架成为交互式的，或者有助于对骨架运动应用缓动。当然，也可以为骨架选择不同的查看选项以适合你的工作风格。

### 5.5.1 创作时骨架与运行时骨架

创作时骨架是指那些沿着“时间轴”创建姿势的骨架，它们将作为直观的动画播放。运行时骨架是指交互式骨架，它们允许用户移动骨架。可以把任何骨架制作成创作时骨架或运行时骨架，无论它们是利用一系列影片剪辑（比如起重机）制作成的，还是利用形状（比如章鱼触须）制作成的。不过，运行时骨架仅限于那些只有一种姿势的骨架。

1. 继续处理文件 05ShapeIK_workingcopy.fla。
2. 选择包含触须骨架的图层。
3. 在“属性”检查器中，从“类型”选项中选择“运行时”（如图 5.55 所示）。

该骨架就变成运行时骨架，允许用户直接操纵章鱼的触须。“姿势”图层中的第 1 帧会显示骨架图标，指示选择了“运行时”选项，并且不能添加额外的姿势（如图 5.56 所示）。

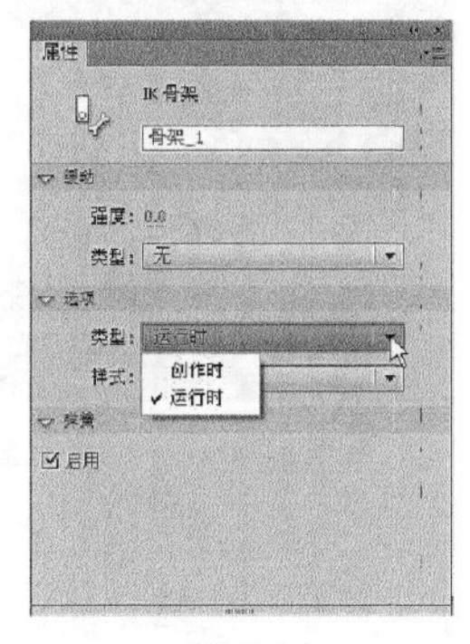


图5.55

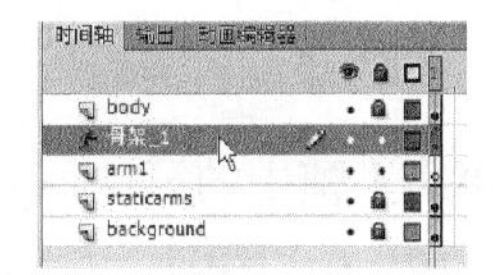


图5.56

4. 选择“控制”>“测试影片”>“在 Flash Professional 中”，以测试你的影片。

你可以单击并拖动触须，交互式地在“舞台”上移动它（如图 5.57 所示）。

图5.57

### 5.5.2 控制缓动

“动画编辑器”及其对缓动的高级控制不能用于骨架。不过，“属性”检查器中提供了几种标准的缓动，可应用于骨架。缓动可以通过对骨架的运动进行加速或减速，为它们的移动提供重力的感觉。

**1.** 选择包含触须骨架的图层。

**2.** 在“属性”检查器中，在“选项”区域中为“类型”选择“创作时”选项。

该骨架将再次变成创作时骨架。

**3.** 选择所有图层的第 40 帧，然后选择“插入”>“时间轴”>“帧”。

这将在所有图层中插入帧，给你在“时间轴”上提供了空间，用于为触须创建额外的姿势（如图 5.58 所示）。

**4.** 把红色播放头移动到第 40 帧。

**5.** 利用“选择”工具抓取触须的末梢，向上卷曲它并移到一边。

这将在第 40 帧处为触须骨架插入一种新姿势（如图 5.59 所示）。

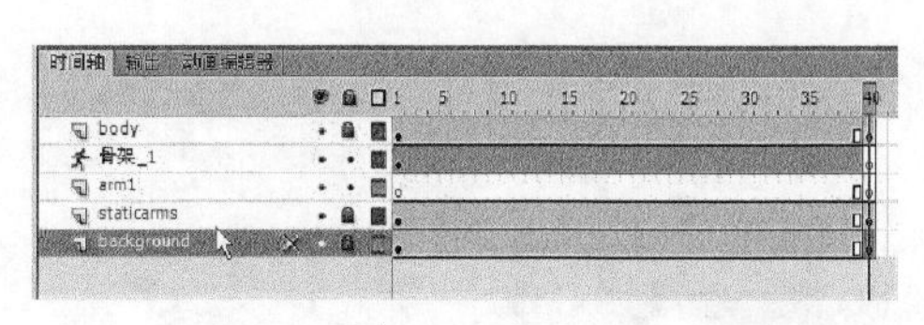


图5.58

图5.59

**6.** 选取“骨架”图层第 1 帧中的第一种姿势。

**7.** 在“属性”检查器中，在“缓动”区域下面为“类型”选择“简单（中）”选项（如图 5.60 所示）。

“简单”缓动的变体（从“慢”到“最快”）代表缓动的程度。它们代表在“动画编辑器”中为补间动画提供的相同曲度。

**8.** 将“强度”设置为 100（如图 5.61 所示）。

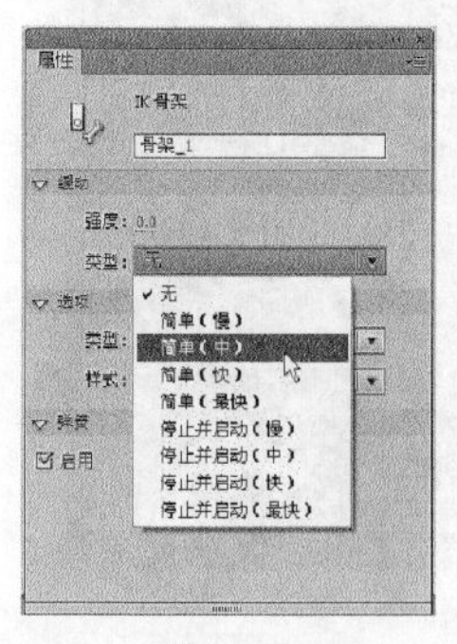


图5.60

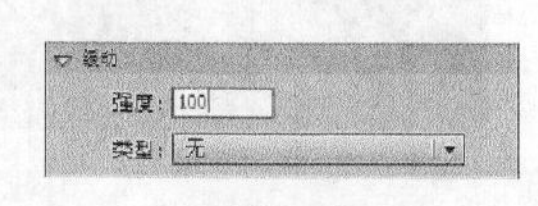


图5.61

“强度”代表缓动的方向。负值表示缓入，正值表示缓出。

**9.** 选择“控制”>“测试影片”>“在 Flash Professional 中”，以预览动画。

触须将向上卷曲，并逐渐缓出其运动（如图 5.62 所示）。

图5.62

**10.** 关闭“测试影片”窗口。

**11.** 选择第 1 帧中的第一种姿势。

**12.** 把“强度”设置更改为 -100，并再次测试影片。

触须将向上卷曲，但是运动现在是缓入的，开始比较缓慢并且会逐渐加速。

**13.** 关闭“测试影片”窗口。

**14.** 选择第 1 帧中的第一种姿势。

**15.** 在“属性”检查器中，在“缓动”区域下面为“类型”选择“停止并启动（中）”选项（如图 5.63 所示）。

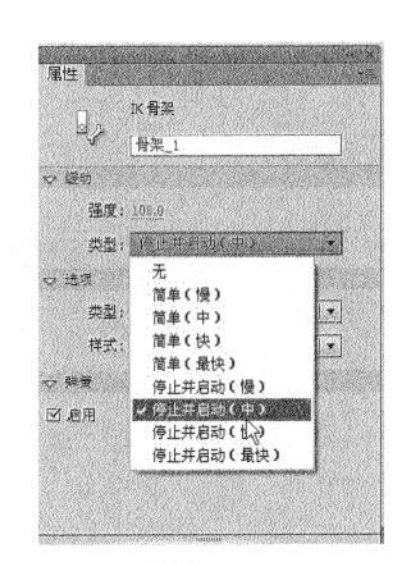

图5.63

“停止并启动”缓动的变体（从“慢”到“最快”）代表缓动的程度。“停止并启动”缓动在运动的两端都具有曲线，因此缓动值将会影响运动的开始和结束。

**16.** 把“强度”设置为 -100。

**17.** 选择“控制”>“测试影片”>“在 Flash Professional 中”，以预览动画。

触须将向上卷曲，并且会逐渐缓入其运动，也会逐渐缓出其运动。

## 5.6 利用补间形状进行变形

补间形状是用于在不同关键帧中的形状之间插入无定形变化的技术。补间形状使得平滑地从一件事物变形到另一件事物成为可能。需要形状变化轮廓线的任何类型的动画——例如云彩、水或火的动画，都是补间形状的理想选择。

对形状的填充和笔触都可以进行平滑的动画处理。由于补间形状只适用于形状，因此不能使用组、元件实例或位图图像。

### 5.6.1 建立包含不同形状的关键帧

在下面的步骤中，将利用补间形状对起重机下面轻微波动的海面进行动画处理。

1. 继续处理名为 05_workingcopy.fla 的起重机动画的文件。
2. 锁定并隐藏除 water 图层之外的所有其他图层。water 图层包含位于“舞台”底部透明的蓝色形状（如图 5.64 所示）。

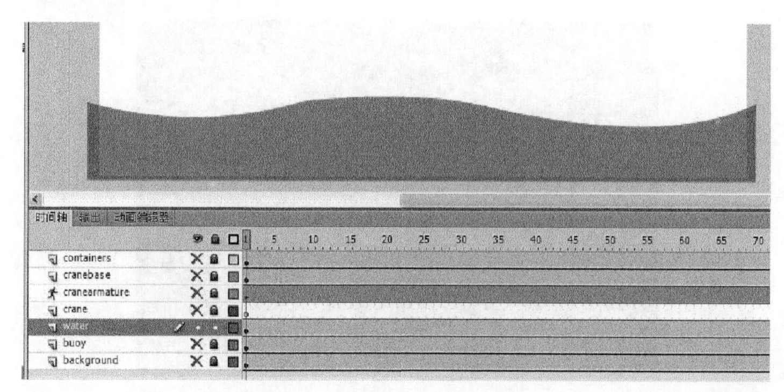


图5.64

3. 在 water 图层中把红色播放头移到第 50 帧处。
4. 在 water 图层中右击 / 按住 Ctrl 键并单击第 50 帧，然后选择“插入关键帧”；或者选择“插入”>“时间轴”>“关键帧”（F6 键）。

这将在第 50 帧处插入一个新的关键帧（如图 5.65 所示）。把前一个关键帧的内容复制到第二个关键帧中。

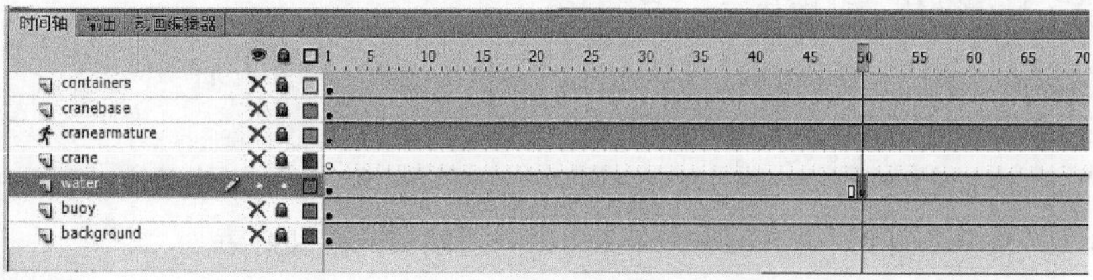

图5.65

5. 把红色播放头移到第 100 帧处。
6. 在 water 图层中右击 / 按住 Ctrl 键并单击第 100 帧，然后选择“插入关键帧”；或者选择“插入”>“时间轴”>“关键帧”（F6 键）。

这将在第 100 帧处插入新的关键帧，并把前一个关键帧的内容复制到这个关键帧中。在 water 图层中，“时间轴”上现有 3 个关键帧：第一个在第 1 帧处，第二个在第 50 帧处，第三个在第 100 帧处（如图 5.66 所示）。

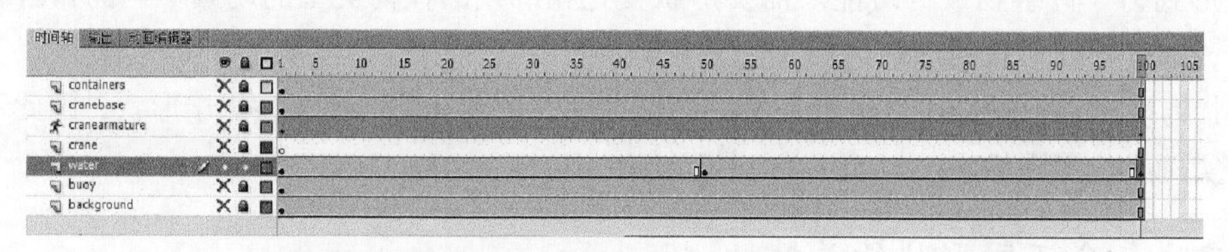


图5.66

7. 把红色播放头移回到第 50 帧处。

接下来，将在第二个关键帧中更改水的形状。

**8.** 选取“选择”工具。

**9.** 取消对水形状的选择。单击并拖动水形状的轮廓线，使得波峰变成波谷，而波谷变成波峰（如图 5.67 所示）。

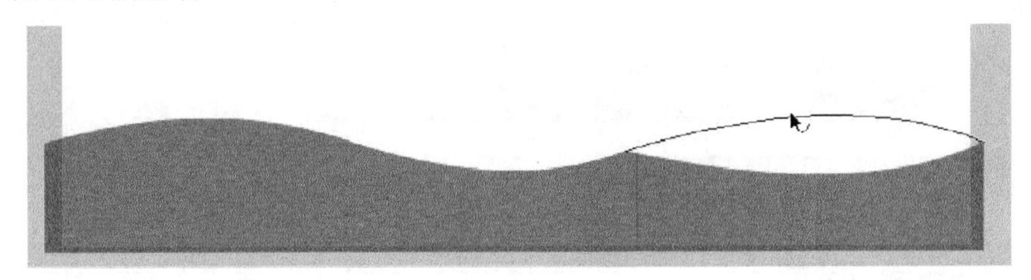

图5.67

water 图层中后面的每个关键帧都包含一种不同的形状。

### 5.6.2 应用补间形状

下一步是在关键帧之间应用补间形状，创建平滑的过渡。

**1.** 在 water 图层中的第一个关键帧与第二个关键帧之间的任意帧上单击。

**2.** 右击 / 按住 Ctrl 键并单击，然后选择“创建补间形状”；或者从顶部的菜单中选择“插入”>“补间形状”（如图 5.68 所示）。

Flash 将在这两个关键帧之间应用补间形状，通过黑色前指箭头指示它（如图 5.69 所示）。

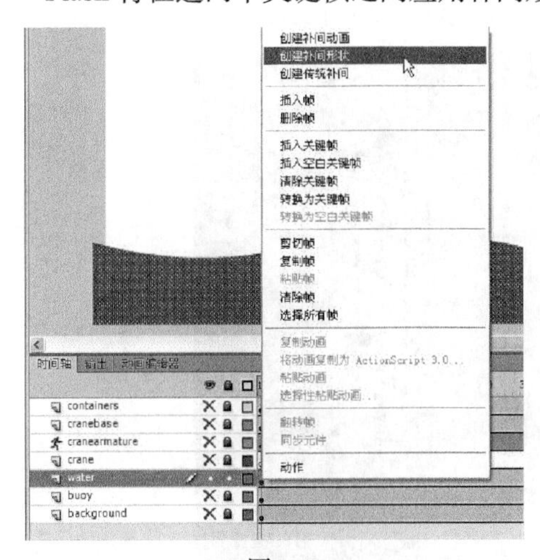


图5.68

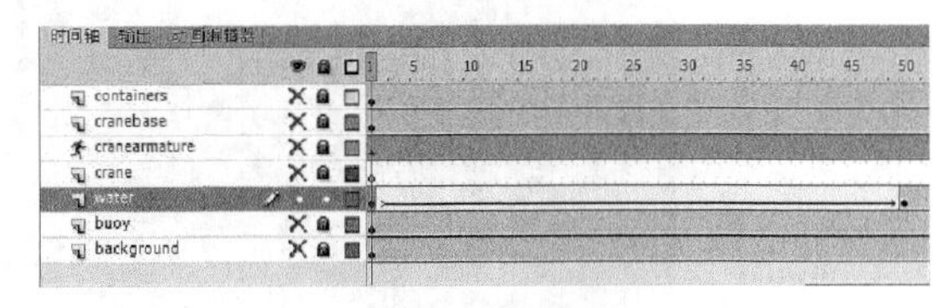


图5.69

**3.** 在 water 图层中的第二个关键帧与最后一个关键帧之间的任意帧上单击。

**4.** 右击 / 按住 Ctrl 键并单击，然后选择“创建补间形状”；或者从顶部的菜单中选择“插入”>“补间形状”（如图 5.70 所示）。

Flash 将在后两个关键帧之间应用补间形状，通过黑色前指箭头指示它（如图 5.71 所示）。

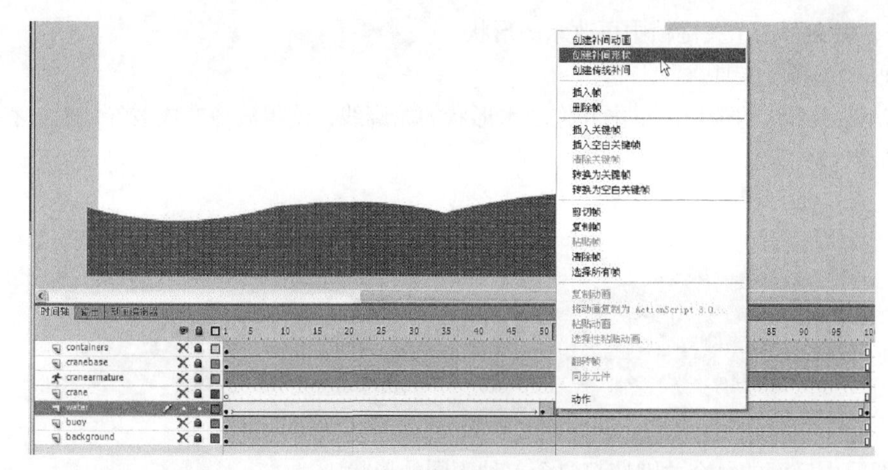


图5.70

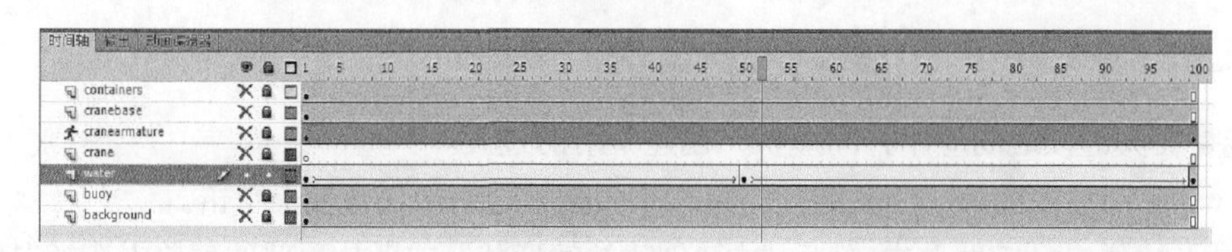


图5.71

5. 选择“控制”>“测试影片”>“在 Flash Professional 中”，以观看动画。Flash 将在 water 图层中的关键帧之间创建平滑的动画，并改变海面的形状（如图 5.72 所示）。

图5.72

Fl 注意：“动画编辑器”不能用于补间形状。

## 5.7 使用形状提示

形状提示强制 Flash 把第一种形状上的点映射到第二种形状上相应的点。通过放置多个形状提示，可以更精确地控制补间形状的显示方式。

### 5.7.1 添加形状提示

现在，你将向波浪的补间形状中添加形状提示，修改它从一种形状变为下一种形状的方式。

**1.** 选择 water 图层中补间形状的第一个关键帧（如图 5.73 所示）。

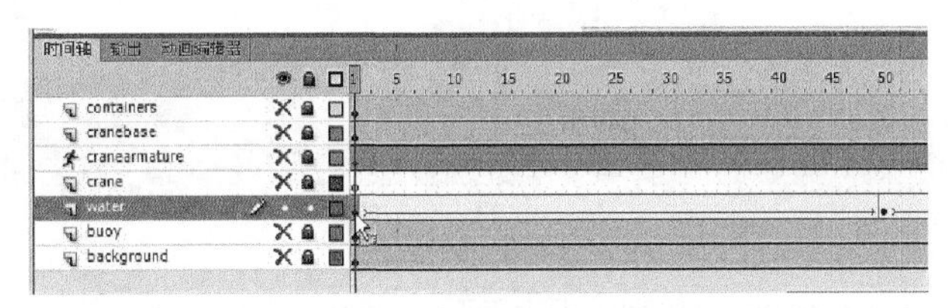


图5.73

**2.** 选择“修改” > “形状” > “添加形状提示”（Ctrl+Shift+H/Command+Shift+H 组合键）。

在“舞台”上将出现一个红色加圆圈的字母“a”（如图 5.74 所示）。这个加圆圈的字母代表第一个形状提示。

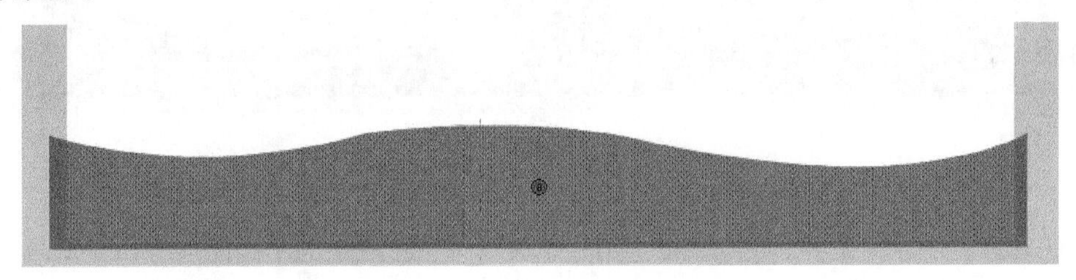

图5.74

**3.** 把加圆圈的字母拖到海洋形状的左上角（如图 5.75 所示）。

应该把形状提示放在形状的轮廓线上。

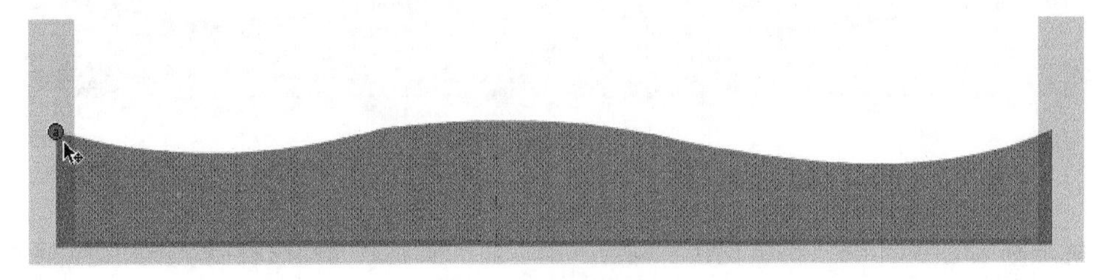

图5.75

**4.** 再次选择“修改” > “形状” > “添加形状提示”，创建第二个形状提示。此时，在“舞台”

上将出现一个红色加圆圈的字母“b”（如图 5.76 所示）。

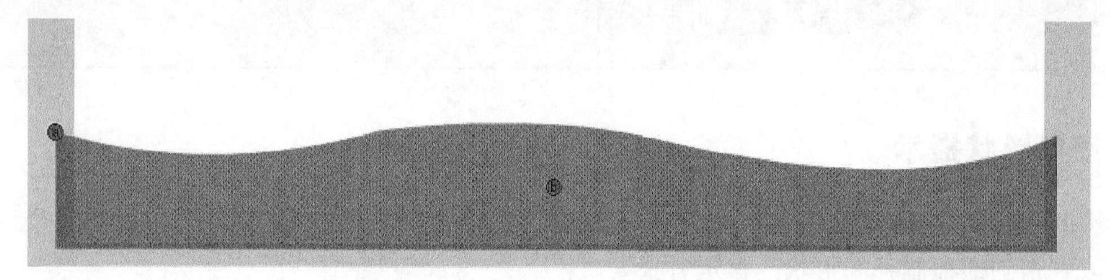

图5.76

5. 把“b”形状提示拖到海洋形状上边缘的波谷底部（如图 5.77 所示）。

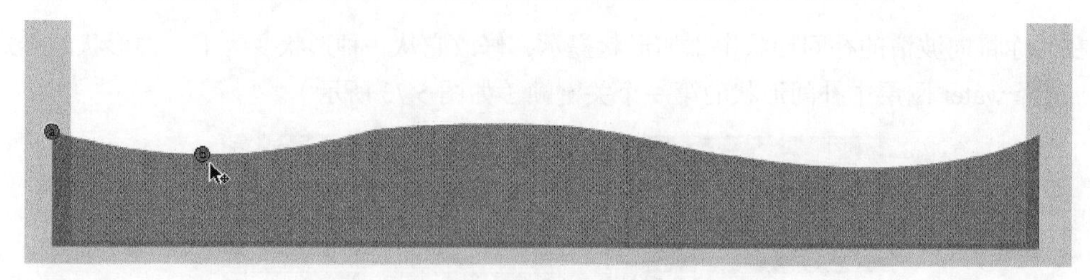

图5.77

在“舞台”上将出现一个红色加圆圈的字母“c”（如图 5.78 所示）。

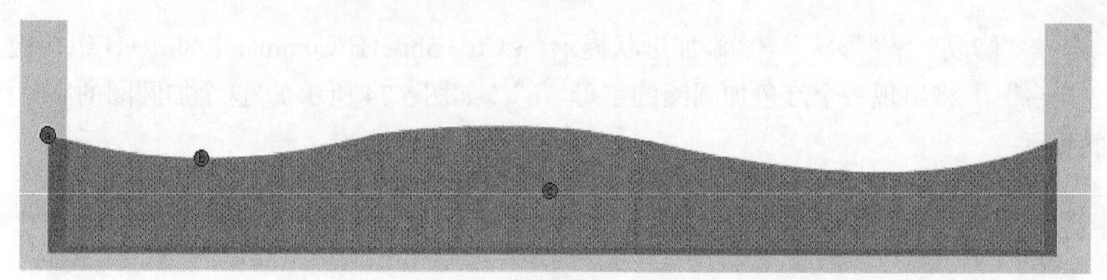

图5.78

6. 把“c”形状提示拖到海洋形状的右上角。

这样就具有 3 个形状提示，它们映射到第一个关键帧中形状上的不同的点（如图 5.79 所示）。

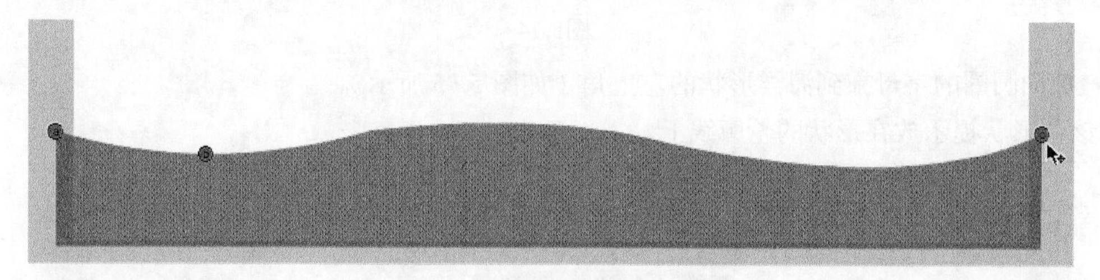

图5.79

7. 选择 water 图层中的下一个关键帧（第 50 帧）。

对应的加圆圈的字母“c”将出现在“舞台”上，而“a”和“b”形状提示正好在它下面。

8. 把加圆圈的字母拖到第二个关键帧中形状上对应的点上。“a”形状提示将位于左上角，“b”形状提示将位于波谷底部，“c”形状提示将位于右上角。

形状提示将变为绿色，指示已经正确地放置了形状提示（如图 5.80 所示）。

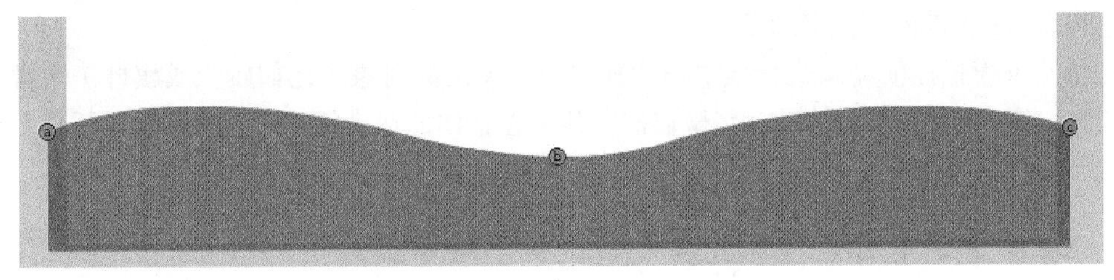


图5.80

**9.** 选择第一个关键帧。

> Fl **注意**：初始形状提示变成了黄色，指示正确地放置了它们（如图 5.81 所示）。

图5.81

**10.** 选择“控制”>“测试影片”>“在 Flash Professional 中”，以查看补间形状上形状提示的效果。

形状提示强制第一种形状的波峰映射到第二种形状的波峰，从而使补间形状看起来更像前进的波浪，而不是上下起伏式运动。使用形状提示锁定形状的某些部件（比如这个例子中的“a”和“c”提示），或者告诉 Flash 将形状移到哪里（比如“b”提示）。

> Fl **注意**：可以向任何补间形状添加最多 26 个形状提示。一定要按顺时针或逆时针方向添加它们，以获得最佳效果。

### 5.7.2 删除形状提示

如果添加了太多的形状提示，可以轻松地删除不必要的。删除一个关键帧中的形状提示将会删除另一个关键帧中对应的形状提示。

- 把各个形状提示完全拖离“舞台”和“粘贴板”。
- 选择“修改”>“形状”>“删除所有提示”，可以删除所有的形状提示。

## 5.8 利用反向运动模拟物理现象

既然已经制作了起重机下面水波的动画，那么就可以看到红色浮标沿着水面移动将是美妙的。可以创建补间动画，使浮标沿着水面移动。不过由于浮标带有灵活的旗帜，在移动时看到旗帜和旗杆飘动和弯曲就显得更逼真。Flash Professional CS6 为反向运动学引入了一种称为“弹簧”的新特性，它可以帮助你轻松执行该任务。

弹簧特性可模拟任何动画式骨架中的物理现象。灵活的对象（比如旗帜或旗杆）通常具有某种“弹性”，这导致它自身在移动时轻微摇摆，甚至在整体的运动停止时还继续轻微摇摆。可以为骨架中的每个骨骼设置弹性的数量，以帮助你获得动画中刚性或弹性的精确数量。

### 5.8.1 为骨架定义骨骼

在下面的步骤中，将制作在水面上漂浮的浮标的动画，并且在浮标骨架中的每个骨骼中设置弹簧的强度。第一步是向浮标的形状中添加骨骼。

1. 锁定并隐藏除 buoy 图层之外的所有其他图层，并选择 buoy 图层的内容。
2. 选择“骨骼”工具。
3. 单击浮标的底部，并朝着旗杆底部三角形支撑的顶部拖出第一个骨骼（如图 5.82 所示）。
这样就定义了第一个骨骼，并且把 buoy 图层的内容分隔到一个新的“姿势”图层中。
4. 在第一个骨骼的末尾单击，并沿着旗杆朝上一点拖出第二个骨骼（如图 5.83 所示）。
这样就定义了第二个骨骼。
5. 在第二个骨骼的末尾单击，并向左朝着旗帜里面拖出下一个骨骼（如图 5.84 所示）。
6. 再定义另外两个骨骼，把骨架扩展到旗帜的尖端（如图 5.85 所示）。

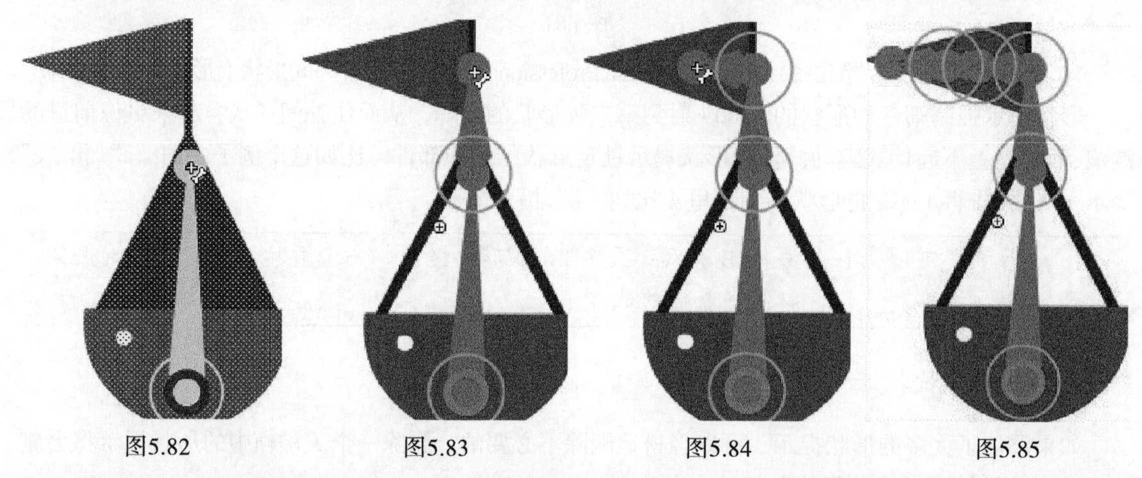

图5.82　图5.83　图5.84　图5.85

> **Fl** 注意：反向运动学的“弹簧”特性同时适用于形状中的骨架和带有影片剪辑的骨架。

7. 旗帜中的骨骼可以帮助旗帜更逼真地飘动；旗杆中的骨骼可以帮助旗杆独立于漂浮的底部而弯曲。

### 5.8.2 设置每个骨骼的弹簧强度

接下来，将设置每个骨骼的弹簧强度值。强度值的范围为 0（无弹性）～ 100（最大弹性）。

1. 选取浮标中骨架的最后一个骨骼（在旗帜的尖端），如图 5.86 所示。
2. 在“属性”检查器中，在“弹簧”区域中为“强度”输入“100”（如图 5.87 所示）。

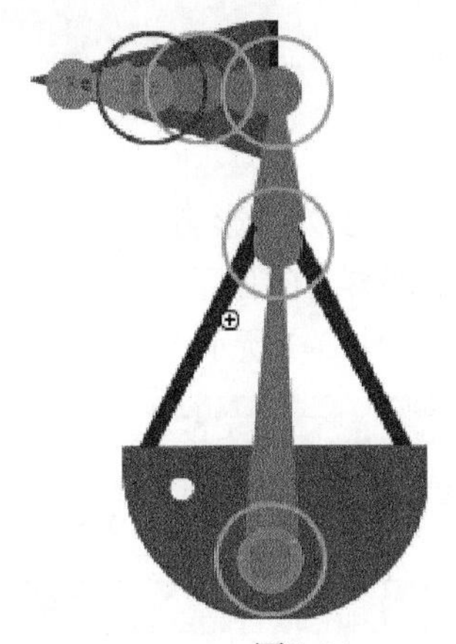

图5.86

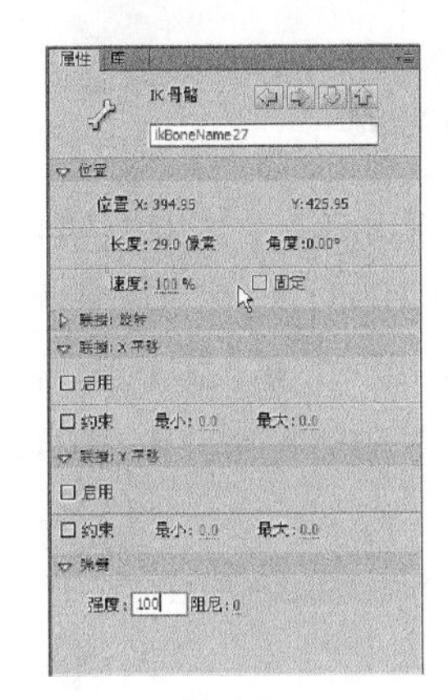

图5.87

最后一个骨骼具有最大的弹簧强度，因为旗帜尖端是整个浮标中最灵活的部分，并将具有最独立的运动。

3. 选取骨架层次结构中的下一个骨骼。如果骨骼在一起过于拥挤，可能难以选取下一个邻近的骨骼,因此可以在“属性”检查器中单击“父级”按钮,在层次结构中上移一级（如图 5.88 所示）。
4. 在“属性”检查器中，在“弹簧”区域中为“强度”输入“60”（如图 5.89 所示）。

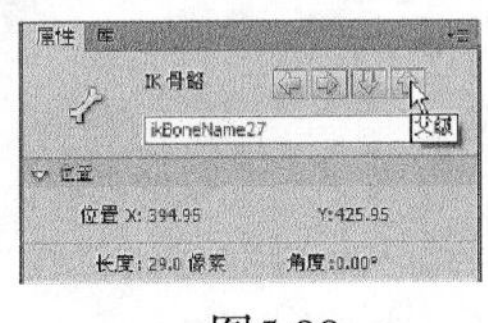

图5.88

图5.89

与尖端相比，旗帜中间的灵活性稍差一点，因此它具有较小的强度值。

5. 选取下一个邻近的骨骼,然后在“属性”检查器中的“弹簧”区域中为“强度”输入“20”。旗帜的底部甚至比旗帜中间的灵活性更差，因此它具有更小的强度值。
6. 选取下一个邻近的骨骼（旗杆内的骨骼）,然后在“属性”检查器中的“弹簧”区域中为“强度”输入“50”（如图 5.90 所示）。

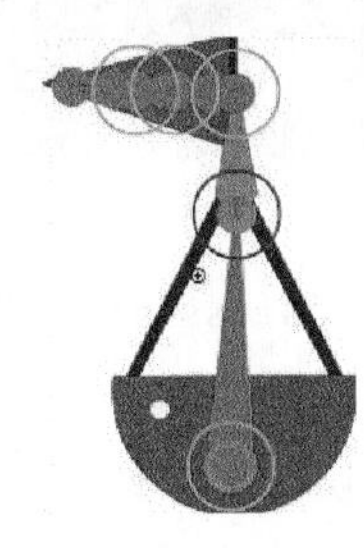

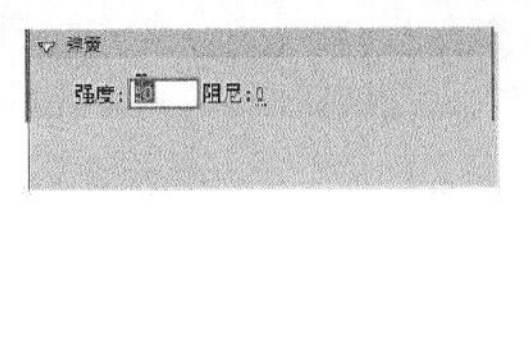

图5.90

为旗杆提供中等的弹簧强度值，将使得旗杆可以在浮标上来回弯曲。

7. 选择下一个临近的骨骼（“父级”骨骼），在“属性”检查器中的弹簧区域中为“强度”输入 20。

### 5.8.3 插入下一种姿势

接下来将在水面上移动浮标，并且观察它的水平运动如何影响骨架中各个骨骼的运动。

1. 取消隐藏所有的图层，以便可以查看浮标在屏幕上的位置。
2. 选择骨架图层的第 70 帧，其中包含浮标（如图 5.91 所示）。

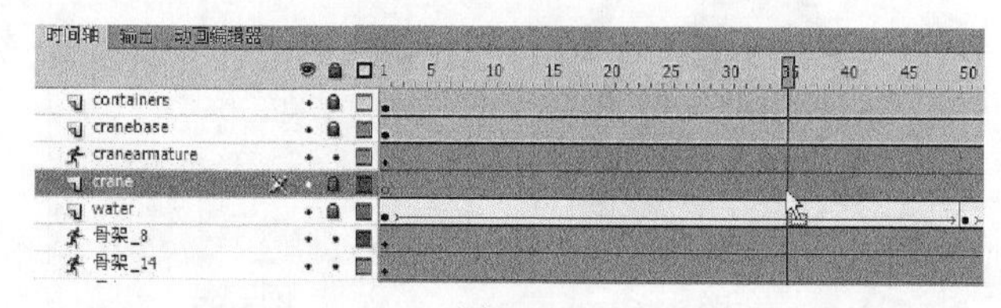


图5.91

3. 旋转浮标的第一个骨骼，使其在水面上轻轻摆动。
4. 稍微向右旋转第二个骨骼（旗杆），使其弯曲，如图 5.92 所示。

图5.92

5. 选择“控制” > “测试影片” > “在 Flash Professional 中”，以查看浮标及其附带旗帜的运动。

浮标从左向右移动。与此同时，旗杆弯曲并且旗帜摇动。即使在第 35 帧的关键帧之后，浮标仍继续来回轻轻摇动。

6. 将播放头移到第 75 帧。
7. 向右旋转浮标的第一个骨骼，使其向其他方向摇摆（如图 5.93 所示）。

图5.93

8. 再次测试你的影片，以查看完整的运动，如图 5.94 所示。

图5.94

浮标的来回旋转将影响整个骨架的弹性运动，使动画更逼真，更容易取得生动的效果。

Fl 注意：在“时间轴”上，如果骨架的最后一种姿势后面还有额外的帧，那么“弹簧”特性的效果将更明显。在运动停止之后，额外的帧使你可以看到残余的跳动效果。

### 5.8.4 添加阻尼效果

阻尼是指弹簧效果随着时间减弱的程度。如果浮标的摇动或者旗帜和旗杆的摇摆无限地继续下去，那将是不现实的。随着时间的推移，摇摆应该会减弱并最终停止。可以设置一个 0（无阻尼）~ 100（最大阻尼）的阻尼值，以控制这些效果减弱的速度。

**1.** 选择浮标中的第一个骨骼（在漂浮部分中），然后在“属性”检查器中的“弹簧”区域中为“阻尼”输入“100”（如图 5.95 所示）。

图5.95

最大阻尼值将随着时间的推移减弱浮标的摇动。

**2.** 继续选取骨架的每个骨骼，并为“阻尼”输入最大值（100）。

**3.** 选择“控制”>“测试影片”>“在 Flash Professional 中”，以观察阻尼值对浮标运动的影响。

浮标、旗帜和旗杆仍然会摇摆，但是在初始运动之后以及浮标在“舞台”最右边停下来之后，它们的运动将迅速减弱。阻尼值有助于给骨架添加一种厚重的感觉。在骨架的“弹簧”区域中试验一些强度值和阻尼值，以获得最逼真的运动。

# 复习

## 复习题

1. 使用“骨骼”工具的两种方式是什么？
2. “绑定”工具有什么用途？
3. 定义并区分下面术语：骨骼、节点、连接点和骨架。
4. 什么是补间形状，如何应用它？
5. 什么是形状提示，如何使用它们？
6. “弹簧”特性中的强度和阻尼分别指什么？

## 复习题答案

1. “骨骼”工具可以把影片剪辑实例连接在一起组成关节对象，并且可以利用反向运动学对其创建姿势和制作动画。“骨骼”工具也可以为形状创建骨架，并且可以利用反向运动学对其创建姿势和制作动画。
2. “绑定”工具可以重新定义形状的控制点与骨架的骨骼之间的联系。控制点与骨骼之间的联系决定了形状如何对骨架的弯曲和旋转做出反应。
3. 骨骼是把各个影片剪辑连接在一起的对象，或者构成形状的内部结构，以利用反向运动学制作动画的对象。节点是利用“骨骼”工具链接的影片剪辑实例之一，可以根据一个节点与其他节点的关系来描述它，如父级节点、子级节点或同级节点。连接点是骨骼之间的关节，连接点可以旋转以及平移（在 x 方向和 y 方向滑动）。骨架是指完整的关节式对象。骨架被分隔在“时间轴”上特殊的“姿势”图层上，可以在其中为动画插入姿势。
4. 补间形状用于在包含不同形状的关键帧之间创建平滑的过渡。要应用补间形状，可以在初始关键帧和最后一个关键帧中创建不同的形状，然后选择“时间轴”中关键帧之间的任意帧，右击 / 按住 Ctrl 键并单击，然后选择“创建补间形状”。
5. 形状提示是一些标签式标记，指示补间形状的初始形状上的一个点将如何映射到最终形状上对应的点。形状提示有助于改进形状变形的方式。要使用形状提示，首先选择补间形状的初始关键帧，并选择“修改” > “形状” > “添加形状提示”。把第一个形状提示移到形状的边缘，然后把播放头移到最后一个关键帧上，并把对应的形状提示移到匹配的形状边缘。
6. 强度是骨架中任何单个骨骼的弹性。利用“弹簧”特性添加弹性，用以模拟当整个对象移动时灵活对象不同部分轻轻摇动的方式，以及当对象停止时它们继续摇动的方式。阻尼指随着时间的推移弹性效果减弱的速度有多快。

# 第6课　创建交互式导航

**课程概述**

在这一课中，你将学习如何执行以下任务：

- 创建按钮元件；
- 为按钮添加声音效果；
- 复制元件；
- 交换元件与位图；
- 命名按钮实例；
- 编写 ActionScript，创建非线性导航；
- 使用“代码片断”面板快速添加交互性；
- 创建和使用帧标签；
- 创建动画式按钮。

完成本课程的学习需要大约 3 小时。如果需要，可以从硬盘驱动器上删除前一课的文件夹，并把 Lesson06 文件夹复制其上。

让观众浏览你的项目并且成为积极的参与者。按钮元件和 ActionScript 可以协同创建迷人的、用户驱动的交互式体验。

## 6.1 开始

首先查看交互式餐馆指南，你在 Flash 中学习制作交互式项目时将创建它。

双击 Lesson06/06End 文件夹中的 06End.html 文件，播放动画。

本项目是一个针对虚拟城市的交互式餐馆指南。观众可以单击任何按钮来查看关于特定餐馆的更多信息。在本课程中，你将创建交互式按钮并正确地组织“时间轴”。同时将学习编写 ActionScript，以提供每个按钮的功能的指导。

关闭 06End.html 文件。

双击 Lesson06/06Start 文件夹中的 06Start.fla 文件，在 Flash 中打开初始项目文件。该文件包含已经在“库”面板中的多种资源，并且已经正确地设置了“舞台”的大小。

> Fl 注意：如果你的计算机没有 FLA 文件中包含的相同字体，Flash 会提出警告。选择替代字体或者简单地单击“使用默认”，让 Flash 自动替代。

选择“文件”>“另存为”。把文件命名为“06_workingcopy.fla”，并保存在 06Start 文件夹中。保存工作副本可以确保当你想重新开始时，就可以使用原始起始文件。

## 6.2 关于交互式影片

交互式影片根据观众的动作做出改变。例如当观众单击一个按钮时，将会显示带有更多信息的不同图形。交互性可以很简单，如按钮单击；也可以很复杂，接收来自多种源的输入，如鼠标的移动、键盘上的按键，甚至数据库中的数据。

在 Flash 中，可以使用 ActionScript 实现大多数交互性。ActionScript 提供了一些指令，指示用户单击每个按钮时它将做什么。在本课程中，你将学习创建非线性导航——其中的影片不必从头至尾直接播放。ActionScript 可以根据用户单击的是哪个按钮，告诉 Flash 播放头在“时间轴”上四处跳转，以转到不同的帧上。“时间轴”上不同的帧包含不同的内容。用户实际上不知道播放头在“时间轴”上四处跳转：当用户在“舞台”上单击按钮时，只会看到（或听到）不同的内容。

## 6.3 创建按钮

按钮是用户可以与什么交互的基本视觉指示。用户通常会单击按钮，但是也可以使用许多其他类型的交互。例如当用户使鼠标经过按钮时，可能会发生某些事情。

按钮是一种元件，它具有 4 种特殊的状态（或关键帧），用于确定按钮如何显示。按钮看上去可以像任何东西——图像、图形或者一点文本。它们不一定是你在许多网站上看到的那些典型的药丸形状的灰色矩形。

### 6.3.1 创建按钮元件

在本课程中，将创建带有小缩略图像和餐馆名称的按钮。按钮元件的 4 种特殊状态如下。

- “弹起”状态：显示当光标未与按钮交互时按钮的外观。
- “指针经过”状态：显示当光标悬停在按钮上时按钮的外观。
- “按下”状态：显示当按下鼠标键时按钮的外观。
- “点击”状态：指示按钮的可单击区域。

在学习本课程的过程中，你将了解这些状态与按钮外观之间的关系。

1. 选择“插入”>“新建元件”。
2. 在“创建新元件”对话框中，选择“按钮”并把元件命名为“gabel loffel button”（如图 6.1 所示）。然后单击“确定”按钮。

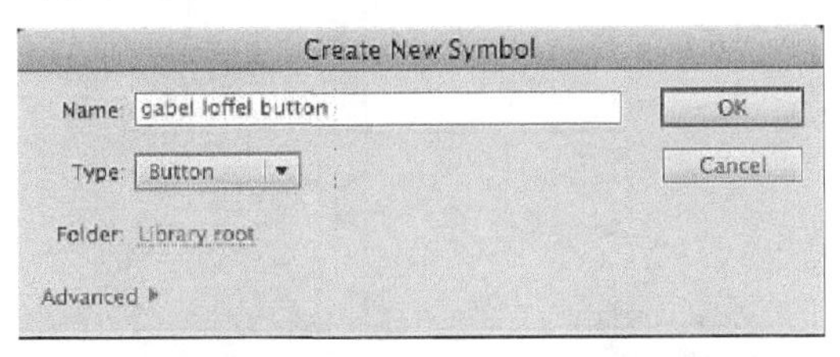


图6.1

Flash 将把你带入新按钮的元件编辑模式。

3. 在“库”面板中，展开名为“restaurant thumbnails”的文件夹，并把图形元件 gabel loffel thumbnail 的略图拖到“舞台”中间（如图 6.2 所示）。

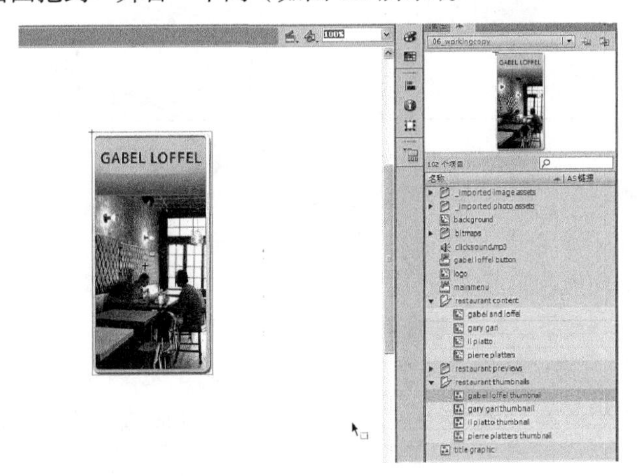


图6.2

4. 在“属性”检查器中，把 X 值设置为 0，把 Y 值也设置为 0。

小 gabel loffel 餐馆图像的左上角现在将与元件的中心点对齐。

5. 在“时间轴”中选择“点击”帧，并选择“插入”>“时间轴”>“帧”扩展时间轴。

gabel loffel 图像现在将扩展到“弹起”、“指针经过”、“按下”和“点击”这些状态（如图 6.3 所示）。

6. 插入一个新图层。
7. 选择“指针经过”帧，并选择“插入”>“时间轴”>“关键帧”。

将在上面图层中的“指针经过”状态中插入一个新的关键帧（如图 6.4 所示）。

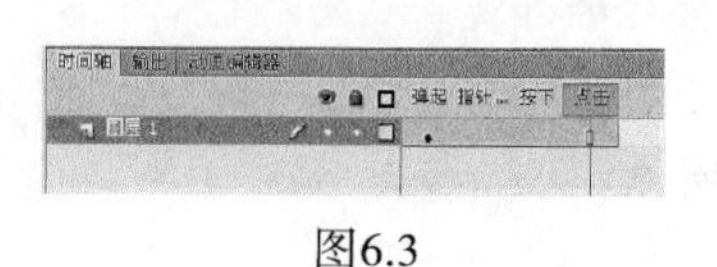

图6.3

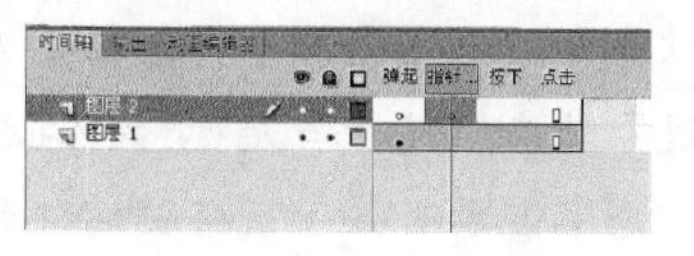

图6.4

**8.** 在“库”面板中，展开名为“restaurant previews”的文件夹，并把名为“gabel loffel over info”的影片剪辑元件拖到“舞台”上（如图 6.5 所示）。

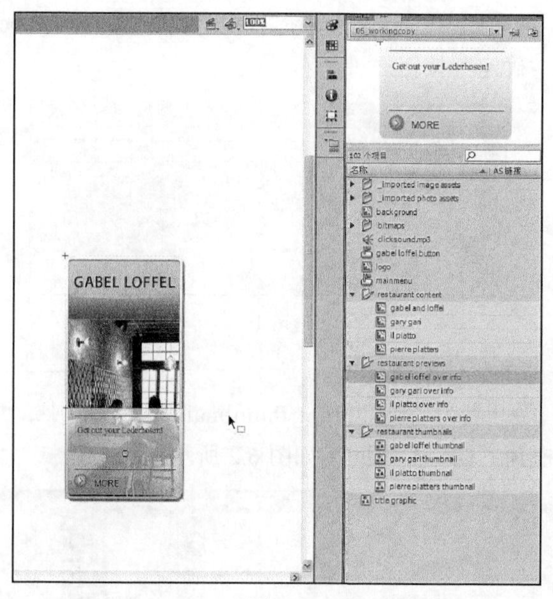


图6.5

**9.** 在“属性”检查器中，把 X 值设置为 0，把 Y 值设置为 215。

每当光标经过按钮，在餐馆图像上都会出现灰色信息框。

**10.** 在前两个图层上面插入第三个图层。

**11.** 在新图层上选择“按下”帧，并选择“插入”>“时间轴”>“关键帧”。

在新图层的“按下”状态中将插入一个新的关键帧（如图 6.6 所示）。

**12.** 从“库”面板中把名为“clicksound.mp3”的声音文件拖到“舞台”上（如图 6.7 所示）。

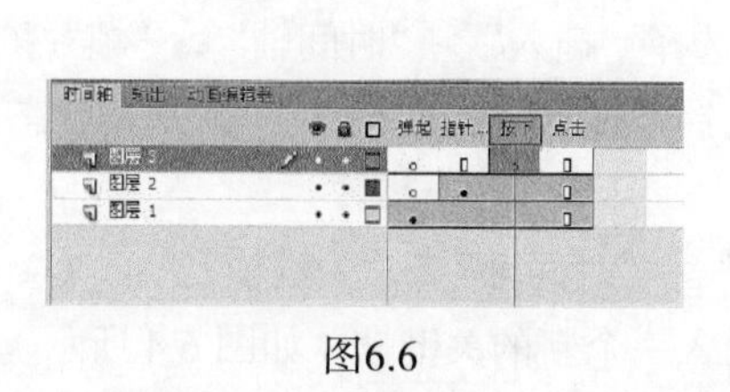

图6.6

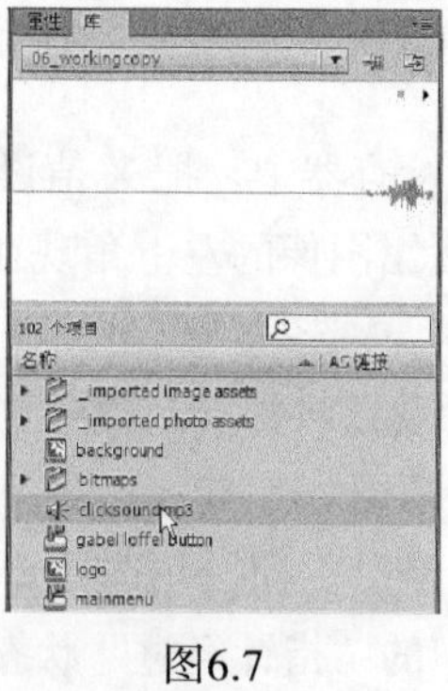

图6.7

**13.** 选择其中显示有声音形式的“按下”关键帧，然后在“属性”检查器中，确保将“同步”设置为“事件”（如图 6.8 所示）。

这样仅当观众按下按钮时，才会播放声音。

> **Fl** | **注意：**在第 8 课“处理声音与视频”中将学习关于声音的更多知识。

**14.** 单击“舞台”上方的“场景 1”，退出元件编辑模式，并返回到主“时间轴”。这时，第一个按钮元件就完成了！查看“库”面板，看看存储在那里的新按钮元件（如图 6.9 所示）。

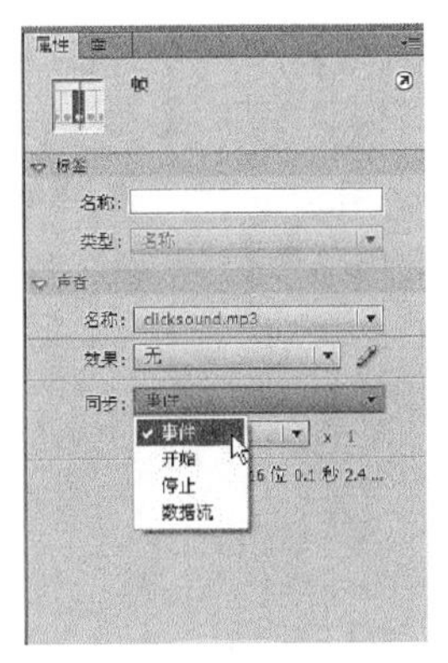


图6.8

图6.9

> ### 不可见按钮和“点击”关键帧
>
> 按钮元件的“点击”关键帧指示某个区域对于用户是“热区”或者可点击的。通常，“点击”关键帧中包含的形状与“弹起”关键帧中包含的形状具有完全相同的大小和位置。在大多数情况下，你都希望用户看到的图形出现在他们单击的相同区域。不过在某些高级应用程序中，可能希望“点击”关键帧与“弹起”关键帧有所不同。如果“弹起”关键帧是空的，得到的按钮就称为不可见按钮。
>
> 用户看不到不可见按钮，但是由于“点击”关键帧仍然定义了可单击区域，不可见按钮仍会保持活动。因此可以把不可见按钮放置在“舞台”上的任何部分，并使用ActionScript对它们进行编程，以对用户做出响应。
>
> 不可见按钮可用于创建普通的热区。例如，把它们放在不同照片的上面有助于使每张照片对鼠标单击做出响应，而不必使每张照片成为不同的按钮元件。

## 6.3.2 复制按钮

既然已经创建了一个按钮，其他按钮就更容易创建了。你在这里将直接复制一个按钮，在下一节中更改图像，然后继续为余下的餐馆直接复制按钮并修改图像。

**1.** 在“库”面板中，右击 / 按住 Ctrl 键并单击 gabel loffel button 元件，从上下文菜单中选择“直接复制”（如图 6.10 所示）。也可以单击“库”面板右上角的选项菜单，并选择“直接复制”。

2. 在“直接复制元件”对话框中，选择“按钮”，并把它命名为“gary gari button”（如图 6.11 所示），然后单击“确定”按钮。

图6.10

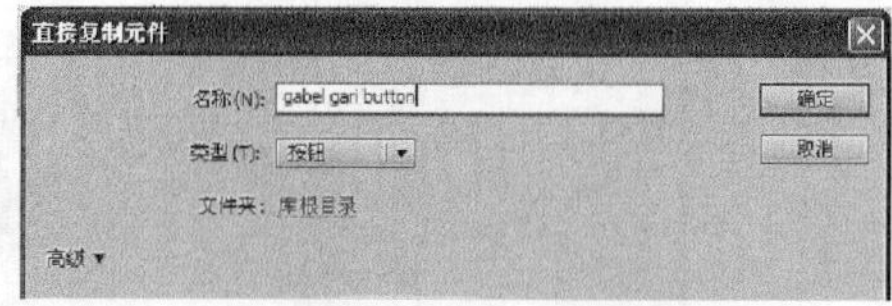


图6.11

## 6.3.3 交换位图

在“舞台”上交换位图和元件很容易，而且它们可以显著加快工作流程。

1. 在“库”面板中，双击最近直接复制的元件（gary gari button）的图标以编辑它。
2. 选择“舞台”上的餐馆图像。
3. 在“属性”检查器中，单击“交换”按钮（如图 6.12 所示）。
4. 在“交换元件”对话框中，选择下一幅名为“gary gari thumbnail”的缩略图像，并单击“确定”按钮（如图 6.13 所示）。

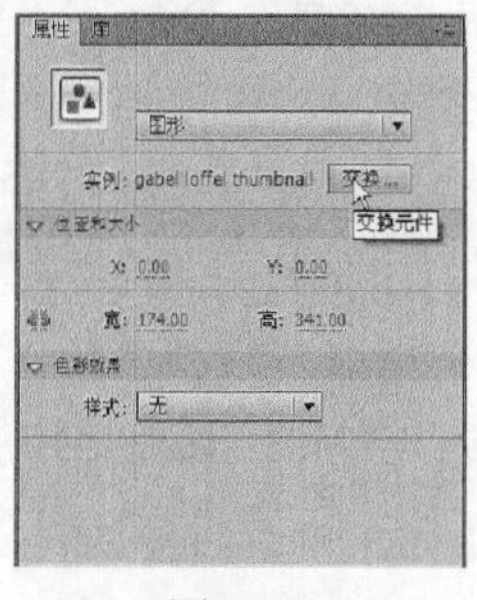


图6.12

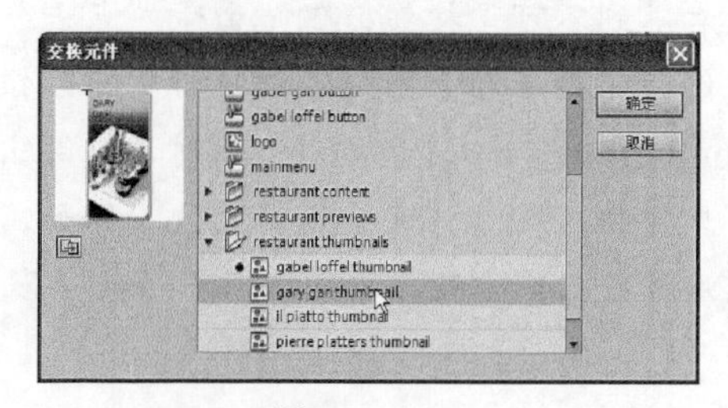


图6.13

这将用所选的缩略图交换原始缩略图（其元件名称旁边带有一个黑色圆点）。由于它们具有相同的大小，因此这种替换是无缝进行的。

5. 现在选取“指针经过”关键帧，并单击“舞台”上的灰色信息框（如图 6.14 所示）。
6. 在“属性”检查器中，单击“交换”按钮，并利用名为“gary gari over info”的元件交换所选元件。

这将用适合于第二家餐馆的实例替换按钮“指针经过”关键帧中的实例。由于元件是直接复制的，所有的其他元素（比如最上面图层中的声音）都将保持相同（如图 6.15 所示）。

7. 继续直接复制按钮并交换它们里面的两个实例，直到“库”面板中有 4 个不同的按钮元件为止，每个元件都代表一家不同的餐馆。完成后，在“库”面板中把所有的餐馆按钮组织在一个文件夹中是一个好主意（如图 6.16 所示）。

图6.14

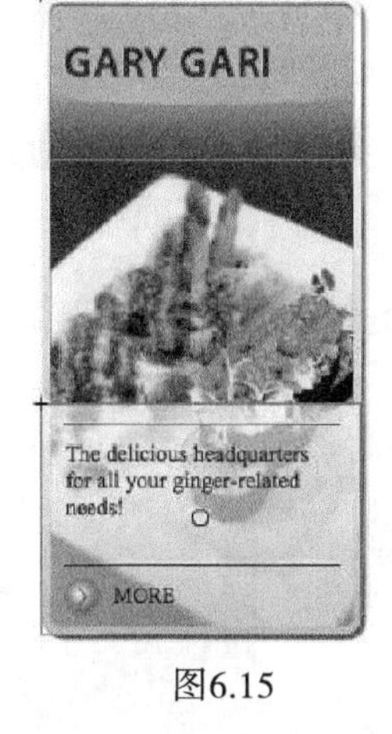


图6.15

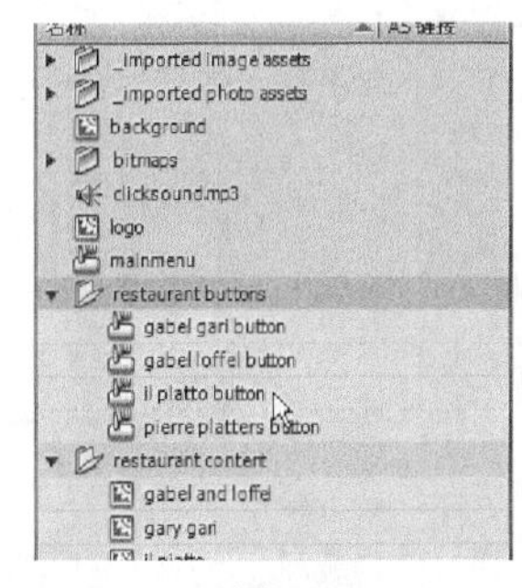


图6.16

### 6.3.4 放置按钮实例

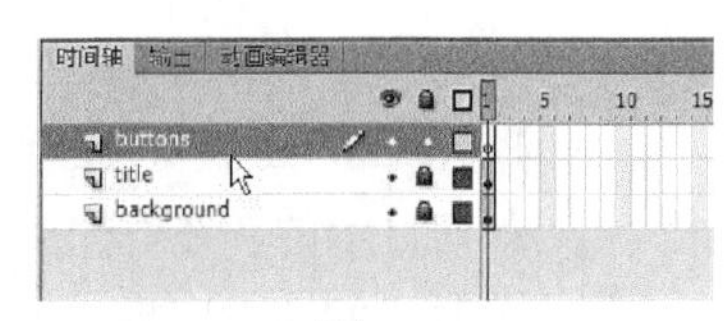


图6.17

按钮必须放在“舞台”上，并在“属性”检查器中为其提供名称，以便 ActionScript 引用它们。

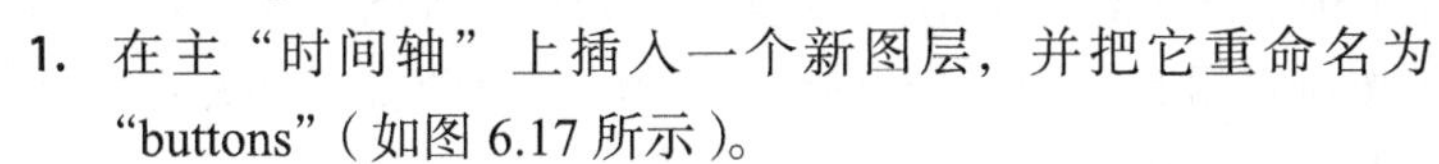

1. 在主“时间轴”上插入一个新图层，并把它重命名为“buttons”（如图 6.17 所示）。

2. 从“库”面板中把每个按钮都拖到“舞台”中间，并在水平方向上把它们摆成一排（如图 6.18 所示）。不必关心它们的精确位置，因为在下面几步中将对齐它们。

图6.18

3. 选取第一个按钮，然后在“属性”检查器中，把X值设置为100。

4. 选取最后一个按钮，然后在“属性”检查器中，把X值设置为680。

5. 选取全部4个按钮。在“对齐”面板中（选择“窗口”>“对齐”）取消选中“与舞台对齐”选项，并单击“水平平均间隔”按钮，然后单击“顶对齐”按钮（如图6.19所示）。

图6.19

全部4个按钮现在都是平均分布的，并且在水平方向上对齐。

6. 仍然选取所有按钮，在“属性”检查器中，为Y值输入“170”。

全部4个按钮都将在“舞台”上正确地定位（如图6.20所示）。

图6.20

7. 现在可以测试影片，看看按钮是如何工作的。选择“控制”>“测试影片”>“在Flash Professional中”。注意当鼠标悬停在每个按钮上时“指针经过”关键帧中的灰色信息框是如何显示的，在每个按钮上按下鼠标键时单击声音是如何触发的（如图6.21所示）。不过，此时我们还没有提供关于按钮实际上应该做什么的任何指导。在命名了按钮并且学习了一点关于ActionScript的知识之后，我们将进行这方面的工作。

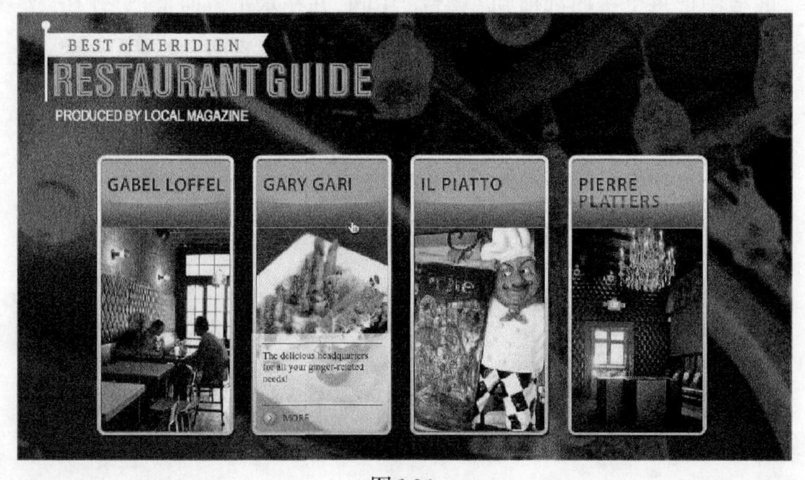


图6.21

### 6.3.5 命名按钮实例

命名每个按钮实例，以便其可以被 ActionScript 引用，这是许多初学者容易忽略的至关重要的一步。

**1.** 单击“舞台”上的任意空白部分，取消选中所有按钮，然后只选取第一个按钮（如图 6.22 所示）。

**2.** 在“属性”检查器的“实例名称”框中输入“gabelloffel_btn”（如图 6.23 所示）。

图6.22

图6.23

**3.** 把其他每个按钮分别命名为“garygari_btn”，“ilpiatto_btn” 和 “pierreplatters_btn”。

确保使用的都是小写字母，没有空格，并且复查每个按钮实例的拼写。Flash 非常挑剔，即使有一处输入错误也会阻止整个项目顺利工作！

**4.** 锁定所有图层。

## 命名规则

命名实例是创建交互式Flash项目中至关重要的一步。初学者最常犯的错误是没有命名或者没有正确地命名按钮实例。

实例名称非常重要，因为ActionScript使用名称来引用这些对象。实例名称不同于“库”面板中的元件名称。“库”面板中的名称只是有组织的提示。实例命名遵循下面简单的规则。

1. 不要使用空格或者特殊的标点符号，允许使用下画线。

2. 名称不能以数字开头。

3. 注意大写和小写字母。实例名称区分大小写。

4. 按钮名称用“_btn”结尾。尽管这不是必需的，但它有助于把这些对象标识为按钮。

5. 不要使用为Flash的ActionScript命令预留的任何单词。

## 6.4 了解 ActionScript 3.0

Adobe Flash Professional CS6 使用 ActionScript 3.0（一种健壮的脚本编程语言）来扩展 Flash 的功能。如果你是脚本编程初学者，ActionScript 3.0 可能会使你畏缩不前，但是你仍然可以利用一些非常简单的脚本获得巨大的好处。与任何语言一样，如果你花一些时间学习语法和基本术语，就能取得最佳的效果。

### 6.4.1 关于 ActionScript

ActionScript 类似于 JavaScript，它能够向 Flash 动画中添加更多的交互性。在本课程中，你将使用 ActionScript 给按钮附加行为，还将学习如何把 ActionScript 用于像停止动画这样的简单任务。

在使用 ActionScript 时，你不一定要成为一位脚本编程专家。事实上对于常见的任务，你也许能够复制其他 Flash 用户共享的脚本。当然，也可以使用"代码片断"面板，它提供了向你的项目中添加 ActionScript 或者在开发人员当中共享 ActionScript 代码的轻松方式。

不过，如果你了解 ActionScript 的工作原理，就能够在 Flash 中完成更多的任务，并且会在使用应用程序时更自信。

本课程并不是用来使你成为 ActionScript 专家的，而是介绍常见的术语和语法以及 ActionScript 语言，以引领你学习一个简单的脚本。

如果你以前使用过脚本编程语言，Flash"帮助"菜单中包含的文档可能提供了你熟练使用 ActionScript 所需的额外指南。如果你是脚本编程初学者并且想学习 ActionScript，可能会发现一本针对初学者的关于 ActionScript 3.0 的图书是有帮助的。

### 6.4.2 了解脚本编程术语

用于描述 ActionScript 的许多术语类似于其他脚本编程语言中的术语。下面术语在 ActionScript 文档中被频繁使用。

**变量**

变量（variable）表示一份特定的数据，它可能是也可能不是持久不变的。在创建或声明（declare）变量时，会分配一种数据类型，它确定了变量可以表示哪一类数据。例如，String 变量保存任何字母、数字字符的字符串，而 Number 变量则必须包含一个数字。

> Fl **注意**：变量名必须是唯一的，并且它们是区分大小写的。变量 mypassword 与变量 MyPassword 不同。变量名只能包含数字、字母和下画线；它们不能以数字开头。实例也采用这些相同的命名规则（事实上，变量和实例在概念上是相同的）。

**关键字**

在 ActionScript 中，关键字（keyword）是用于执行特定任务的保留字。例如，var 是用于创建变量的关键字。

可以在 Flash"帮助"中找到关键字的完整列表。由于这些单词是保留的，因此不能把它们用作变量名或者以其他方式使用。ActionScript 总是使用它们执行规定的任务。在“动作”面板中输入 ActionScript 代码时，关键字将变成不同的颜色，这样就可以清楚地知道某个单词是否为 Flash 预留的。

**参数**

参数（argument）为特定的命令提供了具体的详细信息，它是代码行中的圆括号（ ）之间的值。例如在代码“gotoAndPlay（3）；”中，参数指示脚本转到第 3 帧。

**函数**

函数（function）是可以按名称引用的一组语句。使用函数使得运行相同语句集成为可能，而不必重复输入它们。

**对象**

在 ActionScript 3.0 中，你将使用对象，对象是有助于完成某些任务的抽象数据类型。例如，Sound 对象有助于控制声音；Date 对象有助于操纵与时间相关的数据。你在本课程前面创建的按钮元件也是对象——它们是 Simple Button 对象。

每个对象都应该命名。可以利用 ActionScript 引用和控制具有名称的对象。“舞台”上的按钮被称为实例，事实上实例（instance）和对象（object）是同义词。

**方法**

方法（method）是导致某个动作发生的关键字。方法是 ActionScript 中的“实干家”，每一类对象都有它自己的方法集。在学习 ActionScript 时，大部分内容都是用于每一类对象的方法。例如，与 MovieClip 对象关联的两个方法是：stop（ ）和 gotoAndPlay（ ）。

**属性**

属性（property）用于描述对象。例如，影片剪辑的属性包括它的高度和宽度、x 坐标和 y 坐标以及缩放比率。许多属性都可以改变，而其他属性则只能“读取”，这意味着它们只用于描述对象。

### 6.4.3 使用正确的脚本编程语法

如果你不熟悉程序代码或脚本编程，ActionScript 代码可能难以理解。一旦了解了基本的语法（syntax），即语言的语法和标点符号，就会发现更容易理解脚本。

- 代码行末尾的分号（semicolon）告诉 ActionScript 它到达了代码行的末尾。
- 与英语中一样，每个开始圆括号（parenthesis）都必须有对应的封闭圆括号，而方括号（bracket）和花括号（curly bracket）也是如此。如果打开什么，就必须关闭它。通常，ActionScript 代码中的花括号将分隔在不同的行上，这使得花括号内的代码更容易阅读。
- 点（dot）运算符（.）提供了用于访问对象的属性和方法的方式。输入实例名称，其后接着一个点，再接着属性或方法的名称。可以把点视作分隔对象、方法和属性的方式。
- 无论何时输入字符串或者文件名，都要使用引号（quotation mark）。
- 你可以添加注释（comment），以提醒你或者其他人打算利用脚本的不同部分完成什么任务。要添加单行注释，可以用两根斜杠（//）开始注释。要输入多行注释，可以用“/*”开始注释，并用“*/”结束注释。注释将被 Flash 忽略，并且根本不会对代码产生任何影响。

在“动作”面板中编写脚本时，Flash 在以下几个方面提供了帮助。

- 在“动作”面板中输入脚本时，在 ActionScript 中具有特定含义的单词（比如关键字和语句）将以蓝色显示；不是 ActionScript 中保留的单词（比如变量名）将以黑色显示；字符串以绿色显示；ActionScript 将忽略的注释以灰色显示。
- 在“动作”面板中工作时，Flash 可以检测到你正在输入的动作，并且显示代码提示。有两种代码提示：工具提示和弹出式菜单。前者包含针对那个动作的完整语法，后者列出了可能的 ActionScript 元素。
- 要检查正在编写的脚本的语法，可以单击“语法检查”图标（ ）。语法错误将列出在“编译器错误”面板中。

你也可以单击“自动套用格式”按钮（ ）（它还会根据惯例格式化脚本，使得其他人更容易阅读它）。

### 6.4.4 浏览“动作”面板

“动作”面板是编写所有代码的地方。要打开“动作”面板，可以选择“窗口”>“动作”，或者在“时间轴”上选择一个关键帧，并单击“属性”检查器右上角的“ActionScript 面板”图标（ ）。

也可以右击 / 按住 Ctrl 键并单击任意关键帧，然后从上下文菜单中选择“动作”。

“动作”面板允许快速访问 ActionScript 的核心元素，并且提供了一些不同的选项，用于帮助你编写、调试、格式化、编辑和查找代码（如图 6.24 所示）。

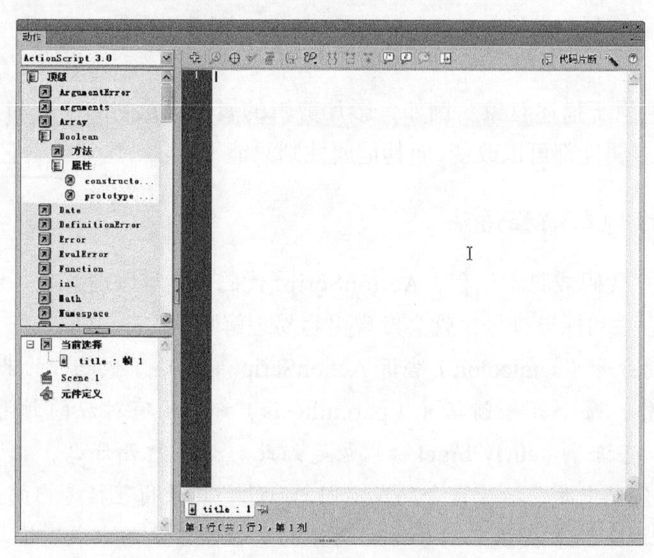


图6.24

“动作”面板分为多个窗格。在左上角是“动作”工具箱，其中列出了多个类别，组织了所有的 ActionScript 代码。在“动作”工具箱顶部是一个下拉菜单，它只显示用于所选 ActionScript 版本的代码。你应该选择 ActionScript 3.0，即最新的版本。在“动作”工具箱类别的底部是一个黄色的“索引”类别，它按字母顺序列出了所有的语言元素。无须使用工具箱向脚本中添加代码，但是它有助于确保你正确地使用代码。

“动作”面板的右上方是“脚本”窗格——显示所有代码的空白区域。可以在“脚本”窗格中输入 ActionScript 代码，就像在文本编辑应用程序中输入文本一样。

“动作”面板的左下方是“脚本”导航器，它有助于查找特定的代码段。ActionScript 代码存放在“时间轴”中的关键帧上。因此,如果你有许多代码分散在不同的“时间轴”上和不同的关键帧中，那么“脚本”导航器可能特别有用。

“动作”面板中的所有窗格都可以调整大小,以适合你的工作风格。它们甚至可以完全折叠起来，以最大化你进行工作的窗格。要调整窗格的大小，可以单击并拖动水平或垂直分隔线。

## 6.5 准备“时间轴”

每个新的 Flash 项目都开始于单个帧。要在“时间轴”上创造空间以添加更多的内容，就必须向所有图层中添加更多的帧。

**1.** 选择最上面图层中后面的某个帧。在这个示例中，选择第 50 帧（如图 6.25 所示）。

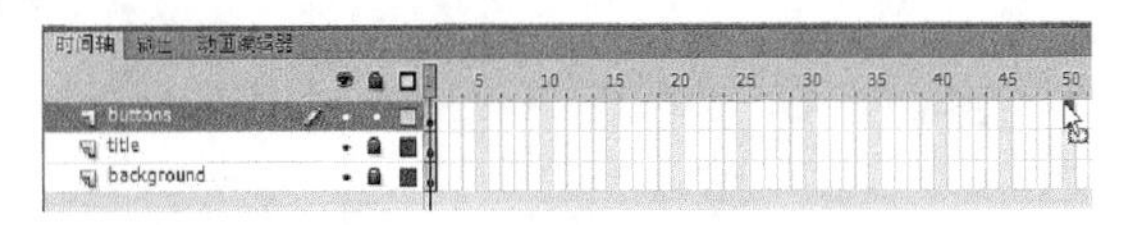


图6.25

**2.** 选择“插入”>“时间轴”>“帧”（F5 键）。也可以右击 / 按住 Ctrl 键并单击，然后从上下文菜单中选择“插入帧”。

Flash 将在最上面的图层中添加帧，直到所选的点，即第 50 帧（如图 6.26 所示）。

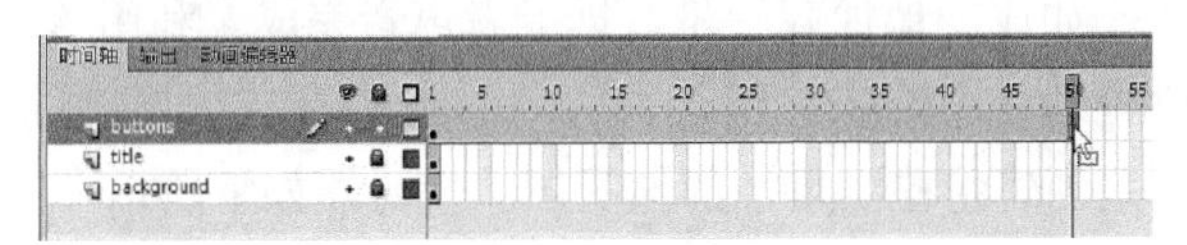


图6.26

**3.** 选择另外两个图层中的第 50 帧，并且插入帧，直到所选的帧。

现在，所有的图层在“时间轴”上都具有 50 个帧（如图 6.27 所示）。

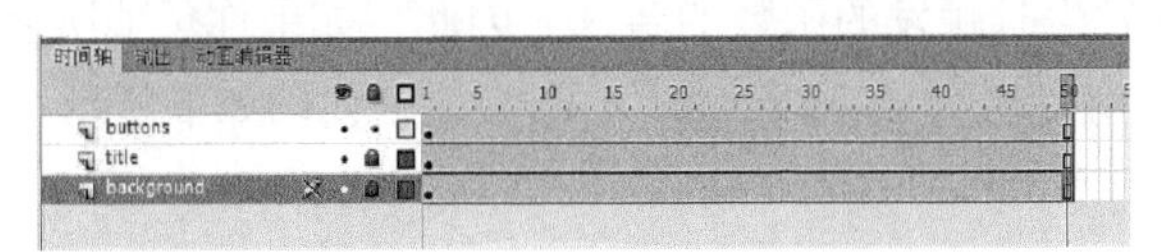


图6.27

## 6.6 添加停止动作

既然“时间轴”上已经具有帧，影片将从第 1 帧到第 50 帧线性播放。不过对于这个交互式餐馆指南，你希望观众以他们所选的任何顺序选择一家要查看的餐馆。因此，你将需要在第 1 帧暂停影片，以等待观众单击一个按钮。同时，将使用停止动作暂停 Flash 影片。停止动作通过停止播放头，简单地阻止影片继续播放。

1. 在最上面插入一个新图层，并把它重命名为“actions”（如图 6.28 所示）。

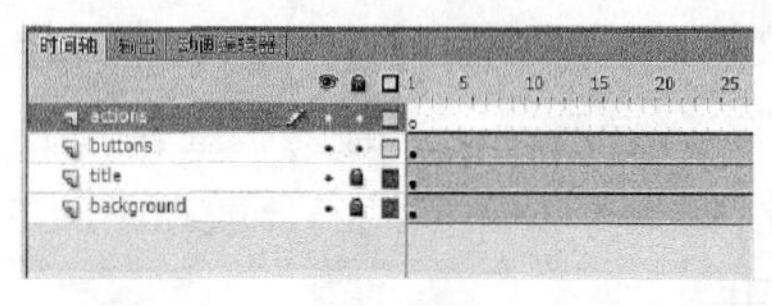

图6.28

2. 选择 actions 图层中的第一个关键帧，并打开动作面板（选择“窗口”>“动作”）。

3. 在“脚本”窗格中，输入“stop（）；”，如图 6.29 所示。

代码出现在“脚本”窗格中，并且在 actions 图层的第一个关键帧中出现了一个极小的小写字母“a”，指示它包含一些 ActionScript（如图 6.30 所示）。影片现在将在第 1 帧停止。

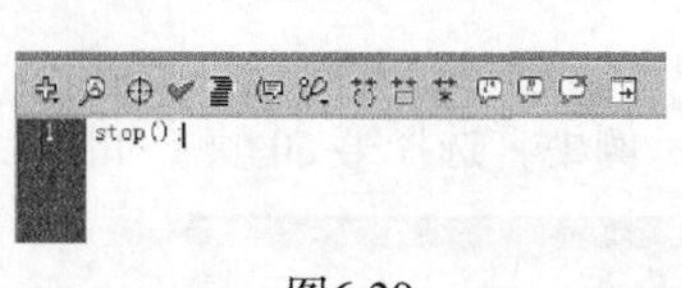

图6.29

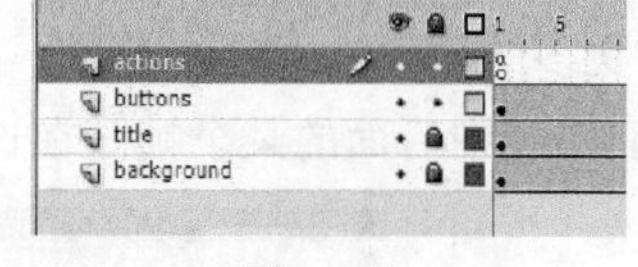

图6.30

## 6.7 为按钮创建事件处理程序

Flash 可以检测并响应在 Flash 环境中发生的事件。例如，鼠标单击、鼠标移动以及在键盘上按键都是事件；在移动设备上，捏合和轻扫手势也是事件。这些事件是由用户产生的，但是有些事件可以独立于用户发生，如成功地加载一份数据或者声音完成。利用 ActionScript，可以编写代码检测事件，并利用事件处理程序响应它们。

事件处理中的第一步是创建将检测事件的侦听器。侦听器如下所示：

```
wheretolisten.addEventListener(whatevent, responsetoevent);
```

实际的命令是 addEventListener（）。其他单词是针对你的情况对象和参数的占位符。wheretolisten 是在其中发生事件的对象（通常是按钮），whatevent 是特定类型的事件（比如鼠标单击），responsetoevent 是在事件发生时触发的函数的名称。因此，如果你想侦听名为 btn1_btn 的按钮上的鼠标单击事件，而响应是触发名为 showimage1 的函数，则代码如下所示：

```
btn1_btn.addEventListener(MouseEvent.CLICK, showimage1);
```

下一步是创建将响应事件的函数——在这个例子中，函数被命名为“showimage1”。该函数简单地把一串动作组合在一起；可以通过引用其名称来触发该函数。函数看起来是这样的：

```
function showimage1(myEvent:MouseEvent){ };
```

函数名称像按钮名称一样，可以任意选择。可以把函数命名为任何有意义的名称。在这个特定的示例中，函数的名称是“showimage1”。它接收一个名为“myEvent”的参数（在圆括号内），它是涉及鼠标的事件。冒号后面的项描述了它是哪一种类型的对象。如果触发这个函数，将会执行花括号之间的所有动作。

### 6.7.1 添加事件侦听器和函数

你将添加ActionScript代码，用于侦听每个按钮上的鼠标单击事件。响应将使Flash转到“时间轴”中特定的帧上，以显示不同的内容。

**1.** 选择actions图层中的第1帧。

**2.** 打开“动作”面板。

**3.** 在“动作”面板的“脚本”窗格中，从第二行开始，输入以下代码（如图6.31所示）。

```
gabelloffel_btn.addEventListener(MouseEvent.CLICK,restaurant1);
```

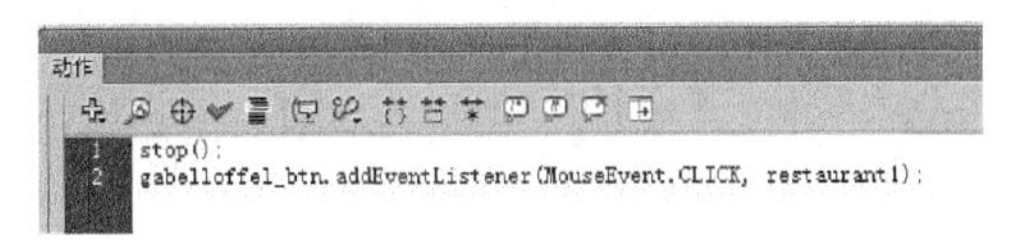


图6.31

侦听器将侦听“舞台”上gabelloffel_btn对象上的鼠标单击事件。如果这个事件发生，就会触发名为“restaurant1”的函数。

**鼠标事件**

下面的列表包含用于常见的桌面鼠标事件的ActionScript代码。在创建侦听器时可以使用这些代码，并且一定要注意小写和大写字母。对于大多数用户来说，第一个事件（MouseEvent.CLICK）可以满足所有项目的需要，当用户单击鼠标键时将发生该事件。

- MouseEvent.CLICK
- MouseEvent.MOUSE_MOVE
- MouseEvent.MOUSE_DOWN
- MouseEvent.MOUSE_UP
- MouseEvent.MOUSE_OVER
- MouseEvent.MOUSE_OUT

更多关于按钮的事件，可参考Flash的帮助文件和Simple Button类的事件。

**4.** 在“脚本”窗格中的下一行，输入以下代码（如图6.32所示）。

```
function restaurant1(event:MouseEvent):void {
gotoAndStop(10);
}
```

图6.32

名为restaurant1的函数包含转到第10帧并停在那里的指令。这时，就完成了用于名为

“gabelloffel_btn”按钮的代码。

> 注意：void这个术语表示函数返回的数据类型。Void意味着不返回任何值。有时候在函数执行之后，它们会“返回”数据，如进行某些计算并返回答案。

5. 在“脚本”窗格中的下一行，输入用于余下3个按钮的额外代码。可以复制并粘贴第2～5行，并简单地更改按钮的名称、函数的名称（在两个位置）以及目标帧。完整的脚本应该为：

```
stop();
gabelloffel_btn.addEventListener(MouseEvent.CLICK, restaurant1);
function restaurant1(event:MouseEvent):void {
  gotoAndStop(10);
}
garygari_btn.addEventListener(MouseEvent.CLICK, restaurant2);
function restaurant2(event:MouseEvent):void {
  gotoAndStop(20);
}
ilpiatto_btn.addEventListener(MouseEvent.CLICK, restaurant3);
function restaurant3(event:MouseEvent):void {
  gotoAndStop(30);
}
pierreplatters_btn.addEventListener(MouseEvent.CLICK, restaurant4);
function restaurant4(event:MouseEvent):void {
  gotoAndStop(40);
}
```

> 注意：一定要包括用于每个函数结尾的花括号，否则代码将不会工作。

## 用于导航的ActionScript命令

下面的列表包含用于常见导航命令的ActionScript代码。在创建按钮时，可以使用这些代码停止播放头、启动播放头，或者把播放头移到“时间轴”上不同的帧处。如列表中所示，gotoAndStop和gotoAndPlay命令在它们的圆括号内需要额外的信息或参数。

- `stop();`
- `play();`
- `gotoAndStop(framenumber 或 "framelabel");`
- `gotoAndPlay(framenumber 或 "framelabel");`
- `nextFrame();`
- `prevFrame();`

### 6.7.2 检查语法和格式化代码

ActionScript 可能非常挑剔，一个失配的句点都可能导致整个项目慢慢停下来。幸运的是，“动作”面板提供了几种工具，可以帮助你确定错误并修复它们。

1. 选择 actions 图层中的第 1 帧，如果还没有打开“动作”面板，就打开它。
2. 单击“动作”面板顶部的“语法检查”按钮。

Flash 将会检查 ActionScript 代码的语法。在“编译器错误”面板（选择“窗口”>“编译器错误”）中，Flash 会通知你代码中是否有错误。如果代码是正确的，应该会得到“0 个错误”和“0 个警告”（如图 6.33 所示）。

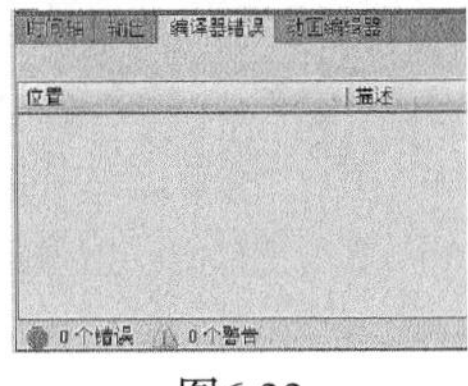

图6.33

> **注意**：可以通过从右上角的选项菜单中选择“首选参数”，更改自动格式化方法。从左边的菜单中选择“自动套用格式”，并选择用于格式化代码的多个选项。

3. 单击“动作”面板顶部的“自动套用格式”图标。

Flash 将会格式化代码，使得它符合标准的间距和换行规则。

## 6.8 创建目标关键帧

在用户单击每个按钮时，Flash 将会依据你刚才编写的 ActionScript 指令把播放头移到“时间轴”上的新位置。不过，你还没有在那些特定的帧中放置任何不同的内容，接下来将做这个。

### 6.8.1 插入具有不同内容的关键帧

你将在一个新图层中创建 4 个关键帧，并在新的关键帧中放置关于每家餐馆的信息。

1. 在图层组的上面、actions 图层下面插入一个新图层，并重命名为“content”（如图 6.34 所示）。
2. 选择 content 图层中的第 10 帧。
3. 在第 10 帧处插入一个新的关键帧（选择“插入”>“时间轴”>“关键帧”，或者按下 F6 键），如图 6.35 所示。

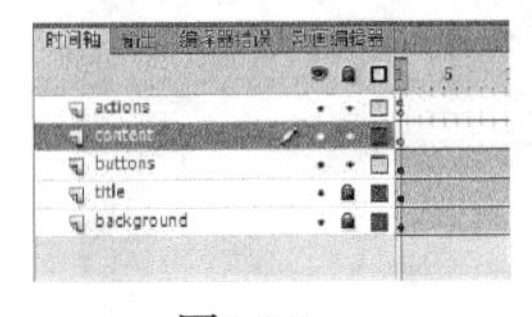


图6.34

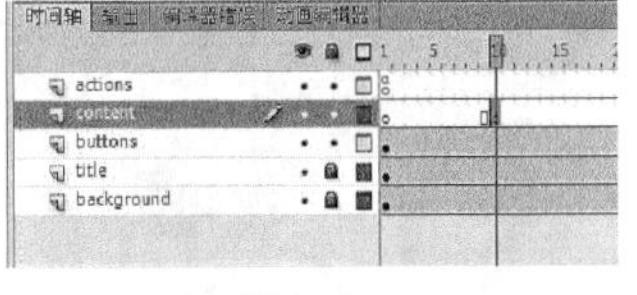


图6.35

4. 分别在第 20、30 和 40 帧处插入新的关键帧。

此时，“时间轴”在 content 图层中将具有 4 个空白关键帧（如图 6.36 所示）。

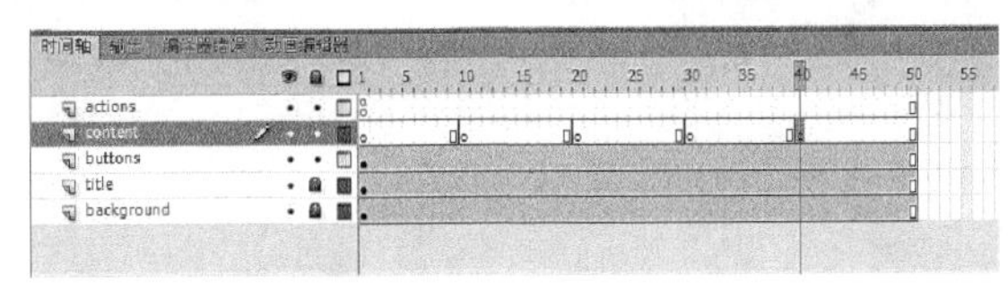


图6.36

5. 选择第 10 帧处的关键帧。
6. 在“库”面板中，展开名为“restaurant content”的文件夹。从“库”面板中把名为“gabel and loffel”的元件拖到“舞台”上。名为“gabel and loffel”的元件是一个影片剪辑元件，其中包含关于餐馆的照片、图形和文本（如图 6.37 所示）。
7. 在“属性”检查器中，把 X 值设置为 60，把 Y 值设置为 150。

在“舞台”上将居中显示关于 gabel and loffel 的餐馆信息，并遮住所有的按钮。

8. 选择第 20 帧处的关键帧。
9. 从“库”面板中把名为“gary gari”的元件拖到“舞台”上。名为“gary gari”的元件是另一个影片剪辑元件，其中包含关于这家餐馆的照片、图形和文本（如图 6.38 所示）。
10. 在“属性”检查器中，把 X 值设置为 60，把 Y 值设置为 150。
11. 把“库”面板中 restaurant content 文件夹中的每个影片剪辑元件都放入 content 图层中相应的关键帧中。

图6.37

图6.38

每个关键帧都应该包含一个关于餐馆的不同的影片剪辑元件。

### 6.8.2 使用关键帧上的标签

当用户单击每个按钮时，ActionScript 代码将告诉 Flash 转到不同的帧编号。不过如果你决定编辑“时间轴”，添加或删除几个帧，就需要返回到 ActionScript 中更改代码，以使得帧编号相匹配。

避免这个问题的一种简单方式是：使用帧标签，而不是固定的帧编号。帧标签是提供给关键帧的名称。你将不会按帧编号引用关键帧，而是按其标签引用它们。因此即使在编辑时移动目标关键帧，标签仍然会与它们的关键帧保留在一起。要在 ActionScript 中引用帧标签，必须用引号括住它们。命令 gotoAndStop（"label1"）使播放头转到标签为 label1 的关键帧上。

**1.** 在 content 图层中选择第 10 帧。

**2.** 在“属性”检查器中，在“标签名称”框中输入“label1”（如图 6.39 所示）。

在具有标签的每个关键帧上都将出现一个极小的旗帜图标（如图 6.40 所示）。

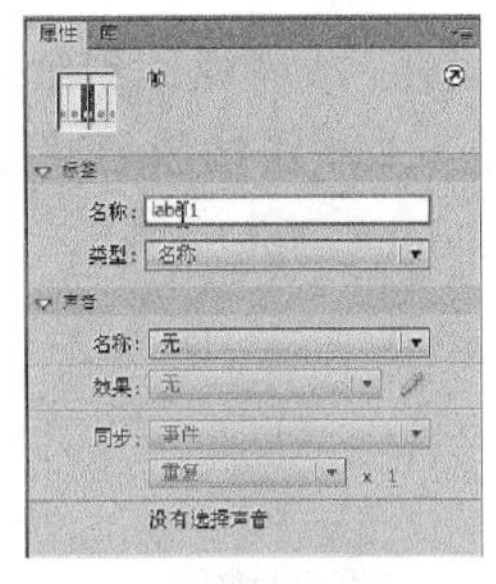

图6.39

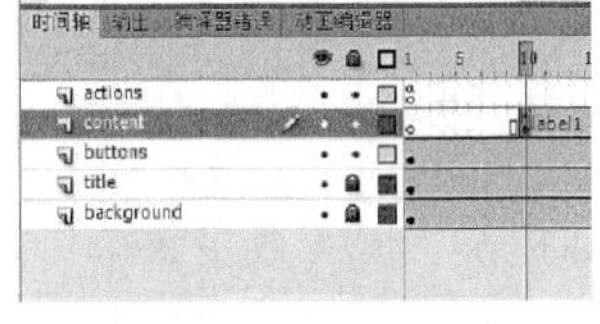


图6.40

**3.** 在 content 图层中选择第 20 帧。

**4.** 在“属性”检查器中，在“标签名称”框中输入“label2”。

**5.** 依次选择第 30 帧和第 40 帧，然后在“属性”检查器中，分别在“标签名称”框中输入它们的对应名称“label3”和“label4”。

在具有标签的每个关键帧上都将出现一个极小的旗帜图标（如图 6.41 所示）。

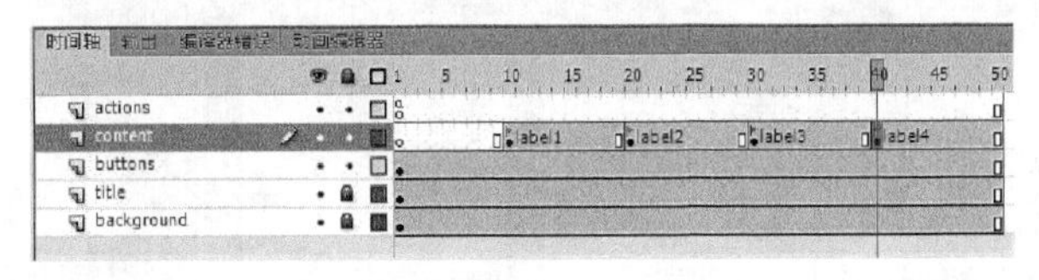


图6.41

**6.** 选择 actions 图层中的第 1 帧，并打开“动作”面板。

**7.** 在 ActionScript 代码中，将每个 gotoAndStop（ ）命令中所有固定的帧编号都改为对应的帧标签（如图 6.42 所示）。

- gotoAndStop（10）；应该改为 gotoAndStop（"label1"）；
- gotoAndStop（20）；应该改为 gotoAndStop（"label2"）；
- gotoAndStop（30）；应该改为 gotoAndStop（"label3"）；

- gotoAndStop（40）；应该改为 gotoAndStop（"label4"）；

ActionScript 代码现在将把播放头指引到特定的帧标签，而不是特定的帧编号。

8. 选择“控制”>“测试影片”>“在 Flash Professional 中”，以测试你的影片。

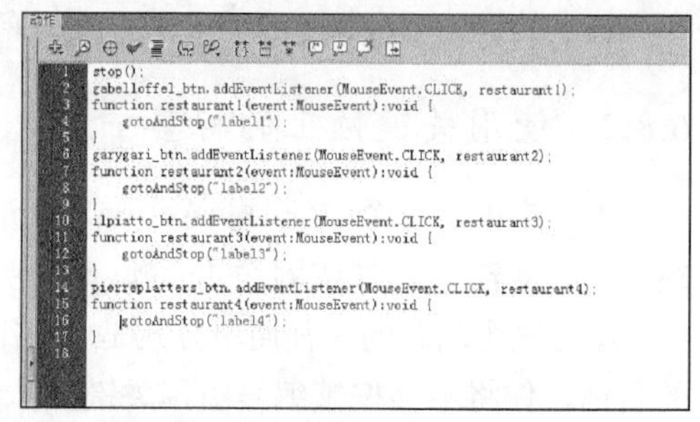


图6.42

每个按钮都会把播放头移到“时间轴”上不同的带标签的关键帧上，其中将显示不同的影片剪辑。用户可以选择以任何顺序查看任何餐馆。不过由于餐馆信息遮住了按钮，将不能返回到原始菜单屏幕以选择另一家餐馆。你将需要提供另一个按钮以返回到第 1 帧，在下一节中将执行该任务。

## 6.9 创建带有代码片断的源按钮

源按钮简单地使播放头返回到“时间轴”中的第 1 帧，或者返回到给观众提供一组原始选择或主菜单的关键帧。创建用于转到第 1 帧的按钮与创建 4 个餐馆按钮的过程相同。不过在本节中，你将学习使用新增的“代码片断”面板向项目中添加 ActionScript。

### 6.9.1 添加另一个按钮实例

在“库”面板中为你提供了源（或主菜单）按钮。

1. 选择 buttons 图层，如果它处于锁定状态，则解除对它的锁定。
2. 从“库”面板中把名为 mainmenu 的按钮拖到“舞台”上，并把按钮实例定位于右上角（如图 6.43 所示）。

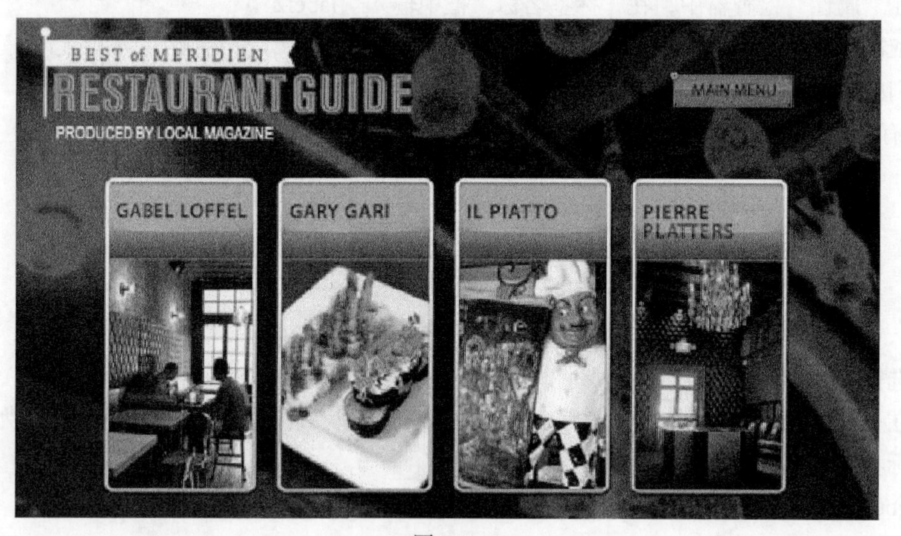


图6.43

3. 在“属性”检查器中，把 X 值设置为 726，把 Y 值设置为 60。

### 6.9.2 使用“代码片断”面板添加 ActionScript

“代码片断”面板提供了一些常用的 ActionScript 代码，可以让你轻松地给 Flash 项目添加简单的交互性，并简化这一过程。如果你对自己编码按钮的能力没有信心，就可以使用“代码片断”面板学习如何添加交互性。“代码片断”面板提供了实际代码的预览，允许你修改代码的关键参数，并使用一个可视指针（被称为 Pick Whip）指向“舞台”上的对象。

你还可以保存、导入以及在开发人员团队当中共享代码，从而使开发和生产过程更高效。

**1.** 在“时间轴”上的动作图层中选择第一帧。选择“窗口”>“代码片断”，如果已经打开了“动作”面板，就可以单击“动作面板”右上方的“代码片断”按钮（Code Snippets）。

显示“代码片断”面板。代码片断被组织在描述它们功能的文件夹中（如图 6.44 所示）。

**2.** 在“代码片断”面板中，展开名为“时间轴导航”的文件夹，并选择“单击以转到帧并停止”选项（如图 6.45 所示）。

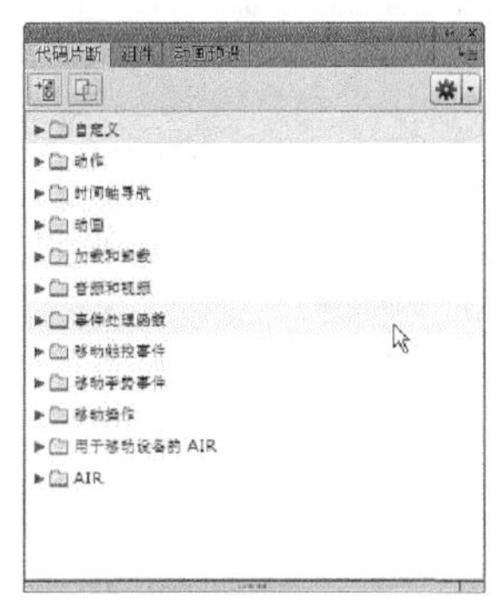

图6.44

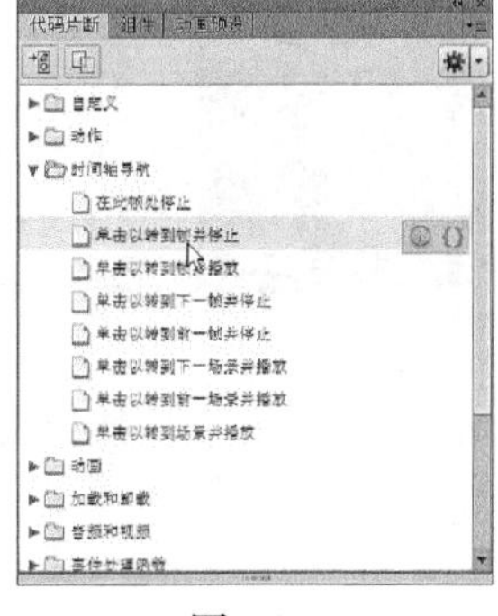

图6.45

在代码片断名称的右边，你立刻能看到一个“显示说明”按钮和一个“显示代码”按钮。

**3.** 单击“显示说明”按钮。

显示所选代码的简短说明（如图 6.46 所示）。

**4.** 单击“显示代码”按钮。

显示实际的代码（如图 6.47 所示）。代码中有一个注释部分，描述代码的功能和不同参数。用不同颜色显示的部分是你需要修改的部分。

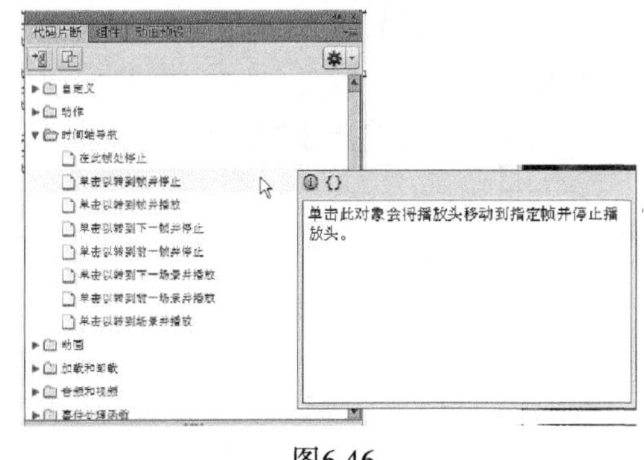


图6.46

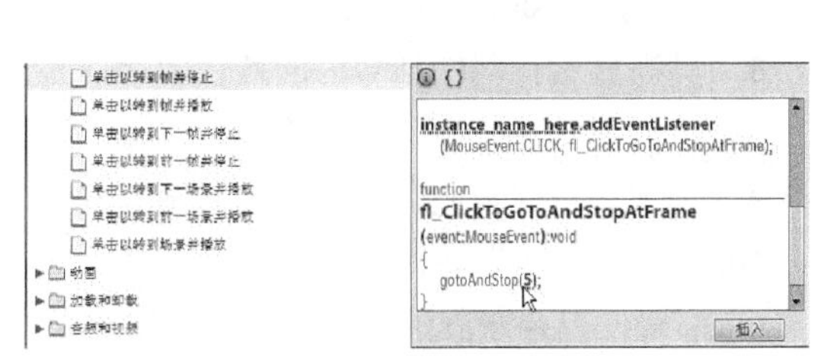


图6.47

5. 将光移动到蓝色的单词 instance_name_here 上。

6. 单击并拖动光标，从蓝色的代码词上移动到“舞台”上的源按钮。

一条紫色的线段从“代码片断”面板延伸到源按钮。源按钮以黄色边框高亮显示，表示所选的代码片断将应用到它（如图 6.48 所示）。

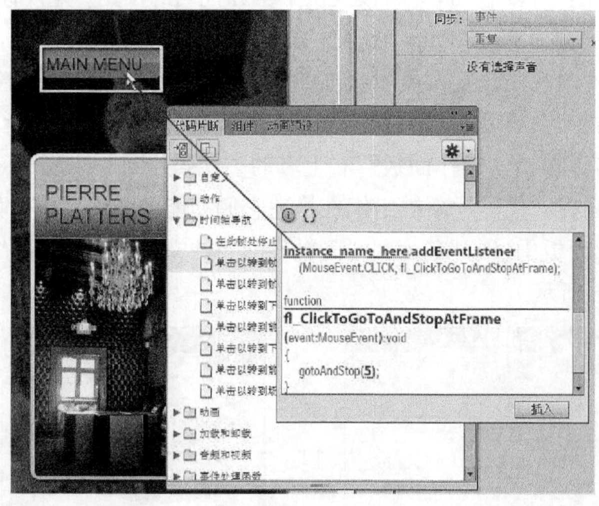


图6.48

如果你将“Pick Whip”指向不支持特定代码片断的对象，就会出现一个带有对角斜线的圆形图标（国际通用的“禁止”符号）。

7. 释放鼠标按键。

由于你还没有对源按钮命名，故出现一个对话框（如图 6.49 所示），你可以为该实例取一个名称。输入 home_btn 作为实例名称，并单击“确定”按钮。

源按钮的实例名称被添加到代码中（如图 6.50 所示）。

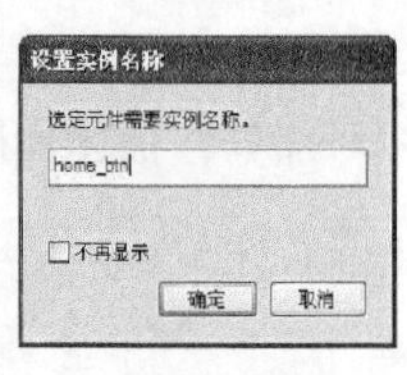


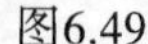
图6.49

图6.50

如果你将“Pick Whip”指向不支持特定代码的对象，它将弹回，代码片断保持不变。

8. 高亮显示代码中括号内的蓝色数字。

蓝色数字表示在你单击源按钮时，Flash 将显示的“时间轴”帧数。

9. 用数字 1 代替蓝色的数字（如图 6.51 所示）。

10. 单击“插入”按钮。

Flash 将代码片断添加到时间轴上的当前关键帧。“时间轴”上出现一个标志，让你知道代码已经添加，并表示它在“时间轴”上的位置（如图 6.52 所示）。

图6.51

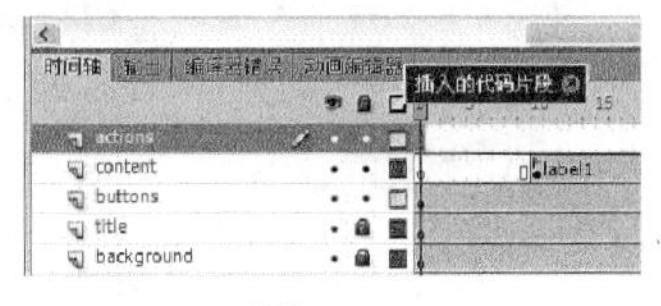


图6.52

单击该标志，打开“动作”面板查看代码（如图 6.53 所示）。因为你在本课程前面已经手工编写了餐馆按钮的代码，应该对这些语法比较熟悉。但是，“代码片断”面板能够使代码的添加更加快速而简单。

```
17  }/* Click to Go to Frame and Stop
18  Clicking on the specified symbol instance moves the playhead to the specified frame in
19  Can be used on the main timeline or on movie clip timelines.
20
21  Instructions:
22  1. Replace the number 5 in the code below with the frame number you would like the play
23  */
24
25  home_btn.addEventListener(MouseEvent.CLICK, fl_ClickToGoToAndStopAtFrame);
26
27  function fl_ClickToGoToAndStopAtFrame(event:MouseEvent):void
28  {
29      gotoAndStop(1);
30  }
```

图6.53

## 6.10 代码片断选项

使用“代码片断”面板不仅能快速添加交互性和轻松地学习编码，还有助于为你和在同一个项目上工作的团队组织常用的代码。“代码片断”上有一些附加选项，可以节约你的编码工作时间，并与其他人分享。

### 6.10.1 创建自己的代码片断

如果你有重复使用的自定义 ActionScript 代码，可以将其保存在“代码片断”面板上，轻松地应用到其他项目中。

1. 如果“代码片断”面板未打开，就打开它。
2. 从面板右上角的“选项”菜单中，选择“创建新代码片断”（如图 6.54 所示），弹出“创建新代码片断”对话框。
3. 在“标题”框中为新代码片断输入一个标题，在“说明”框中输入说明。在“代码”框中，输入你想要保存的 ActionScript。使用 instance_name_here 一词作为实例名称占位符，一定要选择“代码”框下方的选项（如图 6.55 所示）。

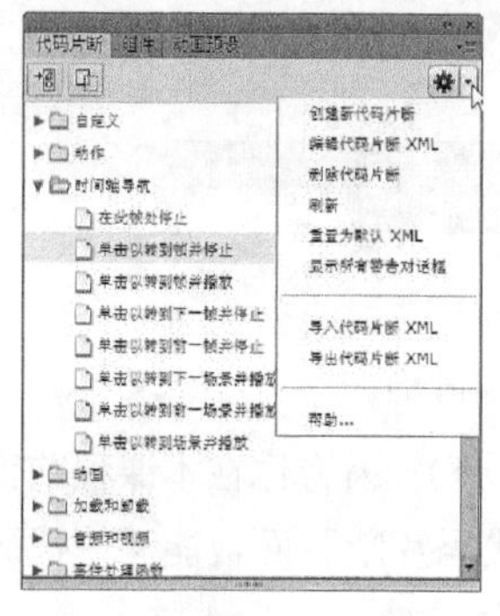


图6.54

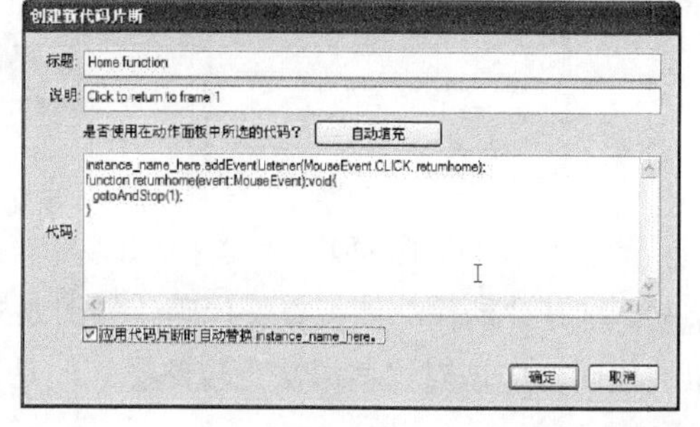


图6.55

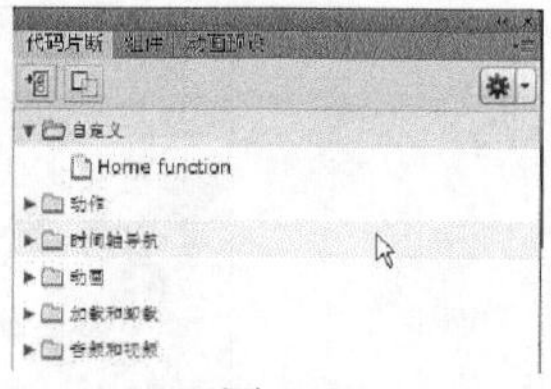


图6.56

**4.** 单击“确定”按钮。

你的代码保存在“代码片断”面板中的“自定义”文件夹下（如图 6.56 所示）。现在你可以访问你的代码，并将其用在其他项目中。

## 6.10.2 分享你的代码片断

很快你可能就会积累一个很大的使用代码片断库，希望和其他开发人员分享。到处是你的自定义代码片断，让其他 Flash 开发人员导入自己的“代码片断”面板会很轻松。

**1.** 如果“代码片断”面板未打开，就打开它。

**2.** 从面板右上角的“选项”菜单中，选择“导出代码片断 XML”（如图 6.57 所示）。

在出现的“将代码片断保存为 XML”对话框中，选择文件名和目标，并单击“确定”按钮。你的“代码片断”面板中的所有代码片断（默认的和你的自定义代码片断）被保存为一个 XML 文件，可以分发给团队中的其他开发人员。

**3.** 要导入自定义代码片断，可从“代码片断”面板的“选项”菜单中选择“导入代码片断 XML”（如图 6.58 所示）。

选择包含自定义代码片断的 XML 文件并单击“打开”。你的“代码片断”面板将包含来自 XML 文件的所有代码片断。

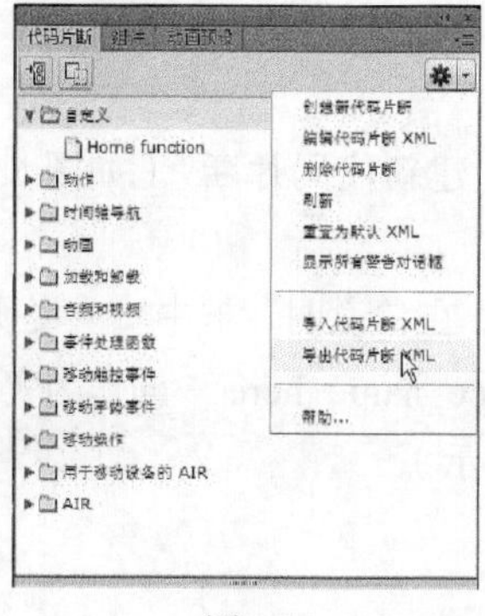


图6.57

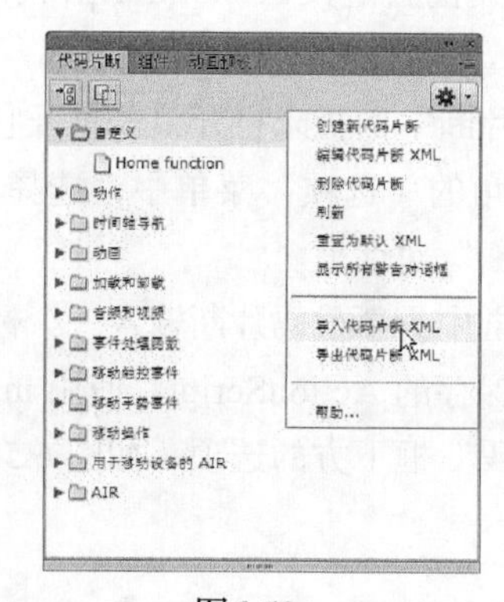


图6.58

## 6.11 在目的地播放动画

目前，这份交互式餐馆指南的工作方式是：使用 gotoAndStop ( ) 命令沿着“时间轴”显示不同关键帧中的信息。但是，在用户单击一个按钮之后怎样播放动画呢？答案是使用命令 gotoAndPlay ( )，它把播放头移到通过其参数指定的帧编号或帧标签，并从那个位置开始播放动画。

### 6.11.1 创建过渡动画

接下来，你将为每份餐馆指南创建一个简短的过渡动画，然后更改 ActionScript 代码，指示 Flash 转到每个关键帧并播放动画。

1. 把播放头移到 label1 帧标签（如图 6.59 所示）。

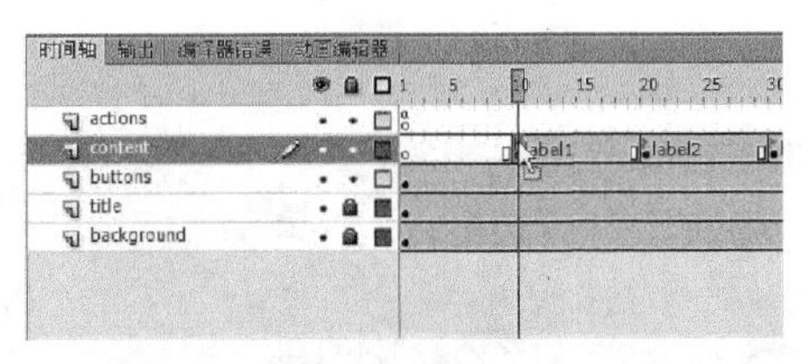


图6.59

2. 右击 / 按住 Ctrl 键并单击“舞台”上餐馆信息的实例，然后选择“创建补间动画”（如图 6.60 所示）。

图6.60

Flash 将为实例创建单独的“补间”图层，以便它可以继续创建补间动画（如图 6.61 所示）。

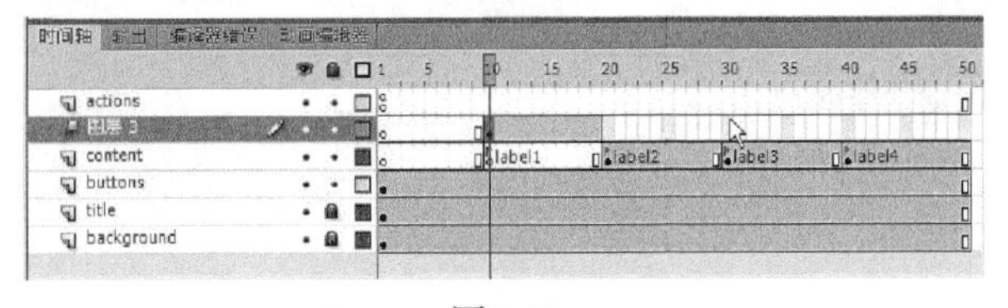


图6.61

3. 在“属性”检查器中，在“色彩效果”区域中从“样式”下拉菜单中选择“Alpha”。
4. 把 Alpha 滑块设置为 0%（如图 6.62 所示），“舞台”上的实例将变成完全透明。
5. 把播放头移到补间范围的末尾（在第 19 帧处）。
6. 在“舞台“上选择透明的实例。
7. 在“属性”检查器中，将 Alpha 滑块设置为 100%（如图 6.63 所示）。

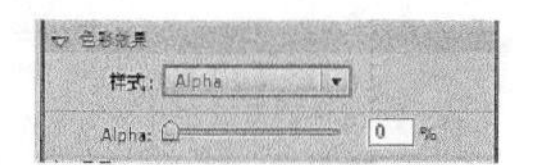


图6.62

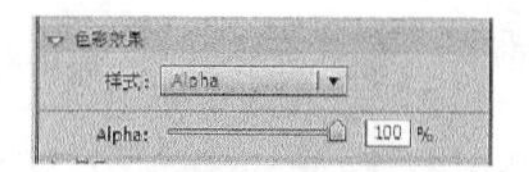


图6.63

这将以正常的透明度级别显示实例。从第 10 帧到第 19 帧的补间动画显示了平滑的淡入效果（如图 6.64 所示）。

图6.64

8. 在标记为 label2、label3 和 label4 的关键帧中为其余的餐馆创建类似的补间动画（如图 6.65 所示）。

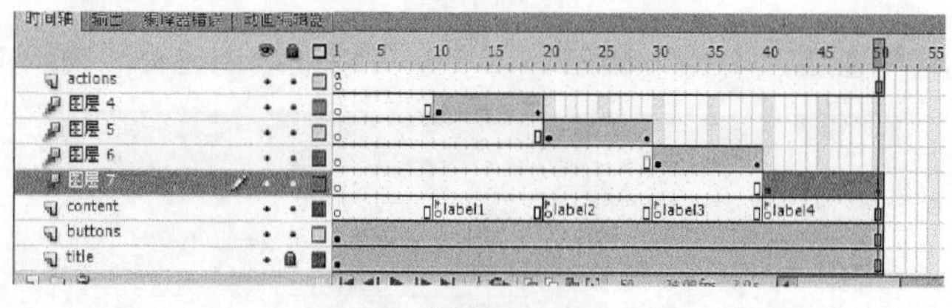


图6.65

Fl 注意：可以使用“动画预设”面板保存补间动画并将其应用于其他对象，以节省时间和工作量。在“时间轴”上选择第一个补间动画并单击“另存为动画预设”。一旦保存了它，就可以把相同的补间动画应用于另一个实例。

### 6.11.2 使用 gotoAndPlay 命令

gotoAndPlay 命令使 Flash 播放头移到“时间轴”上特定的帧处，并开始从那个位置播放动画。

1. 选择 actions 图层中的第 1 帧，并打开“动作”面板。
2. 在 ActionScript 代码中，把前 4 个 gotoAndStop（）命令都改为 gotoAndPlay（）命令，并保持参数不变（如图 6.66 所示）。

- gotoAndStop（“label1”）；应该改为 gotoAndPlay（"label1"）；
- gotoAndStop（“label2”）；应该改为 gotoAndPlay（"label2"）；
- gotoAndStop（“label3”）；应该改为 gotoAndPlay（"label3"）；
- gotoAndStop（“label4”）；应该改为 gotoAndPlay（"label4"）；

```
1  stop();
2  gabelloffel_btn.addEventListener(MouseEvent.CLICK, restaurant1);
3  function restaurant1(event:MouseEvent):void {
4      gotoAndPlay("label1");
5  }
6  garygari_btn.addEventListener(MouseEvent.CLICK, restaurant2);
7  function restaurant2(event:MouseEvent):void {
8      gotoAndPlay("label2");
9  }
10 ilpiatto_btn.addEventListener(MouseEvent.CLICK, restaurant3);
11 function restaurant3(event:MouseEvent):void {
12     gotoAndPlay("label3");
13 }
14 pierreplatters_btn.addEventListener(MouseEvent.CLICK, restaurant4);
15 function restaurant4(event:MouseEvent):void {
16     gotoAndPlay("label4");
17 }
18
```

图6.66

对于每个餐馆按钮，ActionScript 代码现在将把播放头指引到特定的帧标签，并在那个位置开始播放动画。

一定要保持用于 Main Menu 按钮的函数不变。你希望该函数保留 gotoAndStop（）命令。

Fl 注意：在“动作”面板中执行多处替换的一种快速、容易的方式是使用“查找和替换”命令。从右上角的选项菜单中，选择“查找和替换”。

### 6.11.3 停止动画

如果现在测试影片（选择“控制”>“测试影片”>“在 Flash Professional 中”），你将看到每个按钮转到其对应的帧标签并从那个位置开始播放，但它会一直播放下去，从而会显示“时间轴”中所有剩余的动画。下一步是告诉 Flash 何时停止播放。

1. 选择 actions 图层中的第 19 帧，它正好是 content 图层中的 label2 关键帧之前的那一帧。

2. 右击 / 按住 Ctrl 键并单击它，然后选择“插入关键帧”。

这会在 actions 图层的第 19 帧中插入一个新的关键帧（如图 6.67 所示）。

3. 打开“动作”面板。

“动作”面板中的“脚本”窗格是空白的。不要惊慌！你的代码没有消失。用于事件侦听器的代码位于 actions 图层的第一个关键帧中。你选择了一个新的关键帧，并且将在其中添加停止命令。

4. 在“脚本”窗格中，输入“stop（）；”，如图 6.68 所示。

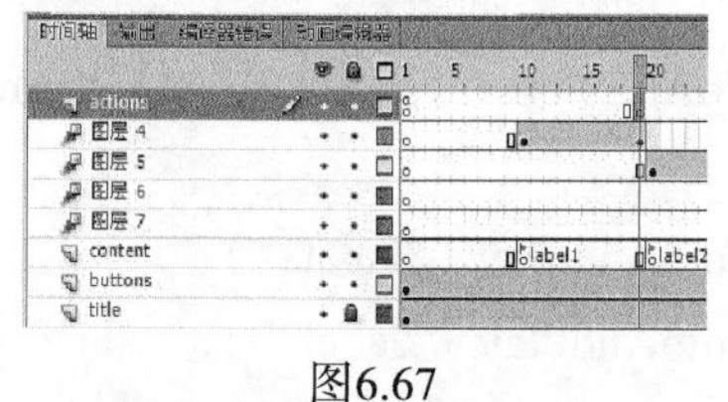

图6.67

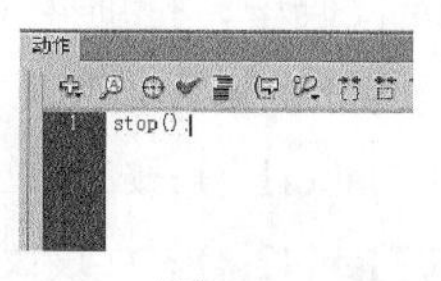

图6.68

如果你希望，也可以使用“代码片断”面板添加停止命令。

到达第 19 帧时，Flash 将停止播放。

5. 在第 29、第 39 和第 50 帧中分别插入一个新的关键帧。

6. 在每个关键帧中，在“动作”面板中添加停止命令（如图 6.69 所示）。

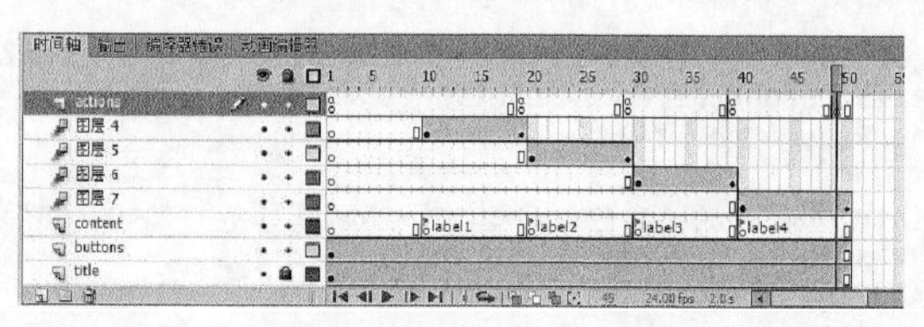

图6.69

> **Fl** 技巧：如果你想使用一种快速、容易的方式直接复制包含停止命令的关键帧，则可以按住 Alt/Option 键，并把它移到“时间轴”上的新位置。

7. 选择“控制”>“测试影片”>“在 Flash Professional 中”，以测试你的影片。

每个按钮都会把你带到一个不同的关键帧，并播放简短的淡入动画。在动画的末尾，影片会停止并等待观众单击 Main Menu 按钮。

## 6.12 动画式按钮

现在，当你将光标悬停于某个餐馆按钮之上时，灰色的“附加信息”框会突然出现。但是想象一下，如果灰色的信息框采用动画显示会是什么样子，它能够给用户与按钮之间的交互带来更逼真、更高级的感觉。

动画式按钮在“弹起”、“指针经过”或“按下”关键帧中显示动画。创建动画式按钮的关键是：在影片剪辑元件内创建一个动画，然后把该影片剪辑元件置于按钮元件的“弹起”、“指针经过”或“按下”关键帧内。当显示其中一个按钮关键帧时，将会播放影片剪辑中的动画。

### 6.12.1 在影片剪辑元件中创建动画

这份交互式餐馆指南中的按钮元件已经在它们的“指针经过”状态中包含了灰色信息框的影片剪辑元件。你将编辑每个影片剪辑元件，在其中添加一个动画。

1. 在“库”面板中，展开 restaurant previews 文件夹。双击 gabel loffel over info 的影片剪辑元件图标。

Flash 将把你带入名为“gabel loffel over info”的影片剪辑元件的元件编辑模式下（如图 6.70 所示）。

2. 选取“舞台”上的所有可视化元素（Ctrl+A/Command+A 组合键）。
3. 右击 / 按住 Ctrl 键并单击，选择“创建补间动画”（如图 6.71 所示）。

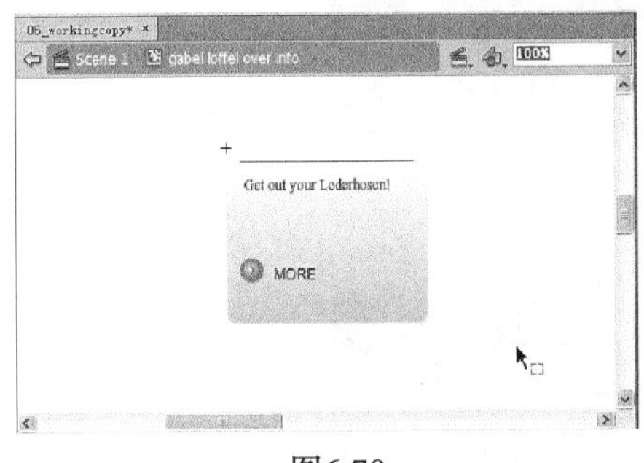

图6.70

图6.71

4. 在弹出的对话框中，要求确认将所选的内容转换为元件，单击“确定”按钮。

Flash 将会创建一个“补间”图层,并向影片剪辑“时间轴”中添加第二组帧（如图 6.72 所示）。

5. 向回拖动补间范围的末尾，使得“时间轴”上只有 10 帧（如图 6.73 所示）。

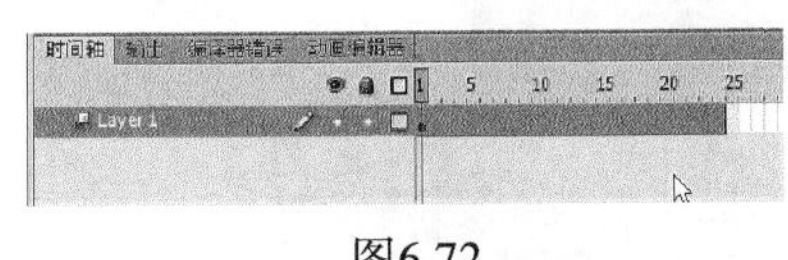
图6.72

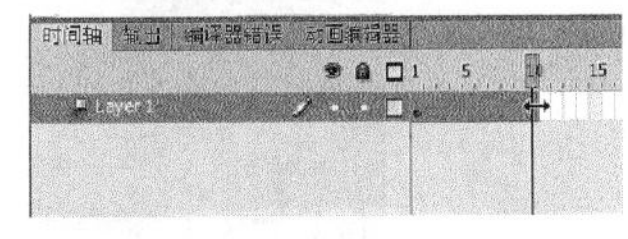
图6.73

6. 将播放头移到第 1 帧处，并选取“舞台”上的实例。
7. 在“属性”检查器中，从“色彩效果”区域中的“样式”下拉菜单中选择“Alpha”，并把 Alpha 滑块设置为 0%。

“舞台”上的实例将变成完全透明。

8. 把播放头移到补间范围的末尾（在第 10 帧处）。
9. 选取“舞台”上透明的实例。
10. 在“属性”检查器中，把 Alpha 滑块设置为 100%。

Flash 将在 10 帧的补间范围内在透明实例与不透明实例之间创建平滑的过渡。

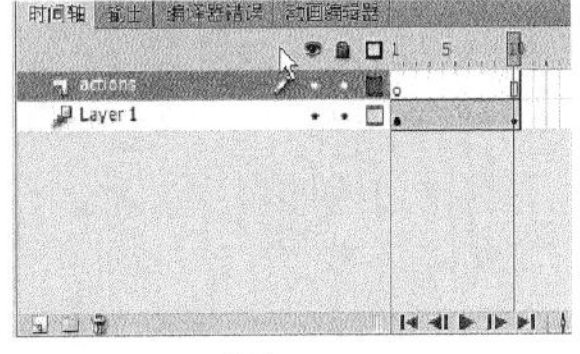
图6.74

11. 插入一个新图层，并把它重命名为“actions”。
12. 在 actions 图层的最后一帧（第 10 帧）中插入一个新的关键帧（如图 6.74 所示）。

**13.** 打开“动作”面板（选择“窗口”>“动作”），并在“脚本”窗格中输入“stop ( ) ; ”。

在最后一帧中添加停止动作可以确保淡入效果只会播放一次。

**14.** 单击“舞台”上面的“场景 1”（Scene 1）按钮，退出元件编辑模式。

**15.** 选择“控制”>“测试影片”>“在 Flash Professional 中”。

当光标悬停在第一个餐馆按钮上时，灰色信息框将淡入。影片剪辑元件内的补间动画将播放淡入效果，并把影片剪辑元件存放在按钮元件的“指针经过”状态内（如图 6.75 所示）。

图6.75

> **注意：**如果想让动画式按钮重复播放它的动画，就必须在影片剪辑的“时间轴”末尾删掉停止命令。

**16.** 为其他灰色信息框影片剪辑创建完全相同的补间动画，以便对所有的餐馆按钮都制作动画。

# 复习

## 复习题

1. 怎样以及在哪里添加 ActionScript 代码？
2. 怎样命名一个实例，为什么说这是必要的？
3. 怎样标记帧？它何时有用？
4. 什么是函数？
5. 什么是事件？什么是事件侦听器？
6. 怎样创建动画式按钮？

## 复习题答案

1. ActionScript 代码驻留在“时间轴”上的关键帧中。通过极小的小写字母“a”指示包含 ActionScript 代码的关键帧。通过“动作”面板添加 ActionScript 代码。打开“动作”面板的方法是：选择“窗口”>“动作”；或者选择一个关键帧并在“属性”检查器中单击“动作”图标；或者右击 / 按住 Ctrl 键并单击，然后选择“动作”。直接在“动作”面板中的“脚本”窗格中输入代码，或者从“动作”工具箱中的类别中选择命令。也可以通过“代码片断”面板添加 ActionScript 代码。在“舞台”上选取实例，并在“代码片断”面板中选择一种交互方式，然后单击“添加到当前帧”按钮。
2. 要命名一个实例，可以在“舞台”上选取它，然后在“属性”检查器中的“实例名称”框中输入一个名称。需要给实例命名，以便在 ActionScript 中引用它。
3. 要标记一个帧，可以在“时间轴”上选取一个关键帧，然后在“属性”检查器中的“帧标签名称”框中输入一个名称。可以在 Flash 中标记帧，以便更容易在 ActionScript 中引用帧，并提供更大的灵活性。
4. 函数是可以按名称引用的一组语句。使用函数允许运行相同的语句集，而不必在同一个脚本中重复输入它们。当检测到一个事件时，就会在响应中执行函数。
5. 事件是通过 Flash 可以检测到的鼠标单击、按键或者任意数量的输入启动的，并且 Flash 可以做出相应的响应。事件侦听器（也称为事件处理程序）是一个函数，通过执行它来响应特定的事件。
6. 动画式按钮在“弹起”、“指针经过”或“按下”关键帧中显示动画。要创建动画式按钮，可以在影片剪辑元件内存放一个动画，然后把该影片剪辑元件置于按钮元件的“弹起”、“指针经过”或“按下”关键帧内。当显示其中一个按钮关键帧时，就会播放影片剪辑中的动画。

# 第7课　使用文本

**课程概述**

在这一课中，你将学习如何执行以下任务：

- 理解传统和 TLF 文本之间的区别；
- 在“舞台”上添加和编辑文本；
- 对文本应用样式和格式化选项；
- 创建具有多列的文本；
- 创建环绕对象的文本；
- 给文本添加超链接；
- 为用户输入使用可编辑的文本；
- 动态更改文本内容；
- 嵌入字体以及了解设备字体；
- 加载外部文本。

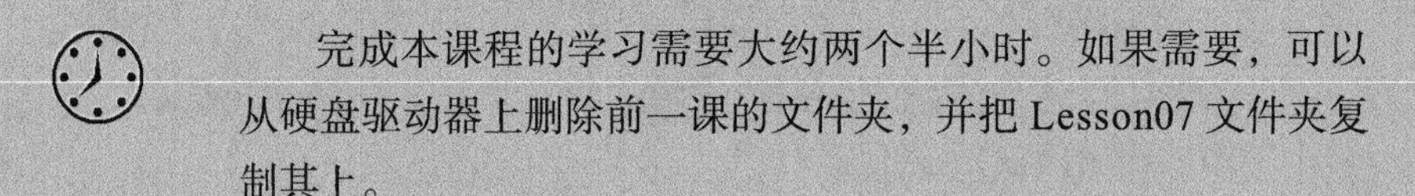

完成本课程的学习需要大约两个半小时。如果需要，可以从硬盘驱动器上删除前一课的文件夹，并把 Lesson07 文件夹复制其上。

文字是任何Flash站点的组成部分。学习如何使用新增的“文本布局格式”来创建标题、复杂的布局以及进行改变以适应不同情况的动态文本内容。

## 7.1 开始

首先查看完成的项目，看看你将在本课程中创建的不同类型的文本元素。

1. 双击 Lesson07/07End 文件夹中的 07End.html 文件，播放动画（如图 7.1 所示）。

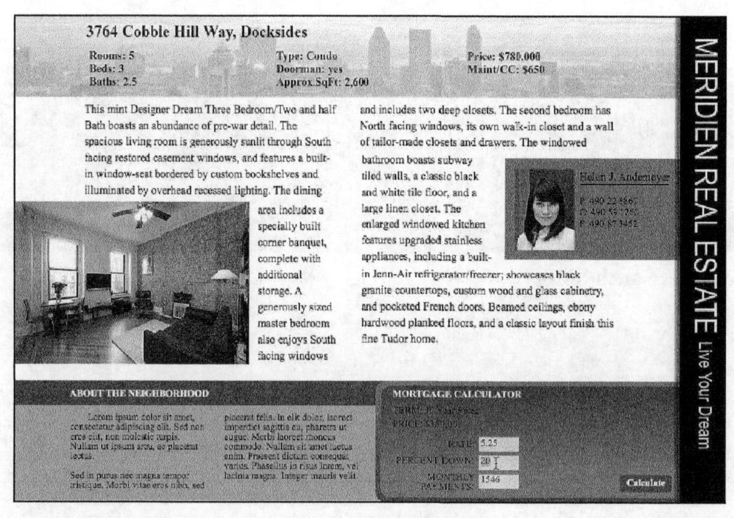

图7.1

完成的项目是用于虚拟城市 Meridien 的交互式房地产经纪人站点，你在前一课中已完成了该城市的餐馆指南。观众可以通过阅读而了解有特色的房地产及其邻近地区，或者使用右下方的按揭计算器计算他们每月可以负担得起多少按揭款。输入新的利率、首付款百分比的新值，并单击 Calculate 按钮，显示估计的每月还款额。

2. 关闭 07End.html 文件。
3. 双击 Lesson07/07Start 文件夹中的 07Start.fla 文件，在 Flash 中打开初始项目文件（如图 7.2 所示）。

图7.2

“舞台”上已经包括一些用于划分空间的简单设计元素，并且已经在“库”面板中创建和存储了多种资源。

4. 选择“文件”>“另存为”。把文件命名为“07_workingcopy.fla”，并把它保存在 07Start 文件夹中。保存工作副本可以确保当你想重新开始时，就可以使用原始起始文件。

## 7.2 了解 TLF 文本

Flash Professional CS6 使用两种不同的文本选项。当在“工具”面板中选择“文本”工具向“舞台”中添加文本时，可以选择“TLF 文本”或“传统文本”（如图 7.3 所示）。

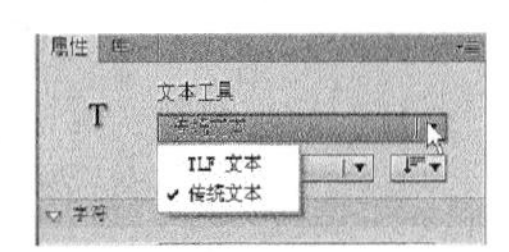

图7.3

TLF 文本是文本布局框架（Text Layout Framework）文本的简写，是更现代、更强大的文本引擎。当你想对文本格式化使用更复杂的控制（比如多列或环绕文本）时，可以选择“TLF 文本”。在本课程中将学习“TLF 文本”许多独特的特性。当你不需要对布局进行这种程度的控制或者如果你需要把 Flash 播放器的较老版本作为目标时，可以选择“传统文本”。

“TLF 文本”需要依赖特定的外部 ActionScript 库才能正确地工作。在测试或者发布包含“TLF 文本”的影片时，将在 SWF 文件旁边创建额外的“文本布局”SWZ 文件（ ）。SWZ 文件是支持“TLF 文本”的外部 ActionScript 库。

当从 Web 播放包含“TLF 文本”的 SWF 文件时，SWF 将在两个不同的位置寻找库。SWF 将在播放它的本地计算机上寻找库，本地计算机通常会在正常的 Internet 使用中缓存库。SWF 还会在 Adobe.com 上寻找库文件，如果失败就会查看与 SWF 相同的目录。

你总是应该把 SWZ 文件与你的 SWF 文件保存在一起，使得在本地测试影片时“TLF 文本”特性能够正确地工作。在把 SWF 文件上传到 Web 服务器时，为了安全起见，还应该一起上传 SWZ 文件。

### 7.2.1 合并“TLF 文本”库

如果你不想维护单独的 SWZ 文件，可以把所需的 ActionScript 库与 SWF 文件合并起来。不过这将显著增加发布的 SWF 文件的大小，因此不建议这样做。

1. 选择“文件”>“发布设置”。单击 Flash 选项卡，并选择用于 ActionScript 3.0 的“设置”（如图 7.4 所示）。也可以在“属性”检查器中单击 ActionScript 设置旁边的“编辑”按钮（如图 7.5 所示）。

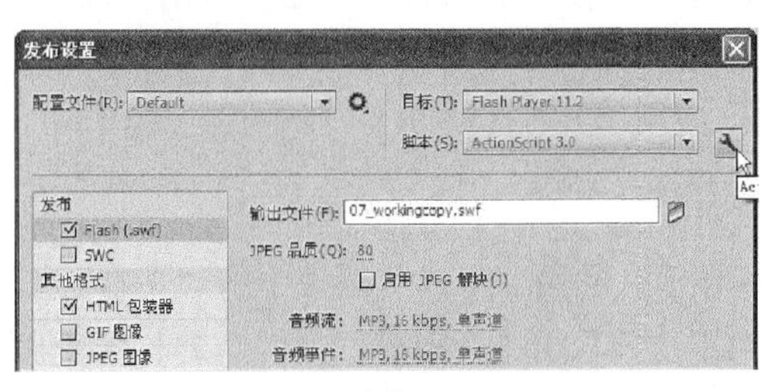

图7.4

图7.5

打开“高级 ActionScript 3.0 设置”对话框。

**2.** 单击“库路径”选项卡（如图 7.6 所示）。

**3.** 在显示窗口中单击 textLayout.swc 列表旁边的箭头。

箭头方向变为向下，展开关于“TLF 文本”的信息。注意，“链接类型”显示文件使用运行时共享库，并且该库的 URL 位于 Adobe.com 上（如图 7.7 所示）。

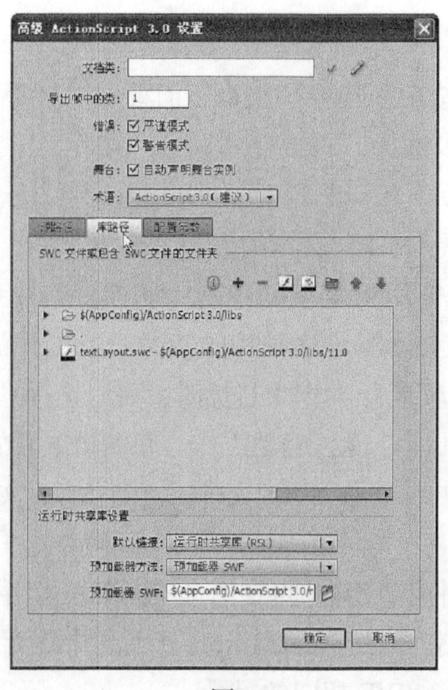


图7.6

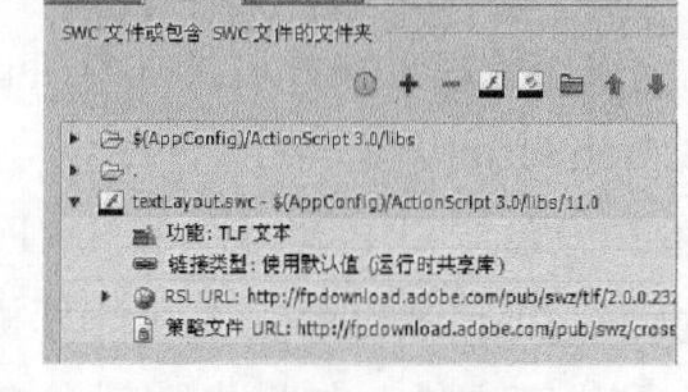


图7.7

**4.** 在“运行时共享库设置”区域中，为“默认链接”选择“合并到代码”（如图 7.8 所示）。“链接类型”变成“合并到代码”（如图 7.9 所示）。

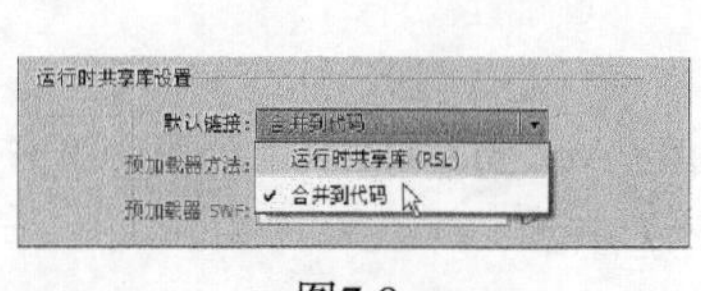


图7.8

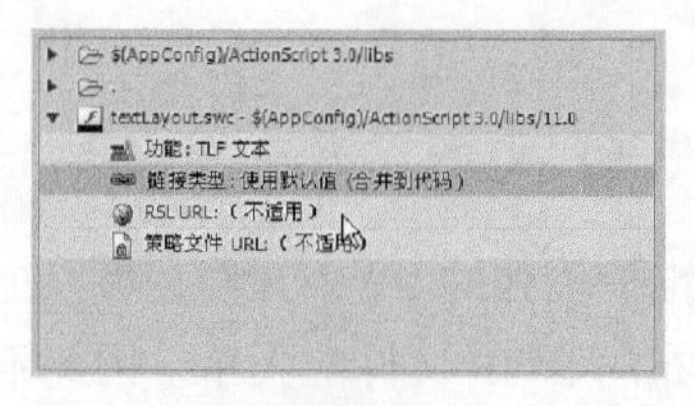


图7.9

如果单击“确定”按钮接受这些设置，当前 Flash 文件将把“TLF 文本”的 ActionScript 库合并到发布的 SWF 文件中。对于本课程中的项目，不要合并代码。单击“取消”按钮保留默认设置，把“链接类型”设置为“运行时共享库”。

## 7.3 添加简单的文本

你首先将添加一些简单的文本行以进行显示。利用“工具”面板中的“文本”工具把文本添加到“舞台”上。在添加文本时，无论是“TLF 文本”还是“传统文本”，文本都将保持为完全可编辑。因此在创建文本之后，随时可以回过头来修改它或者更改它的任何属性，如它的颜色、字体、大小或对齐方式。

> **注意**：可以分离文本（选择“修改”>“分离”）把每个字母都转换为单独的绘制对象，从而可以修改其笔触和填充。不过一旦进行了分离，将不再能够编辑文本。

与其他 Flash 元素一样，最好把文本分隔在它自己的图层上，以保持图层是有组织的。使文本位于它自己的图层上还能很轻松地选取、移动或编辑文本，而不会干扰它上面或下面图层中的项目。

### 7.3.1 添加标题

你将给房地产经纪人站点的多个区域添加标题，以学习不同的格式化和样式选项。

1. 选择 banner 图层，并单击“新建图层”按钮，然后把新图层命名为“text”（如图 7.10 所示）。
2. 选择“文本”工具。
3. 在“属性”检查器中，选择“TLF 文本”和“只读”。在“字符”区域中，为“系列”选择“Times New Roman”，为“样式”选择“Bold”，为“大小”选择“20.0”，为“行距”选择“14.0”，并为“颜色”选择黑色（如图 7.11 所示）。

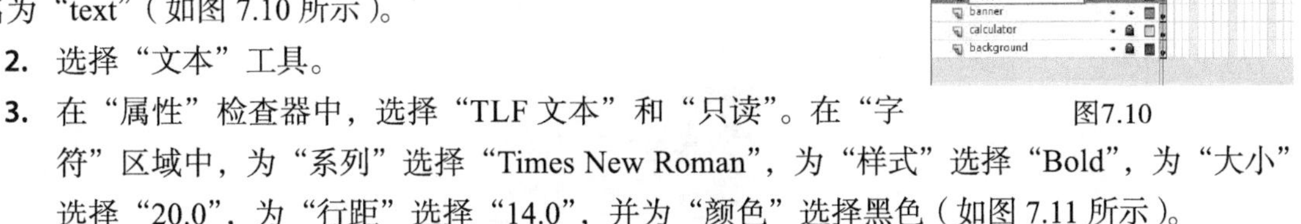

图7.10

如果你的计算机上没有提供 Times New Roman，可选择一种类似的字体。对于“TLF 文本”，可以选择的选项有：“只读”、“可选”或“可编辑”（如图 7.12 所示）。

图7.11

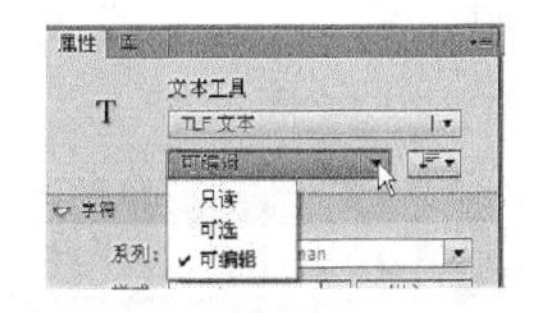

图7.12

- “只读”用于显示不能被最终用户选取或编辑的文本。
- “可选”用于显示用户可以选取以进行复制的文本。
- “可编辑”用于显示用户可以选取和编辑的文本。为文本输入框（比如登录和密码）使用“可编辑”选项。你将在本课程后面使用“可编辑”选项，以创建按揭计算器（Mortgage Calculator）。

4. 单击“舞台”的左上角，你想在那里开始添加文本。首先输入有特色的房地产的地址：“198 7th Avenue, South Slope”（如图 7.13 所示）。然后通过单击“选择”工具退出“文本”工具。

图7.13

5. 在“属性”检查器中，把文本定位于 X=90 和 Y=10。

> **注意**：文本的注册点位于文本框的左上角。

6. 再次选择“文本”工具。
7. 在“属性”检查器中，选择“TLF 文本”和“只读”。在“字符”区域中，为“系列”选择“Times New Roman”，为“样式”选择“Bold”，为“大小”选择“12.0”，为“行距”选择“12.0”，并为“颜色”选择白色（如图 7.14 所示）。

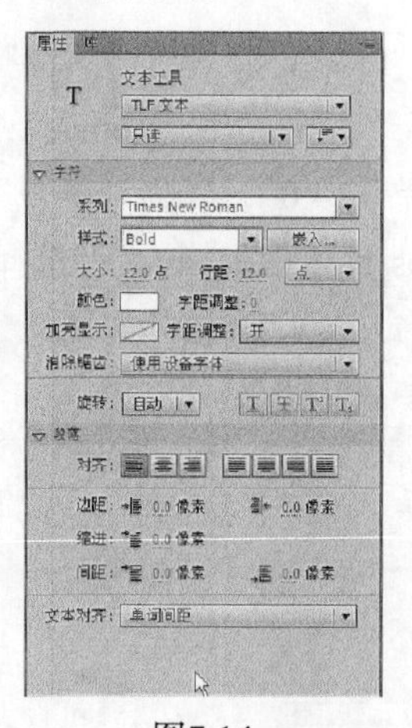

图7.14

8. 单击深绿色横幅，定位下一段文本的起始位置，并输入区域标题“About the Neighborhood”（如图 7.15 所示）。

图7.15

> **注意**：也可以用“文本”工具单击并拖动，以设置的宽度和高度定义一个文本框。你总是可以更改文本框的尺寸以容纳文本。

9. 在深褐色区域顶部，利用区域标题"Mortgage Calculator"创建第三段文本（如图 7.16 所示）。

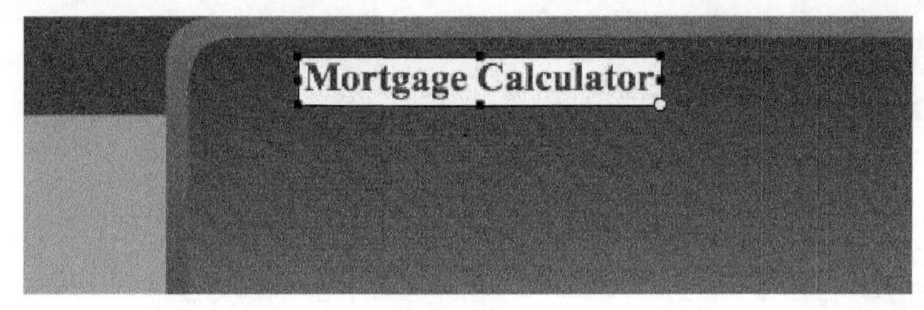


图7.16

10. 把"About the Neighbo-rhood"标题定位于 X=70 和 Y=460。把"Mortgage Calculator"标题定位于 X=480 和 Y=460（如图 7.17 所示）。

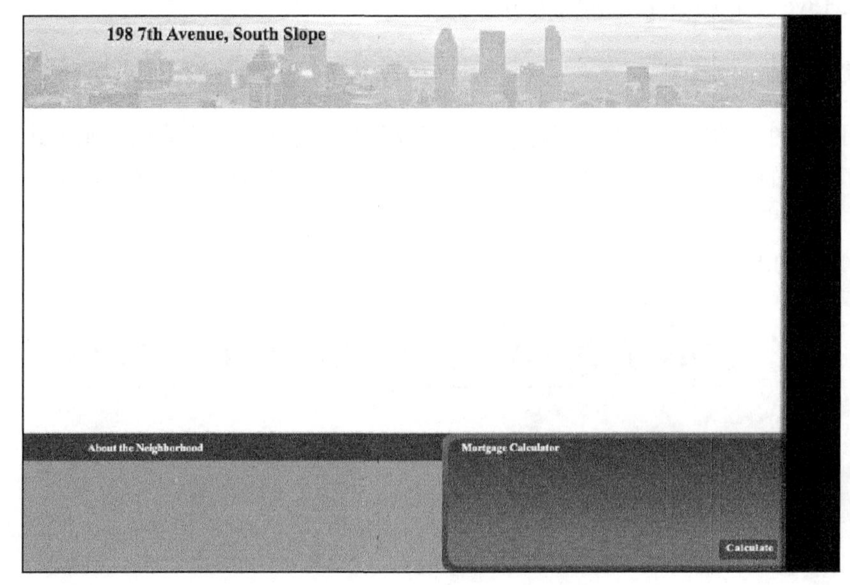


图7.17

### 7.3.2 创建垂直文本

尽管垂直文本比较少见，但它对于不同寻常的显示可能是有用的。对于许多亚洲语言来说，垂直文本是正确显示它们所必不可少的。在本课程中，将为总的横幅标题使用垂直的文本方向。

1. 选择"文本"工具。
2. 在"属性"检查器中，选择"TLF 文本"和"只读"。在"字符"区域中，为"系列"选择"Arial Narrow"，为"样式"选择"Regular"，为"大小"选择"38.0"，为"行距"选择"17.2"，并为"颜色"选择白色（如图 7.18 所示）。
3. 从方向下拉菜单中选择"垂直"（如图 7.19 所示）。

> Fl | 注意：在"属性"检查器的"字符"区域中，可以选择 270°，以改变单个字符以及文本行的方向。

图7.18

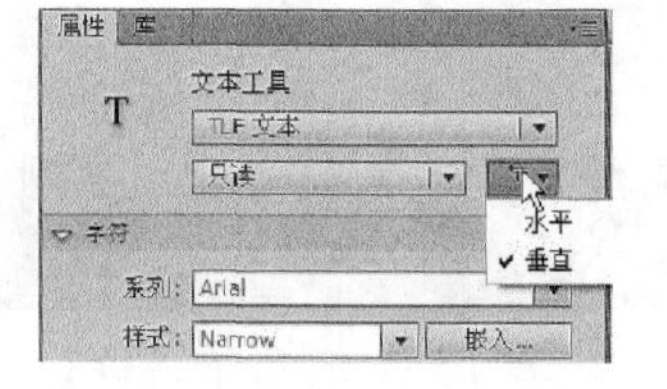


图7.19

4. 单击黑色垂直横幅，定位文本的起始位置，并输入横幅标题“Meridien Real Estate Live Your Dream”（如图 7.20 所示）。

图7.20

### 7.3.3 修改字符

可以使用“属性”检查器中的“字符”和“高级字符”选项修改文本的显示方式。你已经使用了不同的颜色、字体系列、字体大小和方向，接下来将研究一些不太明显的选项。

1. 双击顶部的地址，并选取“th”字符（如图 7.21 所示）。

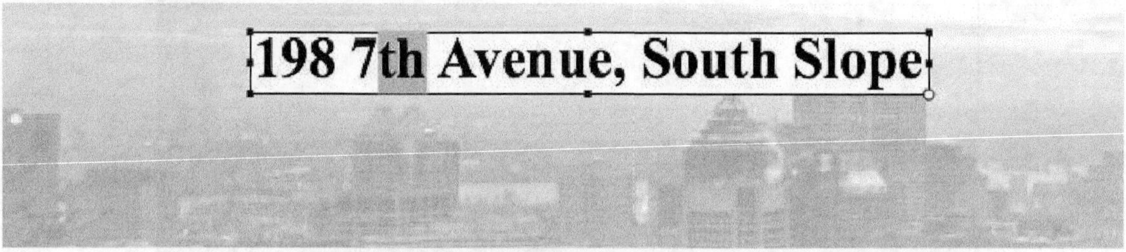

图7.21

2. 在“属性”检查器的“字符”区域中，选择“切换上标”选项（如图 7.22 所示）。

图7.22

“th”将变小，并从基线升起成为上标（如图 7.23 所示）。

图7.23

3. 通过选取“选择”工具退出“文本”工具，并单击“舞台”上的空白部分取消选取文本。

4. 按住 Shift 键，并选取底部的两个文本标题“About the Neighborhood”和“Mortgage Calculator”（如图 7.24 所示）。

图7.24

5. 在“属性”检查器的“高级字符”区域中，从“大小写”菜单中选择“大写”（如图 7.25 所示）。

图7.25

所选的两个底部标题中的字符全将变成大写形式（如图 7.26 所示）。

图7.26

6. 双击垂直横幅文本，并选取“Meridien Real Estate”这几个单词（如图 7.27 所示）。

7. 在“属性”检查器的“高级字符”区域中，从“大小写”菜单中选择“大写”。

横幅标题中所选的单词全将变成大写形式（如图 7.28 所示）。

8. 选取横幅标题中的后面 3 个单词“Live Your Dream”。

9. 在“属性”检查器中，把字体大小改为 22，并把“基线偏移”改为 6.0（如图 7.29 所示）。

横幅标题中所选的单词将变小，并从它们的基线向上偏移。横幅标题中字体大小和基线偏移中的变化创建了更令人愉悦的设计（如图 7.30 所示）。

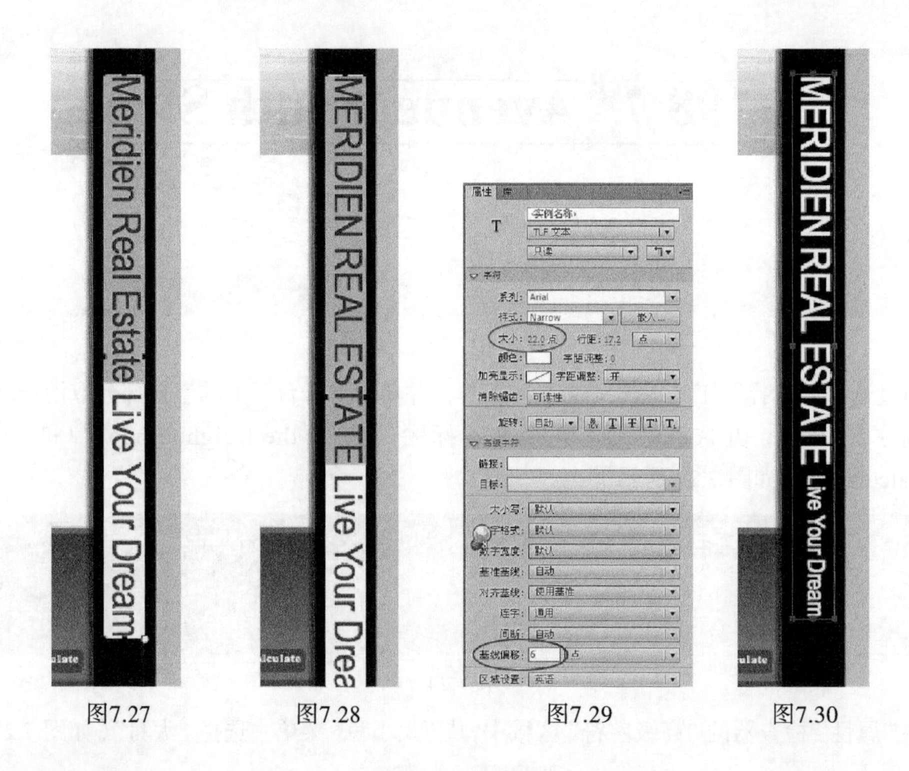


图7.27 图7.28 图7.29 图7.30

## 7.4 添加多个列

现在你将添加房地产的文本说明以及关于邻近地区的一些详细信息。文本将出现在不同的列中。对于房地产的详细信息，你将添加 3 列文本说明；对于邻近地区，你将添加两列文本说明。

1. 取消任何选中的文本，选择“文本”工具。
2. 在“属性”检查器中，选择“TLF 文本”和“只读”。在“字符”区域中，为“系列”选择“Times New Roman”，为“样式”选择“Bold”，为“大小”选择“14.0”，为“行距”选择“16.0”，并为“颜色”选择黑色，同时确保切换回水平文本（如图 7.31 所示）。
3. 单击地址下面的顶部水平横幅，并拖出一个长文本框，以定义文本的宽度和高度（如图 7.32 所示）。

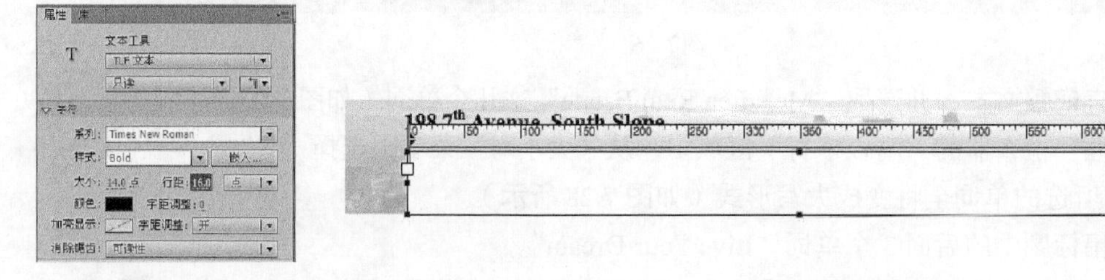


图7.31 图7.32

4. 在“属性”检查器的“容器和流”区域中，为“列”选项输入“3”（如图 7.33 所示）。你所选的文本框将变成允许显示 3 列文本。

5. 在文本框中输入一些文本，提供此假想房地产的详细信息，如房间数量、床位数量等。在输入每一行之后按下 Return 键或 Enter 键。可以从 07Start 文件夹中的 07SampleRealEstateText1.txt 文本文件中复制信息（如图 7.34 所示）。

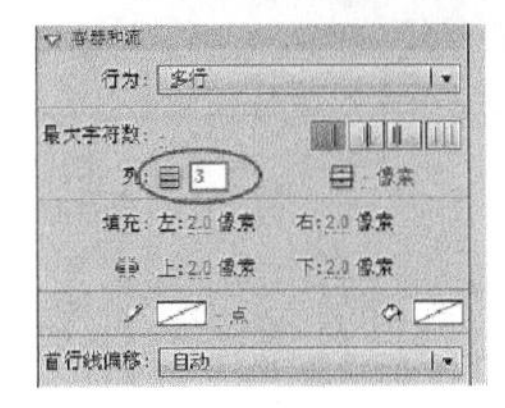

图7.33

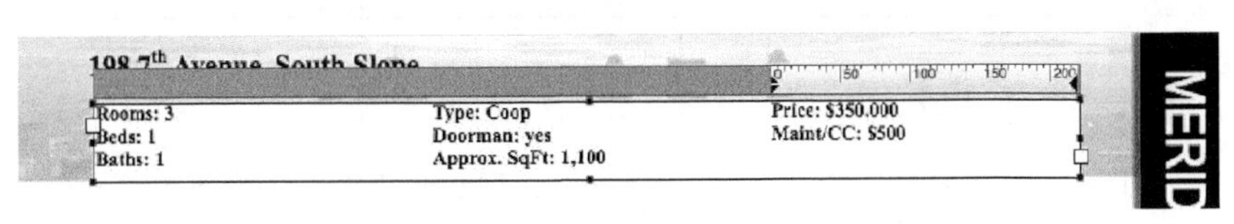


图7.34

文本将显示在 3 列中。当第一列中的文本到达文本框的底部时，下一行就会出现在下一列的顶部。

6. 通过选取“选择”工具退出“文本”工具，然后单击“舞台”上的空白部分取消选取文本。
7. 再次选择“文本”工具。现在你将为 About the Neighborhood 区域创建文本。
8. 在“属性”检查器中，选择“TLF 文本”和“只读”。在“字符”区域中，为“系列”选择“Times New Roman”，为“样式”选择“Regular”，为“大小”选择“12.0”，为“行距”选择“12.0”，并为“颜色”选择黑色（如图 7.35 所示）。
9. 单击 About the Neighborhood 标题下面的底部绿条并拖出一个文本框，使之占据大部分淡绿色空间（如图 7.36 所示）。

图7.35

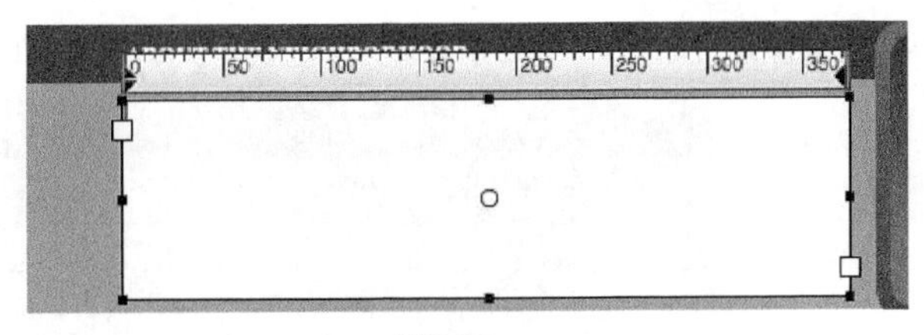

图7.36

10. 在“属性”检查器的“容器和流”区域中，为“列”选项输入“2”（如图 7.37 所示）。你所选的文本框将变成允许显示两列文本。
11. 如果还没有打开 07Start 文件夹中的 07SampleRealEstateText1.txt 文本文件，就打开该文件。复制 About the Neighborhood 区域中的拉丁语占位符文本，并把它粘贴到两列式文本框中（如图 7.38 所示）。

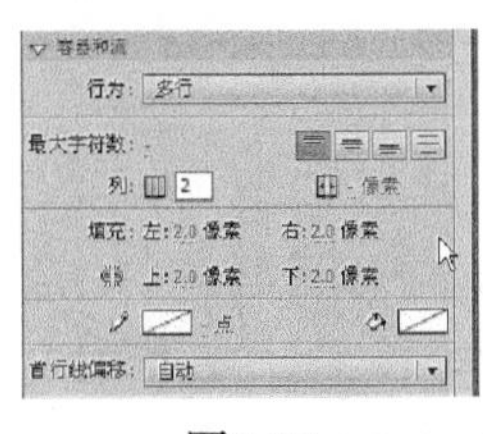

图7.37

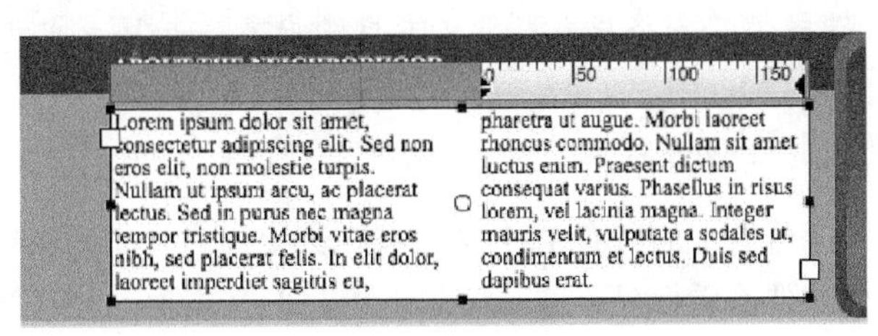


图7.38

文本将显示在两列中。当第一列中的文本到达文本框的底部时，下一行就会出现在下一列的顶部。

> **注意**：在“属性”检查器的“容器和流”区域中，也可以修改列间的空白（即列的间距），以及文本与文本框边界之间的填充，以便帮助你获得想要的准确的文本布局。

### 7.4.1 修改文本框

如果文本在其文本框内不能完全放下，Flash 将在右下角显示红色十字交叉线。这意味着有不可见的溢出文本（如图 7.39 所示）。

图7.39

要查看更多的文本，可以扩大文本框。

1. 选择“文本”工具或“选择”工具。
2. 把光标移到文本框周围的实心蓝色方块之一上。

光标将变成双头箭头，指示你可以在哪个方向上修改文本框的大小。

3. 单击并拖动，使文本框变宽或变高以放得下文本（如图 7.40 所示）。

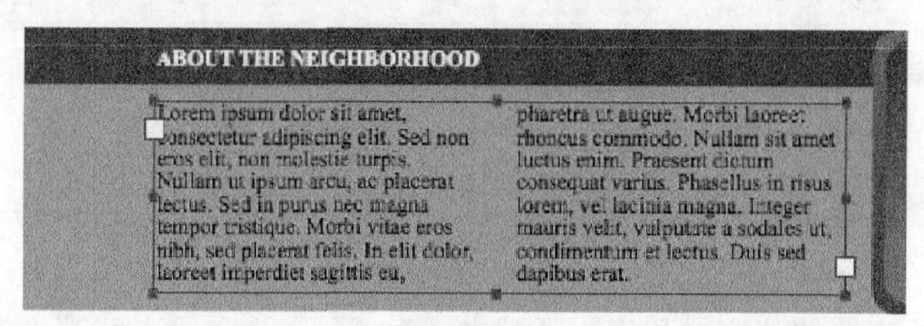


图7.40

这将调整文本框的大小，并且文本会重新流动，以适应新的文本框尺寸。

> **注意**：也可以通过在“属性”检查器中输入新的“宽”和“高”值来调整文本框的大小。不过不要利用“变形”面板或者“任意变形”工具调整文本框的大小，这样做将会挤压或拉伸文本框的内容，并且会扭曲文本。

### 7.4.2 使用文本标尺

放在“舞台”上的所有 TLF 文本框在其上边包含了一个标尺，这个标尺测量左右边距和缩进以及制表位。要查看标尺，可以双击一个 TLF 文本框，并选择“文本”工具，单击 TLF 文件框开始编辑，你可以选择“文本”>“TLF 定位标尺”切换标尺的显示和隐藏状态。

接下来，你将使用 TLF 定位标尺修改边距、缩进和制表位。

1. 如果文本框尚未被选中，双击它。

TLF 定位标尺出现在文本框的顶边、左列或者右列，这取决于你的光标的位置。TLF 定位标尺的测量单位是像素。

2. 沿“TLF 定位标尺”拖动左边距指示器（实心的黑色三角），如图 7.41 所示。

> Fl | 注意：如果你有多个段落，希望修改整个文本框内容的边距，可以选择“编辑”>“全选”，或者在移动边距指示器之前用鼠标选择所有文本。

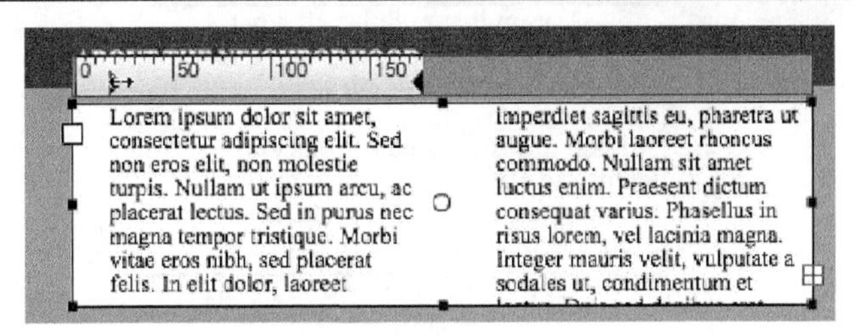


图7.41

文本的边距增大，边距按照每个段落确定。如果文本框中有不同的段落，你将看到只有选中的段落的边距发生变化，如图 7.42 所示。

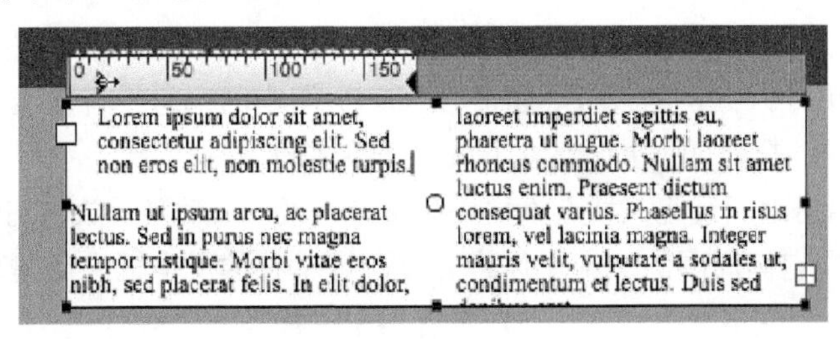


图7.42

注意“属性”检查器中的边距值是如何随之变化的。在完成对工作原理的探索之后，将边距指示器移回原始位置 。

3. 你可以分离左侧的边距指示器，建立新段落第一行的缩进。要看到缩进，按下 Return 或者 Enter 键，在文本中创建几个新段落。

4. 单击 TLF 定位标尺内部。

Flash 创建了一个制表位，如图 7.43 所示。

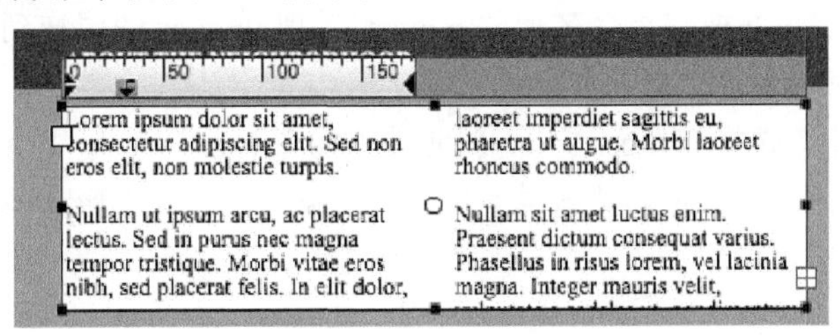


图7.43

5. 沿着标尺拖动制表位，移动制表位的位置。

> Fl 注意：将制表位拖离标尺可以删除它。

6. 要看到制表位的效果，在光标处于新段落之前时按下 Tab 键。

Flash 缩进文本到 TLF 定位标尺上的下一个制表位，如图 7.44 所示。

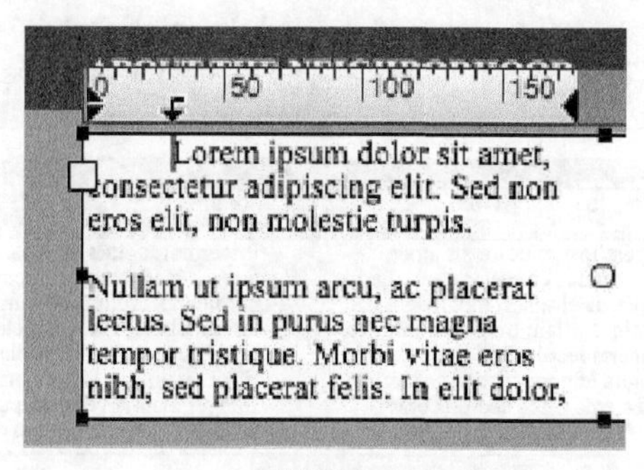


图7.44

## 7.5 环绕文本

一大段的文本看上去会令人厌烦。相反，如果可以把文本环绕在照片或图形元素周围，则可以创建更有趣的内容和更令人愉悦的设计。留心任何一个印刷的杂志或者在线杂志，你将看到文本是如何环绕在照片周围，帮助页面上的元素形成一个整体的。

在本节中，你将给房地产经纪人站点添加一些图形元素——动画式放映幻灯片和房地产经纪人的照片，并创建环绕在它们周围的文本。你将通过链接单独的文本框来创建环绕的文本。文本将从一个文本框流入另一个文本框中，就像在单个容器中一样。

> Fl 注意：链接的文本框也称为“贯穿的文本容器”。

### 7.5.1 添加图形

动画式放映幻灯片和房地产经纪人的图形已经创建好了，并且存储在“库”面板中以便使用。

1. 插入一个新图层，并把它重命名为“images”。把 images 图层拖到 banner 图层下面。
2. 在“库”面板中，选择 photos 影片剪辑元件（如图 7.45 所示）。
3. 从“库”面板中把 photos 影片剪辑元件拖到“舞台”上。把影片剪辑实例定位于 X=0 和 Y=230（如图 7.46 所示）。

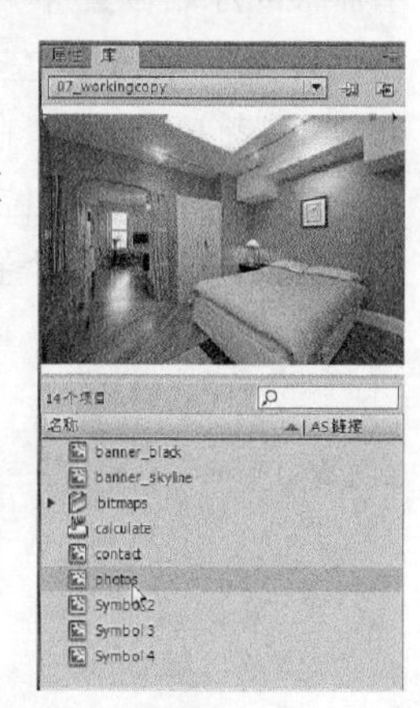


图7.45

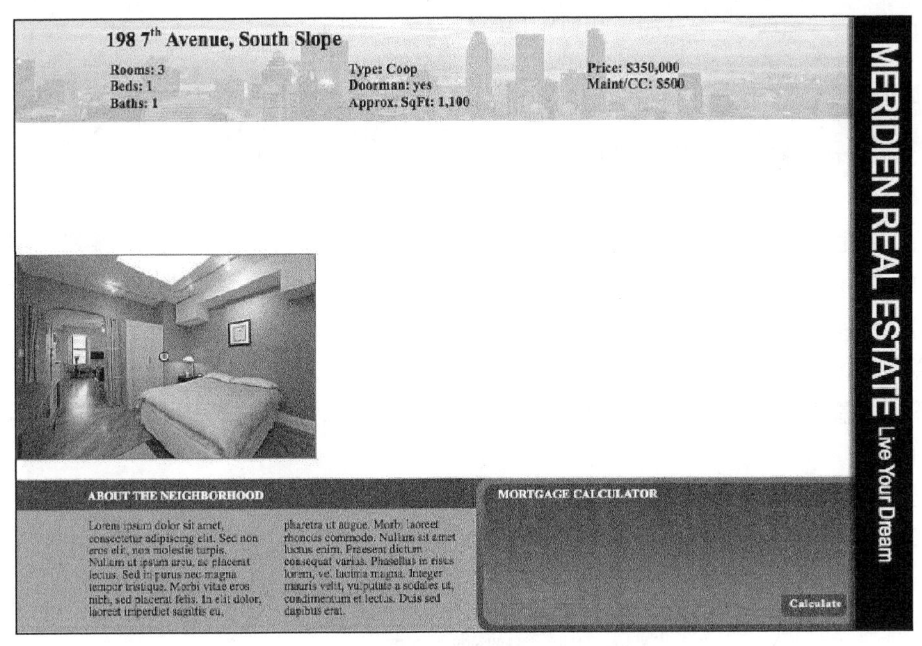


图7.46

影片剪辑中包含多张照片淡入和淡出的补间动画。影片剪辑的动画独立于主“时间轴”，仅当测试影片时才会播放（选择“控制”>“测试影片”>“在 Flash Professional 中”）。

4. 在“库”面板中，把 contact 影片剪辑元件从“库”面板中拖到“舞台”上。把 contact 影片剪辑实例定位于 X=620 和 Y=175（如图 7.47 所示）。

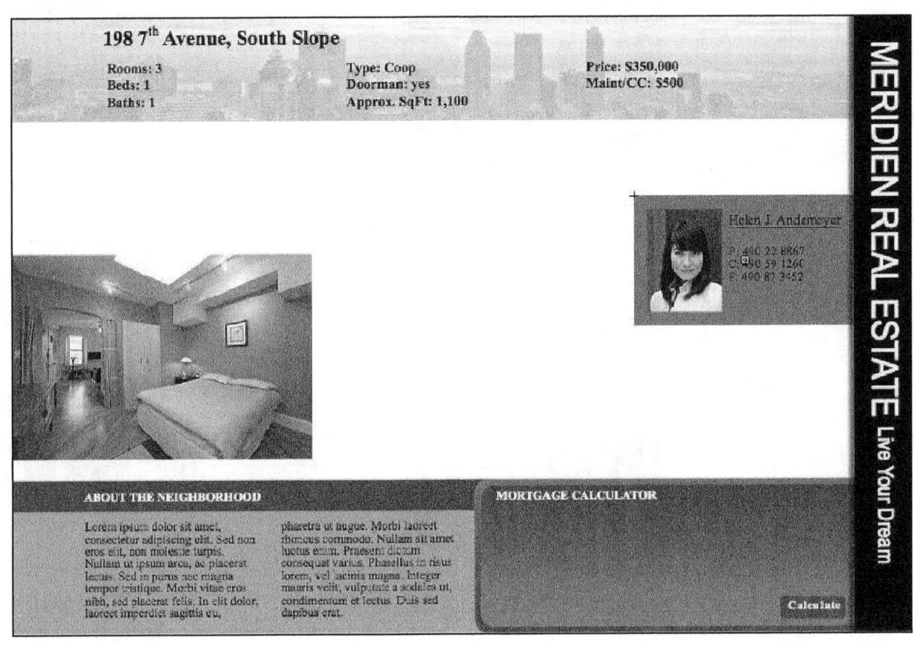


图7.47

房地产经纪人及其联系信息的影片剪辑是简单的静态图形。

### 7.5.2 链接文本框

现在，你将在图形元素周围安置几个链接的文本框。

1. 选择“文本”工具。
2. 在“属性”检查器中，选择“TLF 文本”和“只读”。在“字符”区域中，为“系列”选择“Times New Roman”，为“样式”选择“Regular”，为“大小”选择“14.0”，为“行距”选择“20.0”，并为“颜色”选择黑色（如图 7.48 所示）。
3. 单击并拖出第一个文本框，它占据了卧室照片上面的空间，其右边缘扩展到“舞台”中间附近的位置（如图 7.49 所示）。不要担心精确的定位，因为你总是可以调整文本框的大小和位置。

这就创建了第一个文本框。

4. 单击文本框右下角的空白方框（如图 7.50 所示），光标将变成文本框的角图标（）。
5. 在 photos 影片剪辑实例右边单击并拖出第二个文本框（如图 7.51 所示）。

图7.48

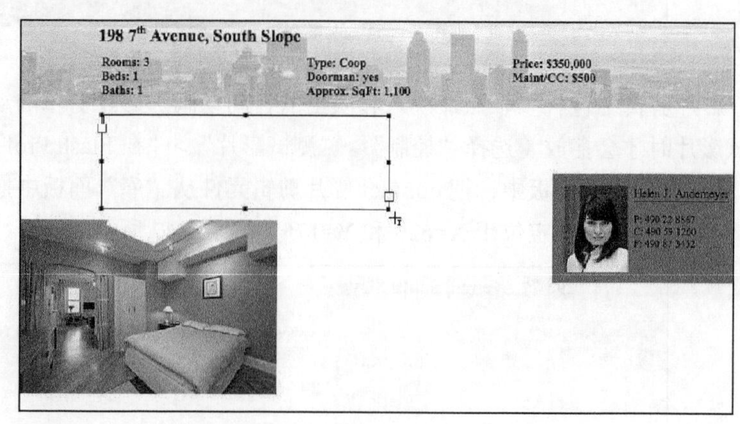


图7.49

图7.50

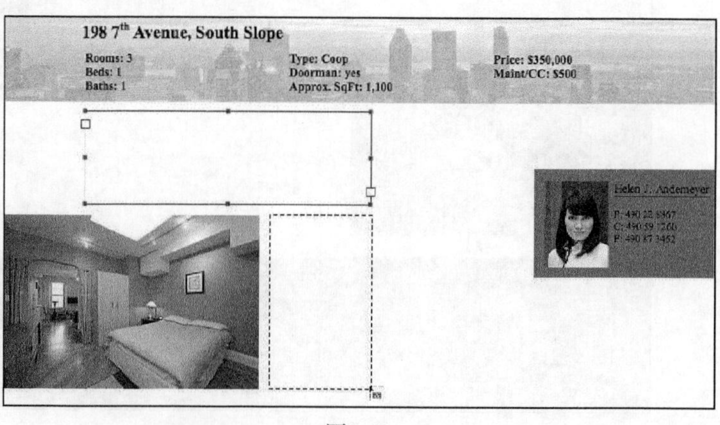


图7.51

> **Fl** **注意：**如果简单地在“舞台”上单击以定义下一个链接的文本框，Flash 将会创建与前一个文本框大小完全相同的文本框。

当释放鼠标键时，第二个文本框将链接到第一个文本框。把第一个文本框连接到第二个文本框的蓝色线条代表链接关系（如图 7.52 所示）。

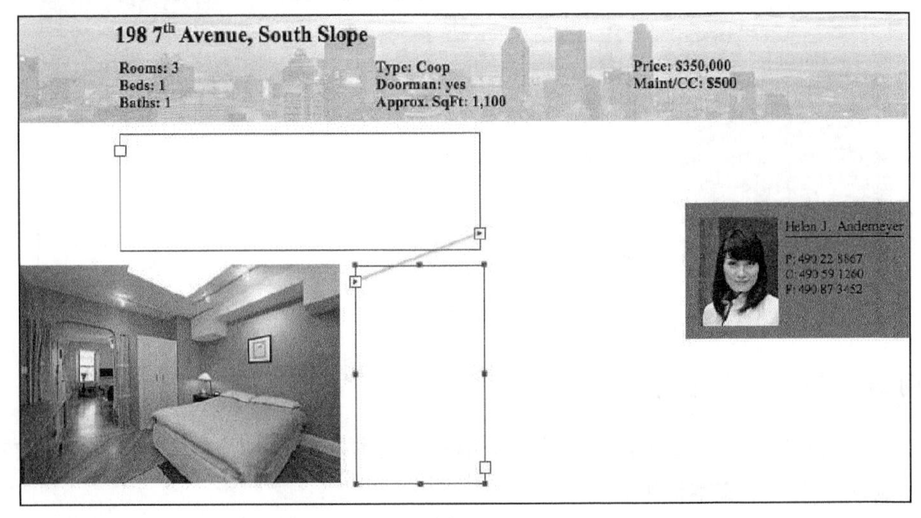


图7.52

6. 单击第二个文本框右下角的空白方框，然后在房地产经纪人联系信息上面单击并拖出第三个文本框（如图 7.53 所示）。

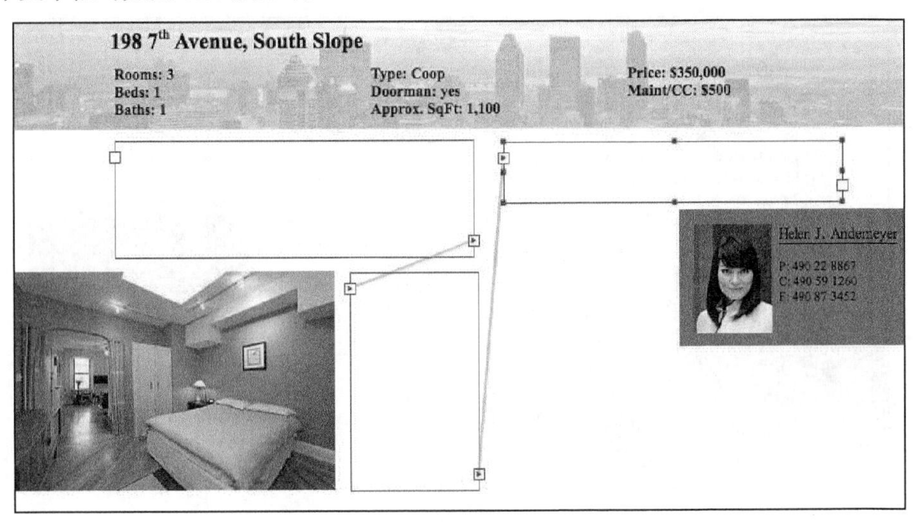


图7.53

7. 继续创建链接的文本框，直到在照片和房地产经纪人周围安置了 5 个文本框为止（如图 7.54 所示）。

图7.54

### 7.5.3 向链接的文本框中添加内容

接下来，将向链接的文本框中添加内容。从第一个文本框开始，当文本到达第一个文本框的界限时，将自动流入下一个文本框中。

1. 如果还没有打开 07Start 文件夹中的 07SampleRealEstateText1.txt 文本文件，就打开该文件。
2. 复制房地产的说明。
3. 双击“舞台”上的第一个文本框，并粘贴文本（如图 7.55 所示）。

图7.55

> 注意：可以把链接的文本框作为单个容器处理。在添加、删除和编辑文本时，内容会重新流动以适应文本框。可以选取所有内容（选择“编辑”>“全选”），这将选取所有链接文本框的内容。

在文本框之外的“舞台”上单击，取消选取它们，并查看文本如何环绕图形。可以调整大小和位置，美化文本从一个文本框流向另一个文本框的方式（如图 7.56 所示）。

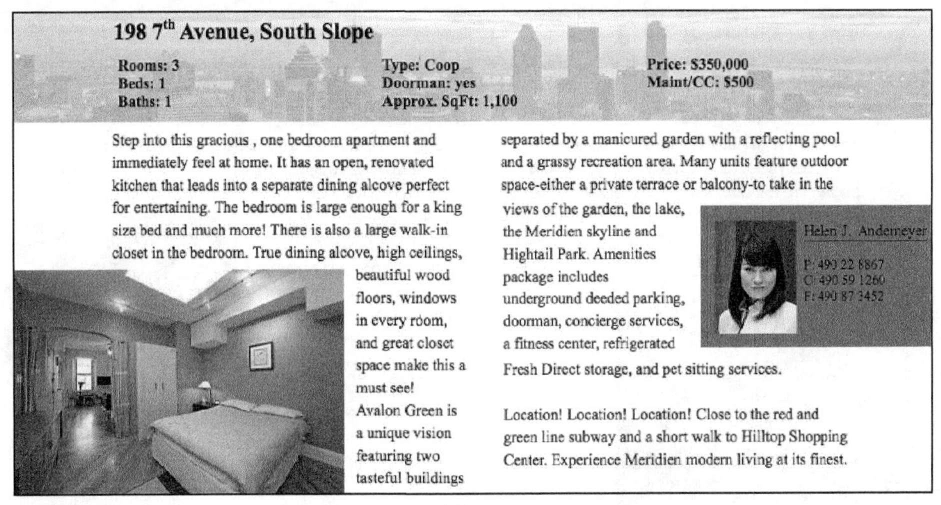


图7.56

## 7.5.4　删除和插入文本框

如果需要编辑文本流动的方式，总是可以删除链接的文本框或者添加新的文本框，现有文本框之间的链接关系将会维持。

**1.** 利用“选择”工具，选取第二个链接的文本框（如图 7.57 所示）。

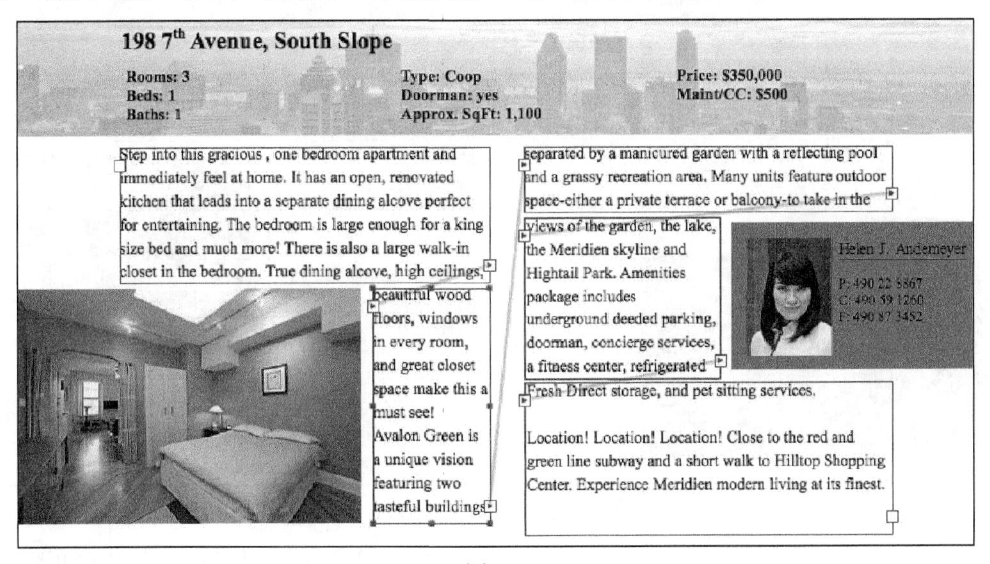


图7.57

**2.** 按下键盘上的 Delete 键。

第二个链接的文本框将被从“舞台”上删除，但是剩余的文本框仍将维持它们的链接关系。现在，第一个文本框将链接到第二列顶部的第三个文本框。注意：最后一个文本框在其右下角显示了红色十字交叉线，表示不能显示溢出的文本（如图 7.58 所示）。

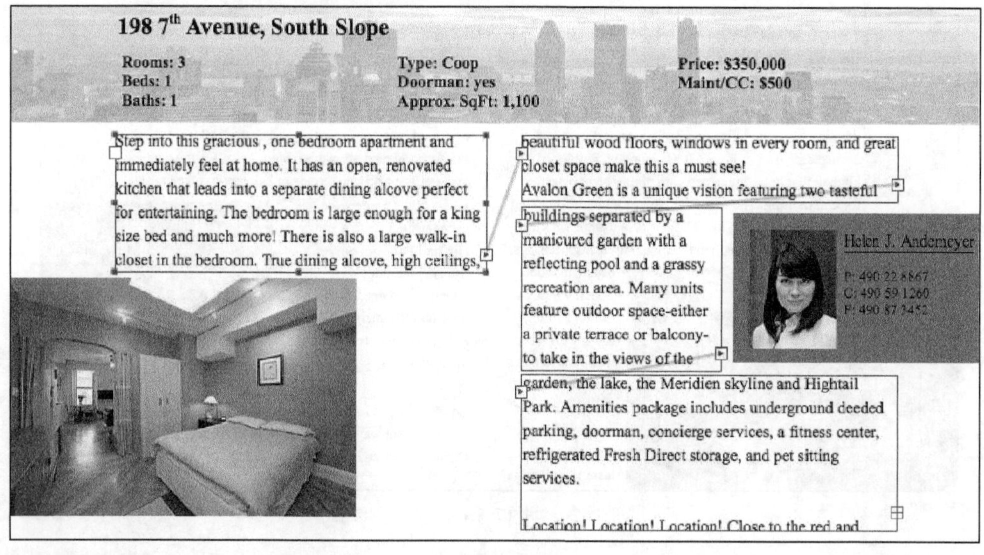


图7.58

3. 在第一个文本框的右下角单击包含小箭头的方框。
4. 单击并拖出一个文本框，重新建立你刚才删除的文本框（如图 7.59 所示）。

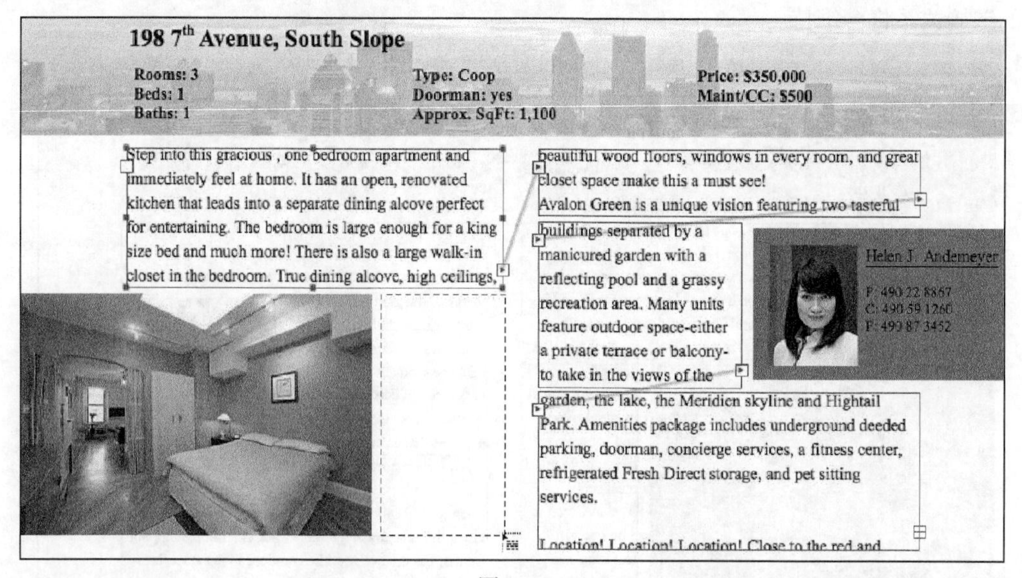


图7.59

将在现有的文本框之间插入一个新文本框，并且文本将重新流动以填充新容器（如图 7.60 所示）。

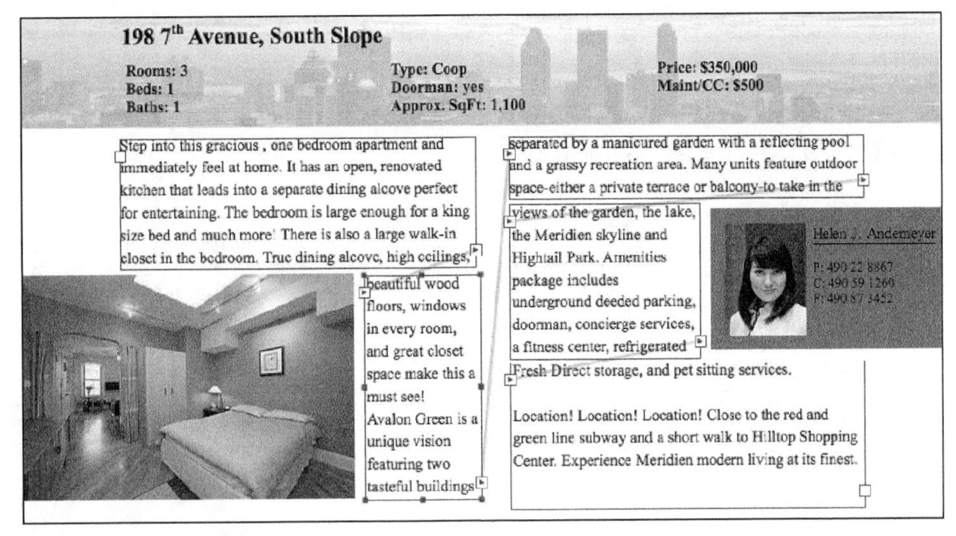


图7.60

## 7.5.5 断开和重新链接文本框

你还可以断开文本框之间的链接，并创建新的链接关系。

**1.** 在第一个文本框的右下角单击包含小箭头的方框（ ）。

**2.** 把光标移到第二个文本框上。

光标将变成断开链接图标（ ），指示可以断开位于当前光标下文本框的链接。

**3.** 单击第二个文本框。

这样将断开从第一个文本框到第二个文本框的链接。文本现在将不能流出第一个文本框（如图7.61 所示）。

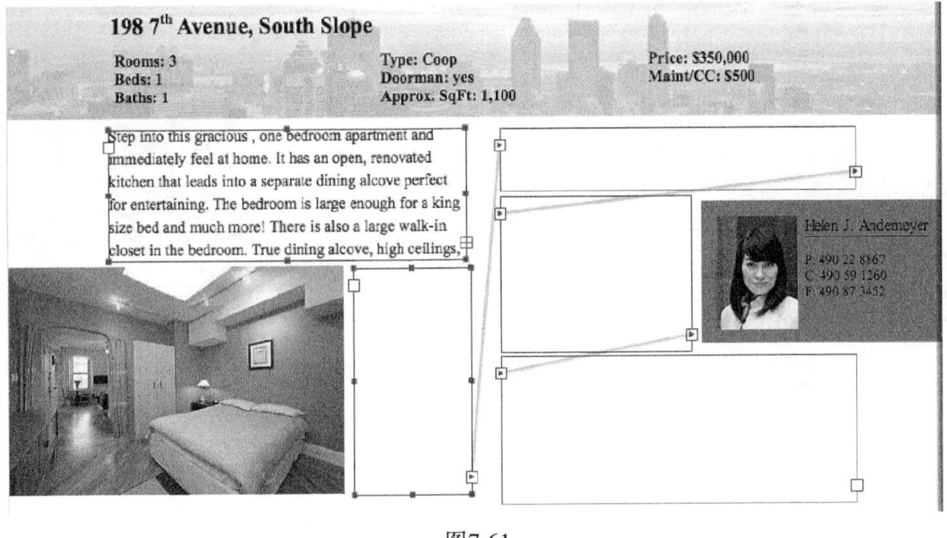


图7.61

4. 让我们重新建立链接。单击第一个文本框右下角的红色方框，并把光标移到第二个文本框上。

光标将变成链接图标（），指示可以建立位于当前光标下文本框的链接。

5. 单击第二个文本框（如图 7.62 所示）。

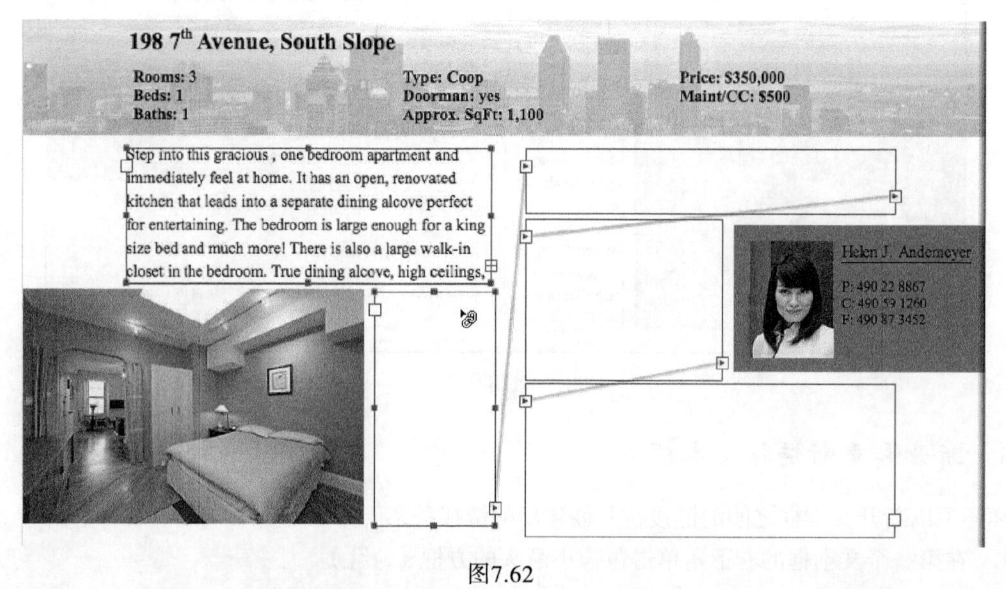


图7.62

将再次把第一个文本框链接到第二个文本框。文本现在将流到全部 5 个文本框中（如图 7.63 所示）。

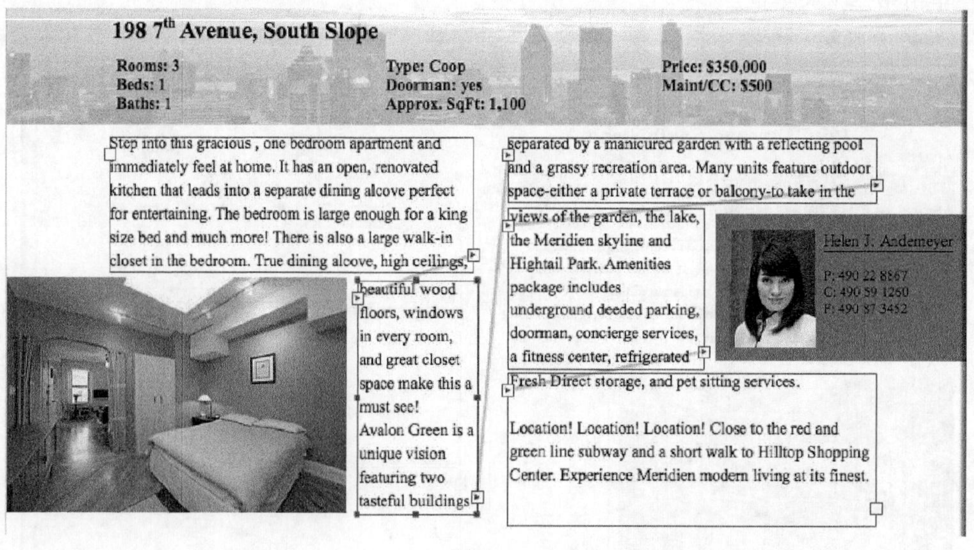


图7.63

### 查找下一个或上一个链接

有时，如果你具有多个链接的文本框，查看链接关系时可能会混淆或者难以接连选取文本框。可以右击/按住Ctrl键并单击任何文本框，如果它被链接，就可以选择“查找上一个链接”或“查找下一个链接”（如图7.64所示）。这将选取上一个或下一个链接的文本框。

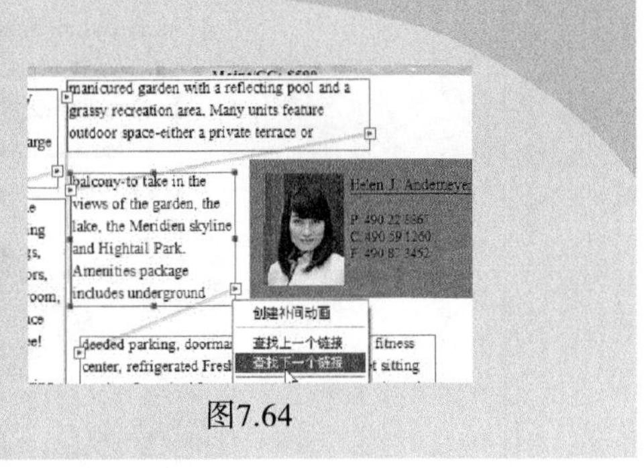

图7.64

## 7.6 超链接文本

房地产经纪人站点上房地产的说明包含对 Meridien 城中多个地标和感兴趣目标的引用。你将添加这些文本引用之一的超链接，使你的用户可以单击它，并被指引到带有额外信息的网站。把超链接添加到文本中很容易，也不需要任何 HTML 或者 ActionScript 编码。

### 7.6.1 添加超链接

1. 双击“舞台”上第二个链接的文本框，并选取单词“Avalon Green”（如图 7.65 所示）。

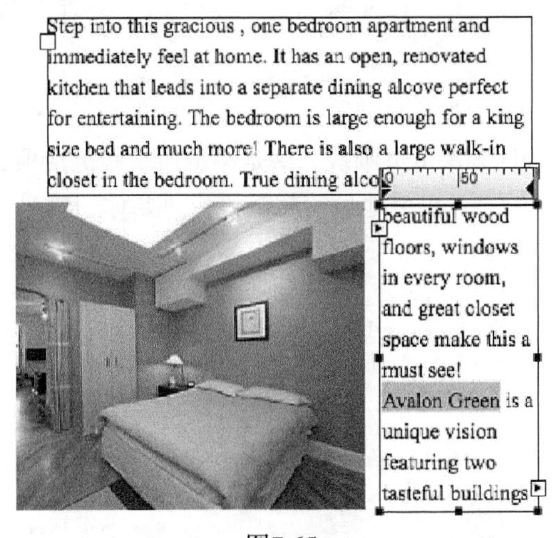

图7.65

2. 在“属性”检查器的“高级字符”区域中，为“链接”输入“http://www.avalongreen.org”，并在“目标”下拉菜单中选择“_blank”（如图 7.66 所示）。

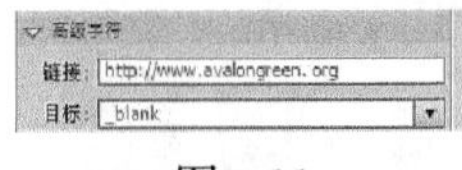

图7.66

文本框中所选的单词将加下画线，表示对它建立了超链接（如图 7.67 所示）。

图7.67

Web 地址是虚拟地址。确保在任何 URL 前包含协议“http://”，以便在 Web 上选择一个站点。“目标”字段确定在哪里加载 Web 站点。“_blank”目标意指在空白浏览器窗口中加载 Web 站点。

> **Fl** 注意：“_self”目标将在同一个浏览器窗口中加载 URL，从而接管 Flash 影片。“_ top”和“_parent”目标指框架集的安置方式，并在相对于当前框架的特定框架中加载 URL。

**3.** 选取单词“Avalon Green”,然后在“属性”检查器的“字符”区域中把颜色从黑色改为蓝色。

所选的单词将变为蓝色并且会保留下画线，这是浏览器中超链接项目的标准可视化提示（如图 7.68 所示）。不过你可以以任何方式自由地显示超链接，只要你的用户可以把它识别为可单击的项目即可。

图7.68

4. 选择“控制” > “测试影片” > “在 Flash Professional 中”。单击超链接，浏览器将打开，并尝试加载 www.avalongreen.org 上的虚拟 Web 站点。

## 7.7 创建用户输入的文本

接下来你将创建按揭计算器，它接受用户通过键盘输入的内容，并基于那些输入显示估计的每月还款额。你将利用“可编辑 TLF 文本”创建用户输入的文本。用户输入的文本可用于创建复杂的自定义交互，它们从用户那里收集信息，并且基于此信息定制 Flash 影片。这样的例子包括：要求提供登录名和密码的应用程序、调查和论坛，或者提问测试。

### 7.7.1 添加静态文本元素

首先创建不能改变或者编辑的所有文本——按揭计算器的静态元素。

1. 选择“文本”工具。
2. 在“属性”检查器中，选择“TLF 文本”和“只读”。在“字符”区域中，为“系列”选择“Times New Roman”，为“样式”选择“Regular”，为“大小”选择“12.0”，为“行距”选择“12.0”，并为“颜色”选择黑色（如图 7.69 所示）。

图7.69

3. 在“Mortgage Calculator”文本下面的深褐色区域中单击，并为以下内容插入 5 个单独的文本行：“TERM: 30 Year Fixed”、“PRICE: $350,000”、“RATE”、“PERCENT DOWN”和“MONTHLY PAYMENTS”（如图 7.70 所示）。

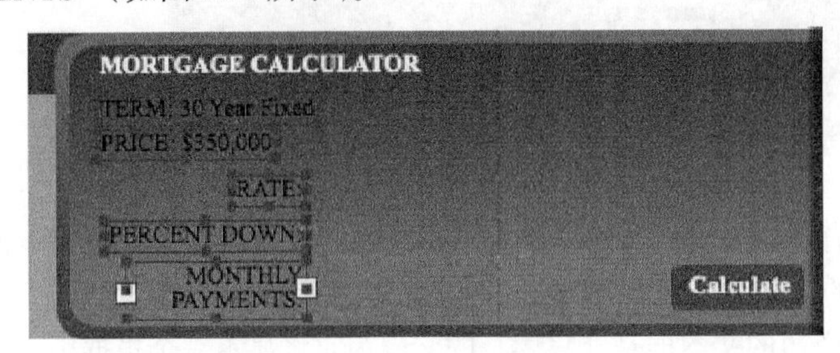


图7.70

### 7.7.2 添加显示字段

对于利率（Rate）和首付款百分比（Percent Down），你将添加“可编辑”文本框，以便你的用户可以输入他们自己的数字以及自定义按揭计算，以评估他们的购房决策。

1. 选择“文本”工具。
2. 在“属性”检查器中，选择“TLF 文本”和“可编辑”，并保持其他字体信息与以前创建的文本相同（如图 7.71 所示）。

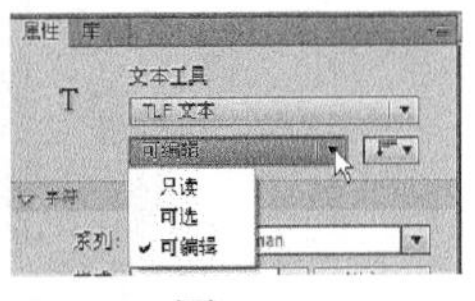


图7.71

3. 在“Rate”旁边单击并拖出一个小文本框（如图 7.72 所示）。

4. 在“属性”检查器的“容器和流”区域中，为“填充”选择白色和 75% 的 Alpha 值（如图 7.73 所示）。

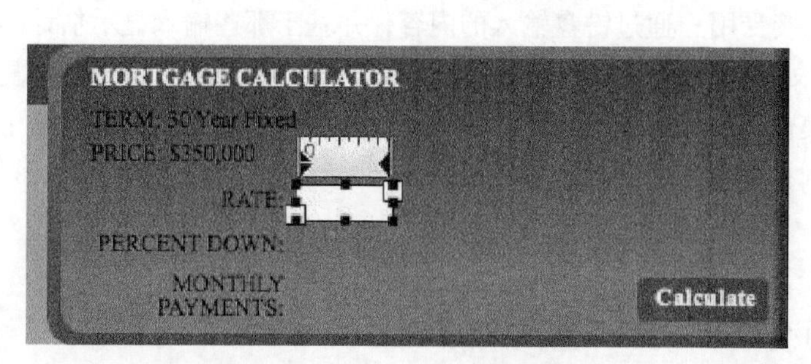


图7.72

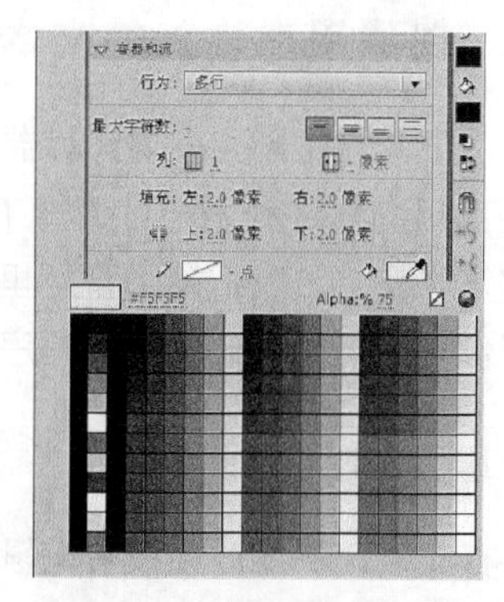

图7.73

“Rate”旁边的“可编辑”文本框将显示半透明的白色背景。如果需要，也可以给文本框添加笔触，对它进行更多的定义。

5. 利用相同的半透明白色背景在“PERCENT DOWN”旁边创建第二个“可编辑”文本框（如图 7.74 所示）。

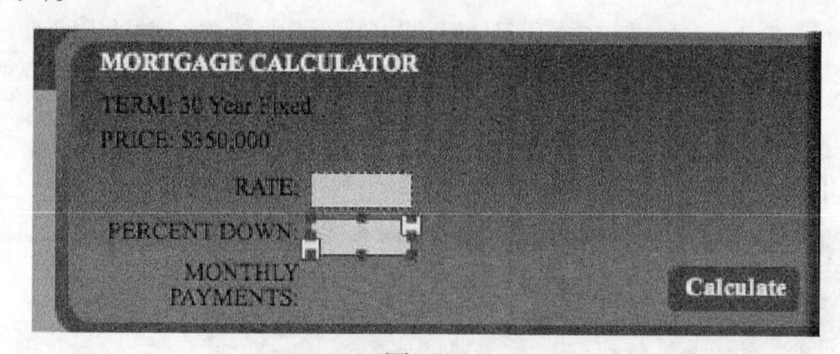


图7.74

6. 利用相同的半透明白色背景在“MONTHLY PAYMENTS”旁边创建第三个文本框，但使这个文本框是“只读”的（如图 7.75 所示）。

“MONTHLY PAYMENTS”旁边的文本框是“只读”的，因为它将显示一个根据用户输入的利率和首付款百分比而计算得到的数字。用户不需要编辑这个文本框中的信息。

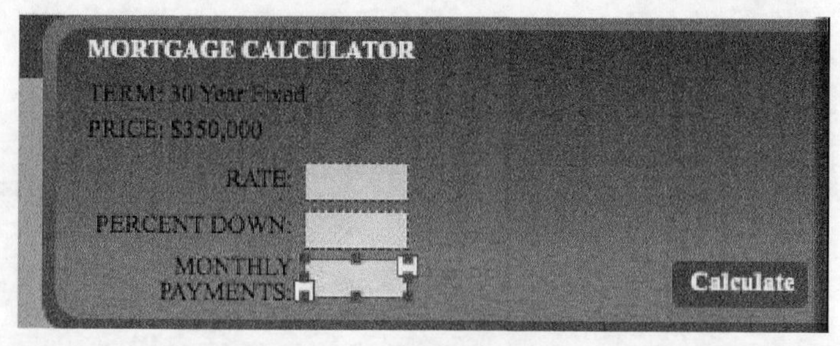


图7.75

7. 在“RATE”旁边的“可编辑”文本框中，输入“5.25”。在“PERCENT DOWN”旁边的“可编辑”文本框中，输入“20”（如图 7.76 所示）。

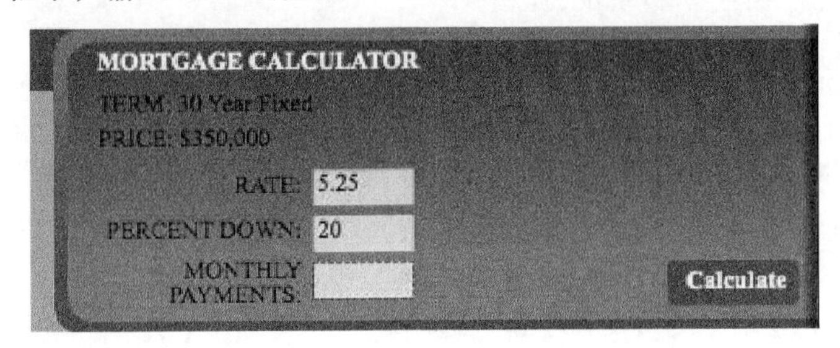


图7.76

在“可编辑”文本框中输入初始文本通常可以指导用户知道它们期望输入哪种类型的文本。

### 7.7.3 嵌入字体

对于可能在运行时编辑的任何文本，都应该嵌入字体。由于用户可以在“可编辑”文本框中输入任何类型的文本，因此需要在最终的 SWF 中包括那些字符，以确保文本按期望的那样显示，并且具有在“属性”检查器中选择的字体。

1. 选择“Rate”旁边的第一个“可编辑”文本框。
2. 在“属性”检查器的“字符”区域中，单击“嵌入”按钮（如图 7.77 所示）。也可以选择“文本”>“字体嵌入”，将出现“字体嵌入”对话框。所选文本框中使用的字体出现在左边。

图7.77

3. 在“字符范围”区域中，选择“数字”（如图 7.78 所示），单击“确定”按钮。

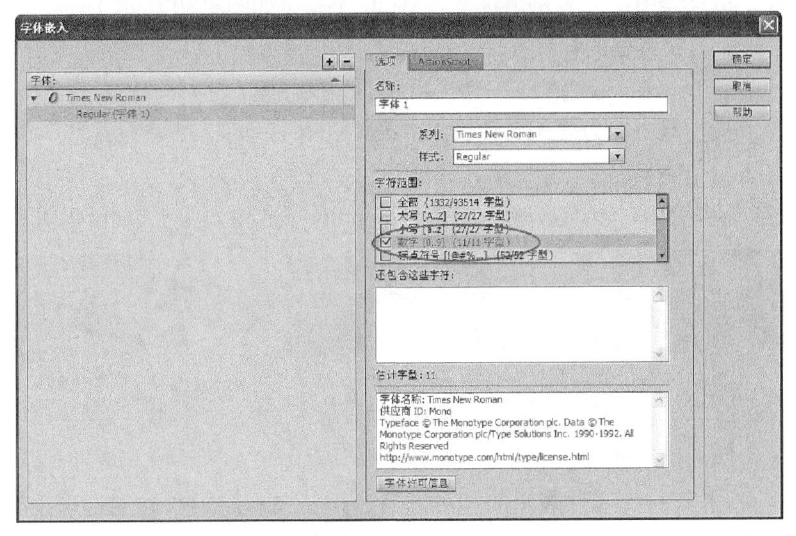


图7.78

当前字体（Times New Roman Regular）的所有数字字符都将包括在发布的 SWF 中。

> **注意：**嵌入字体将显著增加最终SWF文件的大小，因此在这样做时要小心谨慎，并且尽可能限制字体和字符的数量。

## 设备字体

可以使用设备字体作为嵌入字体的替代选择。设备字体是组织在“字符”区域“系列”下拉菜单顶部的3个普通选项（如图7.79所示）。也可以从“消除锯齿”下拉菜单中选择“使用设备字体”选项。

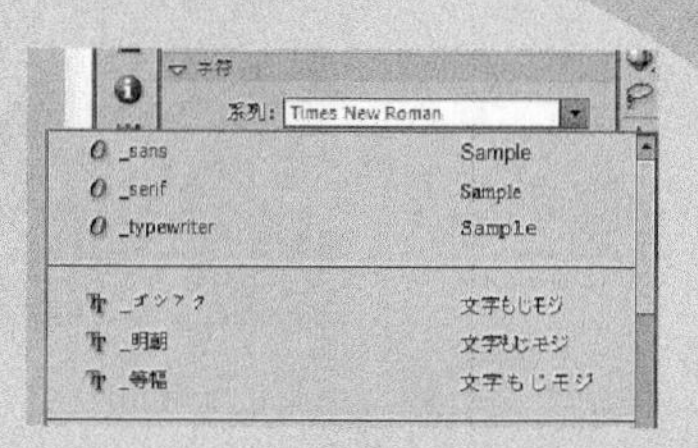

图7.79

3种设备字体是：_sans，_serif和_typewriter。这些选项在用户的计算机上查找和使用与指定的设备字体最相近的字体。在使用设备字体时，不必担心嵌入字体，并且可以确保观众看到的文本与你在创作环境中看到的文本相似。

### 7.7.4　命名文本框

为了让Flash控制在文本框中显示什么文本或者知道在“可编辑”文本框中输入了什么内容，必须在“属性”检查器中给文本框提供一个实例名称。就像在第6课中命名按钮实例一样，命名“舞台”上的文本框允许ActionScript引用它们。用于按钮的命名规则也适用于文本框。

1. 选取“Rate”旁边的第一个“可编辑”文本框。
2. 在“属性”检查器中，为实例名称输入“rate_txt”（如图7.80所示）。

后缀“_txt”是命名文本框的惯例。

3. 选取“Percent Down”旁边的下一个“可编辑”文本框。
4. 在“属性”检查器中，为实例名称输入“down_txt”（如图7.81所示）。
5. 选取“Monthly Payments”旁边的“只读”文本框。
6. 在“属性”检查器中，为实例名称输入“monthly_txt”（如图7.82所示）。

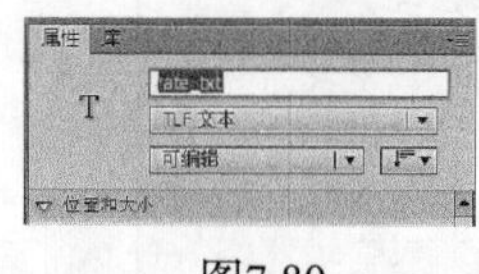

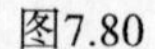
图7.80

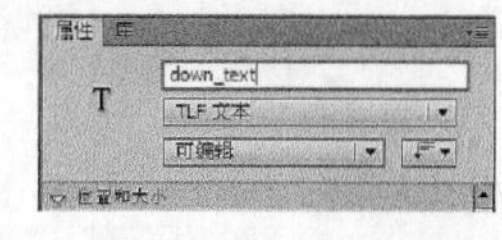

图7.81

图7.82

### 7.7.5　更改文本框的内容

文本框的内容是由其text属性表示的。可以通过把新文本赋予text属性来动态更改文本框的内容。在本节中，你将添加一些ActionScript代码，读取在“Rate”和“Percent Down”旁边的“可编辑”文本框中输入的文本，执行一些数学计算，然后在“Monthly Payments”旁边的“只读”文本框中显示新文本。

1. 选取“舞台”上的 Calculate 按钮，然后在“属性”检查器中为实例名称输入“calculate_ btn”。
2. 插入一个新图层，并把它重命名为“actionscript”。
3. 选择 actionscript 图层的第一个关键帧，并打开“动作”面板。
4. 必须先创建几个变量以保存数值信息。变量将帮助你进行按揭计算。变量是使用 var 关键字创建或“声明”的。输入如下所示代码（如图 7.83 所示）。

```
var term:Number=360;
var price:Number=350000;
var monthlypayment:Number;
```

```
1 var term:Number=360;
2 var price:Number=350000;
3 var monthlypayment:Number;
```

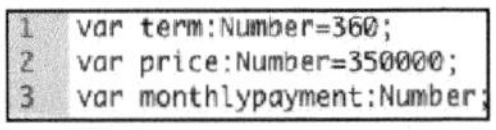

图7.83

5. 为Calculate按钮创建事件侦听器和函数。你应该已在第6课中熟悉了事件侦听器，如若不然，应该在继续进行下面的操作之前先复习一下那一课中的概念。事件侦听器和函数应该如下所示（如图 7.84 所示）。

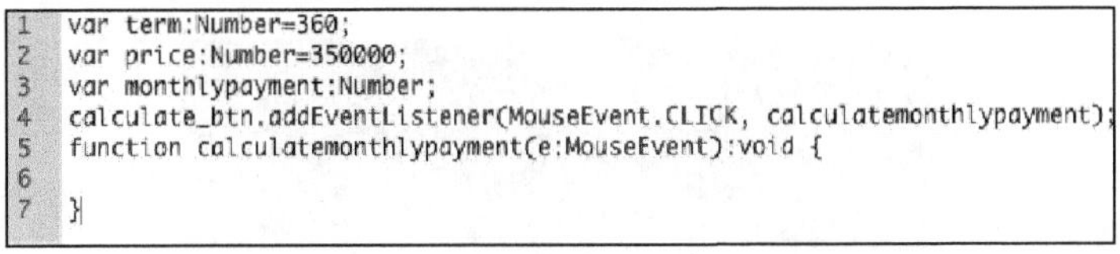

```
1 var term:Number=360;
2 var price:Number=350000;
3 var monthlypayment:Number;
4 calculate_btn.addEventListener(MouseEvent.CLICK, calculatemonthlypayment);
5 function calculatemonthlypayment(e:MouseEvent):void {
6
7 }
```

图7.84

6. 在函数内输入代码，执行按揭计算并显示结果。事件侦听器和函数的完整代码应该如下所示（如图 7.85 所示）。

```
calculate_btn.addEventListener(MouseEvent.CLICK,
calculatemonthlypayment);
function calculatemonthlypayment(e:MouseEvent):void {
var loan:Number=price-Number(down_txt.text)/100*price;
var c:Number=Number(rate_txt.text)/1200;
monthlypayment = loan*(c*(Math.pow((1+c),term)))/(Math.
pow((1+c),term)-1);
monthly_txt.text=String(Math.round(monthlypayment));
}
```

```
1  var term:Number=360;
2  var price:Number=350000;
3  var monthlypayment:Number;
4  calculate_btn.addEventListener(MouseEvent.CLICK, calculatemonthlypayment);
5  function calculatemonthlypayment(e:MouseEvent):void {
6      var loan:Number=price-Number(down_txt.text)/100*price;
7      var c:Number=Number(rate_txt.text)/1200;
8      monthlypayment = loan*(c*(Math.pow((1+c),term)))/(Math.pow((1+c),term)-1);
9      monthly_txt.text=String(Math.round(monthlypayment));
10 }
```

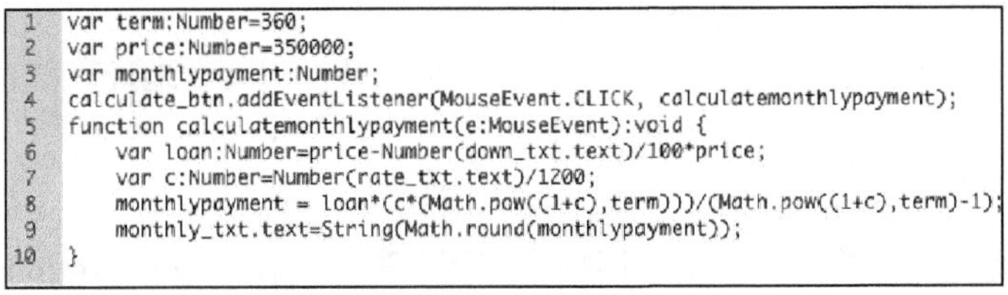

图7.85

在查看代码时不要太气馁！花点时间准确复制它，也可以从 07End 文件夹中的 07End. fla 文件中复制并粘贴它。

它看起来可能比较复杂，但是只需识别两个重要的概念。第一，文本框的内容是被 text 属性引用的。因此，down_txt.text 引用名为“down_txt”文本框中的内容，rate_txt.text 则引用名为“rate_txt”文本框中的内容。

第二，文本框中包含文本（或 String）数据。为了执行数值计算，必须先使用 Number（ ）把文本转换为数字。要把数字转换回文本，可使用 String（ ）。

周围余下的代码是依据直观的按揭还款公式进行的代数运算。

### 7.7.6 测试计算器

现在测试影片，看看 Flash 如何控制命名的文本框中的内容。

1. 选择“控制”>“测试影片”>“在 Flash Professional 中”。
2. 在出现的预览影片中，在“RATE”和“PERCENT DOWN”旁边的文本框中输入新值，然后单击“Calculate”按钮（如图 7.86 所示）。

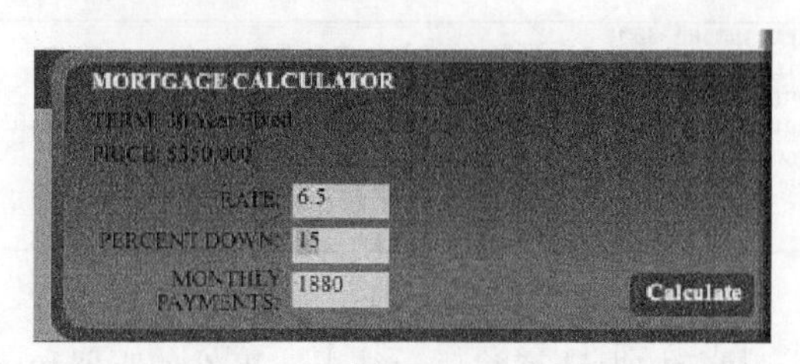


图7.86

Flash 将读取“Rate”和“Percent Down”旁边文本框中的值，计算每月还款额，并在“MONTHLY PAYMENTS”旁边的文本框中显示新文本。试试不同的值，看看你每月可以负担得起多少钱！

## 7.8 加载外部文本

目前，你已经利用一些交互式工具为房地产经纪人的这份房地产清单创建了一种吸引人的布局。不过，房地产经纪人还具有许多其他的清单，使用相同的格式显示信息将很方便，并且无须为每处房地产重新创建一种新的布局。幸运的是，你可以从外部文件中加载新文本，并在现有的文本框中显示它，以替换其内容。要显示额外的清单，只需简单地维护外部文本文件，并根据需要加载它们以进行显示。这是动态内容的示例，动态内容是指在运行时（在 SWF 文件中）改变而不是在创作时（在 FLA 文件中）固定不变的内容。

在本节中，你将从外部文本文件中加载新内容，用以替换房地产地址、信息和说明。

### 7.8.1 命名文本框

要更改文本框的内容，首先需要给它们提供实例名称，以便可以在 ActionScript 中引用它们。你将为房地产清单的地址、信息和说明提供实例名称。

1. 选取“舞台”顶部的文本框，其中包含房地产清单的地址（如图 7.87 所示）。
2. 在“属性”检查器中，为实例名称输入“address_txt”（如图 7.88 所示）。

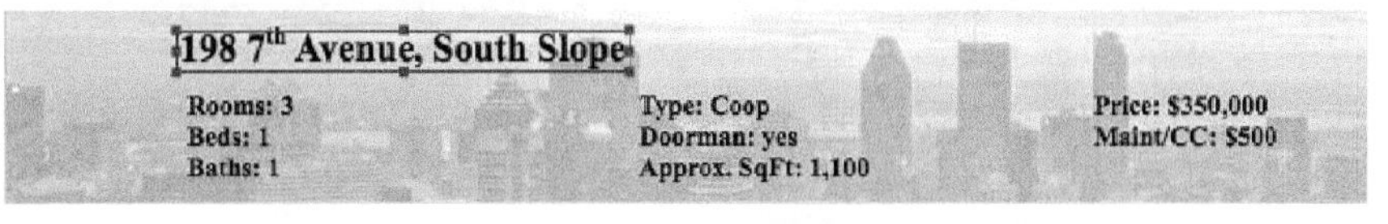


图7.87

图7.88

3. 选取地址下面包含房地产清单详细信息的文本框（如图 7.89 所示）。
4. 在“属性”检查器中，为实例名称输入“info_txt”（如图 7.90 所示）。

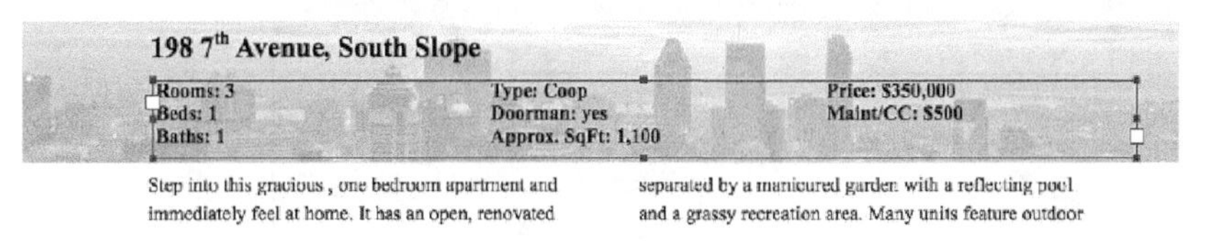


图7.89

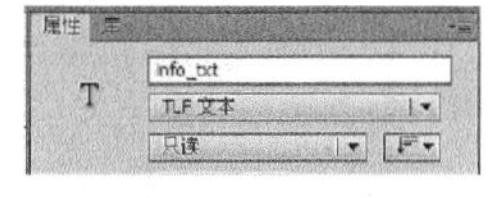


图7.90

5. 选取房地产说明的第一个链接的文本框（如图 7.91 所示）。

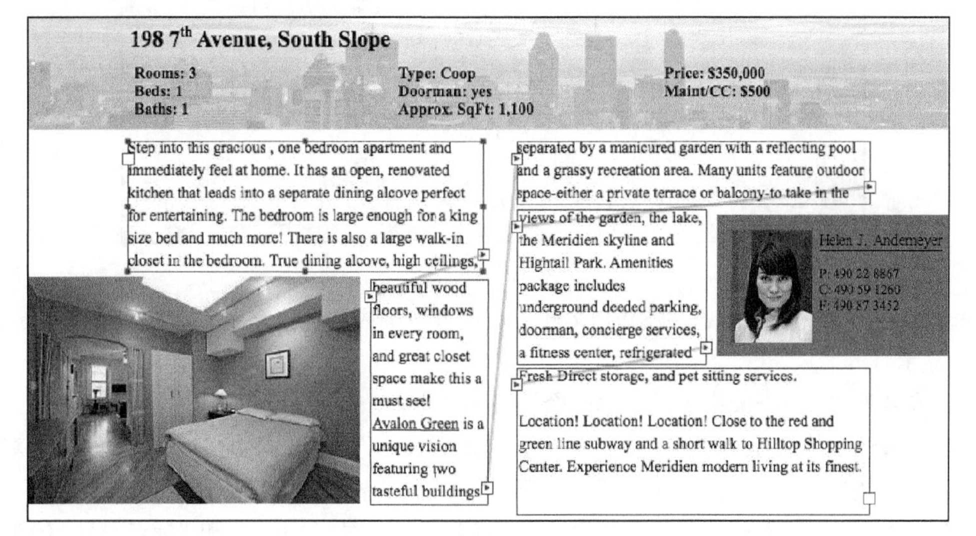


图7.91

6. 在“属性”检查器中，为实例名称输入“description_txt”（如图 7.92 所示）。

图7.92

### 7.8.2 嵌入字体

当文本在运行中改变时，需要嵌入文本可能使用字体的所有字符，以确保文本正确地显示。

1. 选取名为“address_txt”的第一个文本框。
2. 在“属性”检查器的“字符”区域中，单击“嵌入”按钮（如图 7.93 所示），将显示“字体嵌入”对话框。也可以选择“文本”>“字体嵌入”显示该对话框。

3. 所选文本框中使用的字体出现在对话框的左边（Times New Roman Bold）。在“字符范围”区域中，选择“大写”、“小写”、“数字”和“标点符号”（如图7.94所示），然后单击“确定”按钮。

图7.93

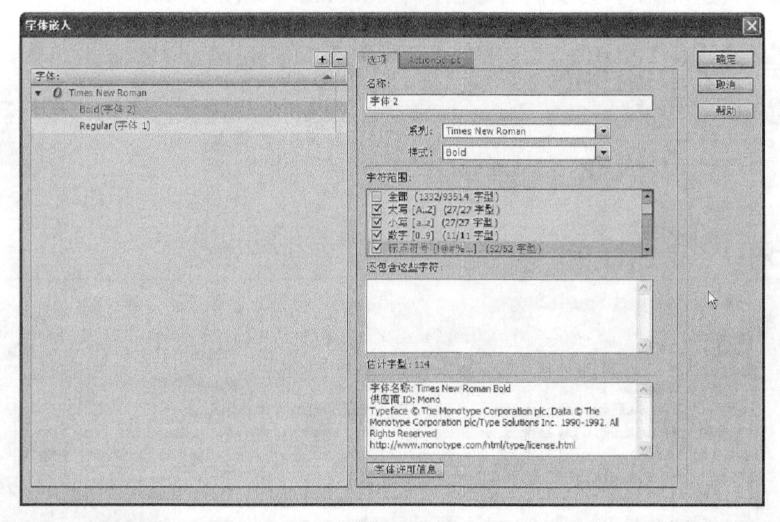


图7.94

所选的字符范围将嵌入最终的SWF文件中。这些范围内的任何字符都将在最终的Flash影片中正确地显示。

4. 选取名为“description_txt”的第一个链接的文本框。

5. 在“属性”检查器的“字符”区域中，单击“嵌入”按钮，将显示“字体嵌入”对话框。应该已经为“字符范围”选择了“数字”，因为你为按揭计算器嵌入了那些字符。

6. 在“字符范围”区域中，除了“数字”之外还选择“大写”、“小写”和“标点符号”（如图7.95所示），然后单击“确定”按钮。

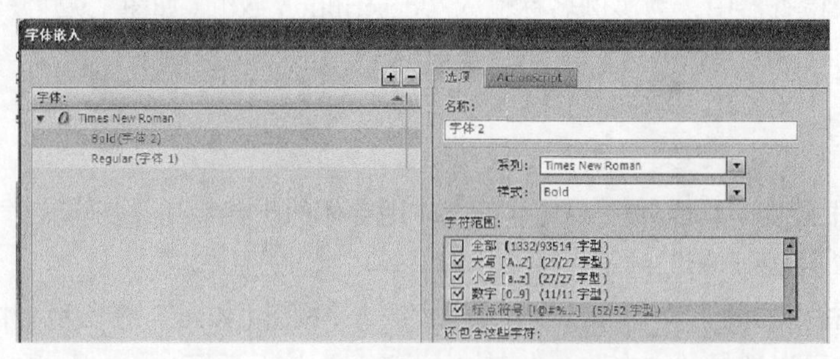


图7.95

所选的字符范围将嵌入最终的 SWF 文件中。这些范围内的任何字符都将在最终的 Flash 影片中正确地显示。

### 7.8.3 加载和显示外部文本

第二份房地产清单的信息保存在 07Start 文件夹中的另外 3 个文本文件中。你将向影片中添加 ActionScript 代码，用于从这些文本文件中加载信息。

**1.** 打开 07Start 文件夹中的名为“07SampleRealEstate2-address.txt”的文件。

该文件包含关于另一份房地产清单的地址信息（如图 7.96 所示）。

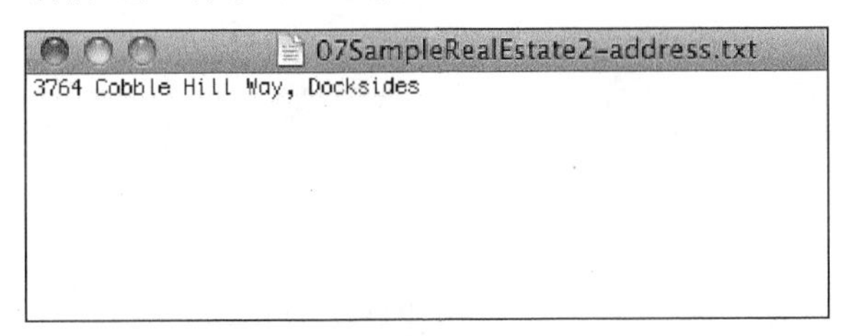


图7.96

> **注意：** 确保在像 SimpleText（Mac）或记事本（Windows）这样的应用程序中把外部文本内容保存为纯文本文件。不要使用 Microsoft Word，因为 Word 将向文件中添加不必要的额外信息，它们可能会妨碍文件的正确加载。如果使用 Word，总是要选择“另存为纯文本”。

**2.** 选择“窗口”>“代码片断”，出现“代码片断”面板。

**3.** 展开“加载和卸载”文件夹，并且双击“加载外部文本”选项（如图 7.97 所示）。

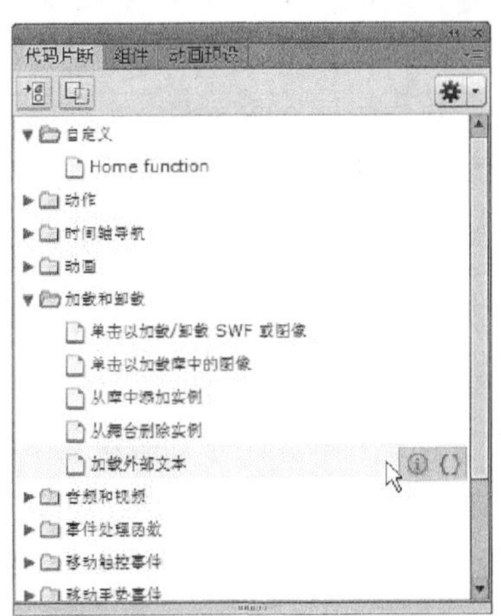


图7.97

将自动在“时间轴”中插入一个名为“Actions”的新图层，并且打开“动作”面板，显示插入的代码片断（如图 7.98 所示）。你将不得不自定义一些代码，使之适用于这个特定的项目。

```
1
2  /* Load External Text
3  Loads an external text file and displays it in the Output panel.
4
5  Instructions:
6  1. Replace "http://www.helpexamples.com/flash/text/loremipsum.txt" with the URL address of the text
   file you would like to load.
7  The address can be a relative link or an "http://" link.
8  The address must be placed inside quotation marks ("").
9  */
10
11 var fl_TextLoader:URLLoader = new URLLoader();
12 var fl_TextURLRequest:URLRequest = new URLRequest(
   "http://www.helpexamples.com/flash/text/loremipsum.txt");
13
14 fl_TextLoader.addEventListener(Event.COMPLETE, fl_CompleteHandler);
15
16 function fl_CompleteHandler(event:Event):void
17 {
18     var textData:String = new String(fl_TextLoader.data);
19     trace(textData);
20 }
21
22 fl_TextLoader.load(fl_TextURLRequest);
23
```

图7.98

4. 利用房地产地址的文件名（即“07SampleRealEstate2-address.txt”）替换代码片断第12行中的URL。一定要用双引号括住文件名（如图7.99所示）。

```
10
11 var fl_TextLoader:URLLoader = new URLLoader();
12 var fl_TextURLRequest:URLRequest = new URLRequest("07SampleRealEstate2-address.txt");
13
```

图7.99

代码将加载07SampleRealEstate2-address.txt文件。

5. 利用以下代码替换代码片断第19行中的trace命令，把新文本赋予名为“address_txt”的文本框（如图7.100所示）。

```
address_txt.text = textData;
```

```
16 function fl_CompleteHandler(event:Event):void
17 {
18     var textData:String = new String(fl_TextLoader.data);
19     address_txt.text = textData;
20 }
```

图7.100

这将在名为“address_txt”的文本框中显示文本文件07SampleRealEstate2-address.txt的内容。

6. 在“代码片断”面板中，再次双击“加载外部文本”选项。
7. “动作”面板中将出现第二个代码片断，用于加载第二个文本文件（如图7.101所示）。
8. 利用房地产详细信息的文件名（07SampleRealEstate2-info.txt）替换第34行中的URL，并用以下代码替换第41行中的trace命令，把新文本赋予名为“info_txt”的文本框（如图7.102所示）。

```
info_txt.text = textData;
```

9. 在“代码片断”面板中，第三次双击“加载外部文本”选项，并执行代码替换，以加载07SampleRealEstate2-description.txt，并且在description_txt中显示文本（如图7.103所示）。

```
23
24 /* Load External Text
25 Loads an external text file and displays it in the Output panel.
26
27 Instructions:
28 1. Replace "http://www.helpexamples.com/flash/text/loremipsum.txt" with the URL address of the text
   file you would like to load.
29 The address can be a relative link or an "http://" link.
30 The address must be placed inside quotation marks ("").
31 */
32
33 var fl_TextLoader_2:URLLoader = new URLLoader();
34 var fl_TextURLRequest_2:URLRequest = new URLRequest(
   "http://www.helpexamples.com/flash/text/loremipsum.txt");
35
36 fl_TextLoader_2.addEventListener(Event.COMPLETE, fl_CompleteHandler_2);
37
38 function fl_CompleteHandler_2(event:Event):void
39 {
40     var textData:String = new String(fl_TextLoader_2.data);
41     trace(textData);
42 }
43
44 fl_TextLoader_2.load(fl_TextURLRequest_2);
45
```

图7.101

```
23
24 /* Load External Text
25 Loads an external text file and displays it in the Output panel.
26
27 Instructions:
28 1. Replace "http://www.helpexamples.com/flash/text/loremipsum.txt" with the URL address of the text
   file you would like to load.
29 The address can be a relative link or an "http://" link.
30 The address must be placed inside quotation marks ("").
31 */
32
33 var fl_TextLoader_2:URLLoader = new URLLoader();
34 var fl_TextURLRequest_2:URLRequest = new URLRequest("07SampleRealEstate2-info.txt");
35
36 fl_TextLoader_2.addEventListener(Event.COMPLETE, fl_CompleteHandler_2);
37
38 function fl_CompleteHandler_2(event:Event):void
39 {
40     var textData:String = new String(fl_TextLoader_2.data);
41     info_txt.text = textData;
42 }
43
44 fl_TextLoader_2.load(fl_TextURLRequest_2);
45
```

图7.102

```
45
46 /* Load External Text
47 Loads an external text file and displays it in the Output panel.
48
49 Instructions:
50 1. Replace "http://www.helpexamples.com/flash/text/loremipsum.txt" with the URL address of the text
   file you would like to load.
51 The address can be a relative link or an "http://" link.
52 The address must be placed inside quotation marks ("").
53 */
54
55 var fl_TextLoader_3:URLLoader = new URLLoader();
56 var fl_TextURLRequest_3:URLRequest = new URLRequest("07SampleRealEstate2-description.txt");
57
58 fl_TextLoader_3.addEventListener(Event.COMPLETE, fl_CompleteHandler_3);
59
60 function fl_CompleteHandler_3(event:Event):void
61 {
62     var textData:String = new String(fl_TextLoader_3.data);
63     description_txt.text = textData;
64 }
65
66 fl_TextLoader_3.load(fl_TextURLRequest_3);
67
```

图7.103

3 大块代码片断一个接一个地出现在“动作”面板中。

**10.** 选择“控制”>“测试影片”>“在 Flash Professional 中”（如图 7.104 所示）。

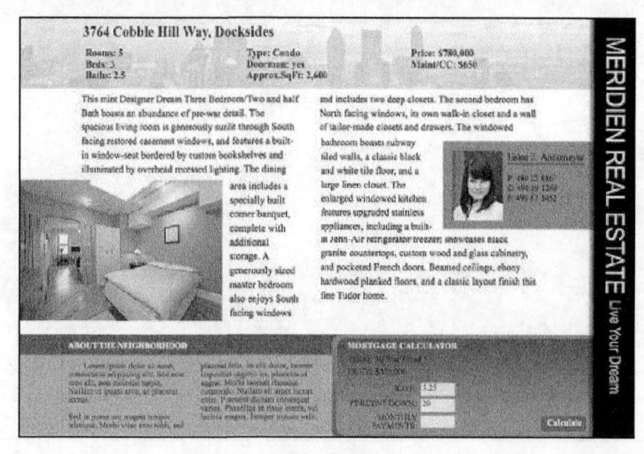


图7.104

Flash 将加载 3 个外部文本文件，并在目标文本框中显示文本文件的内容。清单现在显示了位于 Cobble Hill Way（而不是 7th Avenue）的房地产的详细信息。

照片和按揭计算器仍然引用前一份清单，因此尚未完成对新房地产的更新。不过，在这个不完整的示例中仍然可以看到开发一个加载外部文本内容并在“舞台”上的文本框中显示它们的框架有多么灵活。许多专业的 Flash 项目依赖于外部资源（如文本文件）提供的动态内容。

# 复习

## 复习题

1. 什么是“TLF 文本”所需的额外的 SWZ 文件?
2. “只读”、“可选”与“可编辑”这 3 种“TLF 文本”之间有何区别?
3. 何时需要嵌入字体，怎样执行该操作?
4. 在布局中怎样使文本环绕对象?
5. 怎样更改或读取文本框的内容?

## 复习题答案

1. SWZ 文件是一个额外的 ActionScript 库，其中包含支持“TLF 文本”的信息。如果 Flash 影片包含“TLF 文本”，它就需要 SWZ 文件以正确地工作。Flash 将自动生成这个额外的文件，它应该总是与 SWF 文件一起生成的。
2. “只读”文本用于显示目的，并且不允许用户选取或编辑文本。“可选”文本允许用户选取和复制文本。“可编辑”文本允许用户选取、复制、删除和编辑文本。可以利用 ActionScript 动态改变全部 3 种类型文本的内容。
3. 应该为可能在运行时编辑或改变的任何文本嵌入字体，任何文本意味着任何“可编辑”文本框或者其内容会动态改变的任何文本框（使用设备字体的文本除外）。可以选择“文本”>“字体嵌入”或者在“属性”检查器中单击“嵌入”按钮，显示“字体嵌入”对话框。在“字体嵌入”对话框中，可以选择在 Flash 影片中嵌入哪种字体、样式以及字符范围。
4. 可以通过创建一系列链接的文本框（有时也称为贯穿的文本容器），在布局中使文本环绕在对象（如照片或图形元素）周围。链接确定了文本怎样从一个文本框流入下一个文本框中。创建第一个文本框，然后单击其右下角的小白色方框。在光标变为文本框图标之后，单击并拖动以添加下一个链接的文本框。
5. 文本框的内容是由其 text 属性确定的，它接受 String 值。要更改或访问文本框的内容，必须先在“属性”检查器中给文本框提供一个实例名称。然后在 ActionScript 中，可以利用其实例名称，其后接着一个圆点，再接着关键字 text 来引用文本框的内容。

# 第8课 处理声音与视频

课程概述

在这一课中，你将学习如何执行以下任务：

- 导入声音文件；
- 编辑声音文件；
- 使用 Adobe Media Encoder CS6；
- 了解视频和音频编码选项；
- 从 Flash 项目中播放外部视频；
- 自定义关于视频回放组件的选项；
- 创建和使用提示点（cue point）；
- 处理包含 Alpha 通道的视频；
- 在 Flash 项目中嵌入视频。

完成本课程的学习需要大约 3 小时。如果需要，从硬盘中删除前一课的文件夹，并将文件夹 Lesson08 复制其上。

声音和视频为你的项目添加新的特点。可在 Flash 中直接导入声音文件，也可用 Adobe Media Encoder 压缩和转换视频文件以方便在 Flash 中使用。

## 8.1 开始

首先查看完成的动画式动物园问讯程序以开始本课程，你将通过在 Flash 中向项目添加声音和视频文件来创建这一问讯程序。

1. 双击 Lesson08/08End 文件夹中的 08End.html 文件，播放动画（如图 8.1 所示）。

图8.1

查看北极熊的影片，它带有一小段非洲打击乐。动物园管理人员做自我介绍时，Flash 元素将与他的声音同步出现。

2. 单击声音按钮，听听动物的声音。
3. 单击缩略图按钮，查看关于动物的短片。可以使用影片下方的界面控件，暂停、继续播放或者降低音量。

在本课程中，你将导入音频文件并把它们放在“时间轴”上，以提供较短的音频乐曲。你还将学习如何在每个按钮中嵌入声音。你将使用 Adobe Media Encoder CS6 压缩视频文件，并把它们转换为适合 Flash 的格式。你还将学习如何处理视频中的透明背景，以创建动物园管理人员侧面像的视频。另外，还将在动物园管理人员的视频中添加一些提示点，以触发其他的 Flash 动画式元素。

1. 双击 Lesson08/08Start 文件夹中的 08Start.fla 文件，在 Flash 中打开初始项目文件。
2. 选择“文件”>“另存为”。把文件命名为“08_workingcopy.fla”，并保存在 08Start 文件夹中。保存工作副本可以确保当你想重新开始时，就可以使用原始起始文件。

## 8.2 了解项目文件

除了音频、视频部分以及一些 ActionScript 代码之外，项目的初始设置已经完成。“舞台”的大小是 1000 像素 ×700 像素。在底部一排中是各种动物的按钮，另一组按钮位于左边，顶部是标题，还有一幅正在休息的狮子背景图像（如图 8.2 所示）。

图8.2

“时间轴”包含多个图层，用于分隔不同的内容（如图 8.3 所示）。

图8.3

最下面 3 个图层（分别命名为“background photo”,“title”和“bottom navbar”）包含设计元素、文本和图像。挨着的上面两个图层（分别命名为“buttons”和“sound buttons”）包含按钮元件的实例。videos 图层和 hilights 图层包含几个带标签的关键帧。actions 图层则包含 ActionScript 代码，它为底部一排按钮提供了事件处理程序。

如果你已学完第 6 课的内容，就应该熟悉这个“时间轴”的结构。对底部一排中的各个按钮进行了编码，使得当用户单击某个按钮时，播放头将在 videos 图层中移到对应的带标签的关键帧上。

你将在其中每个关键帧中都插入内容，但是首先要学习处理声音。

## 8.3 使用声音

可以把多种类型的声音文件导入 Flash 中。Flash 支持 MP3、WAV 和 AIFF 文件，它们是 3 种常见的声音格式。在把声音文件导入 Flash 中时，它们将存储在“库”面板中。然后可以在“时间轴”上的不同位置从“库”面板中把声音文件拖到“舞台”上，以便对这些声音与“舞台”上可能发生的任何事情进行同步。

### 8.3.1 导入声音文件

你将在“库”面板中导入多个声音文件，并在本课程中使用它们。

1. 选择“文件” > “导入” > “导入到库”。
2. 选择 Lesson08/08Start/Sounds 文件夹中的 Monkey.wav 文件，并单击“打开”按钮。

Monkey.wav 文件将出现在“库”面板中。一个独特的图标将指示声音文件，并且预览窗口会显示波形图——一系列表示声音的波峰和波谷（如图 8.4 所示）。

3. 单击“库”预览窗口右上角的“播放”按钮，将播放声音。
4. 双击 Monkey.wav 文件前面的声音图标。

显示“声音属性”对话框，其中提供了关于声音文件的信息，包括它的原始位置、大小及其他技术属性（如图 8.5 所示）。

5. 选择“文件” > “导入” > “导入到库”，并选择要导入 Flash 项目中的其他声音文件。导入 Elephant.wav，Lion.wav，Africanbeat.mp3 和 Afrolatinbeat.mp3 几个文件。

   现在，“库”面板中应该包含所有的声音文件。

6. 在“库”面板中创建一个文件夹，并把所有的声音文件都放入其中以组织库。把该文件夹命名为“sounds”（如图 8.6 所示）。

图8.4

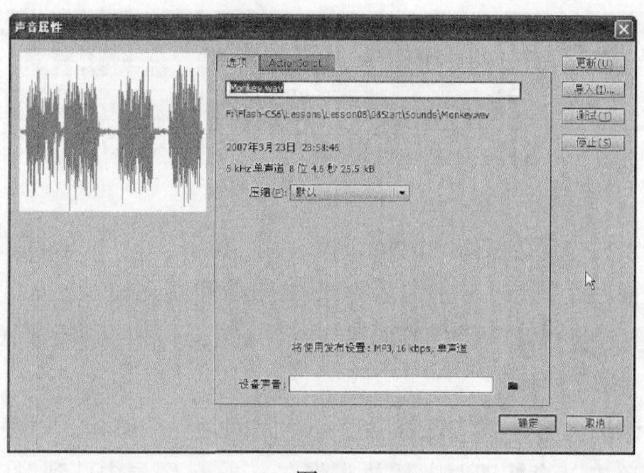

图8.5

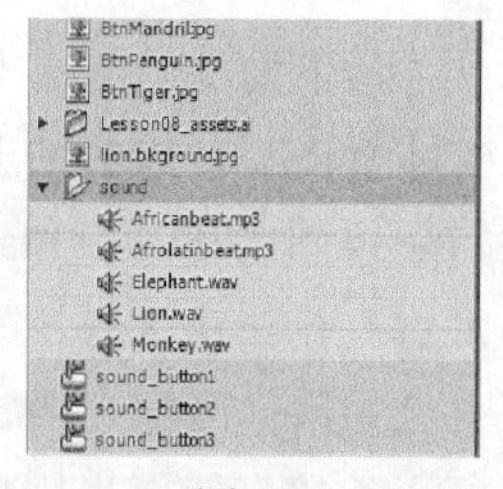

图8.6

## 在哪里查找声音剪辑

如果你正在寻找有趣的声音以便在Flash影片中使用，可以利用Adobe免费提供的声音文件。Flash Professional CS6预先加载了数十种有用的声音，可以选择“窗口”>“公用库”>“声音”访问它们。此时，将会出现一个外部库（未连接到当前项目的库）（如图8.7所示）。

图8.7

简单地把其中一个声音文件从外部库中拖到“舞台”上，该声音将出现在你自己的“库”面板中。

### 8.3.2 把声音放在“时间轴”上

可以把声音放在“时间轴”上的任意位置，当播放头到达那个关键帧时Flash将会播放该声音。你把声音放在第一个关键帧上，当影片开始时就会播放它，从而提供令人愉快的音频介绍，为你带来好心情。

1. 选择“时间轴”上的videos图层。
2. 插入一个新图层，并把它重命名为“sounds”（如图8.8所示）。

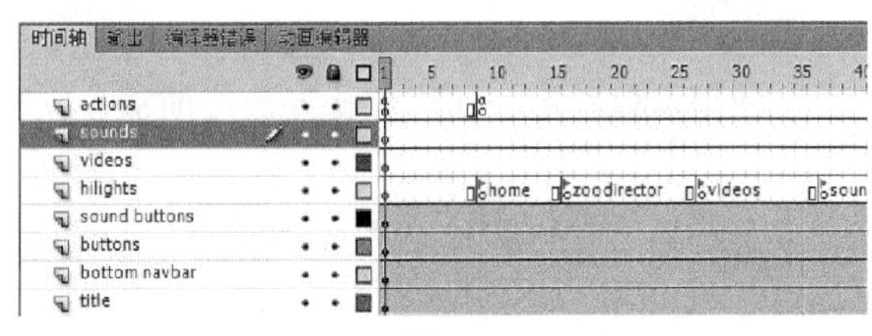


图8.8

3. 选择sounds图层中的第一个关键帧。
4. 从“库”面板中的sounds文件夹中把Afrolatinbeat.mp3文件拖到“舞台”上。

声音的波形将出现在“时间轴”上（如图8.9所示）。

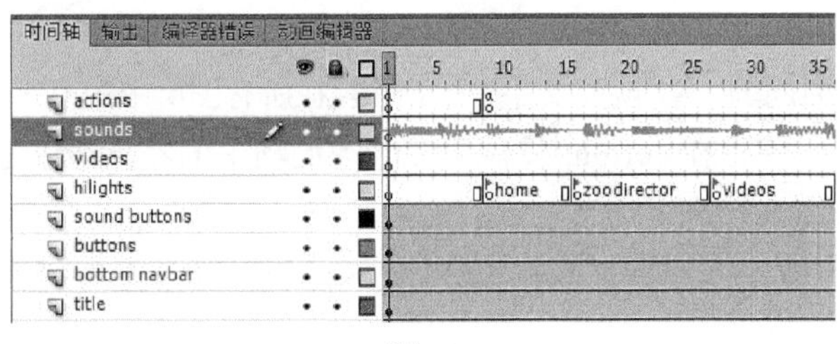


图8.9

5. 选择sounds图层中的第一个关键帧。

在“属性”检查器中，注意声音文件现列出在“声音”区域下面的下拉菜单上（如图8.10所示）。

6. 为“同步”选项选择“数据流”（如图8.11所示）。

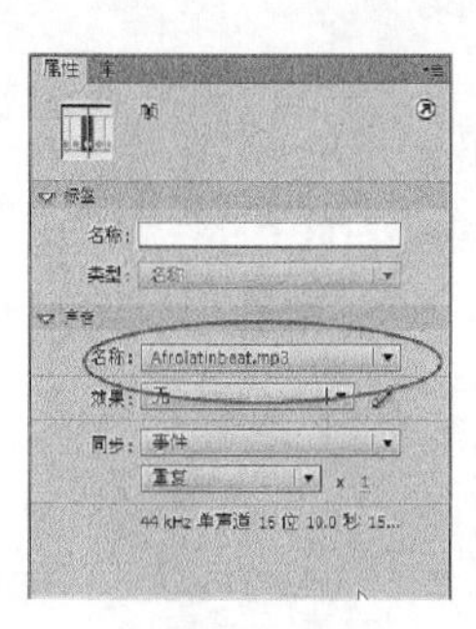

图8.10

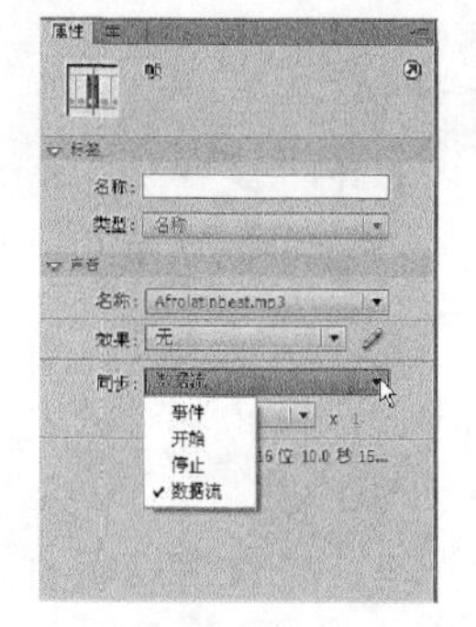

图8.11

“同步”选项确定了在“时间轴”上如何播放声音。当你想利用“时间轴”安排声音播放的时间时，可以为较长的乐曲或解说使用“数据流”同步。

7. 在“时间轴”上来回移动播放头，将会播放声音。

8. 选择“控制”>“测试影片”>“在 Flash Professional 中”。

声音只会播放很短的一段时间，然后即告中断。由于声音被设置为“数据流”，因此仅当沿着“时间轴”移动播放头并且有充足的帧要播放时才会播放它。在第 9 帧处有一个停止动作，它会停止播放头，从而停止播放声音。

### 8.3.3 向“时间轴”中添加帧

下一步是扩展“时间轴”，使得可以在停止动作停止播放头前播放完整的声音（或者至少会播放你想要的部分）。

1. 在“舞台”上单击，取消选择“时间轴”，然后通过单击顶部的帧编号，把播放头放在第 1 帧和第 9 帧之间（如图 8.12 所示）。

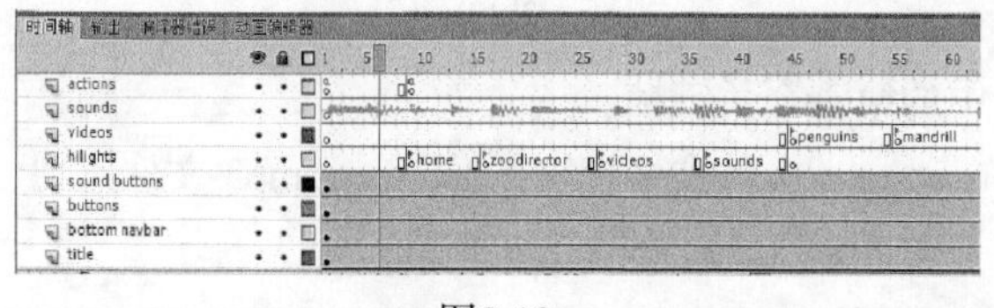

图8.12

2. 选择“插入”>“时间轴”>“帧”，或者按下 F5 键，在所有图层中的第 1 帧和第 9 帧之间插入帧。

3. 插入足够多的帧，使得在 actions 图层第二个关键帧中的停止动作之前有大约 50 个帧被用于播放声音（如图 8.13 所示）。

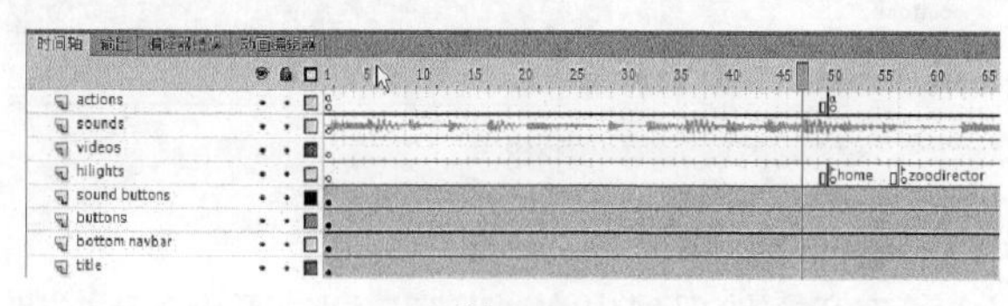

图8.13

4. 选择“控制”>“测试影片”>“在 Flash Professional 中”。

声音将持续更长的时间，因为在播放头停止之前它要播放更多的帧。

### 8.3.4 剪除声音的尾部

若你导入的声音比所需的要长一点，可以使用“编辑封套”对话框缩短声音文件，然后应用淡出效果使得声音在结束时逐渐减弱。

1. 选择 sounds 图层中的第一个关键帧。

2. 在“属性”检查器中，单击“编辑声音封套”按钮（如图 8.14 所示）。

将显示“编辑封套”对话框，其中显示了声音的波形。上面和下面的波形分别是声音（立体声）的左、右声道。“时间轴”位于两个波形之间，左上角是预设效果的下拉菜单，视图选项则位于底部（如图 8.15 所示）。

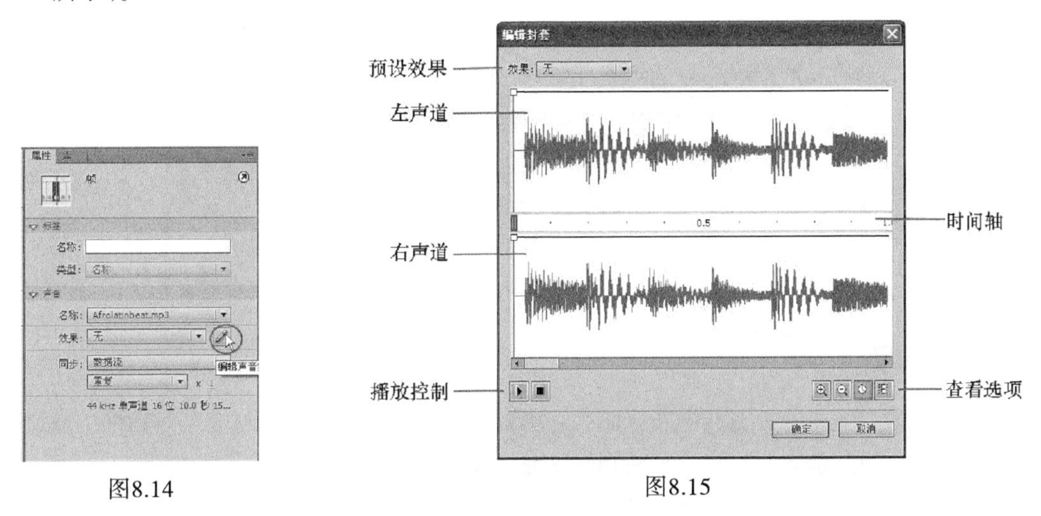


图8.14　　图8.15

3. 在“编辑封套”对话框中，单击“秒”图标（如图 8.16 所示）。

图8.16

时间轴将改变单位，显示秒数而不是帧数。可以单击“帧”图标再切换回来。你可以来回切换，这取决于你想怎样查看声音。

4. 单击“缩小”图标，直至可以看到完整的波形（如图 8.17 所示）。

图8.17

波形看起来大约结束于第 240 个帧（或者 10 秒）处（如图 8.18 所示）。

5. 把时间滑块的右端向里拖到大约第 45 帧处（如图 8.19 所示）。

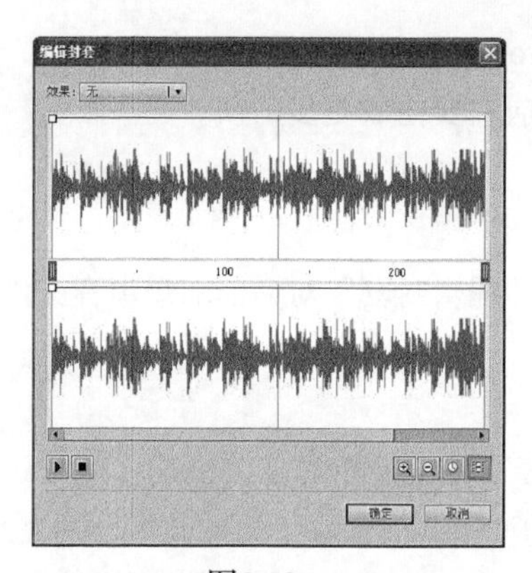


图8.18

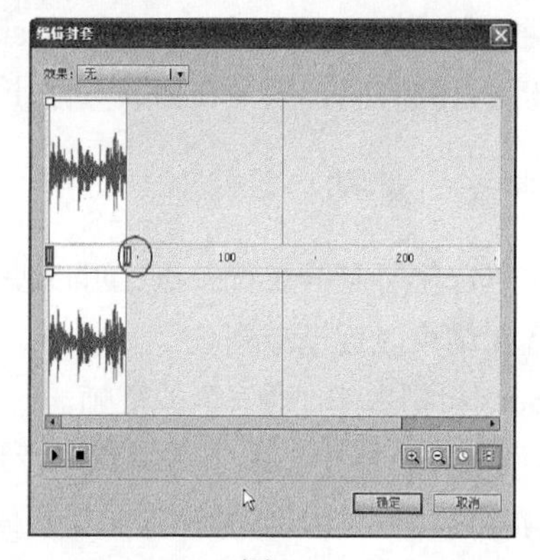


图8.19

通过从尾部剪除来缩短声音，声音现在只会播放大约 45 个帧。

**6.** 单击“确定”按钮，接受所做的修改。

主“时间轴”上的波形指示缩短的声音（如图 8.20 所示）。

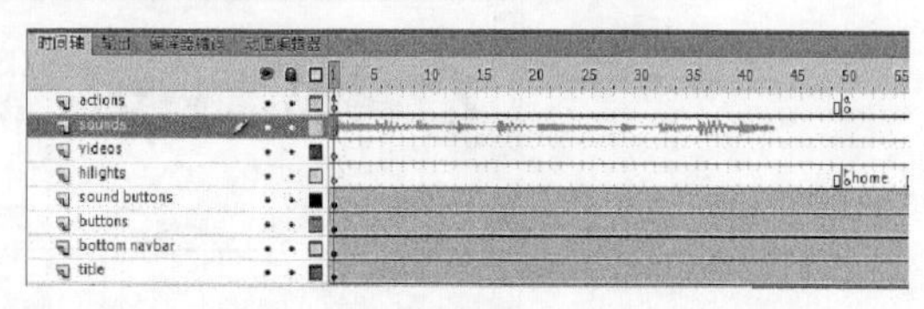


图8.20

### 8.3.5　更改音量

如果声音慢慢变弱而不是突然中断，那么它将更优雅。可以在“编辑封套”对话框中通过时间更改音量。使用它进行淡入、淡出，或者单独调整左、右声道的音量。

**1.** 选择 sounds 图层中的第一个关键帧。

**2.** 在“属性”检查器中，单击“编辑声音封套”按钮，将显示“编辑封套”对话框。

**3.** 选择“帧”视图选项并放大波形查看其在第 45 帧附近的尾部（如图 8.21 所示）。

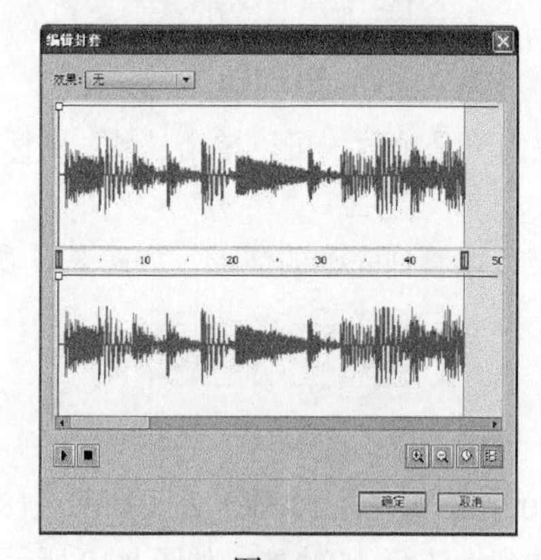


图8.21

**4.** 大约在第 20 帧处，单击上面波形的顶部水平线。

线条上将出现一个方框，指示用于音量的关键帧（如图 8.22 所示）。

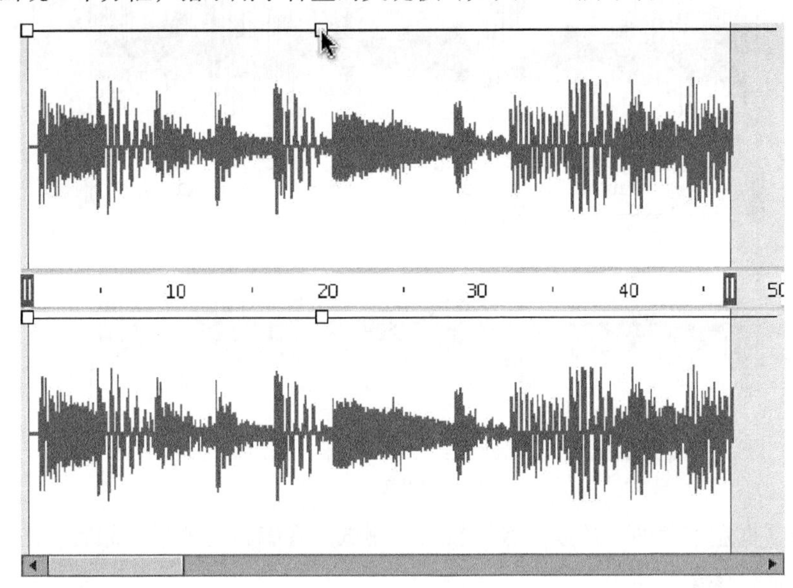


图8.22

**5.** 在大约第 45 帧处，单击上面波形的顶部水平线，并把它拖到窗口底部（如图 8.23 所示）。

向下的对角线指示音量从 100% 下降到 0%。

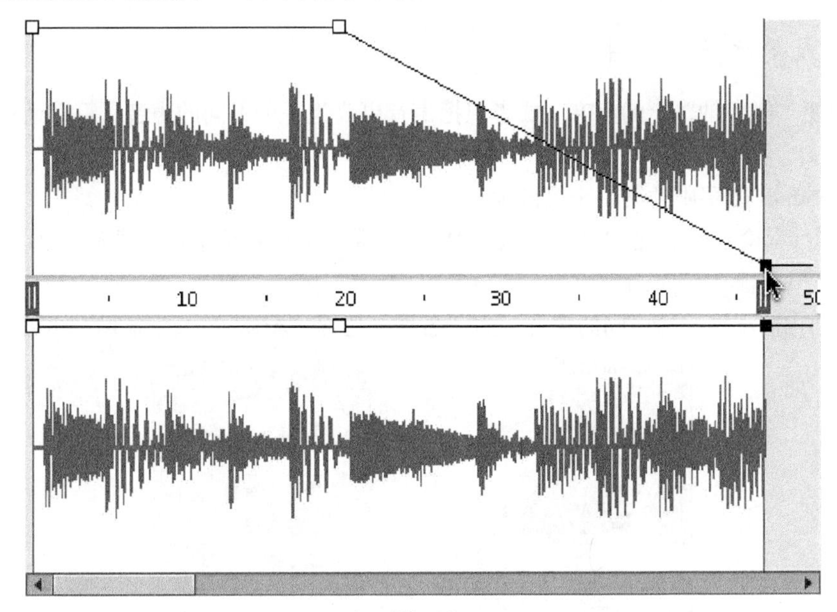


图8.23

**6.** 单击下面波形上对应的关键帧，并把它向下拖到窗口底部。

左、右声道的音量将从第 20 帧开始慢慢降低，到第 45 帧时音量降为 0%（如图 8.24 所示）。

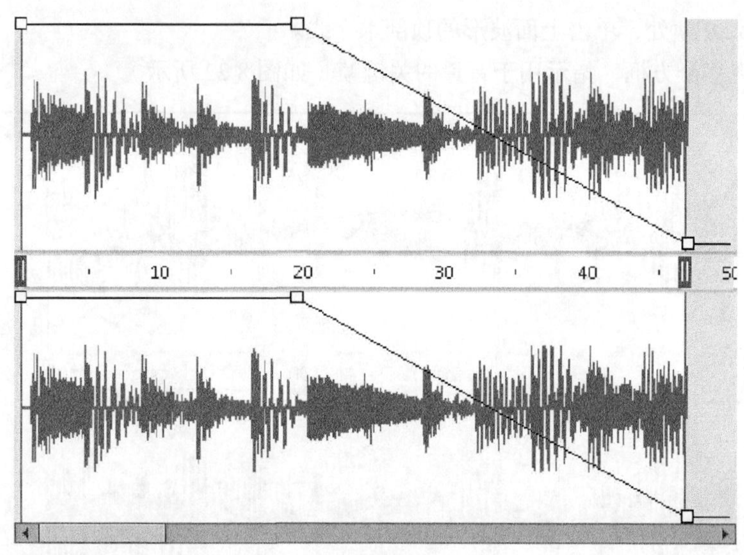


图8.24

7. 单击对话框左下角的“播放声音”按钮，测试声音编辑的效果。然后单击“确定”按钮，接受所做的修改。

> 注意：可以从“编辑封套”对话框中的下拉菜单中选择并应用一些预设效果。预设效果中提供了像淡入或淡出这样的常见效果，以方便使用。

### 8.3.6 删除或更改声音文件

如果不想要“时间轴”上的声音，或者想把声音更改为一种不同的声音，可以通过“属性”检查器来执行。

1. 选择 sounds 图层中的第一个关键帧。
2. 在“属性”检查器中，在“声音”区域中的“名称”下拉菜单中选择“无”（如图 8.25 所示）。这就会从“时间轴”上删除声音。
3. 现在让我们添加一种不同的声音，为“名称”选择“Africanbeat.mp3”（如图 8.26 所示）。

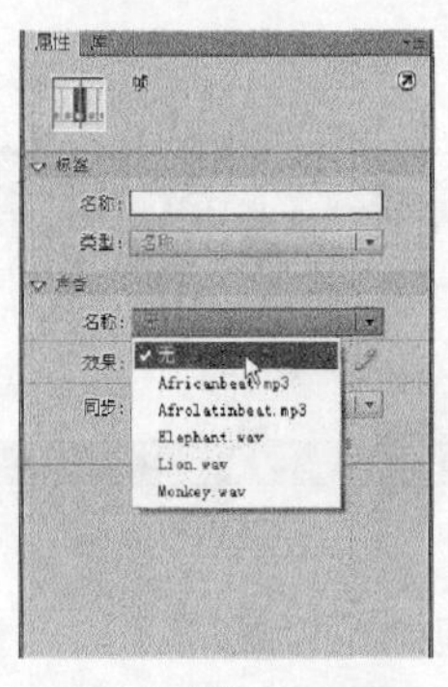


图8.25

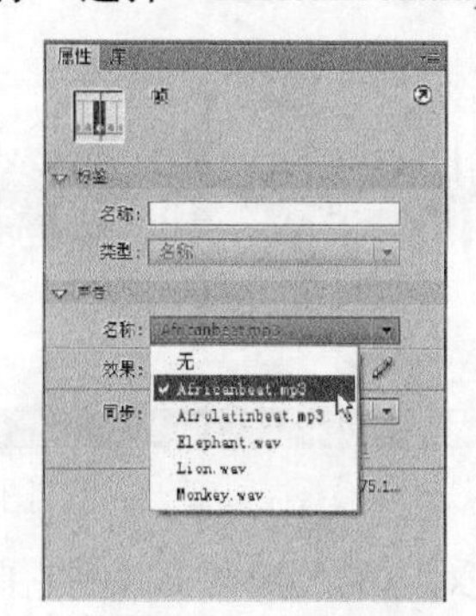


图8.26

这样就把 Africanbeat.mp3 声音添加到“时间轴”上了。“编辑封套”对话框中用于剪除声音并淡出它的设置仍将保持有效。返回“编辑封套”对话框自定义 Africanbeat.mp3 声音，方法同前。

### 8.3.7 设置声音的品质

你可以控制在最终的 SWF 文件中压缩声音的程度。对于较小的压缩，声音将具有更好的品质，不过最终的 SWF 文件将大得多；对于较大的压缩，将导致品质不佳的声音，但是文件尺寸较小。必须根据可接受最低限度的品质来确定品质与文件大小之间的平衡。可以在“发布设置”选项中设置声音品质和压缩。

1. 选择“文件”>“发布设置”，将显示“发布设置”对话框。
2. 勾选左侧的“Flash”复选框，查看“音频流”和“音频事件”设置（如图 8.27 所示）。
3. 单击“音频流”设置，打开“声音设置”对话框。把“比特率”增大到 64 kbps，并取消勾选“将立体声转换为单声”复选框（如图 8.28 所示）。然后单击“确定”按钮，接受这些设置。

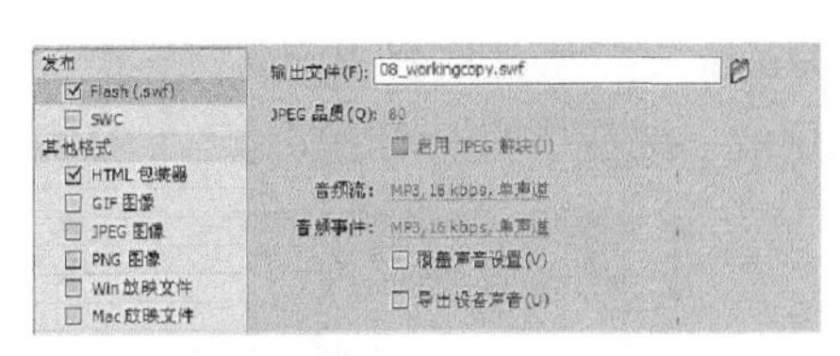


图8.27

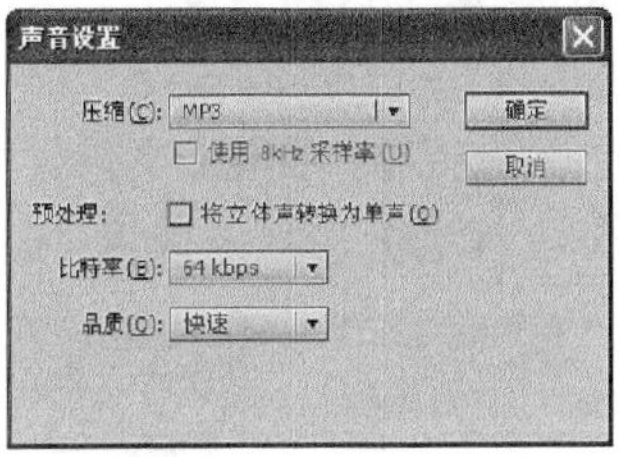

图8.28

4. 单击“音频事件”设置，显示“声音设置”对话框。
5. 把“比特率”改为 64 kbps，并取消勾选“将立体声转换为单声”复选框。然后单击“确定”按钮，接受这些设置。

现在，“音频流”和“音频事件”设置都应该是 64 kbps，并且应该保留立体声。

Africanbeat.mp3 文件尤其依赖于立体声效果，因此同时保留左、右声道很重要。

“比特率”是以“kbit/s”为单位度量的，它决定了最终导出 Flash 影片中声音的品质。比特率越高，品质越好。不过比特率越高，文件将变得越大。在本课程中，把比特率改为 64 kbit/s。

6. 勾选“覆盖声音设置”复选框，然后单击“确定”按钮保存设置（如图 8.29 所示）。

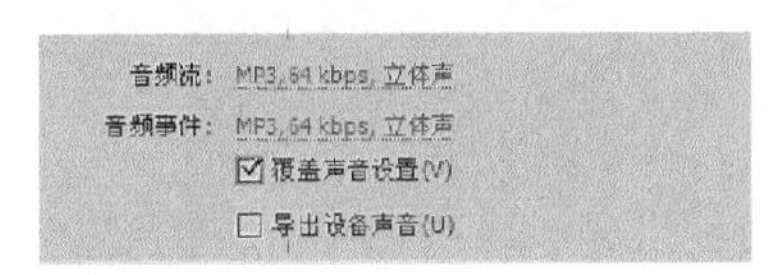


图8.29

“发布设置”中的声音设置将确定如何导出所有的声音。

7. 选择“控制”>“测试影片”>“在 Flash Professional 中”。

这将保留声音的立体效果，并且品质是由“发布设置”对话框中的设置确定的。

### 8.3.8 把声音添加到按钮上

在动物园问讯程序中，按钮出现在左边一栏中。你将把声音添加到这些按钮上，使得无论何时用户单击这些按钮都会播放声音。

1. 在“库”面板中，双击名为“sound_button1”的按钮元件的图标，你将进入该按钮元件的元件编辑模式。
2. 该按钮元件中有 3 个图层，可以帮助组织“弹起”、“指针经过”、“按下”和“点击”状态的内容（如图 8.30 所示）。
3. 插入一个新图层，并把它重命名为“sounds”（如图 8.31 所示）。

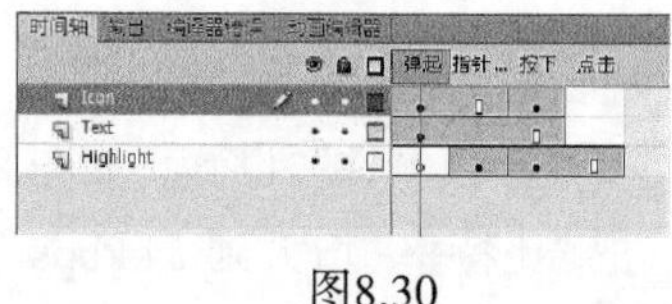

图8.30

图8.31

4. 在 sounds 图层中选择“按下”关键帧，并插入一个关键帧。

新关键帧将出现在按钮的“按下”状态中（如图 8.32 所示）。

5. 从“库”面板中的 sounds 文件夹中把 Monkey.wav 文件拖到“舞台”上。

Monkey.wav 文件的波形将出现在 sounds 图层的“按下”关键帧中（如图 8.33 所示）。

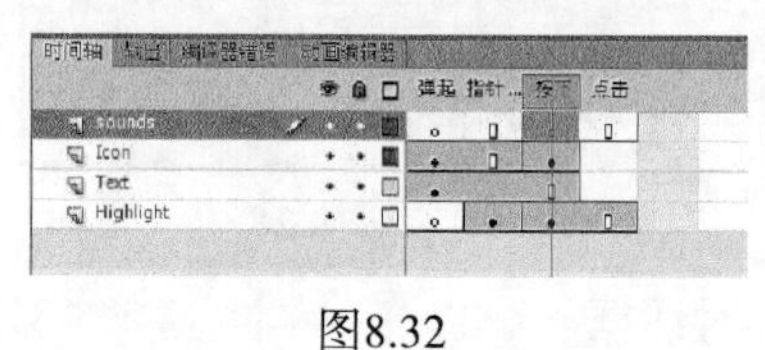

图8.32

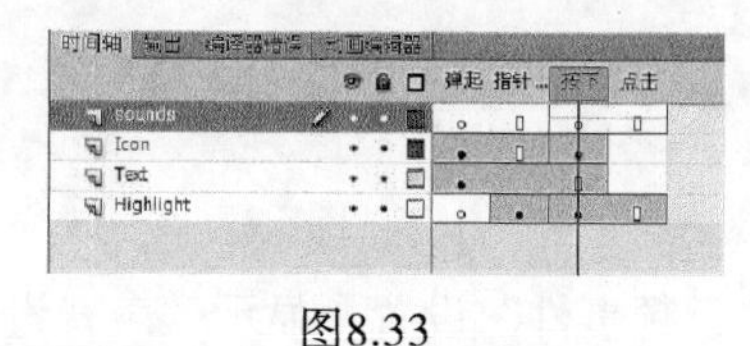

图8.33

6. 在 sounds 图层中选择“按下”关键帧。
7. 在“属性”检查器中，为“同步”选项选择“开始”（如图 8.34 所示）。

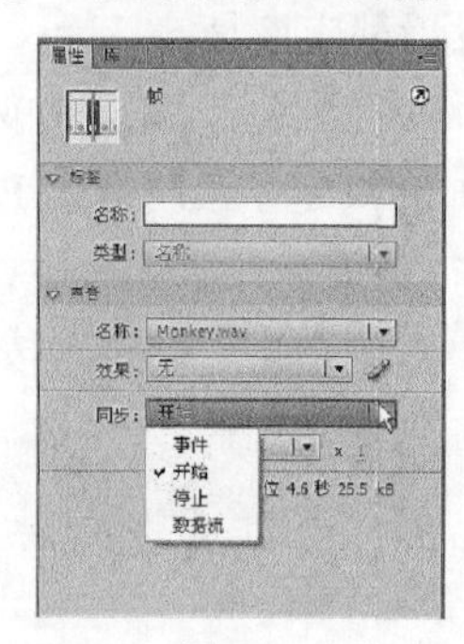

图8.34

无论何时播放头进入那个特定的关键帧，“开始”同步选项都会触发声音。

8. 选择“控制”>“测试影片”>“在 Flash Professional 中”，测试第一个按钮，听听猴子的声音，然后关闭预览窗口。
9. 编辑 sound_button2 和 sound_button3 这两个按钮元件，分别把 Lion.wav 和 Elephant.wav

声音添加到它们的“按下”关键帧中。

Fl 注意：也可以给按钮元件的“指针经过”状态添加声音，只要光标悬停在按钮上都会播放声音。

### 了解声音同步选项

声音同步是指触发和播放声音的方式，它有几个选项：“事件”、“开始”、“停止”和“数据流”。“数据流”选项把声音链接到“时间轴”上，以便可以轻松地对动画式元素与声音进行同步。“事件”和“开始”选项用于以特定的事件（如按钮单击）触发声音（通常是较短的声音）。“事件”和“开始”选项是相似的，只不过如果已经在播放声音，那么“开始”同步将不会触发声音（因此利用“开始”同步选项不可能出现重叠的声音）。“停止”选项用于停止声音，尽管很少使用它。如果想利用“数据流”同步选项停止声音，只需插入一个空白关键帧即可。

## 8.4 了解 Flash 视频

Flash 使通过 Web 传递视频变得非常简单。结合视频、交互性和动画，能够为你的观众创造引人注目的多媒体体验。

在 Flash 中显示视频时有两种选择。第一种是使视频与 Flash 文件之间保持独立，并使用 Flash 中的回放组件播放视频；第二种是在 Flash 文件中嵌入视频。

这两种方法都要求首先正确地格式化视频。适用于 Flash 的视频格式是 Flash Video，它使用“.flv”或“.f4v”扩展名。F4V 支持 H.264 标准，它是最新的视频编解码器，可以提供很高的品质以及非常高效的压缩。编解码器是计算机使用的一种方法，用于压缩视频文件以节省空间，然后对其进行解压缩以回放它。FLV 则是用于 Flash 以前版本的标准格式，它使用较老的编解码器 Sorenson Spark 或 On2VP6。

Fl 注意：Flash 实际上可以回放利用 H.264 编码的任何视频，因此视频文件不一定使用“.f4v”扩展名。例如，通过 QuickTime Pro with H.264 编码的具有“.mov”扩展名的视频与 Flash 兼容。

## 8.5 使用 Adobe Media Encoder

可以使用 Adobe Media Encoder CS6（Flash Professional CS6 附带的一种独立应用程序）把视频文件转换为合适的 FLV 或 F4V 格式。Adobe Media Encoder 可以转换单个文件或多个文件（称为批处理），从而使工作流程更简单。

### 8.5.1 向 Adobe Media Encoder 中添加视频文件

把视频文件转换为兼容的 Flash 格式的第一步是：向 Adobe Media Encoder 中添加视频以进行编码。

**1.** 启动 Adobe Media Encoder CS6，它是与 Adobe Flash Professional CS6 一起被安装的。

开始屏幕的左上方显示队列，其中列出了目前已经被添加以供处理的视频文件。“队列”面板应该为空。其他面板有：“编码”面板显示目前正在处理中的视频；“监视文件夹”面板显示已经标识、用于批处理的文件夹；“预设浏览器”面板提供常见的预定义设置（如图 8.35 所示）。

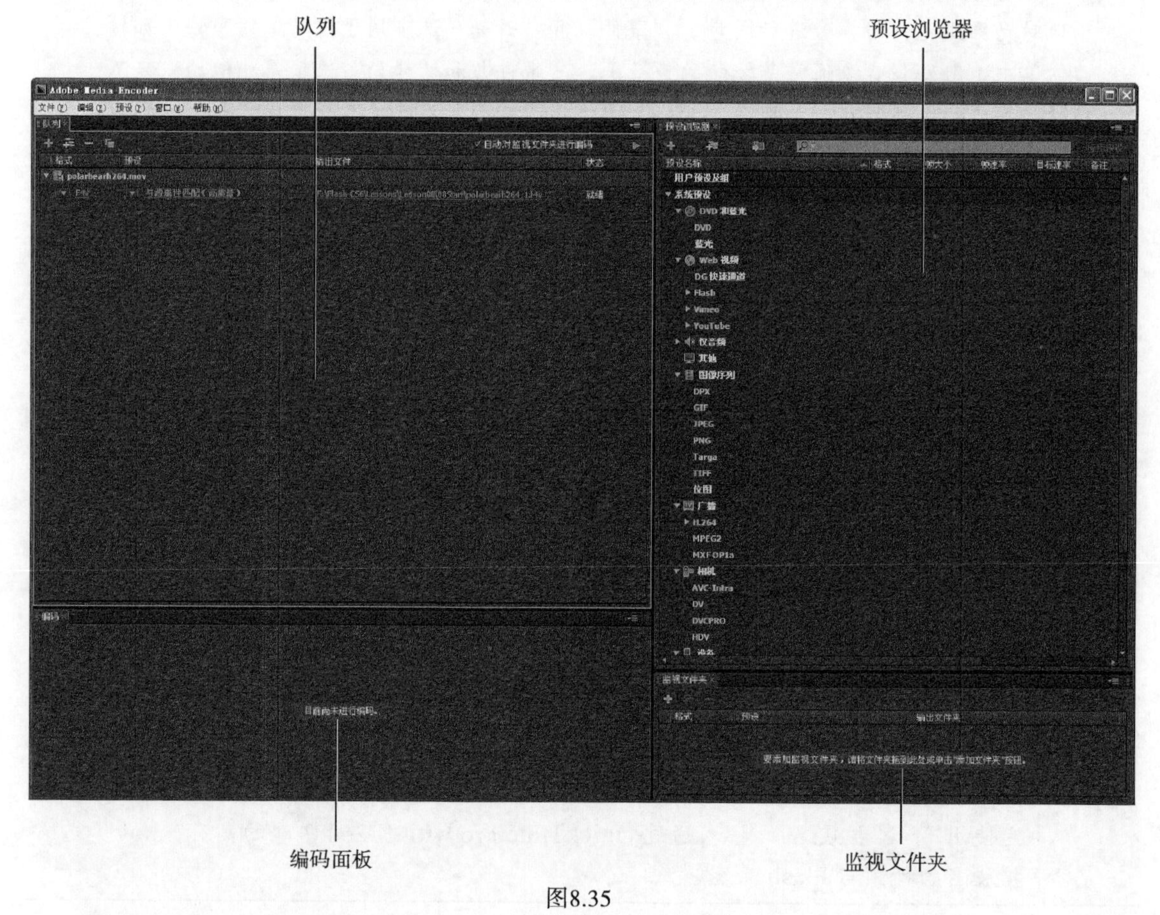


图8.35

**2.** 选择“文件”>“添加源”或者单击“队列”面板中的“添加源”按钮。

这将打开一个对话框，以便选择视频文件。

> **Fl** 注意：也可以从桌面上把文件直接拖到队列中。

**3.** 导航到 Lesson08/08Start 文件夹，选择 Penguins.mov 文件，并单击“打开”按钮。

这将把 Penguins.mov 文件添加到队列中，并且准备好转换为 FLV 或 F4V 格式（如图 8.36 所示）。

图8.36

Fl 注意：在 Adobe Media Encoder CS6 中，默认设置是在程序闲置时不会自动启动队列。而在 CS5 中，默认设置时自动启动队列。你仍然可以通过选择 Adobe Media Encoder CS6>“首选项”来修改这个设置。

### 8.5.2 将视频文件转换为 Flash 视频

转换视频文件很容易，所花费的时长取决于原始视频文件的大小。

1. 在“格式”下面的第一列中，选择“F4V”格式（如图 8.37 所示）。
2. 在“预设”选项下面，选择“Web – 320x240、4x3、项目帧速率、500kbps”选项（如图 8.38 所示）。

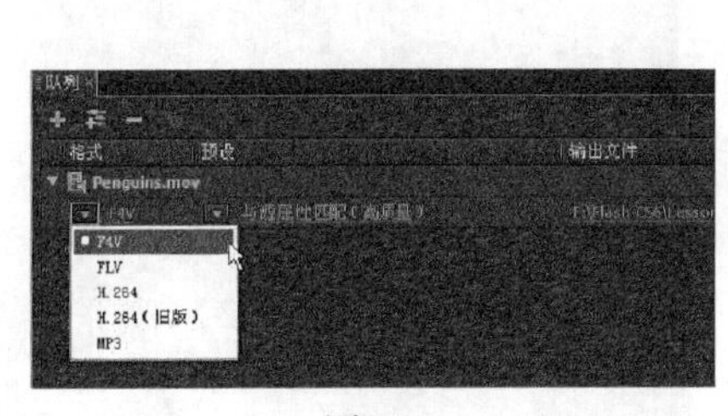


图8.37

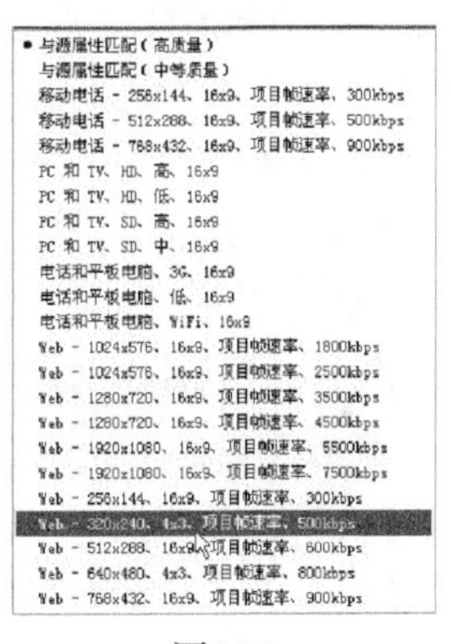


图8.38

可以从菜单中选择许多标准的预设选项，其确定了视频的大小（较新的 F4V 或较老的 FLV）和质量。“Web – 320x240”选项将把原始视频转换为在 Web 浏览器中显示视频的平均大小。

3. 单击“输出文件”，将显示“另存为”对话框。可以选择把转换的文件保存在计算机上一个不同的位置，并选择不同的文件名。这不会以任何方式删除或改变原始视频。
4. 单击“开始队列”按钮，Flash 将开始编码过程。Flash 会显示所编码视频的设置，并会显示进度和视频的预览（如图 8.39 所示）。

在编码过程完成时，“队列”面板上的状态栏显示一个“完成”标签和一个绿色对勾标记（如图 8.40 所示）。现在，在 Lesson08/08Start 文件夹中就有一个 Penguins.f4v 文件以及原始的 Penguins. mov 文件。

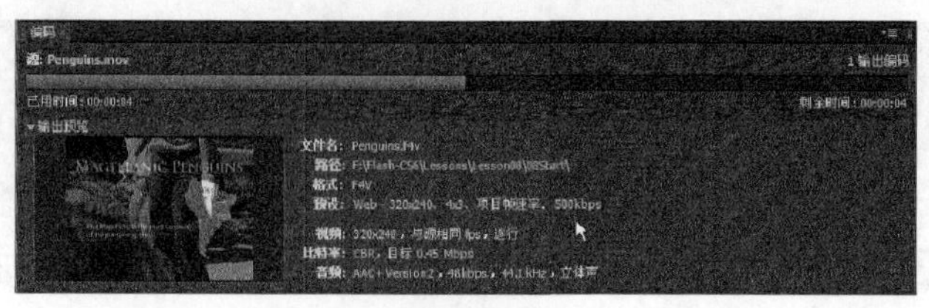

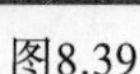

图8.39

图8.40

注意：可以更改队列中各个文件的状态。其方法是：在显示列表中选取文件，然后选择“编辑”>“重置状态”或者选择“编辑”>“跳过所选项目”。“重置状态”将从完成的文件中删除绿色对勾标记，可以再次对其进行编码；而“跳过所选项目”则会使 Flash 在批处理中跳过那个特定的文件。

### 使用“监视文件夹”和“预设浏览器”设置

“监视文件夹”面板在处理多个视频时很有用，而“预设浏览器”保存特定目标设备的预定义设置。

在“监视文件夹”中添加一个文件夹会将其所有内容添加到队列中，它们会被自动编码。你也可以为相同的文件夹添加不同的“输出”设置，这将造成同一组视频的多种格式。为了添加新的“输出”设置，可以单击“监视文件夹”面板顶部的“添加输出”按钮（如图8.41所示）。

图8.41

列表中出现重复的选择，选择新的格式或者新的预设选项。如果你要应用来自“预设浏览器”的特定设置，可以选择设置，简单地将其拖放到“监视文件夹”面板中的选择项上（如图8.42所示）。

图8.42

这在你需要用于高带宽或者低带宽宽度的不同视频格式，或者需要用于不同设备（如平板电脑和手机）的视频格式时很有用。

## 8.6 了解编码选项

在把原始视频转换为“Flash 视频”格式时，可以自定义许多设置。可以裁剪视频并把它的大小调整为特定的尺寸、只转换视频中的一个片断、调整压缩的类型和压缩程度，甚至对视频应用滤镜。要显示编码选项，可以选择“编辑”>“重置状态”，重置 Penguins.mov 文件，然后在显示列表中单击“预设”选项，或者选择“编辑”>“导出设置”，将显示“导出设置”对话框（如图 8.43 所示）。

### 8.6.1 裁剪视频

如果只想显示视频的一部分，可以裁剪它。如果还没有这样做，可选择“编辑”>“重置状态”以重置 Penguins.mov 文件，然后选择“编辑”>“导出设置”，以便试验裁剪设置。

1. 选择“导出设置”对话框左上角的“源”选项卡，单击“裁剪”按钮（如图 8.44 所示）。

图8.43

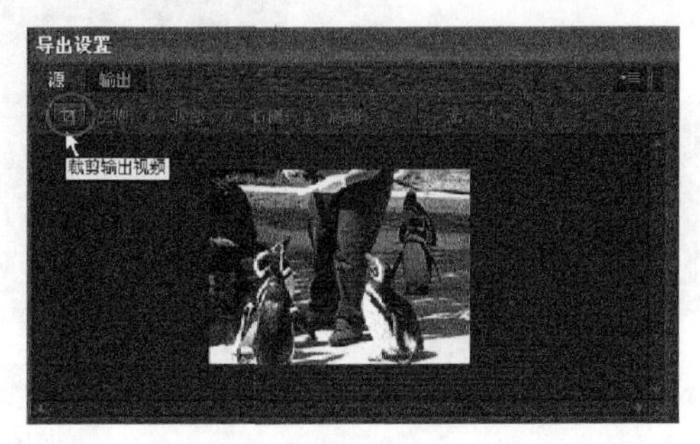


图8.44

2. 在视频预览窗口上将出现裁剪方框，向里拖动各条边，以从上、下、左、右方向进行裁剪（如图 8.45 所示）。

图8.45

方框外面灰色显示的部分将被丢弃。Flash 将在光标旁边显示新尺寸。可以使用预览窗口上方的“左侧”、“顶部”、“右侧”和“底部”设置，输入精确的像素值。

3. 如果想使裁剪方框保持标准的比例，可以单击“裁剪比例”菜单，并选择想要的比例（如图 8.46 所示）。

这将把裁剪方框约束为所选的比例。

4. 要查看裁剪的效果，可以单击“输出”选项卡，或者单击预览窗口右上角的“切换到输出”按钮（如图 8.47 所示）。

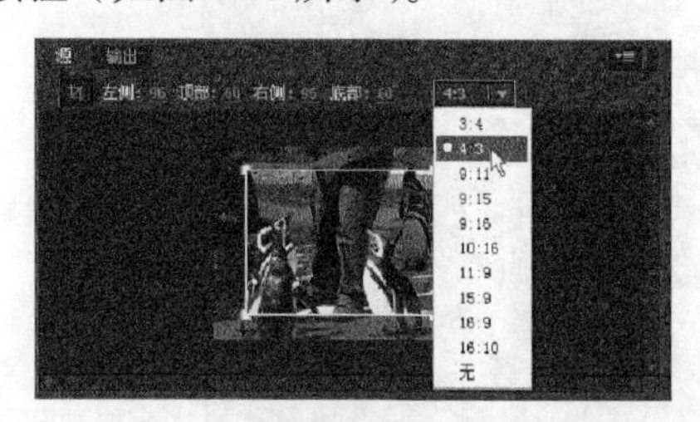

图8.46

图8.47

预览窗口将会显示最终的视频效果

5. “更改输出尺寸”下拉菜单包含用于设置最终输出文件中裁剪效果的选项（如图 8.48 所示）。如果视频有图 8.49 中所示的裁剪，则“裁剪设置”选项将对输出文件产生如下影响。

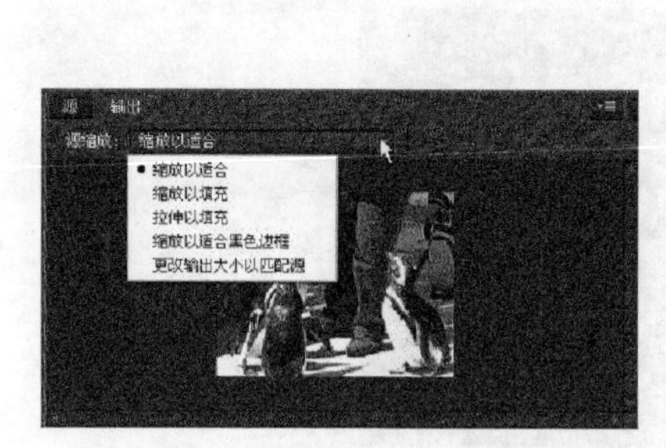

图8.48

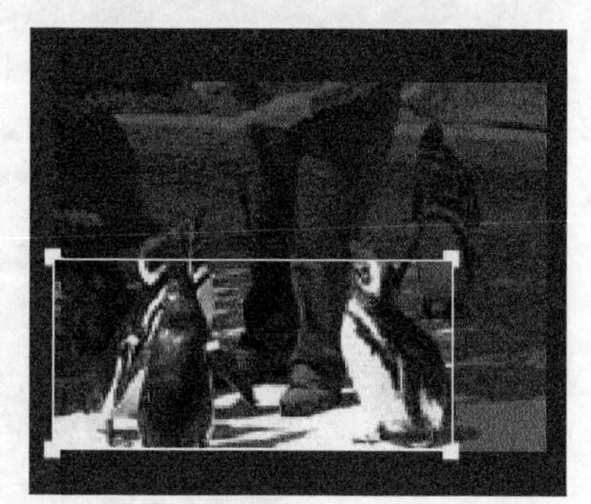
图8.49

- “缩放以适合”：调整裁剪的尺寸并添加黑色边框，以适应输出文件（如图 8.50 所示）。
- “缩放以填充”：调整裁剪的尺寸，填充输出文件的大小（如图 8.51 所示）。

图8.50

图8.51

- “拉伸以填充”：调整裁剪的尺寸，填充输出文件的大小，必要时可能使图像失真（如图 8.52 所示）。
- “缩放以适合黑色边框”：在任何一边添加黑色条纹，使裁剪适合输出文件的尺寸（如图 8.53 所示）。

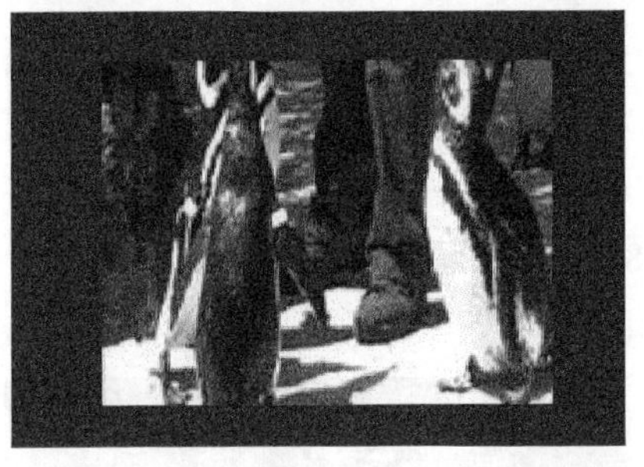

图8.52

图8.53

- “更改输出大小以匹配源”：更改输出文件的尺寸，以匹配裁剪尺寸（如图 8.54 所示）。

图8.54

6. 在“源”选项卡下再次单击“裁剪”按钮取消选取它，退出裁剪模式并且不执行裁剪。在本课程中，不需要裁剪 Penguins.mov 视频。

## 8.6.2 调整视频长度

视频可能会在开头或末尾有不需要的片断。可以从视频两端剪除一些连续的镜头，以调整视频的总长度。

1. 单击并拖动播放头（上面的黄色标记）经过视频，预览连续的镜头。把播放头置于视频中想要的开始位置（如图 8.55 所示）。

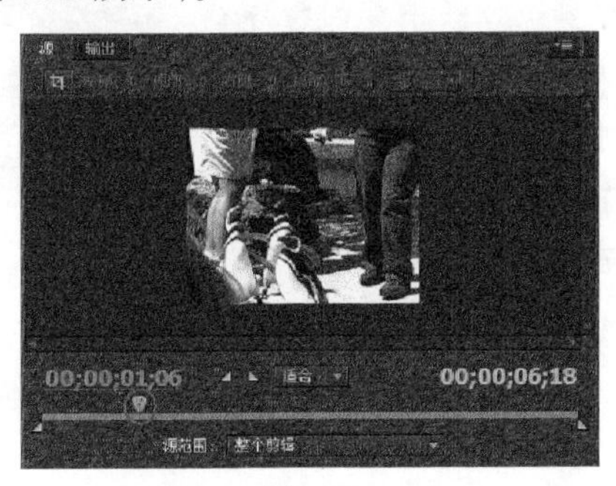


图8.55

时间标记指示流逝的秒数。

2. 单击“设置入点”图标（如图 8.56 所示）。

“入点”将移到播放头的当前位置（如图 8.57 所示）。

图8.56

图8.57

3. 把播放头拖到视频中想要的结束位置（如图 8.58 所示）。
4. 单击“设置出点”图标（如图 8.59 所示）。

图8.58

图8.59

“出点”将移到播放头的当前位置（如图 8.60 所示）。

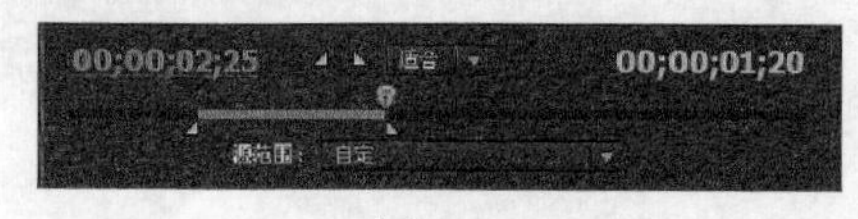


图8.60

5. 也可以简单地拖动“入点”和“出点”标记来括住想要的视频片断。

“入点”和“出点”标记之间高亮显示的视频部分是原始视频中将被编码的唯一片断。

Fl 注意：可以使用键盘上向左或向右的箭头键，逐帧前移或后移，以进行更精细的控制。

6. 把“入点”和“出点”拖回它们的原始位置，或者从“源范围”下拉菜单中选择“整个剪辑”，因为对于本课程无须调整视频长度。

## 提示点

“导出设置”对话框的左下方是可以为视频设置提示点的区域（如图8.61所示）。

图8.61

提示点是在视频中的多个位置添加的特殊标记。利用ActionScript可以编写程序，使Flash在遇到这些提示点时能够识别它们，或者可以导航到特定的提示点。提示点可以把普通的线性视频转换为真正使人陶醉的交互式视频体验。在本课程后面，你将在Flash Professional中当视频直接位于“舞台”上时为视频添加提示点。

### 8.6.3 设置高级视频和音频选项

“导出设置”对话框的右边包含关于原始视频的信息，并且总结了导出设置。

可以从顶部的“预设”菜单中选择预设选项之一。在面板下方，可以使用选项卡导航到高级的视频和音频编码选项。在底部，Flash 会显示估计的最终输出大小（如图 8.62 所示）。

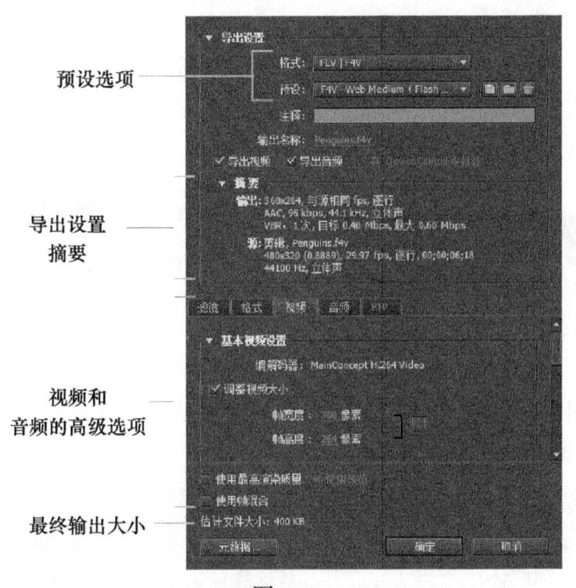


图8.62

你将再次导出 Penguins.mov 文件，但是它将更大。

图8.63

1. 确保勾选了“导出视频”和“导出音频”复选框（如图 8.63 所示）。
2. 单击“格式”选项卡，注意将把文件导出为 F4V 格式（如图 8.64 所示）。
3. 如果尚未选中“视频”选项卡，单击它。
4. 确保选择了“调整视频大小”和“约束”选项（链条图标）。为“帧宽度”输入“480”，并在方框外面单击，接受所做的更改。

“帧高度”将自动改变，以保持视频的比例（如图 8.65 所示）。

图8.64

图8.65

5. 单击“确定”按钮，Flash 将关闭“导出设置”对话框，并保存高级视频和音频设置。
6. 单击“开始队列”按钮，利用自定义的调整大小设置开始编码过程。

Flash 会创建 Penguins.mov 的另一个 F4V 文件。删除你创建的第一个 F4V 文件，并把第二个文件命名为“Penguins.f4v”。

### 8.6.4 保存高级的视频和音频选项

如果想以类似的方式处理许多视频，保存高级的视频和音频选项就很有意义。可以在 Adobe Media Encoder 中执行该操作。一旦保存了高级视频和音频选项，就可以轻松地把这些设置应用于队列中的其他视频。

1. 选择“编辑”>“重置状态”,重置队列中企鹅视频的状态,然后选择“编辑”>“导出设置”。
2. 在“导出设置”对话框中，单击“保存预设”按钮（如图 8.66 所示）。
3. 在打开的对话框中，为视频和音频选项提供一个描述性的名称（如图 8.67 所示）。然后单击“确定”按钮。

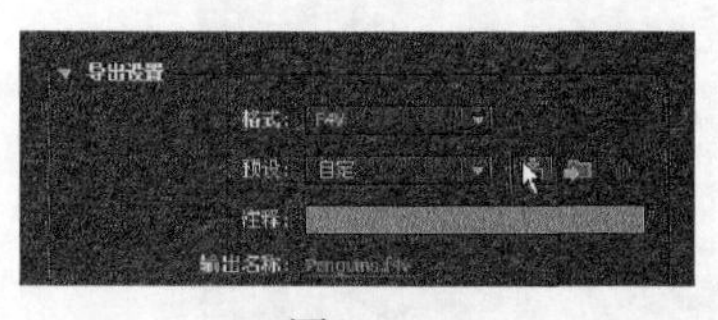


图8.66

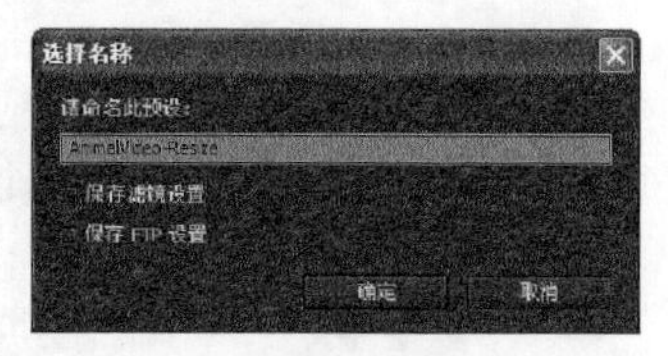


图8.67

4. 返回到视频队列。可以简单地从“预设”下拉菜单中选择该预设，把自定义的设置应用于其他视频（如图 8.68 所示）。

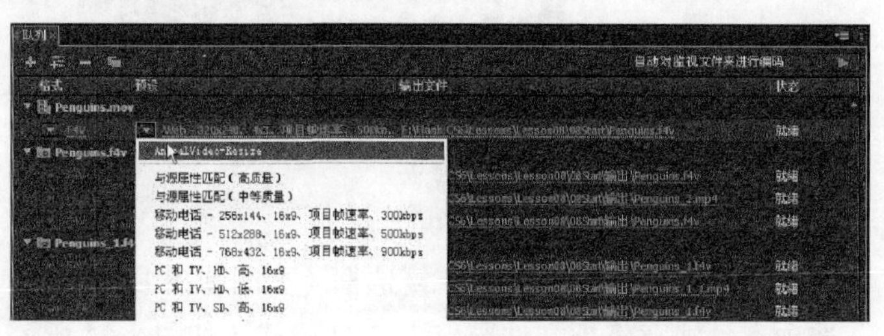


图8.68

## 8.7 回放外部视频

既然你已经成功地把视频转换为正确的 Flash 兼容格式，那么就可以在 Flash 动物园问讯程序项目中使用它。你将使 Flash 在“时间轴”上不同的带标签的关键帧处播放每个动物视频。

同时，你将使这些视频保持在 Flash 项目外部。通过保持外部视频，可以使 Flash 项目保持较小，可以单独编辑视频，还可以保持来自 Flash 项目的不同帧速率。

1. 在 Flash Professional CS6 中打开 08_workingcopy.fla 项目。
2. 在 videos 图层中选取标记为“penguins”的关键帧（如图 8.69 所示）。

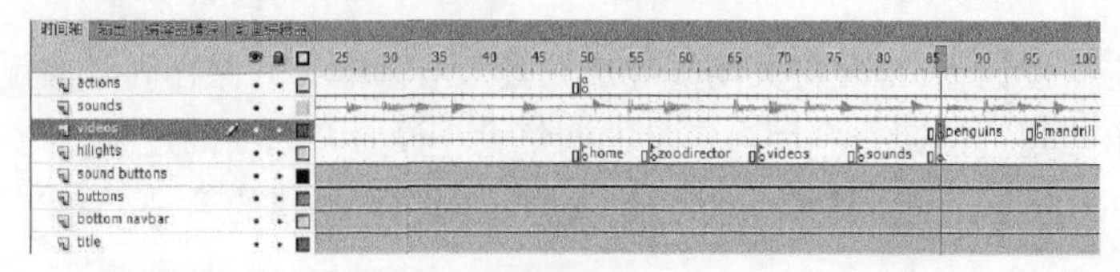


图8.69

3. 选择“文件” > “导入” > “导入视频”，将显示“导入视频”向导（如图 8.70 所示）。“导入视频”向导将在向 Flash 中添加视频的过程中为你提供循序渐进的指导。

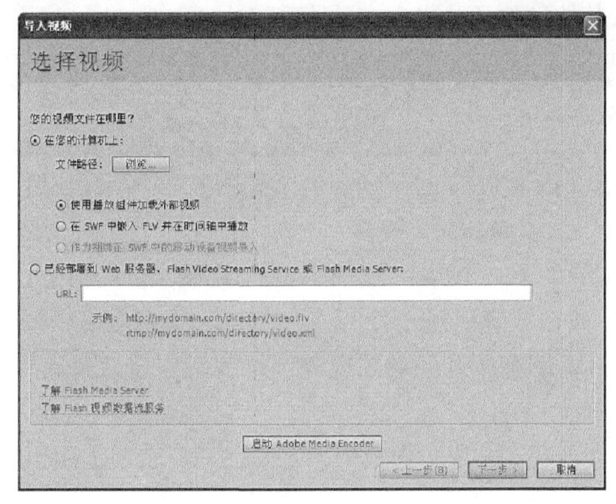


图8.70

4. 在“导入视频”向导中，选择“在您的计算机上”，并单击“浏览”按钮。

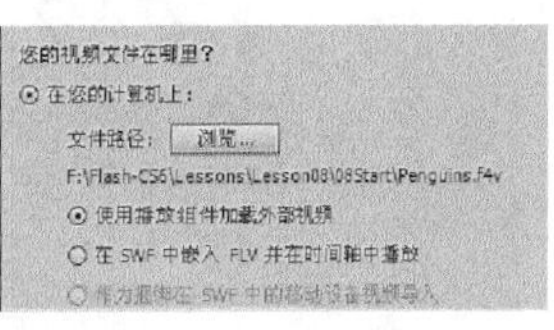


图8.71

5. 在出现的对话框中，从 Lesson08/08Start 文件夹中选择 Penguins.f4v，并单击“打开”按钮，将出现视频文件的路径（如图 8.71 所示）。
6. 选择“使用回放组件加载外部视频”选项，然后单击“下一步”或“Continue”按钮。
7. 在“导入视频”向导的下一个屏幕中，可以选择外观或者视频的界面控件。从“外观”菜单中选择从顶部起的第 3 个选项，即 MinimaFlatCustomColorPlayBackS eekCounterVolMute.swf（如图 8.72 所示）。

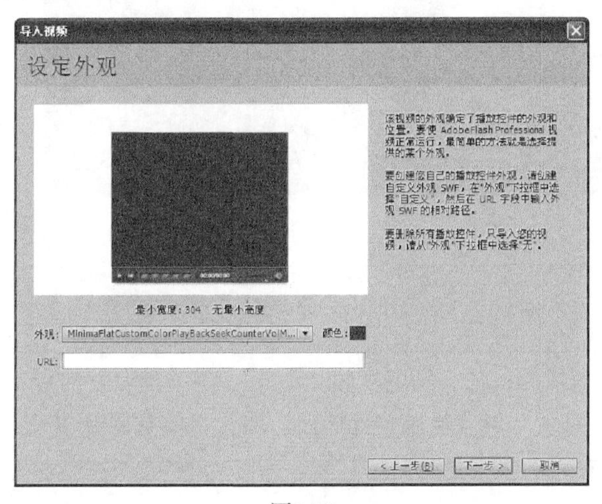


图8.72

外观分为 3 大类。以“Minima”开头的外观是最新的设计，并且包含带有数字计数器的选项。以“SkinUnder”开头的外观是出现在视频下面的控件。以“SkinOver”开头的外观是覆盖在视频底部边缘的控件。外观及其控件的预览出现在预览窗口中。

> Fl 注意：外观是一个较小的 SWF 文件，它确定了视频控件的功能和外观。可以使用 Flash 提供的外观之一，也可以从菜单项中选择“无”。

8. 选择颜色值 #333333 以及 75% 的 Alpha 值（如图 8.73 所示），然后单击“下一步”或“Continue”按钮。

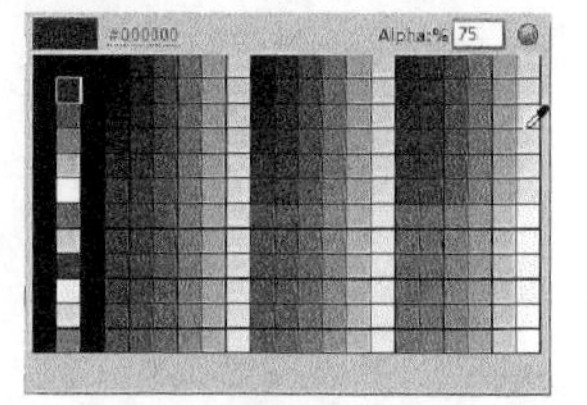


图8.73

9. 在“导入视频”向导的下一个屏幕上，审阅关于视频文件的信息，然后单击“完成”按钮放置视频。
10. 在“舞台”上将出现带有所选外观的视频。把视频置于“舞台”左边（如图 8.74 所示）。

FLVPlayback 组件还会出现在“库”面板中，它是在“舞台”上用于播放外部视频的一种特殊构件（如图 8.75 所示）。

图8.74

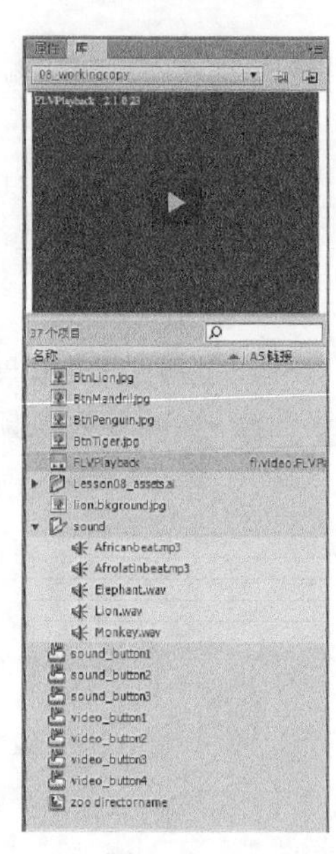


图8.75

> Fl 注意：当选取“舞台”上的视频时，可以按下空格键开始或暂停回放。

11. 单击视频外观上的播放按钮，预览视频。

视频将在“舞台”上播放。可以使用控件播放、停止、浏览影片以及改变影片的音量。

> Fl 注意：如果视频上没有外观，仍然可以通过右击 / 按住 Ctrl 键并单击视频，并且选择“播放”、“暂停”或“后退”选项，以控制视频在“舞台”上的回放。

12. 选择“控制”>“测试影片”>“在 Flash Professional 中”。在音乐介绍之后，单击“Magellanic Penguins”按钮。

视频将播放外部企鹅视频，它具有在“导入视频”向导中选择的外观。然后关闭预览窗口。

13. 其他动物视频已经进行了编码（以 FLV 格式），在 08Start 文件夹中提供。在各自对应的关键帧中导入 Mandrill.flv，Tiger.flv 和 Lion.flv 视频，并选择与 Penguin.f4v 视频相同的外观。

> Fl 注意：FLV 或 F4V 文件、08_workingcopy.swf 文件以及外观文件都是使动物园问讯程序项目正常工作所需要的。在与 FLA 文件相同的文件夹中发布外观文件。

### 8.7.1 控制视频回放

FLVPlayback 组件允许控制播放哪个视频、是否自动播放视频以及控制回放的其他方面。可以在“属性”检查器中访问用于回放的选项。在左边一列中列出了各个属性，在右边一列中则列出了它们相应的值。选取“舞台”上的某个视频，然后选择以下选项。

- 要更改 autoPlay 选项，可取消勾选图 8.76 中所示的复选框。当勾选该复选框时，视频将自动播放；当取消勾选该复选框时，将会在第 1 帧暂停视频。
- 要隐藏控制器或者仅当用户移动鼠标经过视频时才显示它，可勾选用于 skinAutoHide 选项的复选框（如图 8.77 所示）。

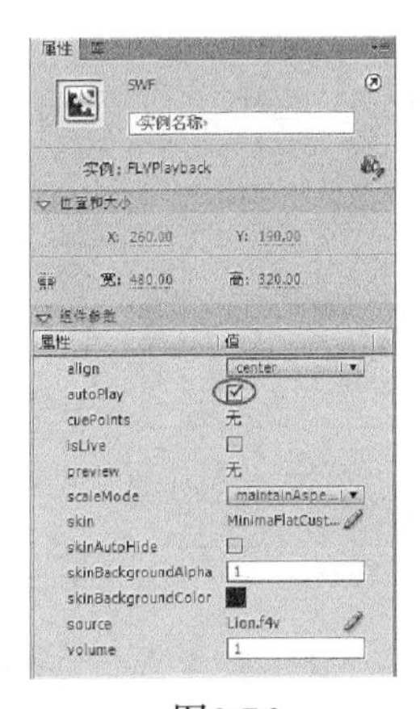


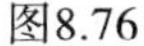
图8.76

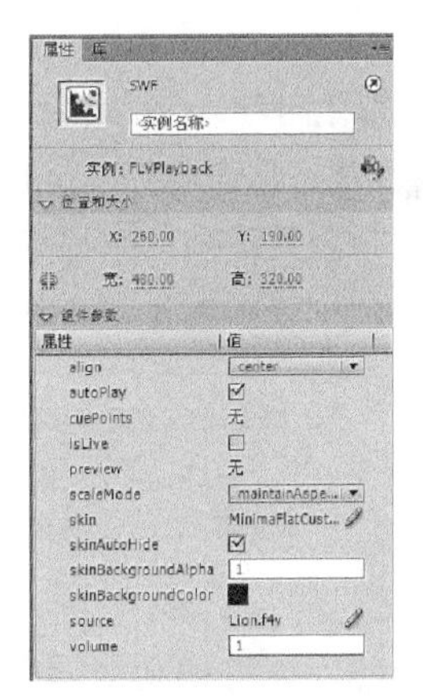


图8.77

- 要选择一种新的控制器（外观），可以单击外观文件的名称，并在出现的对话框中选择一种新外观。
- 要更改外观的透明度，可以为 skinBackgroundAlpha 输入一个 0（完全透明）到 1（完全不透明）之间的小数值。
- 要更改外观的颜色，可以单击色片，并为 skinBackgroundColor 选择一种新颜色。
- 要更改视频文件或者 Flash 期待播放的视频文件的位置，可以单击 source 选项。

在出现的“内容路径”对话框中输入新的文件名，或者单击“文件夹”图标选择要播放的新文件。该路径是相对于 Flash 文件的位置的。

## 8.8 处理视频和透明度

对于多个不同的动物视频，你应该在前景中显示动物的完整画面，并在背景中显示舒适的环境。但是，有时你希望使用不包括背景的视频文件。对于这个项目，动物园管理人员是在绿色屏幕前面拍摄的，并且使用 Adobe After Effects 删除了绿色屏幕。当在 Flash 中使用该视频时，动物园管理人员看上去好像在 Flash 背景前面。对新闻气象预报人员使用了类似的效果，其中视频的背景完全透明，并且可以显示那个人背后的气象图。

视频中的透明度（称为 Alpha 通道）只在使用 On2VP6 编解码器的 FLV 格式中受到支持。在编码带有来自 Adobe Media Encoder 中 Alpha 通道的视频时，一定要选择“编辑” > “导出设置”，单击“视频”选项卡，然后选择“编码 Alpha 通道”选项（如图 8.78 所示）。

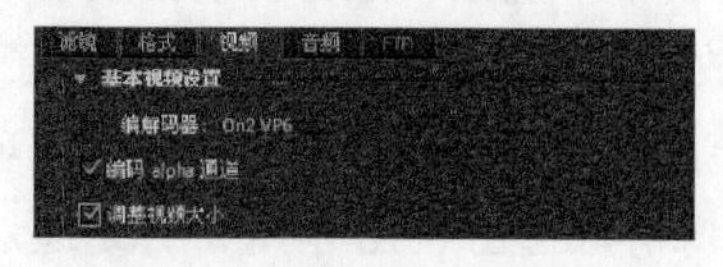

图8.78

你将把视频文件（它已经具有 FLV 格式）导入 Flash 中，以利用回放组件进行显示。

### 8.8.1 导入视频剪辑

现在将使用“导入视频”向导来导入 Popup.flv 文件，它已经利用 Alpha 通道进行了编码。

1. 插入一个新图层，并把它命名为“popupvideo”。
2. 在第 50 帧处插入一个关键帧，并在第 86 帧处插入另一个关键帧（如图 8.79 所示）。

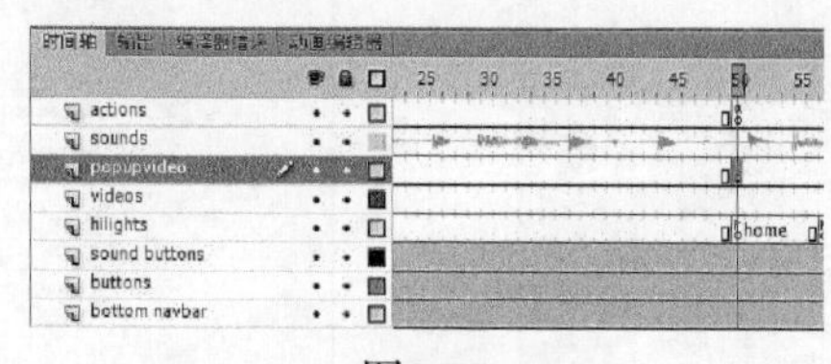


图8.79

在停止动作出现的同时，你将把动物园管理人员的视频放在音乐介绍的末尾（第 50 帧）。第 86 帧处的关键帧可确保当动物视频出现时，动物园管理人员的视频将从“舞台”上消失。

3. 选择第 50 帧处的关键帧。
4. 选择“文件” > “导入” > “导入视频”。
5. 在“导入视频”向导中，选择“在您的计算机上”，并单击“浏览”按钮。从 Lesson08/08Start 文件夹中选择 Popup.flv 文件，并单击“打开”按钮。
6. 选择“使用回放组件加载外部视频”选项，然后单击“下一步”或“Continue”按钮。
7. 从“外观”菜单中选择你使用过的相同外观，然后单击“下一步”或“Continue”按钮。

**8.** 单击“完成”按钮，放置视频。

在“舞台”上将出现具有透明背景的动物园管理人员的视频（如图 8.80 所示）。

图8.80

**9.** 单击外观上的播放按钮，在“舞台”上预览视频。

**10.** 选择“控制” > “测试影片” > “在 Flash Professional 中”。

在音乐介绍之后，出现动物园管理人员。如果单击其中一个动物视频按钮，就会从“时间轴”中删除弹出式视频。

> **注意：**如果在导航到包含第二个视频的另一个关键帧之前没有停止一个视频，音频就可能重叠。为了阻止重叠的声音，可以在开始播放新视频之前使用 SoundMixer.stopAll ( ) 命令停止所有的声音。08_workingcopy.fla 文件中 actions 图层的第一个关键帧中的 ActionScript 包含正确的代码，它用于在导航到新的动物视频之前停止所有的声音（如图 8.81 所示）。

```
video_button1.addEventListener(MouseEvent.CLICK,clickListener1);
function clickListener1(event:MouseEvent):void {
    SoundMixer.stopAll();
    gotoAndStop("penguins");
}

video_button2.addEventListener(MouseEvent.CLICK,clickListener2);
function clickListener2(event:MouseEvent):void {
    SoundMixer.stopAll();
    gotoAndStop("mandrill");
}

video_button3.addEventListener(MouseEvent.CLICK,clickListener3);
function clickListener3(event:MouseEvent):void {
    SoundMixer.stopAll();
    gotoAndStop("tiger");
}

video_button4.addEventListener(MouseEvent.CLICK,clickListener4);
function clickListener4(event:MouseEvent):void {
    SoundMixer.stopAll();
    gotoAndStop("lion");
}
```

图8.81

## 使用绿色视频

专业人员通常在纯绿色或纯蓝色背景前面拍摄人物，以便他们可以轻松地在像Adobe After Effects这样的视频编辑应用程序中删除背景或者调节其色调。然后，将人物与不同的背景合并起来。动物园管理人员的肖像是在绿色屏幕前面拍摄的，背景在After Effects中删除。按照以下步骤使用绿色屏幕。

拍摄绿色屏幕前面的镜头（如图8.82所示）。

图8.82

- 使用平坦、光滑、无阴影的绿色背景，使得颜色尽可能纯正。
- 把绿色屏幕反射到主题对象上的光线减至最少。
- 尽量不移动以制作 Flash 视频；尽可能使用三脚架。

在After Effects或其他视频编辑应用程序中删除背景（如图8.83所示）。

图8.83

- 在 After Effects 中，把文件作为镜头导入，创建新的合成图像，并把它拖到“合成时间轴”上。

- 创建垃圾遮罩粗略画出形状的轮廓，并删除大部分背景。但是要确保主题对象不会移到遮罩外面。
- 使用“色彩范围调节”效果删除余下的背景。可能需要利用“蒙版清除”和“溢出控制器”效果做一些微调工作。溢出控制器将会删除扩展到主题对象边缘的光线。

导出为FLV格式（如图8.84所示）。

图8.84

直接从视频编辑应用程序中将视频文件导出到“Flash视频（FLV）”格式。一定要选择“编码alpha通道”选项。Alpha通道是主题对象周围的选区，编码Alpha通道可以确保不带任何背景地导出视频。

## 8.9 使用提示点

提示点是放置在视频中的特殊标记，Flash 可以利用 ActionScript 检测到它们。可以用两种方式使用提示点。提示点可以触发 ActionScript 命令，让你将视频与其他 Flash 元素进行同步；或者，可以利用 ActionScript 跳转到视频中特定的提示点。这两类提示点都给视频添加了更多的功能。

在本节中，你将给动物园管理人员视频添加提示点，使得他讲话时可以在“舞台”上显示相关信息。

Fl | 注意：可以利用 Adobe Media Encoder 向视频中添加提示点；也可以在“动作”面板中利用 ActionScript 向视频中添加提示点，本书中没有讨论这种方法。

### 8.9.1 插入提示点

在动物园管理人员的视频中，你打算在4个位置上同步显示额外的信息。第一，当他介绍自己时，你想显示他的名字；第二，当他指示观众单击视频时，你将高亮显示视频；第三，当他提到声音时，你将高亮显示声音；第四，你将添加提示点来标记视频的末尾。

1. 选择 popupvideo 图层的第 50 帧（第一个关键帧，其中将显示动物园管理人员的视频）（如图 8.85 所示）。

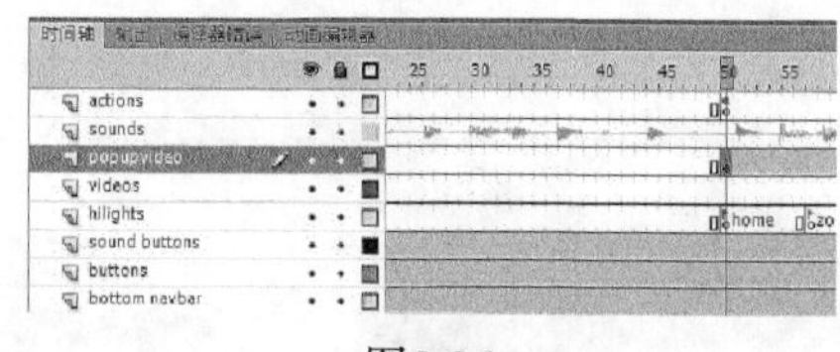

图8.85

2. 在“舞台”上选取动物园管理人员的视频。

> **Fl** 注意：如果“舞台”上的 FLVPlayback 组件没有显示视频的预览，可以右击 / 按住 Ctrl 键并单击视频，并且确保选择了“预览”选项。

3. 单击外观上的播放按钮，并在动物园管理人员说“… my name is Paul Smith”时暂停视频（如图 8.86 所示）。

图8.86

用于显示所流逝时间的数字计数器应该显示 2 秒。

4. 在“属性”检查器中，单击“提示点”区域中的加号按钮，在 2 秒的标记处添加一个提示点（如图 8.87 所示）。

在“属性”检查器的“提示点”区域中将出现一个提示点。

5. 单击“属性”检查器中提示点的名称，并把它重命名为“namecue”（如图 8.88 所示）。

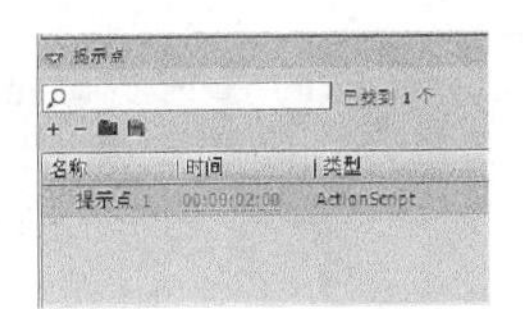


图8.87

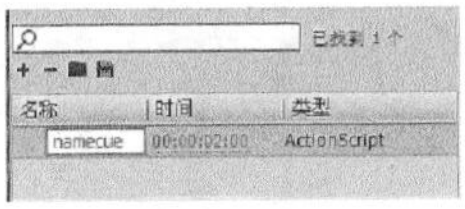

图8.88

6. 继续播放视频,并在动物园管理人员说“…so click on a video”时暂停它(如图 8.89 所示)。用于显示所流逝时间的数字计数器应该显示 12 秒。

图8.89

7. 在“属性”检查器中,单击“提示点”区域中的加号按钮,在 12 秒的标记处添加一个提示点,并把该提示点重命名为“videocue”(如图 8.90 所示)。

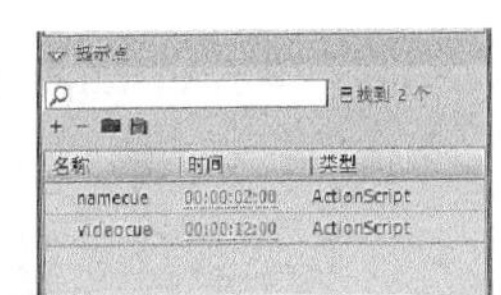


图8.90

> **Fl** 注意:如果需要调整任何提示点的时间,都可以单击并拖动时间,或者单击并输入一个具有毫秒级精度的时间。

8. 继续播放视频,并在动物园管理人员说“… click on a sound”时暂停它。
9. 在“属性”检查器中,添加第三个提示点,并把它重命名为“soundcue”。第三个提示点应该位于 14 秒的标记处(如图 8.91 所示)。

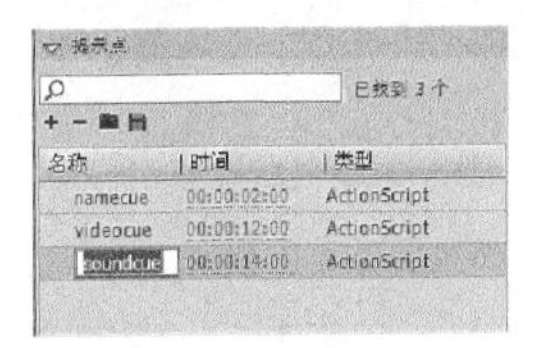


图8.91

> **Fl** 注意：在“属性”检查器中，双击“类型”列中的任何提示点，“舞台”上的视频将立即跳转到那个特定的提示点。

10. 继续播放视频，直至它到达末尾。在“属性”检查器中，添加第4个提示点，并把它重命名为“endcue”（如图8.92所示）。

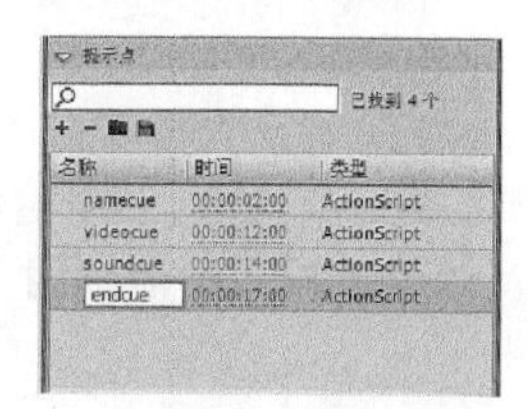


图8.92

> **Fl** 注意：要删除一个提示点，可以在“属性”检查器中选取它，然后单击减号按钮。

## 8.9.2 检测和响应提示点

现在，你将添加ActionScript来检测提示点并响应它们。“代码片断”面板可以帮助你做大量的ActionScript编码工作。

1. 打开“代码片断”面板（选择“窗口”>“代码片断”）。
2. 在“代码片断”面板中展开“音频和视频”文件夹，并双击“On Cue Point 事件”选项（如图8.93所示）。

“On Cue Point 事件”代码片断在检测到提示点时触发一个函数。

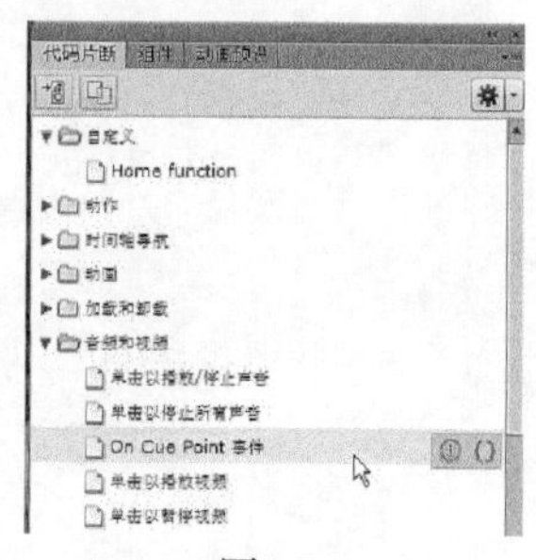


图8.93

3. 单击“显示代码”按钮。
4. 单击instance_name_here代码，并将你的pick whip拖到“舞台”上的动物园管理员视频上（如图8.94所示）。

图8.94

5. 因为你还没有为“舞台”上的视频组件实例命名，Flash要求你提供一个名称。输入paulsmithvideo作为视频名称（如图8.95所示），并单击“确定”按钮。记住，对象必须命名，

ActionScript 才能控制它们。

**6.** 单击“插入”按钮。

Flash 自动添加检测所选视频上的提示点所必需的代码。“时间轴”上的一个临时标志指出插入新 ActionScript 代码的位置（如图 8.96 所示）。

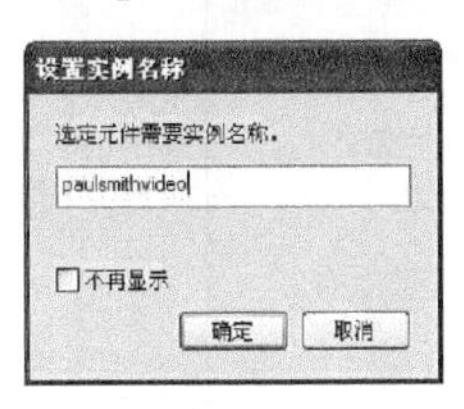


图8.95

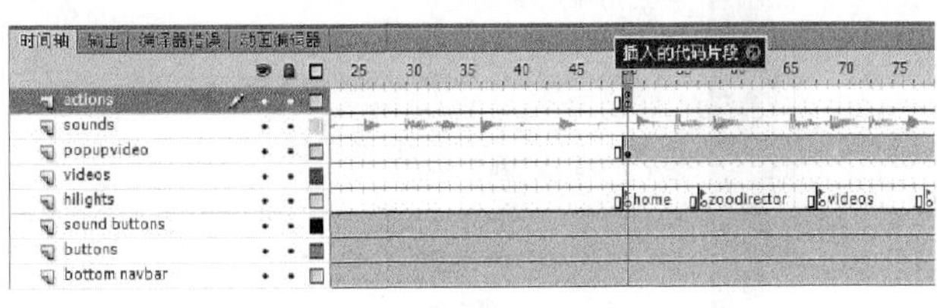


图8.96

**7.** 选择在 actions 图层第 50 帧处的关键帧，打开“动作”面板检查新插入的代码。

第一行上的 stop ( ) 命令在你添加代码片断之前已经出现在文件中（如图 8.97 所示）。

```
stop();/* On Cue Point 事件处理函数
/* On Cue Point 事件处理函数
每次提示点传入指定的视频实例时执行以下定义的 fl_CuePointHandler 函数。

说明:
1. 在以下"// 开始您的自定义代码"行后的新行上添加您的自定义代码。
当提示点传入正在播放的视频时，此代码将执行。
*/

import fl.video.MetadataEvent;

paulsmithvideo.addEventListener(MetadataEvent.CUE_POINT, fl_CuePointHandler);

function fl_CuePointHandler(event:MetadataEvent):void
{
	// 开始您的自定义代码
	// 此片断代码在"输出"面板中显示提示点的名称。
	trace(event.info.name);
	// 结束您的自定义代码
}
```

图8.97

**8.** 现在必须添加条件语句，用于检查遇到的是哪个提示点并适当地做出响应。利用以下代码替换第 16~19 行（如图 8.98 所示）。

```
if (event.info.name=="namecue") {
  gotoAndStop("zoodirector");
}
if (event.info.name=="videocue") {
  gotoAndStop("videos");
}
if (event.info.name=="soundcue") {
  gotoAndStop("sounds");
}
if (event.info.name=="endcue") {
```

```
    gotoAndStop("home");
}
```

```
stop();/* On Cue Point 事件处理函数
/* On Cue Point 事件处理函数
每次提示点传入指定的视频实例时执行以下定义的 fl_CuePointHandler 函数。

说明:
1. 在以下"// 开始您的自定义代码"行后的新行上添加您的自定义代码。
当提示点传入正在播放的视频时，此代码将执行。
*/

import fl.video.MetadataEvent;

paulsmithvideo.addEventListener(MetadataEvent.CUE_POINT, fl_CuePointHandler);

function fl_CuePointHandler(event:MetadataEvent):void
{
    if (event.info.name=="namecue") {
        gotoAndStop("zoodirector");
    }
    if (event.info.name=="videocue") {
        gotoAndStop("videos");
    }
    if (event.info.name=="soundcue") {
        gotoAndStop("sounds");
    }
    if (event.info.name=="endcue") {
        gotoAndStop("home");
    }

}
```

图8.98

最终的代码将检查它检测到的每个提示点的名称，如果存在匹配，播放头就会转到“时间轴”上具有特定名称的关键帧。

### 8.9.3 添加同步的 Flash 元素

“时间轴”已经包含几个命名的关键帧。在这些关键帧中，你将放置额外的 Flash 元素，它们将作为视频中的提示点被检测。

1. 在 hilights 图层中选择名为“zoodirector”的关键帧（如图 8.99 所示）。

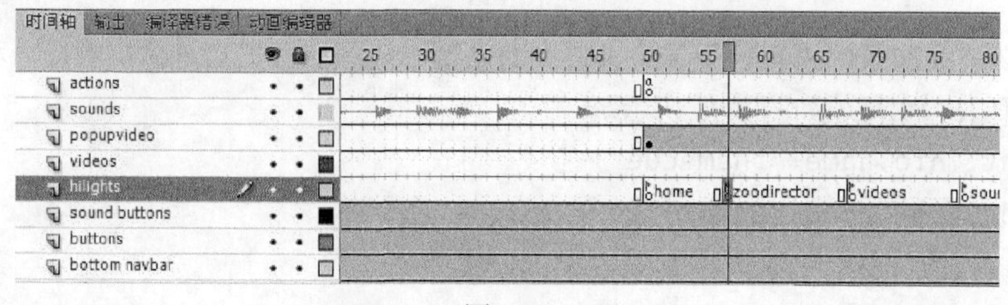


图8.99

2. 从“库”面板中把名为“zoo directorname”的元件拖到“舞台”上，并把它放在视频附近（如图 8.100 所示）。

当播放头移到 zoodirector 关键帧上时，将显示名字的图形。

3. 在 hilights 图层中选择名为“videos”的关键帧（如图 8.101 所示）。
4. 选择“矩形”工具，把笔触设置为红色并把笔触高度设置为 3.0，同时设置没有填充。然后在视频按钮周围绘制一个矩形以凸显它们（如图 8.102 所示）。

图8.100

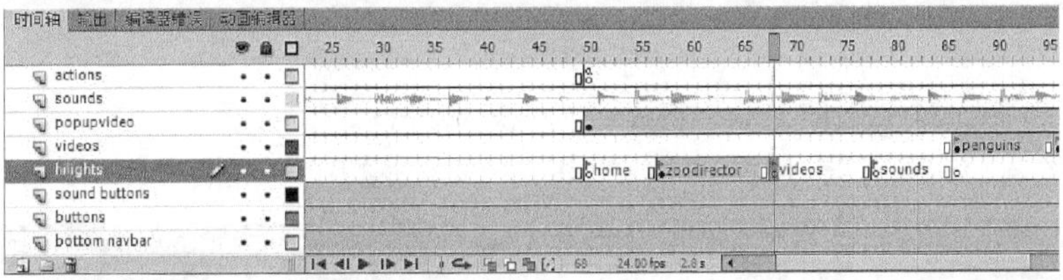

图8.101

图8.102

当播放头移到 videos 关键帧上时，将显示红色矩形外框。

**5.** 在 hilights 图层中选择名为“sounds”的关键帧（如图 8.103 所示）。

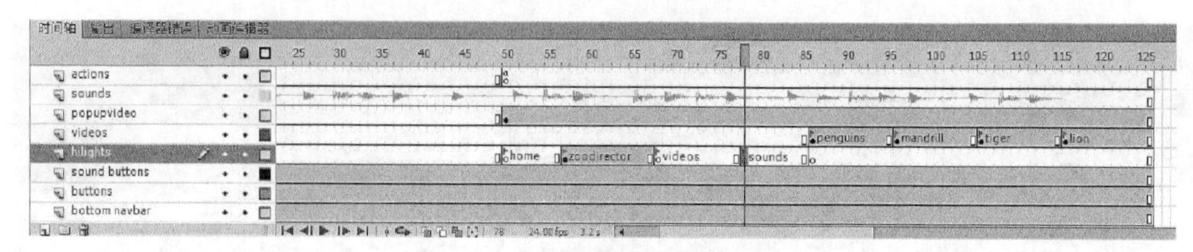


图8.103

6. 利用相同的笔触和填充设置在声音按钮周围绘制另一个矩形，以凸显它们（如图 8.104 所示）。

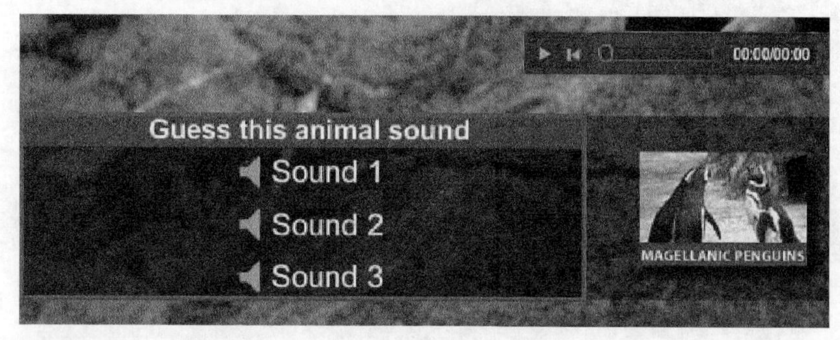


图8.104

当播放头移到 sounds 关键帧上时，将显示红色矩形外框。

7. 选择“控制” > “测试影片” > “在 Flash Professional 中”（如图 8.105 所示）。

图8.105

当动物园管理人员讲话时，多个 Flash 图形元素将同步弹出。

### 8.9.4 最后一笔

在动物园管理人员的介绍末尾，他将消失，但是FLVPlayback组件外观仍会保留下来。你将删除外观并定位视频，以便更好地与背景集成在一起。

1. 在popupvideo图层中选取动物园管理人员的视频。
2. 在“属性”检查器的“组件参数”区域中,单击skin属性旁边的“铅笔”按钮（如图8.106所示）。
3. 在出现的对话框中,从“外观”下拉菜单中选择“无”（如图8.107所示）,然后单击“确定”按钮。

图8.106

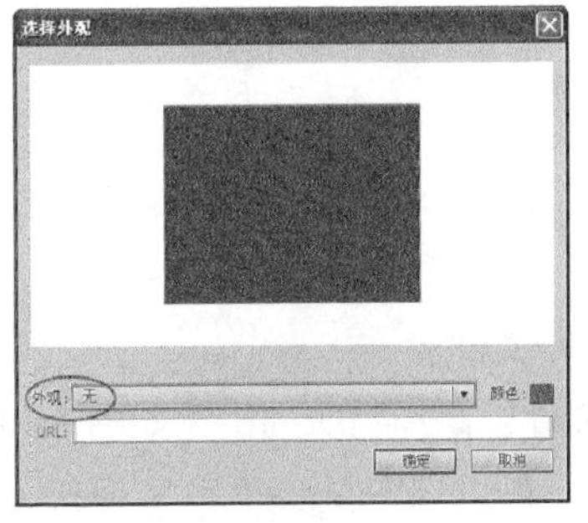


图8.107

动物园管理人员的视频将不再具有外观。

4. 利用“选择”工具移动视频，使其底边与导航条的顶边对齐。你还希望移动出现在hilights图层中的zoodirector关键帧中的动物园管理人员的名字，使之保持接近视频（如图8.108所示）。

图8.108

没有了外观，动物园管理人员欢迎我们的形象就显得更真实。

## 8.10 嵌入Flash视频

在前一节你添加了一些提示点，用于同步外部视频与“舞台”上的Flash元素。把视频与Flash元素集成起来的另一种方式是使用嵌入式视频。嵌入式视频需要FLV格式，并且它只对非常短的剪辑才可以获得最佳的效果。FLV 文件保存在 Flash 文件的“库”面板中，可以把它置于“时间轴”上。只要“时间轴”上有充足的帧，视频就会播放。

Flash Player 版本 6 或更高版本支持在 Flash 中嵌入视频。记住嵌入式视频的以下限制：Flash 不能在超过 120 秒的嵌入式视频中维持音频同步；嵌入式影片的最大长度是 16 000 帧。嵌入视频的另一个缺点是增加了 Flash 项目的大小，从而使得测试影片（选择“控制”>“测试影片”>“在 Flash Professional 中”）的过程更漫长，创作的过程也会更加乏味。

由于嵌入式 FLV 在 Flash 项目内播放，因此使 FLV 与 Flash 文件之间具有相同的帧速率至关重要；否则，嵌入式视频将不会以期望的速度播放。为了确保 FLV 具有与 Flash 文件相同的帧速率，一定要在 Adobe Media Encoder 的“视频”选项卡中设置正确的帧速率。

### 8.10.1 编码 FLV 以便嵌入

你将在动物园问讯程序项目的开始处嵌入一段较短的北极熊视频。

1. 打开 Adobe Media Encoder，单击“添加”按钮，并选择 Lesson08/08Start 文件夹中的 polarbear.mov 文件。

polarbear.mov 文件被添加到队列中（如图 8.109 所示）。

2. 在“格式”下的选项中，选择 FLV 格式（如图 8.110 所示）。

图8.109

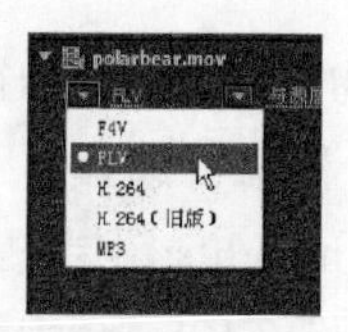


图8.110

3. 单击“预设”或者选择“编辑”>“导出设置”，打开“导出设置”对话框。
4. 单击“视频”选项卡，并把“帧速率”设置为 24。确保取消勾选“调整视频大小”复选框（如图 8.111 所示）。

Flash 文件 08_workingcopy.fla 被设置为 24 帧 / 秒，因此你也希望把你的 FLV 设置为 24 帧 / 秒。

5. 取消勾选对话框上方的“导出音频”复选框（如图 8.112 所示），然后单击“确定”按钮。

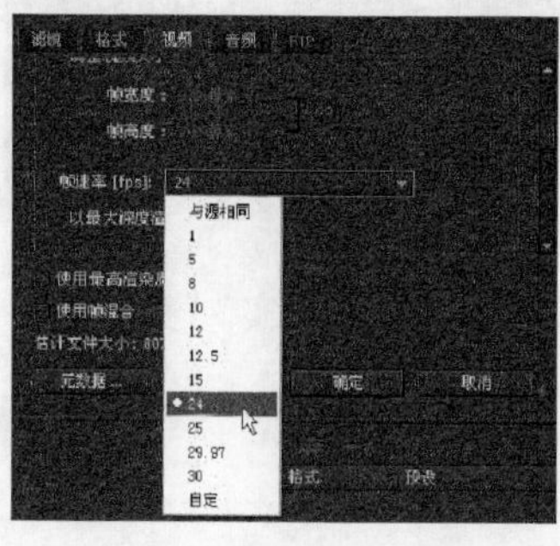


图8.111

图8.112

6. 单击“开始队列”按钮，编码视频，将创建 polarbear.flv 文件。

### 8.10.2 在“时间轴”上嵌入 FLV

一旦具有 FLV，就可以把它导入 Flash 中，并在“时间轴”上嵌入它。

1. 打开 08_workingcopy.fla 文件。
2. 选择 popupvideo 图层中的第 1 帧。
3. 选择“文件”>“导入”>“导入视频”。在“导入视频”向导中，选择“在您的计算机上”，并单击“浏览”按钮。在出现的对话框中，从 Lesson08/08Start 文件夹中选择 polarbear.flv，并单击“打开”按钮。
4. 在“导入视频”向导中，选择“在 SWF 中嵌入 FLV 并在时间轴中播放”选项（如图 8.113 所示），然后单击“下一步”或“Continue”按钮。
5. 取消勾选“如果需要，可扩展时间轴”和“包括音频”这两个复选框（如图 8.114 所示），然后单击“下一步”或“Continue”按钮。

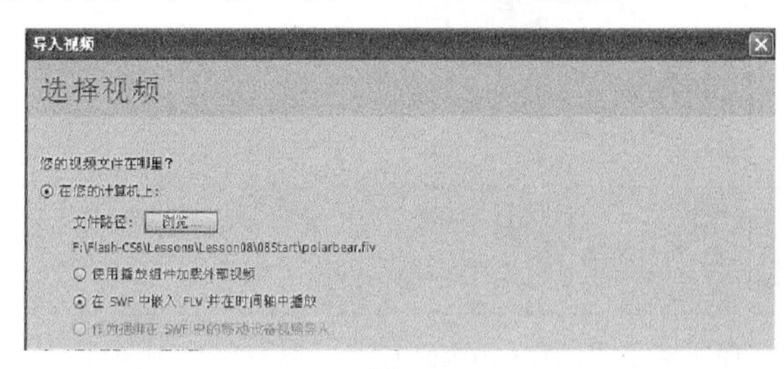


图8.113

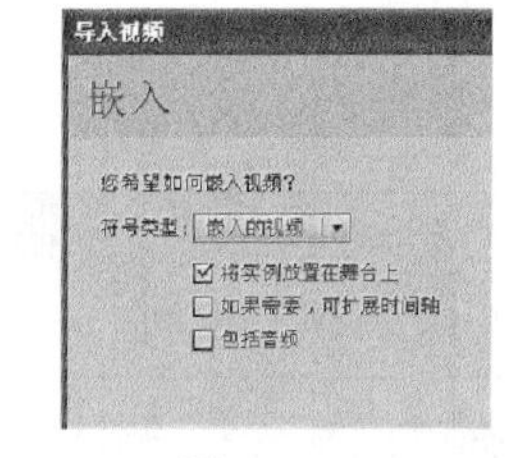


图8.114

6. 单击“完成”按钮，导入视频。

北极熊的视频将出现在“舞台”上。使用“选择”工具把它移到“舞台”左边（如图 8.115 所示）。

图8.115

该 FLV 还会出现在“库”面板中（如图 8.116 所示）。

图8.116

> **注意**：对于包含声音的嵌入式视频，在创建环境中将不能听见音频。要听见音频，必须选择“控制”>“测试影片”>“在 Flash Professional 中”。

7. 选择“控制”>“测试影片”>“在 Flash Professional 中”，观看嵌入式视频文件从第 1 帧播放到第 49 帧。

### 8.10.3 使用嵌入式视频

把嵌入式视频看作多帧元件是有用的，它非常像具有嵌套动画的元件。可以把嵌入式视频转换为影片剪辑元件，然后对它应用补间动画，以创建有趣的效果。

接下来将对嵌入式视频应用补间动画，使之在动物园管理人员弹出并讲话之前优雅地淡出。

1. 选择“舞台”上北极熊的嵌入式视频，右击 / 按住 Ctrl 键并单击它，然后选择“创建补间动画”（如图 8.117 所示）。

图8.117

2. Flash 要求把嵌入式视频转换为元件，以便它可以应用补间动画（如图 8.118 所示）。然后单击“确定”按钮。

3. Flash 要求在影片剪辑元件内添加足够多的帧，以便可以播放整个视频（如图 8.119 所示），然后单击“是”按钮。

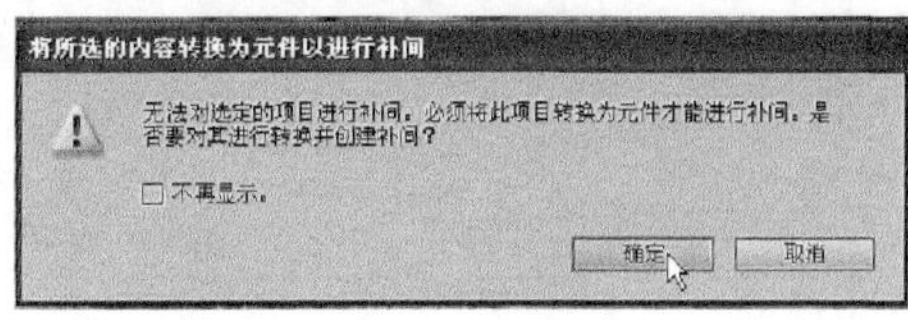


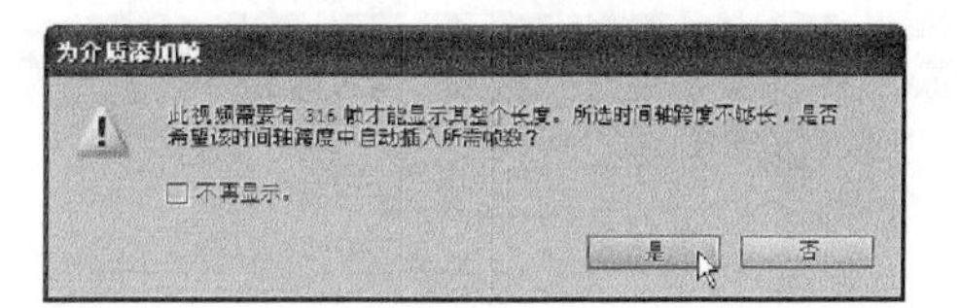

图8.118　　图8.119

这将在图层上创建补间动画。

4. 选择该补间动画，并单击“动画编辑器”选项卡。

5. 收起所有的属性类别，单击“色彩效果”旁边的加号按钮，并选择“Alpha”（如图 8.120 所示）。

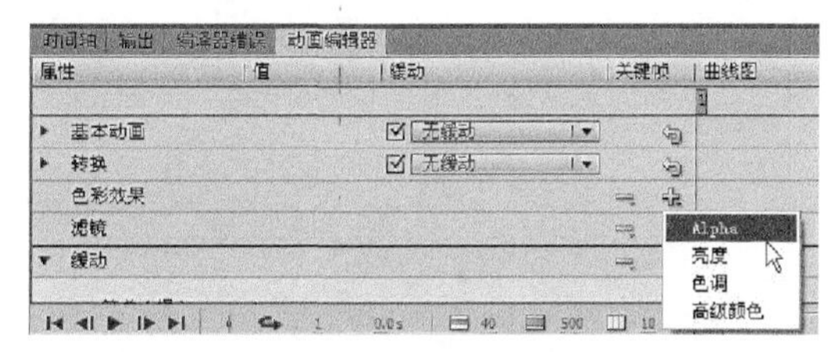


图8.120

这样就把 Alpha 属性添加到补间动画中了。

6. 选择第 1 帧，并把“Alpha 数量”设置为 100%（如图 8.121 所示）。

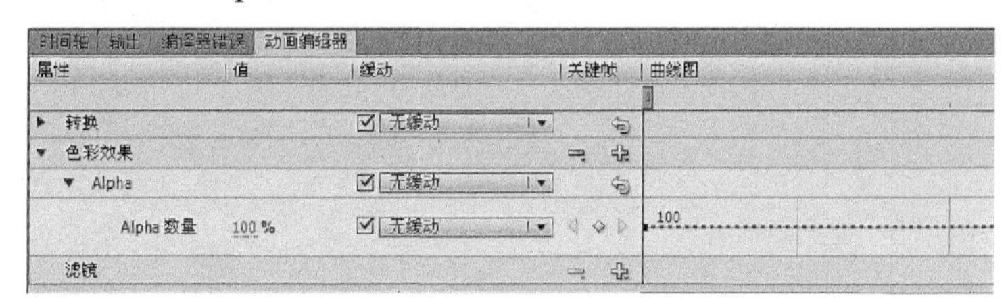


图8.121

7. 选择第 30 帧，右击 / 按住 Ctrl 键并单击它，然后选择“添加关键帧”（如图 8.122 所示）。

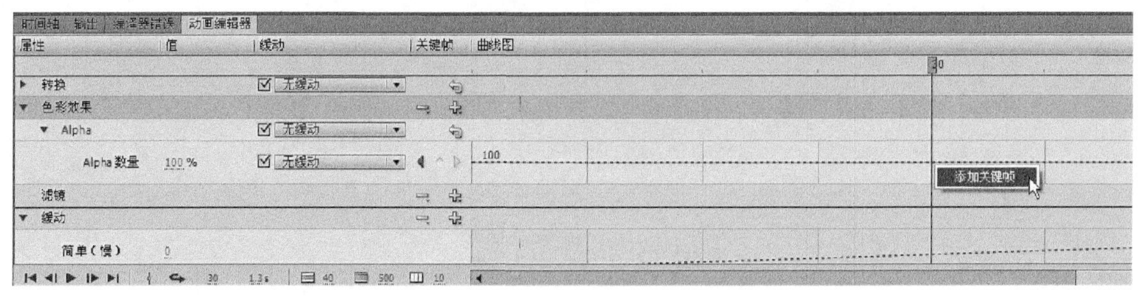


图8.122

Alpha 关键帧出现在第 30 帧处。

8. 选择第 49 帧，右击 / 按住 Ctrl 键并单击它，然后选择“添加关键帧”。

Alpha 关键帧出现在第 49 帧处。

**9.** 选取第 49 帧处的最后一个关键帧，并把它向下拖动到 0%（如图 8.123 所示）。

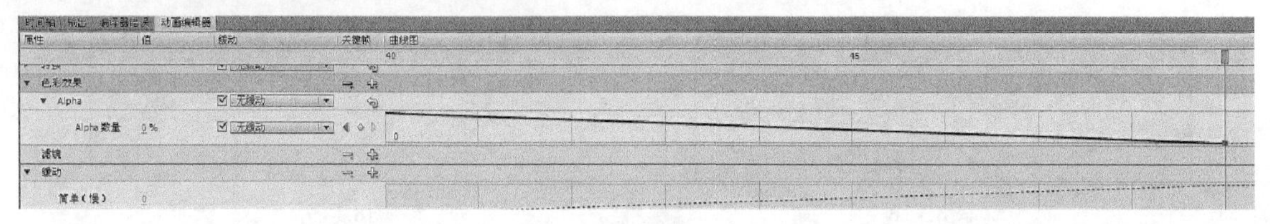

图8.123

在最后一个关键帧上把 Alpha 设置为 0%，使得嵌入式视频从第 30 帧淡出到第 49 帧。

**10.** 选择“控制”>“测试影片”>“在 Flash Professional 中”，查看嵌入式视频播放和淡出。

# 复习

## 复习题

1. 怎样编辑声音剪辑的长度?
2. 什么是视频的外观?
3. 什么是提示点? 怎样使用它们?
4. 嵌入式视频剪辑的限制是什么?

## 复习题答案

1. 要编辑声音剪辑的长度，可以选取包含它的关键帧，并在“属性”检查器中单击“编辑声音封套”(铅笔图标)按钮。然后在“编辑封套”对话框中移动时间滑块，从开头到末尾剪取声音。
2. 外观是视频控件的功能与外观的组合，如“播放”、“快进”和“暂停”按钮。可以选择位于不同位置按钮的广泛组合，也可以利用不同的颜色或者透明度级别自定义外观。如果不希望观众控制视频，可从“外观”菜单中应用“无”选项。
3. 提示点是可以利用 Adobe Media Encoder 或者在“属性”检查器的“提示点”区域中添加到外部视频中的特殊标记。可以在 ActionScript 中创建事件侦听器，检测何时遇到提示点并相应地做出响应。例如，通过显示与视频同步的图形来做出反应。
4. 在嵌入视频剪辑时，它将变成 Flash 文档的一部分，并包括在“时间轴”中。由于嵌入式视频剪辑显著增加了文档的大小，并且会引起音频同步问题，因此仅当视频非常短并且不包含音轨时，嵌入视频才是最合适的。

# 第9课　加载和控制Flash内容

课程概述

在这一课中，你将学习如何执行以下任务：

- 加载外部 SWF 文件；
- 删除加载的 SWF 文件；
- 控制影片剪辑的“时间轴”；
- 使用遮罩有选择地显示内容。

本课程的学习需要大约 1 小时。如果需要，可以从硬盘中删除前一课的文件夹，并将文件夹 Lesson09 复制其上。

使用 ActionScript 加载外部 Flash 内容。通过保持 Flash 内容模块化，可以使项目更容易管理并且更容易编辑。

## 9.1 开始

你将通过查看完成的影片来开始本课程。

**1.** 双击 Lesson09/09End 文件夹中的 09End.html 文件，查看最终的影片（如图 9.1 所示）。

图9.1

该项目是一份虚拟的在线生活时尚杂志，杂志名字为“Check”。封面上是一个活泼、花哨的动画，显示了杂志的 4 个主要区域。封面上的每个区域都是一个具有嵌套动画的影片剪辑。

第一个区域是一篇文章，其中介绍了即将上映的名为“Double Identity”电影中的明星（在第 4 课“添加动画”中创建了该电影的网站）；第二个区域是关于新款汽车的；第三个区域展示了一些事实和图片；第四个区域是一篇关于自身修养的文章。

可以单击封面上的每个区域以访问内容。里面的内容并不完整，但是你可以想象，每个区域可能包含更多的信息。再次单击，即可返回封面。

**2.** 双击 Lesson09/09End 文件夹中的 page1.swf，page2.swf，page3.swf 和 page4.swf 几个文件。

这 4 个区域中的每个区域都是一个单独的 Flash 文件（如图 9.2 所示）。注意，封面（09End.swf）将根据需要加载每个 SWF 文件。

**3.** 关闭所有的 SWF 文件，然后打开 Lesson09/09Start 文件夹中的 09Start.fla 文件。

这个文件中已经完成了许多图像、图形元素和动画。你将添加必要的 ActionScript 代码，使 Flash 文件加载外部 Flash 内容（如图 9.3 所示）。

图9.2

图9.3

> **注意：**如果你的电脑没有安装 FLA 文件中包含的字体，那么 Flash 会提出警告。选择替换的字体或者简单地单击“使用默认字体”，让 Flash 自动替换。

4. 选择“文件”>“另存为”。把文件命名为“09_workingcopy.fla”，并保存在 09Start 文件夹中。保存工作副本可以确保当你想重新开始时，就可以使用原始起始文件。

## 9.2 加载外部内容

你将使用 ActionScript 把所有的外部 SWF 加载进主 Flash 影片中。加载外部内容将把总体项目保存在单独的模块中，以防止项目变得太大而难以下载。它还会使你更容易进行编辑，因为你可以编辑各个区域，而不是编辑一个庞大而笨重的文件。

例如，如果你想更改第二个区域中关于新款汽车的文章，只需在Flash中打开并编辑包含此内容的page2.fla文件。

要加载外部文件，将使用两个ActionScript对象：一个名为“Loader”，另一个名为“URLRequest”。

1. 在顶部插入一个新图层，并把它重命名为“actionscript”（如图9.4所示）。
2. 按下F9键（Windows）或Option+F9组合键（Mac），打开“动作”面板。
3. 输入如下所示代码行。

```
import fl.display.ProLoader;
var myProLoader:ProLoader=new ProLoader();
```

这段代码首先导入ProLoader类的必要代码，然后创建一个ProLoader对象，并把它命名为“myProLoader”（如图9.5所示）。

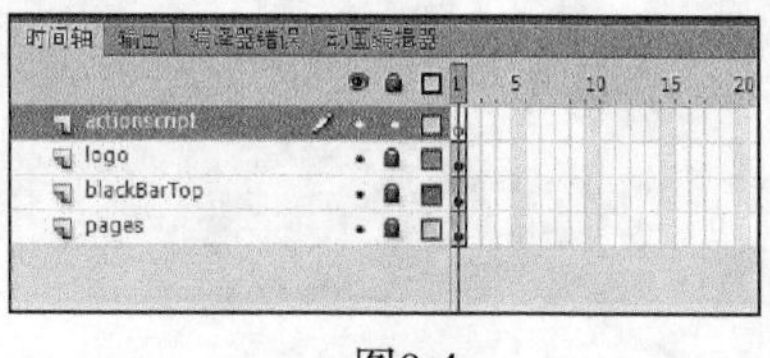

图9.4

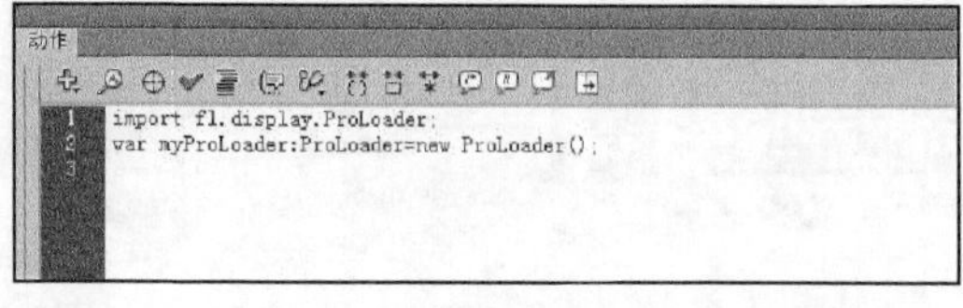

图9.5

注意：ProLoader对象是Flash Professional CS5.5中推出的一个ActionScript对象。旧版本的Flash依赖类似的对象Loader。除了ProLoader更好地处理TLF文本的加载，表现上更可靠、更一致之外，ProLoder和Loader对象完全一样。

注意：要比较标点符号、间距、拼写或者ActionScript的其他任何方面，可以在09End.fla文件中查看“动作”面板。

4. 在下面一行中输入如下所示代码行（如图9.6所示）。

```
page1_mc.addEventListener(MouseEvent.CLICK, page1content);
function page1content(e:MouseEvent):void {
var myURL:URLRequest=new URLRequest("page1.swf");
myProLoader.load(myURL);
addChild(myProLoader);
}
```

你在第6课中已经见过这种语法。在第3行，你创建了一个侦听器，用于检测名为“page1_ mc”对象上的鼠标单击事件。该对象是“舞台”上的影片剪辑。在响应中，将执行名为“page1content”的函数。

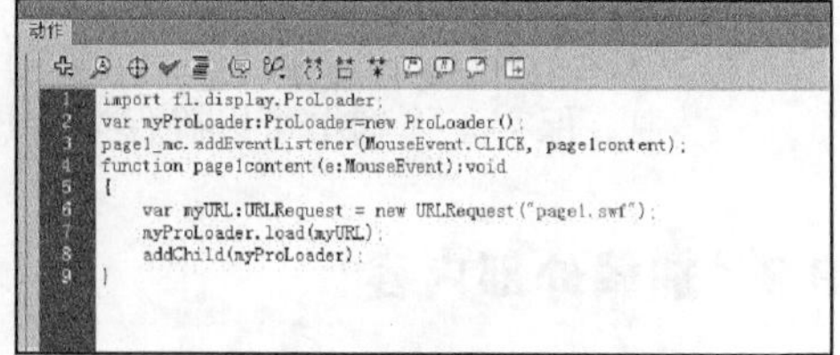

图9.6

该函数将做以下几件事：首先，它利用你想加载的文件的名称创建一个 URLRequest 对象；其次，它将把 URLRequest 对象加载进 ProLoader 对象中；最后，它把 ProLoader 对象添加到“舞台”上，让你可以查看它。

**5.** 选取“舞台”左边带有电影明星的影片剪辑（如图 9.7 所示）。

图9.7

**6.** 在“属性”检查器中，把它命名为“page1_mc”（如图 9.8 所示）。

你输入的 ActionScript 代码引用了名为“page1_mc”的对象，因此需要为“舞台”上的影片剪辑之一提供此名称。

**7.** 选择“控制”>“测试影片”>“在 Flash Professional 中”，以查看目前完成的影片。

封面将会播放它的动画并停止。在单击电影明星时，将会加载并显示名为“page1.swf”的文件（如图 9.9 所示）。

图9.8

图9.9

> **Fl** 注意：也可以使用 ProLoader 和 URLRequest 对象动态加载图像文件。语法是完全相同的，只需用 JPEG 文件名替换 SWF 文件名，Flash 就会加载指定的图像。

8. 关闭名为“09_workingcopy.swf”的 SWF 文件。
9. 选择 actionscript 图层中的第 1 帧，并打开“动作”面板。
10. 复制并粘贴事件侦听器和函数，使得“舞台”上的 4 个影片剪辑都有不同的侦听器。这 4 个侦听器应该如下所示（如图 9.10 所示）。

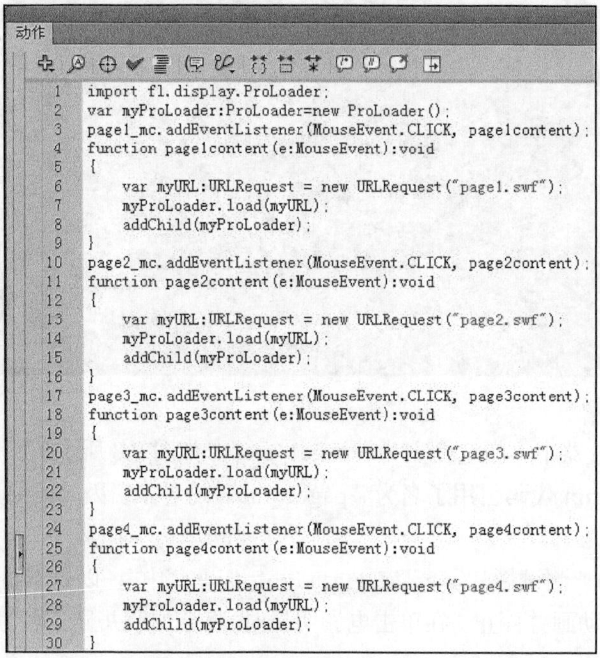

动作

```
1  import fl.display.ProLoader;
2  var myProLoader:ProLoader=new ProLoader();
3  page1_mc.addEventListener(MouseEvent.CLICK, page1content);
4  function page1content(e:MouseEvent):void
5  {
6      var myURL:URLRequest = new URLRequest("page1.swf");
7      myProLoader.load(myURL);
8      addChild(myProLoader);
9  }
10 page2_mc.addEventListener(MouseEvent.CLICK, page2content);
11 function page2content(e:MouseEvent):void
12 {
13     var myURL:URLRequest = new URLRequest("page2.swf");
14     myProLoader.load(myURL);
15     addChild(myProLoader);
16 }
17 page3_mc.addEventListener(MouseEvent.CLICK, page3content);
18 function page3content(e:MouseEvent):void
19 {
20     var myURL:URLRequest = new URLRequest("page3.swf");
21     myProLoader.load(myURL);
22     addChild(myProLoader);
23 }
24 page4_mc.addEventListener(MouseEvent.CLICK, page4content);
25 function page4content(e:MouseEvent):void
26 {
27     var myURL:URLRequest = new URLRequest("page4.swf");
28     myProLoader.load(myURL);
29     addChild(myProLoader);
30 }
```

图9.10

```
page1_mc.addEventListener(MouseEvent.CLICK, page1content);
function page1content(e:MouseEvent):void {
   var myURL:URLRequest=new URLRequest("page1.swf");
   myProLoader.load(myURL);
   addChild(myProLoader);
}
page2_mc.addEventListener(MouseEvent.CLICK, page2content);
function page2content(e:MouseEvent):void {
   var myURL:URLRequest=new URLRequest("page2.swf");
   myProLoader.load(myURL);
   addChild(myProLoader);
}
```

```
page3_mc.addEventListener(MouseEvent.CLICK, page3content);
function page3content(e:MouseEvent):void {
   var myURL:URLRequest=new URLRequest("page3.swf");
   myProLoader.load(myURL);
   addChild(myProLoader);
}
page4_mc.addEventListener(MouseEvent.CLICK, page4content);
function page4content(e:MouseEvent):void {
   var myURL:URLRequest=new URLRequest("page4.swf");
   myProLoader.load(myURL);
   addChild(myProLoader);
}
```

> **注意**：给影片剪辑添加事件侦听器可以使它们响应鼠标单击事件，但是光标不会自动变成手形图标，以指示它是可单击的。在“动作”面板中，为每个影片剪辑实例把 buttonMode 属性设置为“true”，以启用手形光标。例如，当把光标移到“舞台”上的实例上时，page1_mc.buttonMode=true 将使手形光标出现。

11. 单击“舞台”上其余的 3 个影片剪辑，并在“属性”检查器中命名它们。把黄色汽车命名为“page2_mc”，把数据区域命名为“page3_mc”，并把右下方的自身修养区域命名为“page4_mc”。

### 9.2.1 使用“代码片断”面板

你也可以使用“代码片断”面板直观地指向和添加代码，加载外部 SWF 或者图像文件。使用“代码片断”面板，能够减少工作量并节约时间。但是手工编写自己的代码是理解代码工作原理的唯一方式，能够帮助你开始自行建立更复杂的自定义项目。

如果你想依靠“代码片断”面板，则遵循如下替代步骤。然而，本课程的余下部分将采用前一小节中提供的代码。

1. 选择“窗口”>“代码片断”，如果你的“动作”面板已经打开，单击“动作”面板右上方的“代码片断”按钮。
2. 在“代码片断”面板中，扩展名为“加载”和“卸载”的文件夹，选择“单击以加载 / 卸载 SWF 或图像”（如图 9.11 所示）
3. 单击“显示代码”按钮，显示实际代码。代码的注释部分描述了代码的功能和不同参数。代码中彩色的部分是你需要更改的。
4. 将光标移到蓝色的 instance_name_here 一词上。

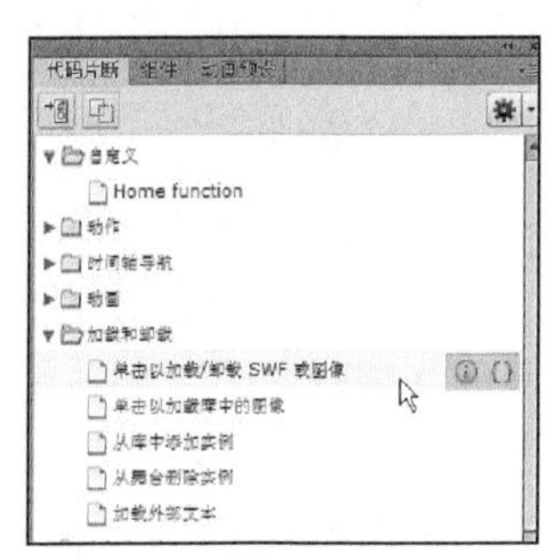

图9.11

你的光标变成 pick whip 的图标，外观像一段螺旋。

5. 单击并拖动光标，从蓝色的代码到“舞台”上的第一个影片剪辑。

影片剪辑实例变成高亮显示，边框为黄色，表示所选代码片断将应用到这个实例（如图 9.12 所示）。

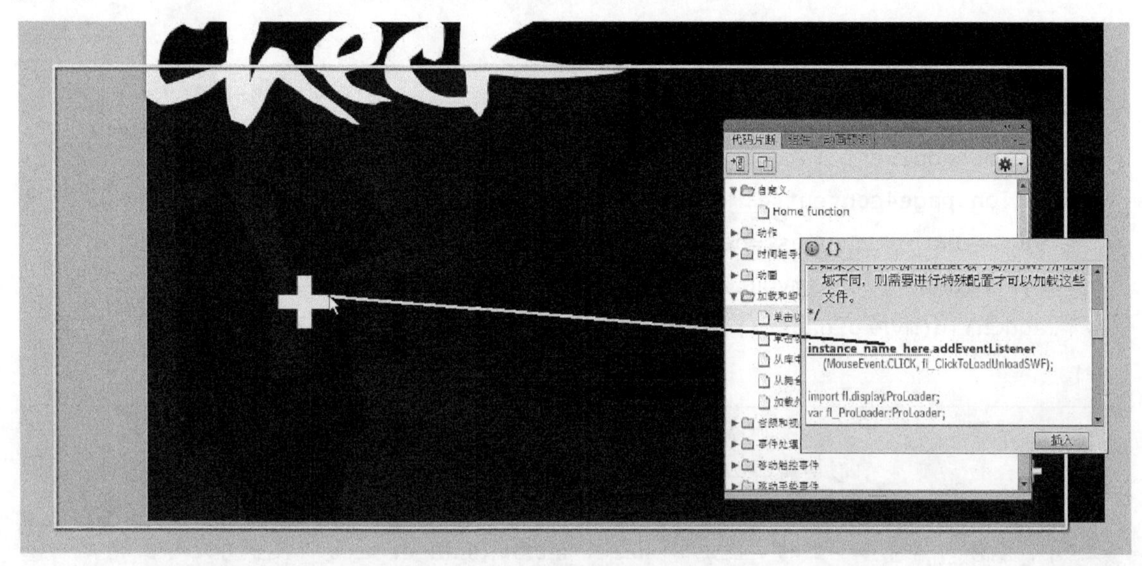


图9.12

6. 释放鼠标按键，一个对话框出现，允许你为实例取一个名称。将实例命名为 page1_mc（如图 9.13 所示）。

7. 用文件名 page1.swf 替换蓝色的 URL（如图 9.14 所示）。

文件名 page1.swf 引用将被加载的外部 SWF 文件。

8. 单击“插入”,Flash 在“时间轴”上的当前关键帧中添加代码片断。“时间轴”上出现一个标志，让你知道代码已经添加，并表示它在“时间轴”上的位置（如图 9.15 所示）。

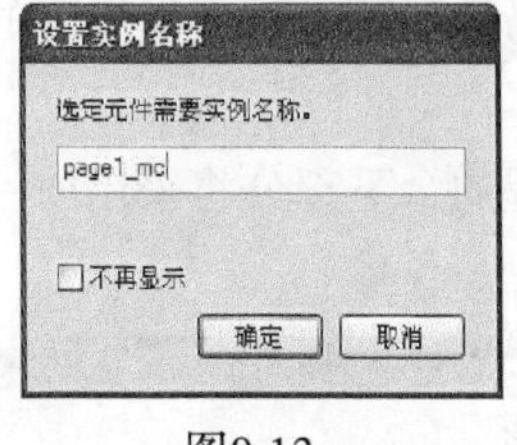


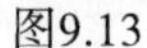

图9.13

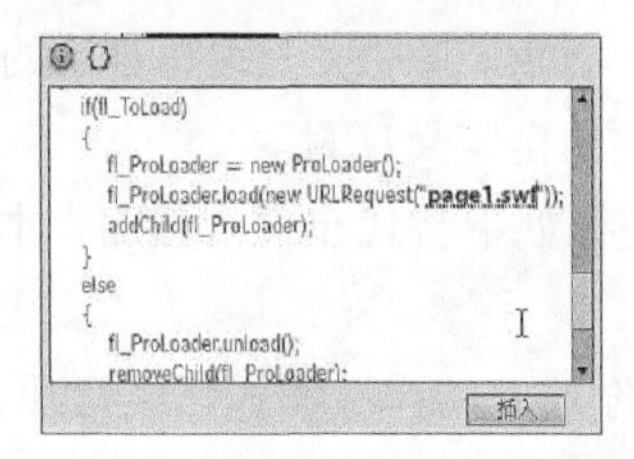


图9.14

图9.15

9. 单击“动作”面板上的标志，查看代码（如图 9.16 所示）。

检查代码。这段代码比前一小节提供的稍微复杂一些，包含了一个切换功能。所以用户可以单击一次加载 SWF，然后再次单击卸载 SWF。但是因为加载的外部 SWF 覆盖整个“舞台”，原始影片剪辑被隐藏而无法点击。如果你的布局允许按钮或者触发加载功能的影片剪辑在“舞台”上可见，就可以使用这个代码片断。

```
动作
/* 单击以从 URL 加载/卸载 SWF 或图像。
单击此元件实例会加载并显示指定的 SWF 或图像 URL。再次单击此元件实例会卸载 SWF 或图像。

说明:
1. 用所需 SWF 或图像的 URL 地址替换以下"http://www.helpexamples.com/flash/images/image1.jpg"。保留引号
2. 如果文件的来源 Internet 域与调用 SWF 所在的域不同，则需要进行特殊配置才可以加载这些文件。
*/

page1_mc.addEventListener(MouseEvent.CLICK, fl_ClickToLoadUnloadSWF);

import fl.display.ProLoader;
var fl_ProLoader:ProLoader;

//此变量会跟踪要对 SWF 进行加载还是卸载
var fl_ToLoad:Boolean = true;

function fl_ClickToLoadUnloadSWF(event:MouseEvent):void
{
    if(fl_ToLoad)
    {
        fl_ProLoader = new ProLoader();
        fl_ProLoader.load(new URLRequest("page1.swf"));
        addChild(fl_ProLoader);
    }
    else
    {
        fl_ProLoader.unload();
        removeChild(fl_ProLoader);
        fl_ProLoader = null;
    }
    // 切换要对 SWF 进行加载还是卸载
    fl_ToLoad = !fl_ToLoad;
}
```

图9.16

## 定位加载的内容

加载的内容与“舞台”（或者它加载到的任何容器）对齐。默认情况下，ProLoader对象的注册点被定位在其左上角，所以外部SWF的左上角与“舞台”的左上角（x=0，y=0）对齐。由于4个外部Flash文件（page1.swf、page2. swf、page3. swf和page4.swf）都具有与加载它们的Flash文件相同的“舞台”大小，因此它们将完全盖住“舞台”。

不过，可以把Loader对象定位于你希望的任何位置。如果想把ProLoader对象放置在不同的水平位置，可以利用ActionScript为ProLoader对象设置新的X值；如果想把ProLoader对象放置在不同的垂直位置，可以为ProLoader对象设置新的Y值。方法如下：在“动作”面板中输入ProLoader对象的名称，其后接着一个句点、x或y属性，然后是等号和新值。在下面的示例中，将名为“myProLoader”的ProLoader对象定位于距离左边200像素并且距离上边100像素（如图9.17所示）。

当外部内容加载时，它正好出现在距离左边200像素且距离上边100像素的位置（如图9.18所示）。

图9.17

```
27
28  myProLoader.x = 200;
29  myProLoader.y = 100;
```

图9.18

## 9.3 删除外部内容

一旦加载了外部SWF文件，怎样才能卸载它以返回到主Flash影片呢？方法之一是从ProLoader对象中卸载SWF内容，使得观众不再能够看到它。你将使用命令unload（）来完成。

1. 选择actionscript图层中的第1帧，并打开“动作”面板。

2. 在“脚本”窗格中把以下代码行添加到你的代码中（如图9.19所示）。

```
myProLoader.addEventListener(MouseEvent.CLICK, unloadcontent);
function unloadcontent(e:MouseEvent):void {
myProloader.unload();
}
```

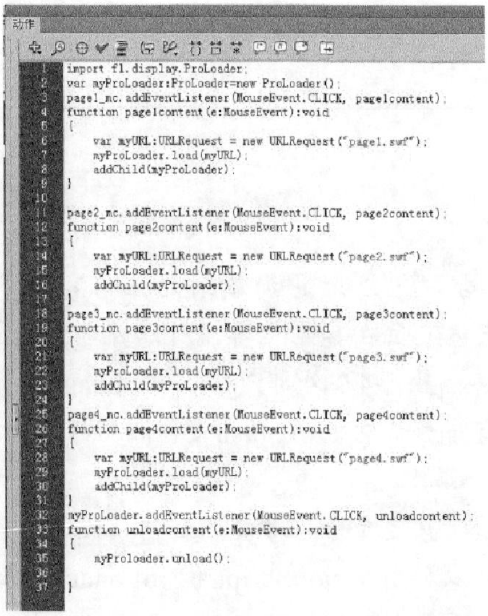

```
动作
1  import fl.display.ProLoader;
2  var myProLoader:ProLoader=new ProLoader();
3  page1_mc.addEventListener(MouseEvent.CLICK, page1content);
4  function page1content(e:MouseEvent):void
5  {
6      var myURL:URLRequest = new URLRequest("page1.swf");
7      myProLoader.load(myURL);
8      addChild(myProLoader);
9  }
10
11 page2_mc.addEventListener(MouseEvent.CLICK, page2content);
12 function page2content(e:MouseEvent):void
13 {
14     var myURL:URLRequest = new URLRequest("page2.swf");
15     myProLoader.load(myURL);
16     addChild(myProLoader);
17 }
18 page3_mc.addEventListener(MouseEvent.CLICK, page3content);
19 function page3content(e:MouseEvent):void
20 {
21     var myURL:URLRequest = new URLRequest("page3.swf");
22     myProLoader.load(myURL);
23     addChild(myProLoader);
24 }
25 page4_mc.addEventListener(MouseEvent.CLICK, page4content);
26 function page4content(e:MouseEvent):void
27 {
28     var myURL:URLRequest = new URLRequest("page4.swf");
29     myProLoader.load(myURL);
30     addChild(myProLoader);
31 }
32 myProLoader.addEventListener(MouseEvent.CLICK, unloadcontent);
33 function unloadcontent(e:MouseEvent):void
34 {
35     myProloader.unload();
36
37 }
```

图9.19

这段代码把一个事件侦听器添加到名为“myProLoader”的ProLoader对象中。当单击该Loader对象时，将会执行名为“unloadcontent”的函数。

该函数只执行一个动作：它会从“舞台”上删除ProLoader对象。

> Fl　注意：如果你想从“舞台”上完全删除ProLoader对象，可以使用removeChild( )命令来完成。代码removeChild（myProLoader）删除名为myProLoader的ProLoader对象，这样它就不会再在“舞台”上显示。

> Fl　注意：如果加载的内容包含打开的流（比如视频或者声音），这些声音将会继续，即使在你从ProLoader对象中卸载SWF之后也一样。可以使用unloadAndStop( )命令停止声音，并卸载SWF内容。

3. 选择“控制”>“测试影片”>“在Flash Professional中”，以预览影片。单击4个区域中的任何一个区域，然后单击加载的内容，返回到主影片。

## 9.4 控制影片剪辑

在返回到封面时，将看到 4 个区域，因此可以单击另一个影片剪辑来加载不同的区域。但是重新播放初始动画不是很好吗？初始动画嵌套在每个影片剪辑内，并且可以控制“舞台”上的 4 个影片剪辑。可以使用在第 6 课中学习的基本导航命令（gotoAndStop、gotoAndPlay、stop 和 play）导航影片剪辑的“时间轴”以及主“时间轴”。只需简单地把命令放在影片剪辑的名称前面并用点号隔开它们即可。Flash 将把那个特定的影片剪辑作为目标，并相应地移动它的“时间轴”。

1. 选择 actionscript 图层中的第 1 帧，并打开“动作”面板。

2. 在名为“unloadcontent”的函数中添加命令，使得整个函数如下所示（如图 9.20 所示）。

```
function unloadcontent(e:MouseEvent):void {
myProloader.unload();
page1_mc.gotoAndPlay(1);
page2_mc.gotoAndPlay(1);
page3_mc.gotoAndPlay(1);
page4_mc.gotoAndPlay(1);
}
```

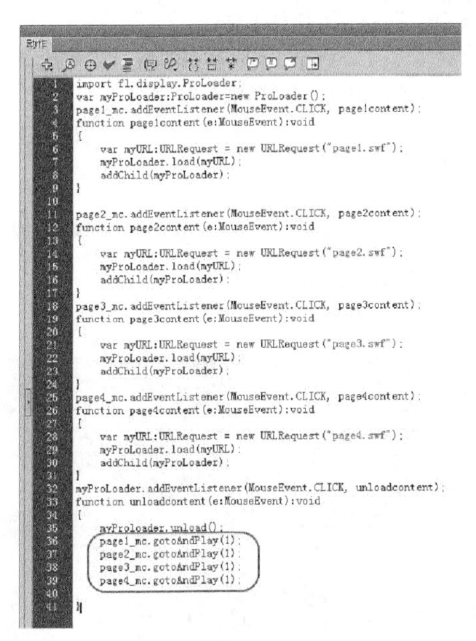


图9.20

在这个函数中（当用户单击 ProLoader 对象时将执行它），从“舞台”上删除 ProLoader 对象，然后把“舞台”上每个影片剪辑的播放头移到第 1 帧并开始播放。

3. 选择“控制”>“测试影片”>“在 Flash Professional 中”，以预览影片。单击 4 个区域中的任何一个区域，然后单击加载的内容，返回到主影片。

在返回到主影片时，全部 4 个影片剪辑都将播放它们嵌套的动画（如图 9.21 所示）。

图9.21

## 9.5　创建遮罩

遮罩是一种有选择地隐藏和显示图层上内容的方式。遮罩能够控制观众将要看到的内容。例如，你可以制作一个圆形遮罩，只允许观众通过圆形区域查看内容，以便获得锁眼或聚光灯的效果。在 Flash 中，你把遮罩放在一个图层上，并且遮挡住图层中位于其下的内容。

可以对遮罩制作动画，被遮挡的内容也可以制作动画。因此可以把圆形遮罩变得更大，以显示更多的内容；或者可以在遮罩下面滚动内容，就像飕飕地经过火车窗户的风景一样。

### 9.5.1　定义遮罩和被遮罩层

你将创建一个矩形遮罩，刚开始时它很小，然后变大，以覆盖“舞台”。最终的效果是：慢慢呈现被遮罩层的内容，就像打开一扇滑动的门一样。

**1.** 打开 page2.fla 文件（如图 9.22 所示）。

图9.22

一个名为 content 的图层包含第二个区域中关于新款汽车的影片剪辑（如图 9.23 所示）。

**2.** 在 content 图层上面插入一个新图层，并把它重命名为“mask”（如图 9.24 所示）。

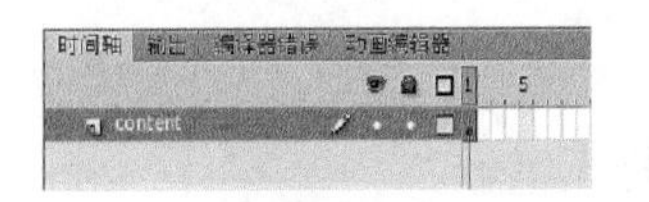


图9.23

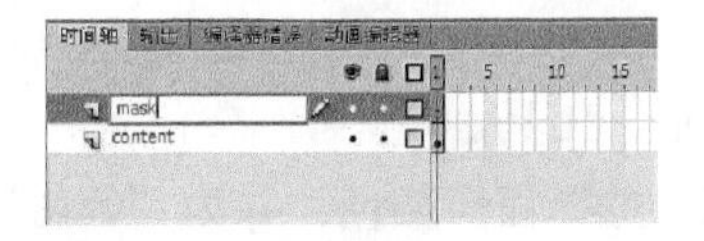


图9.24

3. 双击图层名称前面的图标，或选择“修改” > “时间轴” > “图层属性”，将显示“图层属性”对话框。
4. 选择“遮罩层”，并单击“确定”按钮（如图 9.25 所示）。

上面的图层将变为“遮罩”图层。在该图层上绘制的任何内容都将充当位于它下面的被遮罩层的遮罩（如图 9.26 所示）。

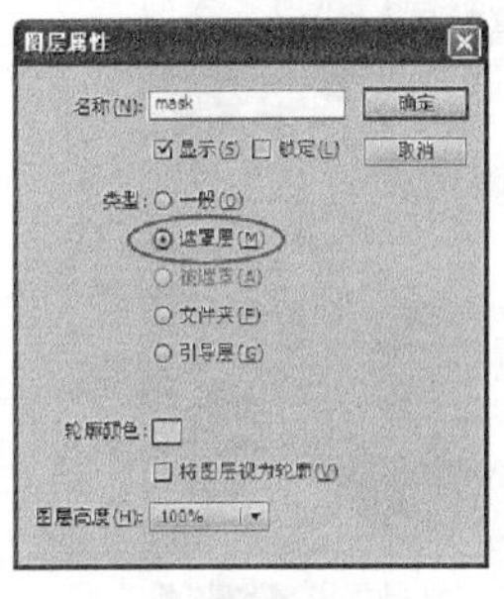

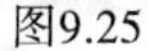

图9.25

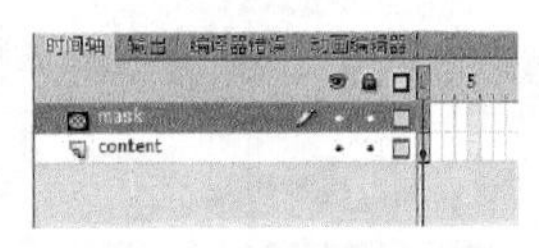


图9.26

5. 双击下面名为“content”图层前面的图标，或选择“修改” > “时间轴” > “图层属性”，将显示“图层属性”对话框。
6. 选择“被遮罩”，并单击“确定”按钮（如图 9.27 所示）。

下面的图层变为“被遮罩”图层并且会缩进，指示它受到上面遮罩的影响（如图 9.28 所示）。

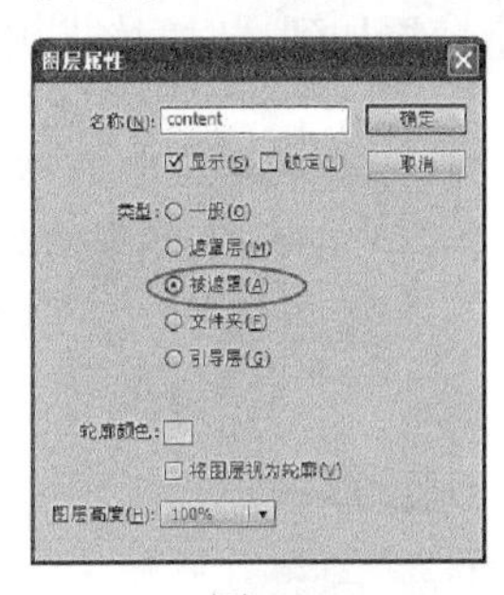


图9.27

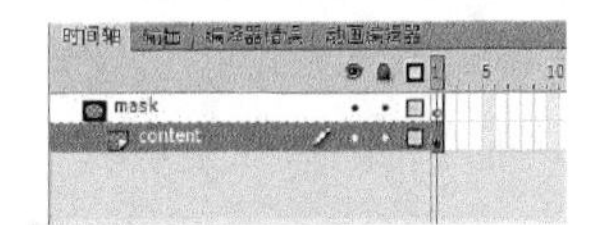


图9.28

Fl **注意：**也可以简单地把普通图层拖到“遮罩”图层下面，Flash 将把它转换为“被遮罩”图层。

## 9.5.2 创建遮罩

遮罩可以是任意填充的形状，填充的颜色无关紧要。对于 Flash 来说，重要的是形状的大小、位置和轮廓。形状是“窥视孔”，你将通过它查看下面图层上的内容。当然，你可以使用任何绘图工具创建遮罩。

1. 选择“矩形”工具。
2. 为“填充”选择任何颜色，并为“笔触”选择无笔触。
3. 选择上面的“遮罩”图层，并在“舞台”左边绘制一个细长的矩形，使矩形的高度稍大于“舞台”（如图 9.29 所示）。
4. 右击 / 按住 Ctrl 键并单击该矩形，然后选择“创建补间动画”（如图 9.30 所示）。

图9.29

图9.30

5. Flash 将要求把矩形形状转换为元件，以便可以应用补间动画（如图 9.31 所示），然后单击“确定”按钮。

上面的图层将变为“补间”图层，并将把另外一组帧添加到“时间轴”中（如图 9.32 所示）。

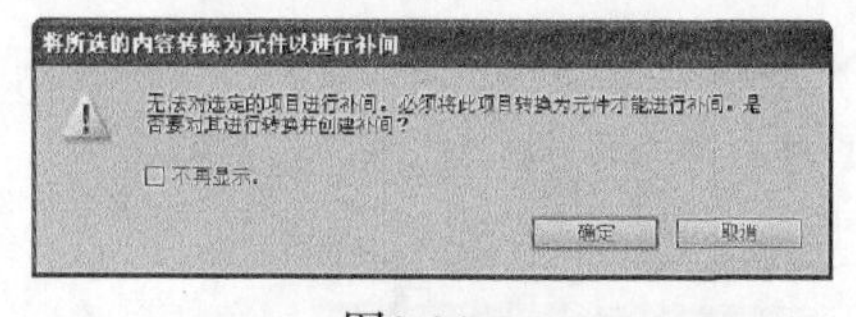


图9.31

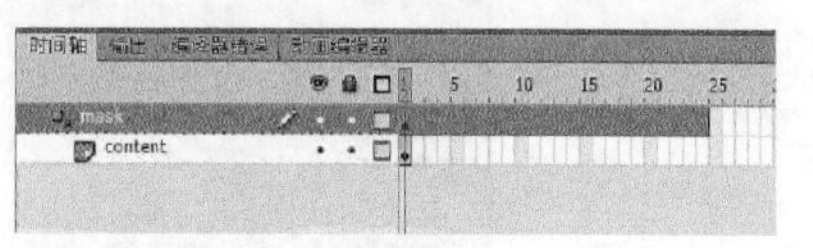


图9.32

6. 在下面的图层中插入相同数量的帧（如图 9.33 所示）。

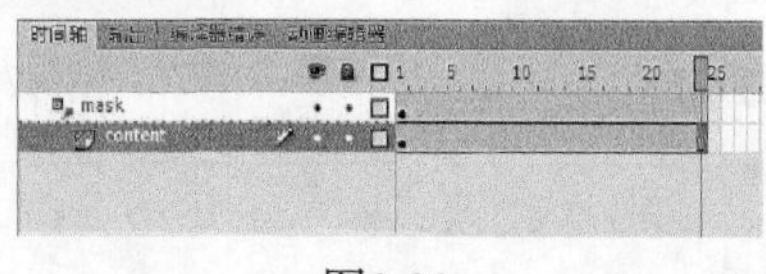


图9.33

7. 把播放头移到最后一个帧即第 24 帧处。
8. 选择“任意变形”工具。
9. 单击矩形元件，在矩形元件周围将出现任意变形手柄（如图 9.34 所示）。

图9.34

**10.** 按住 Alt/Option 键，并拖动任意变形句柄的右边缘，扩展矩形以覆盖整个“舞台”（如图 9.35 所示）。

图9.35

Flash 在最后一帧中创建新的关键帧，矩形在此变得更宽。补间动画创建了矩形变宽并且覆盖住“舞台”的平滑动画。

**11.** 为了在其“被遮罩”图层上查看“遮罩”图层的效果，可锁定两个图层（如图 9.36 所示）。沿着“时间轴”来回拖动红色播放头，查看补间动画怎样显现底下图层中的内容。

**12.** 插入一个新图层，并把它重命名为“actionscript”（如图 9.37 所示）。

**13.** 在 actionscript 图层的最后一帧处插入一个关键帧，并打开“动作”面板。

**14.** 在“动作”面板的“脚本”窗格中，输入“stop（ ）”（如图 9.38 所示）。

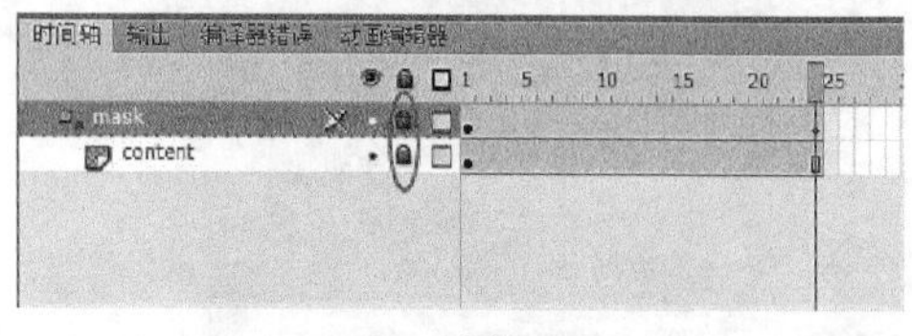


图9.36

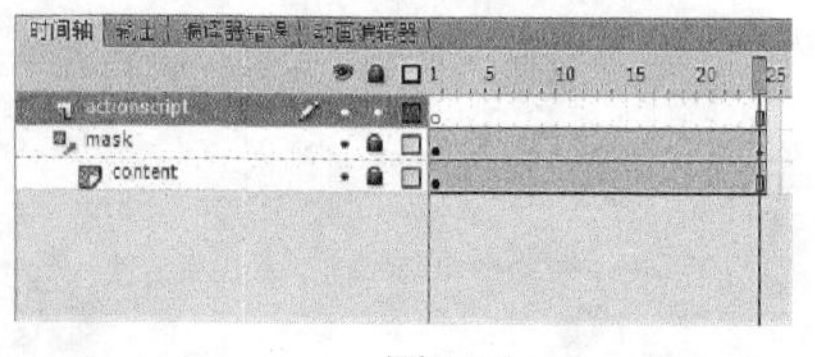


图9.37

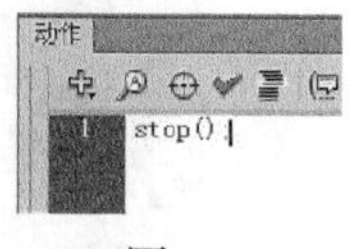


图9.38

**15.** 选择“控制”>“测试影片”>“在 Flash Professional 中”。

当补间动画在“遮罩”图层中前进时，将会呈现“被遮罩”图层越来越多的内容，从而创建一种称为“擦除”的电影过渡效果（如图 9.39 所示）。如果打开 09_workingcopy.fla 并选择“控制”>“测试影片”>“在 Flash Professional 中”，然后单击汽车影片剪辑，你将看到遮罩效果被保留下来，甚至在把它加载进另一个 Flash 影片中时也如此。

图9.39

> 注意：Flash 不识别遮罩的不同 Alpha 级别。例如，Alpha 值为 50% 的遮罩不会以 50% 的效果显示底层内容。不过，利用 ActionScript 可以动态地创建允许透明度的遮罩。遮罩也不识别笔触。

# 复习

## 复习题

1. 怎样加载外部 Flash 内容?
2. 加载外部 Flash 内容有什么优点?
3. 怎样控制影片剪辑实例的“时间轴”?
4. 什么是遮罩?怎样创建遮罩?

## 复习题答案

1. 使用 ActionScript 加载外部 Flash 内容要创建两个对象:一个 ProLoader 对象和一个 URLRequest 对象。URLRequest 对象指定想要加载的 SWF 文件的文件名和文件位置。要加载文件,可使用 load ( ) 命令把 URLRequest 对象加载进 ProLoader 对象中,然后利用 addChild ( ) 命令在“舞台”上显示 Loader 对象。
2. 加载外部内容将把总体项目保存在单独的模块中,可以防止项目变得太大而难以下载。它还使得你更容易进行编辑,因为你可以编辑各个区域而不是一个庞大又笨重的文件。
3. 可以利用 ActionScript 控制影片剪辑的“时间轴”。其方法是:首先通过实例名称把它们作为目标。在名称后面输入一个点号(句点),然后输入想要的命令。可以使用在第 6 课中学过的用于导航的相同命令(gotoAndStop、gotoAndPlay、stop 和 play)。Flash 将以那个特定的影片剪辑为目标,并相应地移动它的“时间轴”。
4. 遮罩是一种有选择地隐藏和显示图层上内容的方式。在 Flash 中,将把遮罩放在上面的“遮罩”图层上,并把内容放在它下面的图层中,该图层称为“被遮罩”图层。“遮罩”图层和“被遮罩”图层都可以制作动画。要查看“被遮罩”图层上“遮罩”图层的效果,必须锁定这两个图层。

# 第10课 发布Flash文档

课程概述

在这一课中，你将学习如何执行以下任务：

- 测试 Flash 文档；
- 更改文档的发布设置；
- 了解各种 Flash 运行时环境；
- 发布用于 Web 的项目；
- 添加元数据；
- 检测观众安装的 Flash Player 的版本；
- 发布作为桌面应用的项目；
- 发布自含式放映文件；
- 通过模拟移动交互来测试项目。

完成本课程的学习需要 2 小时。如果需要，可以从硬盘驱动器上删除前一课的文件夹，并把 Lesson10 文件夹复制其上。

在完成Flash 项目后，可以将其发布为不同的格式，用于不同设备和环境上的播放。你可以用Flash Professional CS6创作一次，然后发布到（几乎）所有地方。

## 10.1 开始

在本课程中，将发布多个已经完成的项目，以学习各种输出选项。第一个项目是关于我们熟悉的虚拟城市 Meridien 的动画式横幅，你将发布这个电影，用于在桌面浏览器上播放。第二个项目是第 6 课创建的 Meridien 交互式餐馆指南，这个项目将针对 Adobe AIR 创建一个独立的应用程序，在桌面的浏览器之外运行。最后，你将在移动设备上交互式地测试第三个项目。

1. 双击 Lesson10/10Start 文件夹中的 10Start_banner.fla，10Start_restaurantguide.fla 和 10Start_mobileapp.fla 文件，打开这三个项目（如图 10.1 所示）。

图10.1

这三个项目相对简单，且每个都有独特的“舞台”尺寸，适合最终发布的播放环境。

2. 在每个项目的“属性”检查器中，注意“目标”被设置为不同的选项。

横幅广告项目的目标是 Flash Player，餐馆指南的目标是 AIR for Desktop，移动应用的目标是 AIR for Android（如图 10.2 所示）。

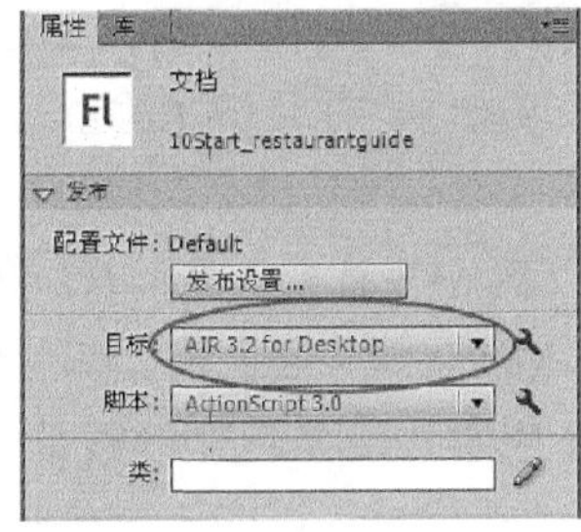

图10.2

## 10.2 测试 Flash 文档

在进入完成后的 Flash 文件之前，先考虑一下发布之前的查错过程。查找错误是随着时间的推移而逐渐拥有的一项技能，但是如果在创建内容时频繁测试影片则更容易确定问题的成因。如果在每执行一步操作之后就测试影片，就会知道所做的更改，从而知道出错的可能。要记住：“早测试，常测试。”

预览影片的一种快速方式是：选择“控制”>“测试影片”>“在 Flash Professional 中”（或者按下 Ctrl+Enter/Cmd+Enter 组合键），就像你在以前的课程中所做的那样。这个命令将会在与 FLA 文件相同的位置创建一个 SWF 文件，以便你可以播放并预览影片；它不会创建 HTML 文件，也不会创建从 Web 浏览器播放影片所需的任何其他文件。

当你相信自己已经完成影片或者影片的一部分时，要花一些时间确保所有部分都处于合适的位置，并且会以预期的方式执行。

1. 审查项目的故事板（如果有故事板的话），或者说明了项目的目的和需求的其他文档。如果没有这样的文档，就编写一份说明书，指出在观看影片时期望看到什么。要包括如下信息：动画的长度、影片中包括的任何按钮或链接以及在影片播放过程中应该看到什么。

2. 使用故事板、项目需求或者编写的说明书，创建一份检查表，可以使用它来验证影片是否已满足你的期望。

> Fl **注意**：影片在“测试影片”模式下的默认行为是循环播放。可以使 SWF 文件在浏览器中以不同的方式播放。其方法是：选择不同的发布设置，如本课程后面所述；或者添加 ActionScript 代码来停止“时间轴”。

3. 选择“控制”>“测试影片”>“在 Flash Professional 中”。在影片播放时，把它与检查表作比较。单击按钮和链接，确保它们像预期的那样工作。你应该检查用户会遇到的各种可能性。这个过程称为质量保证（quality assurance，QA）。在较大的项目中，它被称为 beta 测试。

4. 对于用 Flash Player 播放的影片，选择“文件”>“发布预览”>“默认 -（HTML）”，导出在浏览器中播放影片所需的 SWF 文件和 HTML 文件，并预览影片。

这时会打开一个浏览器（如果尚未打开），并播放最终的影片。

5. 把两个文件（SWF 文件和 HTML 文件）上传到你自己的 Web 服务器，并把网站地址提供给你的同事或朋友，让他们帮助你测试影片。要求他们在不同的计算机上利用不同的浏览器运行影片，以确保包括所有的文件，并且满足检查表上提出的标准。鼓励测试者像目标观众一样观看影片。

如果项目需要额外的媒体，如 FLV 或 F4V 音频文件、视频的外观文件或者加载的外部 SWF 文件，那么必须把它们与 SWF 文件和 HTML 文件一起上传，放在和你的电脑硬盘上一样的相对位置。

6. 根据需要执行更改和校正来完成影片，上传修改过的文件，然后再次测试它，确保它满足你的标准。测试和执行修改的迭代过程可能不会像听上去那样有趣，但它是启动成功的 Flash 项目至关重要的部分。

**清除发布缓存**

当你选择“控制”>“测试影片”>“在Flash Professional 中”生成一个SWF测试影片时，Flash将项目中的任何字体和声音的压缩拷贝放入发布缓存中。当你再次测试影片时，如果字体和声音没有修改，Flash可使用缓存中的版本以加速SWF文件的加载。不过，你可以选择“控制”>“清除发布缓存”以手工清除缓存。如果你打算清除缓存并测试影片，可以选择“控制”>“清除发布缓存并测试影片”。

## 10.3 理解发布

发布是创建为观众播放最终 Flash 项目所必需的文件的过程。记住，Flash Professional CS6 是一个创作应用程序，这是与体验影片的观众不同的环境。在 Flash Professional CS6 中，你将创作内容。在目标环境中（如桌面浏览器或者移动设备），你的观众将观看内容的播放或者运行。所以，开发人员要区分“创作时”和“运行时”。

Adobe 为播放你的 Flash 内容提供了各种不同的运行时环境。最常用于桌面浏览器的是 Flash Player。Flash Player 11.2 是最新版本，支持 Flash Professional CS6 中的所有新功能。Flash Player 可以从 Adobe 网站上免费下载，这个插件可用于所有主要浏览器和平台。在 Google Chrome 中预装了 Flash Player 并自动更新。

Adobe AIR 是另一个用于播放 Flash 内容的运行时环境。AIR 直接从桌面上运行 Flash 内容，不需要浏览器。当发布用于 AIR 的内容时，你将其制作成一个安装程序，可以创建一个独立的应用程序。另外，你还可以发布安装和运行于 Android 设备甚至不支持 Flash Player 的 iPhone 或者 iPad 等 iOS 移动设备上的应用程序。

为了成功，了解你的受众、理解目标播放环境是至关重要的。

## 10.4 为 Web 发布影片

在为 Web 发布影片时，你的目标是 Web 浏览器的 Flash Player。用于 Web 的 Flash 内容需要一个用于 Flash Player 的 SWF 文件和一个 HTML 文档，告诉 Web 浏览器如何显示 Flash 内容。你必须把这两个文件以及 SWF 文件引用的其他任何文件（比如 FLV 或 F4V 视频文件和外观）都上传到 Web 服务器。默认情况下，“发布”命令将把所有必需的文件都保存到相同的文件夹中。

可以为发布影片指定不同的选项，包括是否检测在观众的计算机上安装的 Flash Player 版本。

> **Fl** 注意：在“发布设置”对话框中更改设置时，它们将与文档保存在一起。

### 10.4.1 指定 Flash 文件设置

可以确定 Flash 如何发布 SWF 文件，包括它需要的 Flash Player 版本、它使用的 ActionScript 版本以及怎样显示和播放影片。

1. 打开 10Start_banner.fla 文件。
2. 选择“文件” > “发布设置”，或者单击“属性”检查器中“配置文件”区域的“发布设置”按钮。

出现“发布设置”对话框，顶部是“常规”设置，左侧是“格式”设置，右边则是选中的格式的附加选项，如图 10.3 所示。

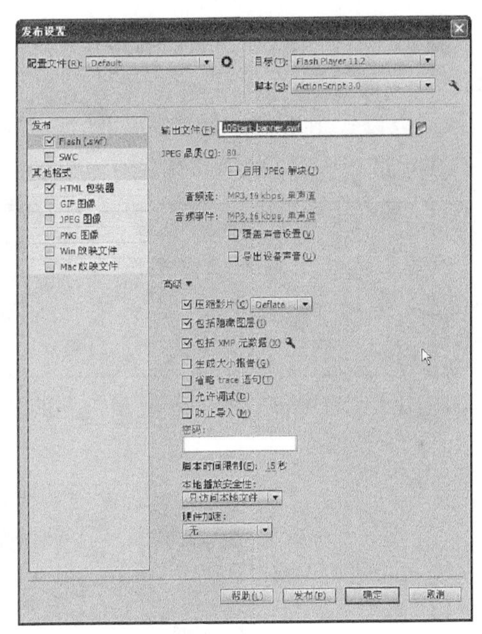


图10.3

“Flash”和“HTML 包装器”格式应该已经被选中。

3. 在“发布设置”对话框的顶部选择 Flash Player 的版本，最新版本是 Flash Player 11.2。

在 Flash Player 11.2 以前的播放器版本中，一些 Flash Professional CS6 特性将不会像期望的那样工作。如果使用 Flash CS6 的最新特性，就必须选择 Flash Player 11.2。只有在你以没有最新版本的特定观众为目标时，才选择较早的版本。

4. 选择合适的 ActionScript 版本。你在本书的课程中使用的是 ActionScript 3.0，因此就选择 ActionScript 3.0。
5. 在对话框的左侧选择 Flash（.swf）格式。

SWF 文件的选项出现在右侧。展开“高级”区域查看更多选项，如图 10.4 所示。

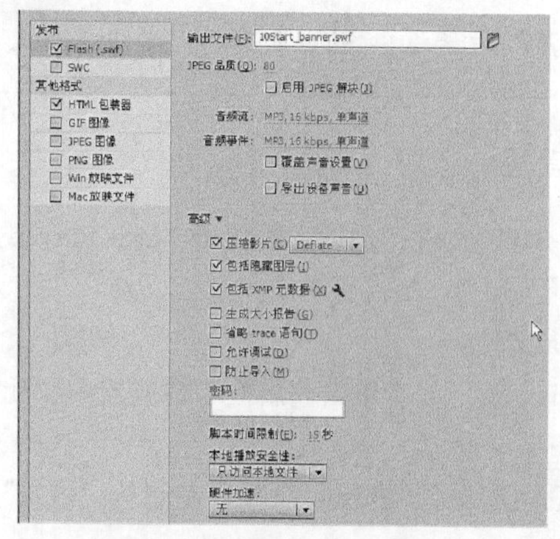


图10.4

6. 如果你希望，可以输入新文件名，更改输出文件名称和位置。在本课程中，保留输出文件名 10Start_banner.swf。
7. 如果影片中包含位图，可以设置用于 JPEG 压缩水平的全局品质选项（如图 10.5 所示）。输入 0（最低品质）～ 100（最高品质）的值。默认值为 80，在本课程中你可以保留该设置。

> Fl 注意：在每个导入位图的“位图”属性对话框中，你可以选择使用“发布设置”中的“JPEG 品质”设置，或者为单个位图选择一个设置。你可以在需要的时候发布更高质量的图像——例如人们的照片，而对不重要的图像使用低质量的图像——例如背景材质。

8. 如果包括声音，可以单击用于“音频流”和“音频事件”的“设置”按钮，选择音频压缩的品质（如图 10.6 所示）。

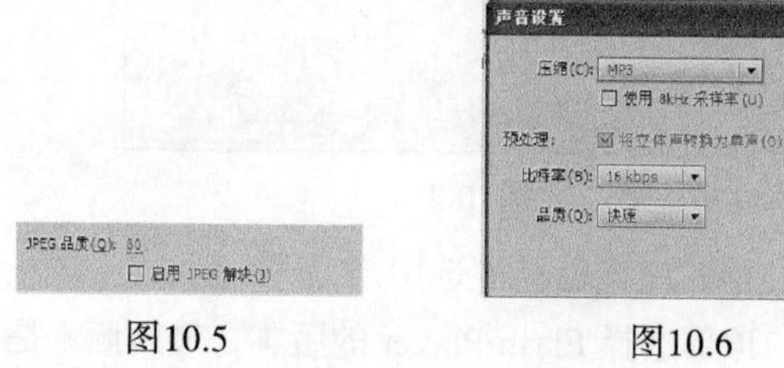


图10.5　　图10.6

比特率越高，声音质量越好。在这个交互式横幅中没有声音，因此无须更改设置。

**9.** 确保勾选“压缩影片”复选框（如图 10.7 所示），以减小文件尺寸和缩短下载时间。

“Deflate”是默认选项。选择 LZMA 可以得到更好的 SWF 压缩。如果你的项目包含较多的 ActionScript 代码和矢量图形，将看到文件尺寸的压缩得到最大的改善。

**10.** 如果想包括用于说明影片的信息，就要勾选“包括 XMP 元数据”复选框。

**11.** 选择对话框左侧的“HTML 包装器”格式。

**12.** 从“模板”菜单中选择“仅 Flash”（如图 10.8 所示）。

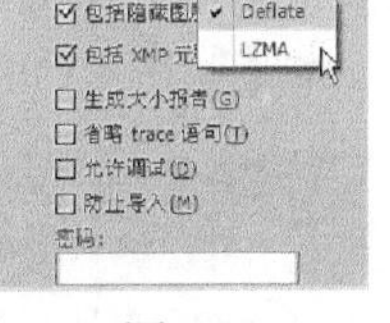


图10.7

图10.8

**Fl** 注意：要了解其他模板选项，可以选择一个选项，然后单击“信息”按钮。

## 10.4.2 检测 Flash Player 的版本

你可以自动检测观众的计算机上安装的 Flash Player 版本；如果 Flash Player 版本不是所需的版本，就会显示一条消息，提示观众下载更新的播放器。

**1.** 如果必要，选择“文件”>“发布设置”或者单击“属性”检查器“配置文件”区域中的“发布设置”按钮。

**2.** 在“发布设置”对话框的左侧选择“HTML 包装器”格式。

**3.** 勾选“检测 Flash 版本”复选框。

**4.** 在“版本”框中，输入要检测的 Flash Player 的最早版本（如图 10.9 所示）。

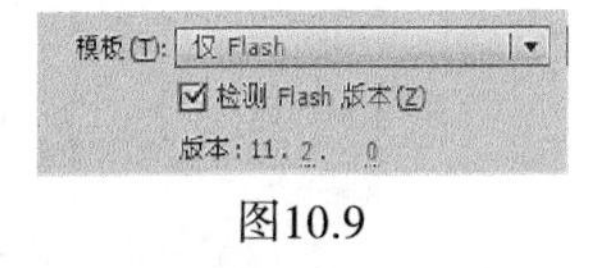


图10.9

**5.** 单击“发布”按钮，然后单击“确定”按钮，关闭对话框。

Flash 将会发布 3 个文件。Flash 将创建一个 SWF 文件、一个 HTML 文件以及一个名为“swfobject.js”的附加文件。其中包含额外的 JavaScript 代码，它将检测指定的 Flash Player 版本。如果浏览器没有在“版本”框中输入 Flash Player 的最早版本，就会显示一条消息，而不会显示 Flash 影片。需要把这 3 个文件都上传到 Web 服务器，它们是影片所必需的。

## 10.4.3 更改显示设置

可以使用许多选项来更改在浏览器中显示 Flash 影片的方式。“HTML 包装器”的“尺寸”选项和“缩放”选项一起确定了影片的大小以及变形和裁剪程度（如图 10.10 所示）。

1. 选择“文件” > “发布设置”，或者单击“属性”检查器“配置文件”区域中的“发布设置”按钮。
2. 在“发布设置”对话框左侧单击“HTML 包装器”格式。

- 为“大小”选择“匹配影片”，在 Flash 中设置的完全相同的“舞台”大小中播放 Flash 影片。对于几乎所有的 Flash 项目，这都是常用的设置。
- 为“尺寸”选择“像素”，可以为 Flash 影片输入不同的大小（以像素为单位）。
- 为“尺寸”选择“百分比”，可以为 Flash 影片输入不同的大小（以浏览器窗口的百分比表示）。

3. 单击“缩放和对齐”选项，展开下面的高级设置。

- 为“缩放”选择“默认（显示全部）”，将使影片适合浏览器窗口以显示所有的内容，而不会有任何变形或裁剪。对于几乎所有的 Flash 项目，这都是常用的设置。如果用户减小了浏览器窗口的大小，内容仍会保持不变，但是会被窗口截断（如图 10.11 所示）。

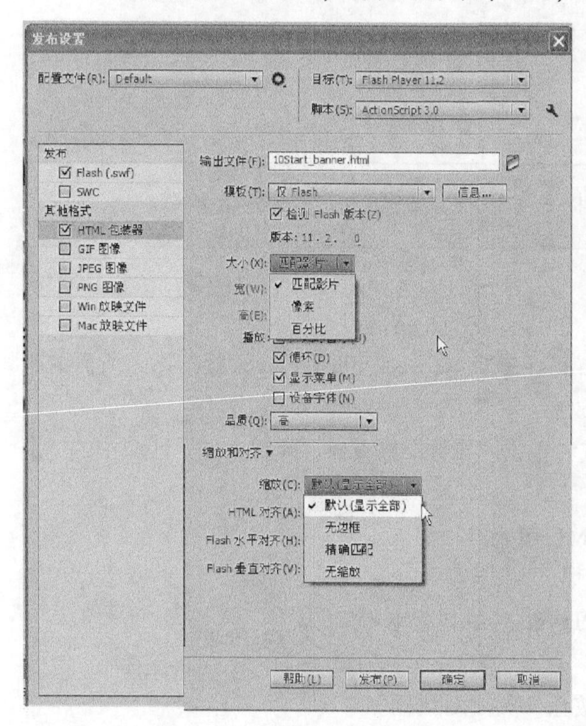


图10.10

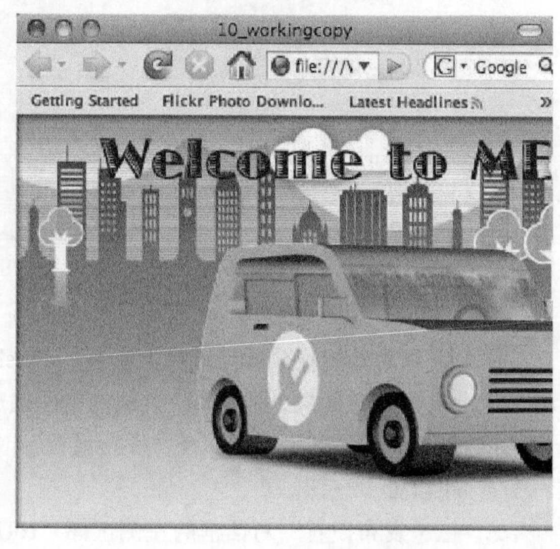


图10.11

- 为“大小”选择“百分比”并为“缩放”选择“无边框”，将缩放影片使之适合浏览器窗口。它不会产生任何变形，但是会裁剪内容以便填充窗口（如图 10.12 所示）。
- 为“尺寸”选择“百分比”并为“缩放”选择“精确匹配”，对影片进行缩放，以同时在水平和垂直方向上填充浏览器窗口。采用这些选项将不会显示任何背景颜色，但是内容可能变形（如图 10.13 所示）。

10_workingcopy
file:///Volumes/LaCie/
Google
Getting Started
Flickr Photo Downlo...
Latest Headlines
Apple
Amazon
eBay
ne to MERIDIEN
Done

图10.12

10_workingcopy
file:///Volum
Google
Getting Started
Flickr Photo Downlo...
Latest Headlines
Apple
Welcome to MERIDIEN
LIVE
EAT
ENJOY
MOVE
Done

图10.13

• 为“尺寸”选择“百分比”并为“缩放”选择“无缩放”，不管浏览器窗口的大小如何，都将保持影片大小固定不变（如图 10.14 所示）。

图10.14

### 10.4.4 更改播放设置

可以更改多个选项，以影响在浏览器内播放 Flash 影片的方式。

1. 选择“文件”>“发布设置”，或者单击“属性”检查器“配置文件”区域中的“发布设置”按钮。
2. 选择对话框左侧的“HTML 包装器”格式，右侧有一个“播放”区域（如图 10.15 所示）。

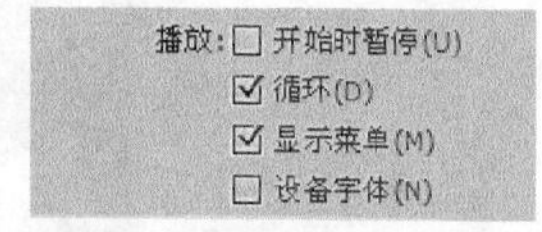


图10.15

• 为“播放”选择“开始时暂停”，使影片在第 1 帧处暂停。
• 为“播放”取消选择“循环”，使影片只播放一次。
• 为“播放”取消选择“显示菜单”，用于限制当在浏览器中右击 / 按住 Ctrl 键并单击 Flash 影片时上下文菜单中出现的选项。

> Fl 注意：一般来讲，与依靠“发布设置”对话框中的“播放”设置相比，更好的做法是利用 ActionScript 控制 Flash 影片。例如，如果希望在开始时暂停影片，可以在“时间轴”上的第 1 帧中添加一个 stop( ) 命令。当测试影片时（选择“控制”>“测试影片”>“在 Flash Professional 中”），所有的功能都会准备就绪。

## 10.5 了解“带宽设置”面板

可以使用“带宽设置”面板，预览最终的项目在不同下载环境中可能的表现。当处于“测试影片”模式下时，可以使用“带宽设置”这个有用的面板。

### 10.5.1 查看“带宽设置”面板

“带宽设置”面板提供了诸如文件总体大小、总帧数、“舞台”尺寸以及数据在所有帧中如何分布之类的信息。可以使用“带宽设置”面板查明具有大量数据的位置，以便查看在影片回放过程中可能发生暂停的位置。

**1.** 选择“控制” > “测试影片” > “在 Flash Professional 中”。

Flash 将导出一个 SWF 文件，并在新窗口中显示影片。

**2.** 选择“视图” > “带宽设置”，将在影片上面出现一个新窗口。在“带宽设置”面板的左边列出了影片的基本信息，在右边则会显示时间轴，它带有灰色条形，表示每个帧中的数据量。条形越高，包括的数据就越多（如图 10.16 所示）。

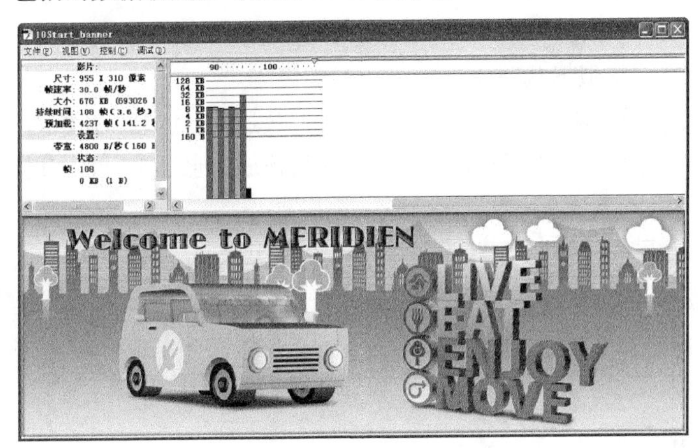


图10.16

可以用两种方式查看右边的图形：作为“数据流图表”（选择“视图”>“数据流图表”）或者作为“帧数图表”（选择“视图” > “帧数图表”）。“数据流图表”通过显示数据如何从每个帧中流出，来指示如何通过 Web 下载影片；而“帧数图表”则只是简单地指示每个帧中的数据量。在“数据流图表”模式下，可以通过注明哪些条形超过了给定的“带宽”设置，断定哪些帧在回放期间将导致暂停。

### 10.5.2 测试下载性能

可以设置不同的下载速度，测试影片在不同条件下的回放性能。

**1.** 在“测试影片”模式下，选择“视图” > “下载设置” > “DSL”。

DSL 设置是一种典型的 Internet 连接，是你想测试的下载速度的度量。它对应于 32.6 KB/s。可以选择更高或更低的速度，这取决于你的目标用户。

**2.** 选择“视图” > “模拟下载”（如图 10.17 所示）。

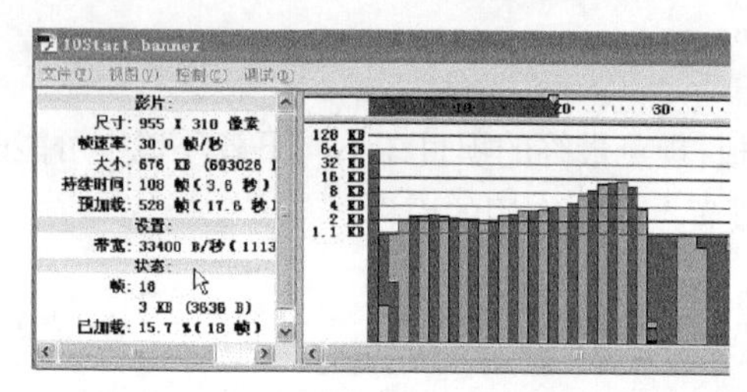


图10.17

Flash 将会模拟在给定的“带宽”设置（DSL）下影片在 Web 上的回放过程。窗口顶部的绿色水平条形指示下载了哪些帧，三角形播放头则标记当前播放的帧。注意：在下载数据时，第 1 帧处将出现轻微的延迟。无论何时灰色数据条形超过了红色水平线（标记“1.1 KB”的水平线），在影片回放过程中都会出现轻微的延迟。

一旦下载了足够多的数据，就会播放影片。不过在播放头追赶已下载部分时，仍有可能看到一些暂停。

**3.** 选择“视图”>“下载设置”>“T1”。

T1 是比 DSL 快得多的宽带连接，它模拟的是 131.2 KB/s 的下载速度。

**4.** 选择“视图”>“模拟下载”。

Flash 将会模拟在更快的速度下影片在 Web 上的回放过程。注意：开始处的延迟非常短，并且影片播放像影片下载一样几乎是无缝快速进行的，使得播放头永远不会赶上已下载部分。

**5.** 关闭预览窗口。

> Fl 注意：为 DSL、T1 及其他预设选项列出的下载速度代表 Adobe 对那些标准的 Internet 连接的估计值。你应该确定自己的 Internet 提供商的实际速度。可以选择“视图”>“下载设置”>“自定义”，自定义这些选项以及它们的速度。

## 10.6 添加元数据

元数据是关于数据的信息。元数据描述了 Flash 文件，使与你共享 FLA 的其他开发人员能够查看你希望他们知道的详细信息，或者让 Web 上的搜索引擎可以发现并共享你的影片。元数据包括：文档的标题、说明、关键字、创建文件的日期以及关于文档的任何其他信息。可以向 Flash 文档中添加元数据，该元数据将嵌入文件中。元数据使得其他应用程序和 Web 搜索引擎很容易对你的影片编目录。

**1.** 选择“文件”>“发布设置”，或者在“属性”检查器中单击“配置文件”旁边的“编辑”按钮，将显示“发布设置”对话框。

**2.** 在对话框左侧选择“Flash”格式。

**3.** 在“高级”区域中，确保勾选“包括 XMP 元数据”复选框，并单击“扳手”按钮（如图 10.18 所示）。

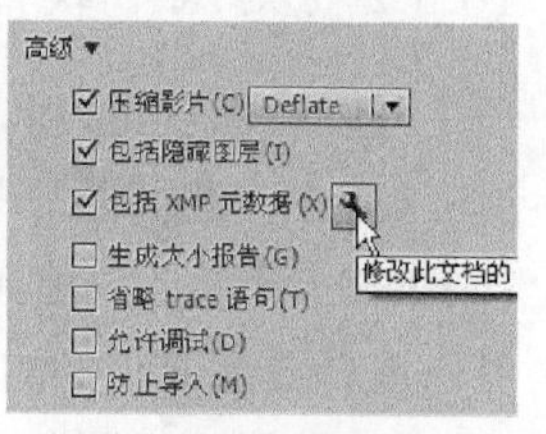


图10.18

这将显示“XMP 元数据”对话框（如图 10.19 所示）。

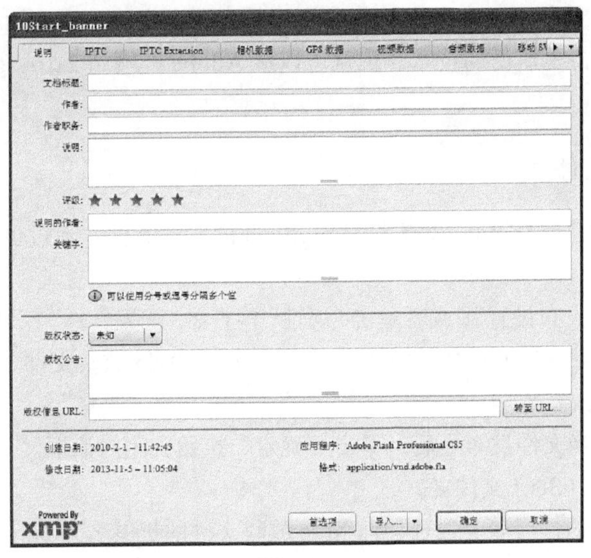


图10.19

4. 单击“说明”选项卡。
5. 在“文档标题”框中输入“Welcome to Meridien”。
6. 在“关键字”框中输入“Meridien, Meridien City, relocation, tourism, travel, urban, visitor guide, vacation, city entertainment, destinations”（如图 10.20 所示）。

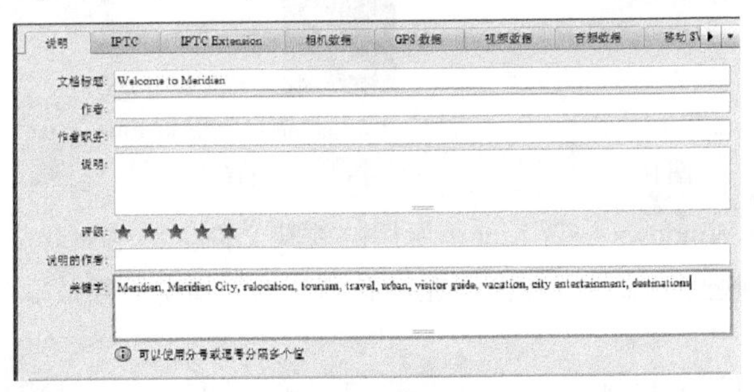


图10.20

7. 在其他框中输入任何其他的说明信息，并单击“确定”按钮，关闭对话框。然后单击“确定”按钮，关闭“发布设置”对话框。

元数据将与 Flash 文档保存在一起，并且可供其他应用程序和 Web 搜索引擎使用。

## 10.7 发布桌面应用程序

大部分桌面电脑的浏览器都安装了 Flash Player，但是你可能希望将你的影片分发给某些没有 Flash Player 或者拥有旧版本的人。你也可能希望影片在没有浏览器的情况下播放。

你可以将影片输出为放映文件（Projector）。这是一种单独的文件，在影片中包含了 Flash Player。因为放映文件包含 Flash Player，所以它比 SWF 文件更大。

你也可以将影片输出为 AIR 文件，这将在用户的桌面上安装一个应用程序。Adobe AIR 是更健壮的运行环境，可支持更广泛的技术。观众可以从 Adobe 的网站 http://get.adobe.com/air/ 下载 Adobe AIR 运行时。

### 10.7.1 创建放映文件

你必须创建一个特定于 Windows 或者 Macintosh 的放映文件，不过也可以同时创建两种平台的放映文件。

1. 选择“文件”>“发布设置”，或者单击“属性”检查器“配置文件”区域中的“发布设置”按钮。
2. 取消选择“Flash”和“HTML 包装器”格式。选择“Win 放映文件”和“Mac 放映文件”（如图 10.21 所示）。
3. 单击“发布”，当文件发布之后，单击“确定”按钮关闭对话框。
4. 打开 Lession10/10Start 文件夹。

Windows 放映文件的扩展名为 .exe，而 Mac 放映文件的扩展名为 .app（如图 10.22 所示），但是你的操作系统可能隐藏文件名中的扩展名。

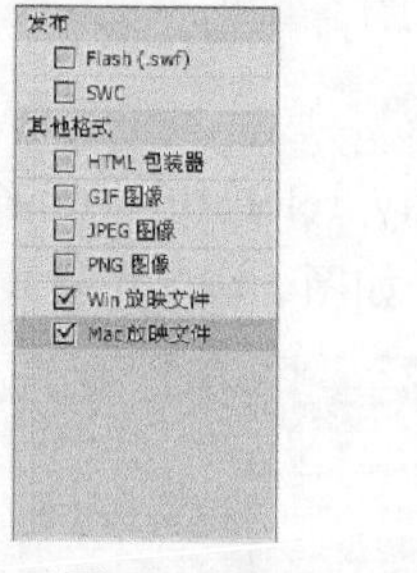


图10.21

图10.22

5. 打开你的平台（Windows 或者 Mac）所用的放映文件。

Windows 和 Mac 放映文件都可以双击，在没有浏览器的情况下播放。

**放映文件与“TLF文本”**

本课程中的交互式横幅不包含任何“TLF文本”。不过，如果你的影片包括“TLF文本”且想创建放映文件，就必须把“文本布局SWF”合并进放映文件中。“文本布局SWF”包含支持新的“T L F 文本”引擎所需的代码。在“属性”检查器中单击用于“ActionScript设置”的“编辑”按钮，或者在“发布设置”对话框中单击“ActionScript设置”按钮（如图10.23所示）。

在出现的“高级ActionScript 3.0设置”对话框中，单击“库路径”选项卡，然后单击选项卡下窗口中的textLayout.swc文件。

选择靠近底部的“运行时共享库设置”中，为“默认链接”选择“合并到代码”（如图10.24所示）。

显示窗口中列出的TLF现在显示链接类型为“合并到代码”而不是链接到“共享外部库”（如图10.25所示）。这意味着，TLF文本引擎将被包含在单个放映文件中。

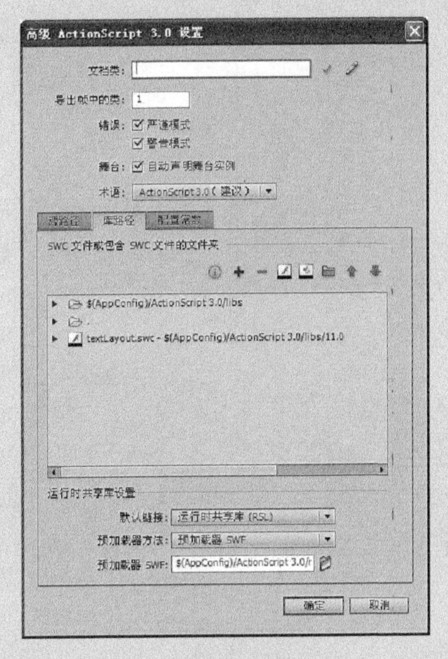


图10.23

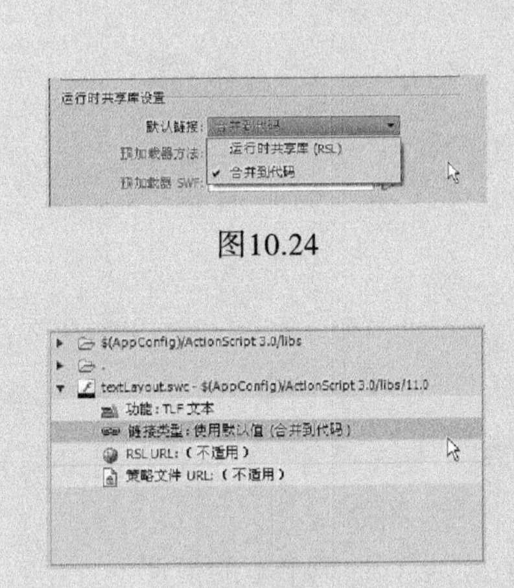


图10.24



图10.25

更多关于TLF文本和附加的文本布局SWF的信息请参阅第7课。

### 10.7.2 创建一个 AIR 应用程序

Adobe AIR 允许你的观众在桌面上观看你的 Flash 内容，就像一个应用程序那样。

**1.** 打开 10Start_restaurantguide.fla。

这是第 6 课中创建的同一个交互式餐馆指南，对背景图像做了少量改动。

**2.** 在“属性”检查器中，注意“目标”被设置为 AIR 3.2 for Desktop（如图 10.26 所示）。

图10.26

AIR 3.2 是 Adobe AIR 运行时的最新版本。

**3.** 单击“目标”旁边的“编辑应用程序设计”按钮（“扳手”图标），出现“AIR 设置”对话框（如图 10.27 所示）。

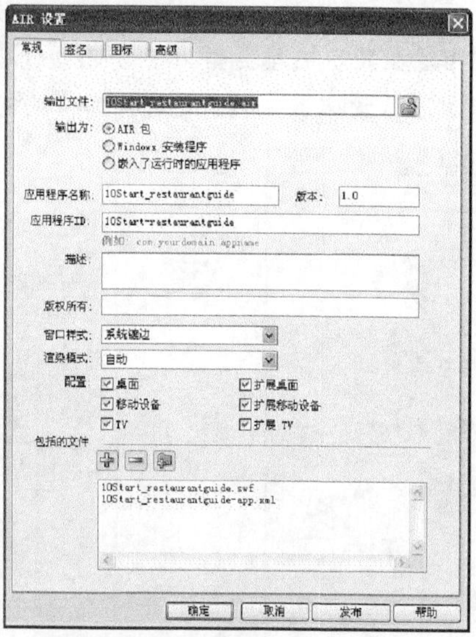

图10.27

你也可以从“发布设置”对话框中打开“AIR 设置”对话框。单击“目标”旁边的“播放器”设置按钮（“扳手”图标）。

**4.** 检查“常规”选项卡下的设置。

输出文件显示发布后的 AIR 安装程序文件名 10Start_restaurantguide.air。“输出为”选项提供了 3 种创建 AIR 应用的途径。第一种选择应该已经被选中。

- “AIR 包”创建一个平台无关的 AIR 安装程序。
- “Mac 安装程序”或者“Windows 安装程序”创建平台相关的 AIR 安装程序。
- “嵌入了运行时的应用程序”创建一个不需要安装程序（不需要在桌面上安装 AIR 运行时）的应用程序。

**5.** 在“应用程序名称”框中，输入 Meridien Restaurant Guide（如图 10.28 所示）。

这是应用程序的名称。

**6.** 在“窗口样式”中，选择“自定义镶边（透明）”（如图 10.29 所示）。

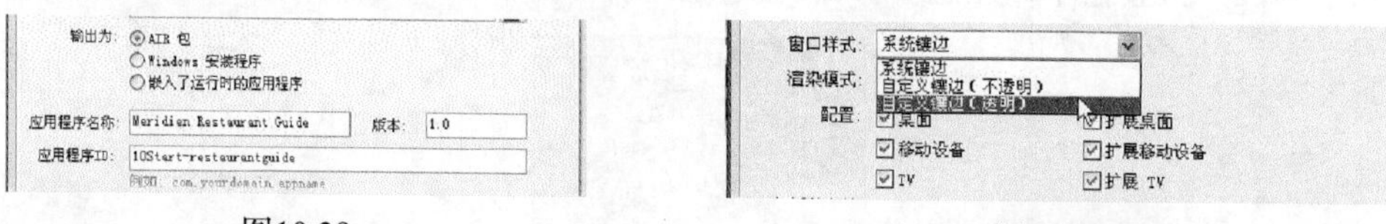


图10.28　　图10.29

自定义镶边（透明）可创建一个没有任何界面或者框架元素（被称为镶边）的应用程序，并具有透明的背景。

**7.** 单击“AIR 设置”对话框顶部的“签名”选项卡（如图 10.30 所示）。

创建一个 AIR 应用程序需要一个证书，使用户能够信任和确定 Flash 内容的开发者。在本课程中，你不需要官方证书，所以可以创建自己的自签署证书。

8. 单击“证书”旁边的“创建”按钮。

9. 在空白框中输入你的信息。你可以在“发布者名称”中输入“Meridien Press”,在“组织单位”中输入“Digital”,在“组织名称”中输入“Interactive”。在两个密码字段中输入自己的密码，然后将文件保存为 meridienpress。单击“浏览”按钮,将其保存到所选的文件夹中,单击“确定”按钮（如图 10.31 所示）。

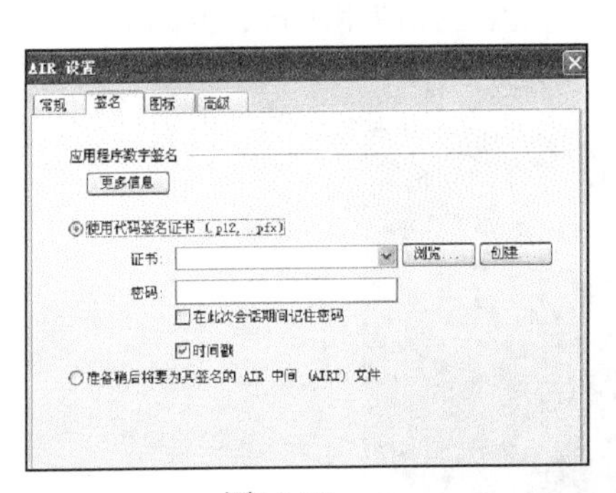


图10.30

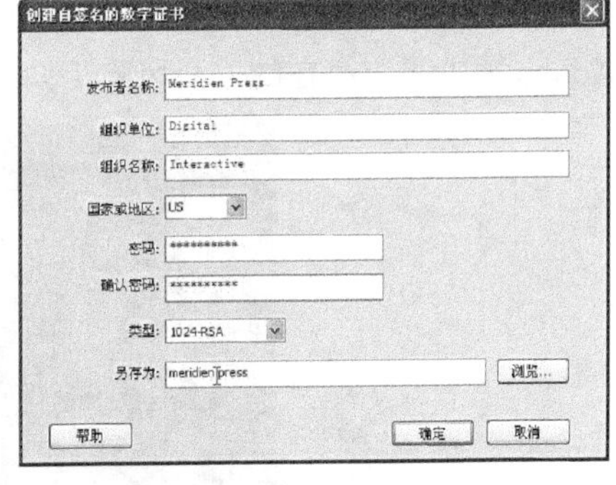


图10.31

在你的电脑上创建了一个自签署的证书（.p12）文件。一定要填写“密码”框并勾选“在此次会话期间记住密码”和“时间戳”复选框。

10. 现在，单击“AIR 设置”对话框顶部的“图标”选项卡。

11. 选择“图标 128 × 128”并单击文件夹图标。

12. 导航到 10Start 文件夹中的 AppIconsForPublish 文件夹，选择所提供的 restaurantguide.png 文件（如图 10.32 所示）。

restaurantguide.png 文件中的图像将成为桌面上应用程序的图标。

13. 最后，单击“AIR 设置”对话框顶部的“高级”选项卡。

14. 在“初始的窗口设置”下，为 X 框输入 0，为 Y 框输入 50，如图 10.33 所示。

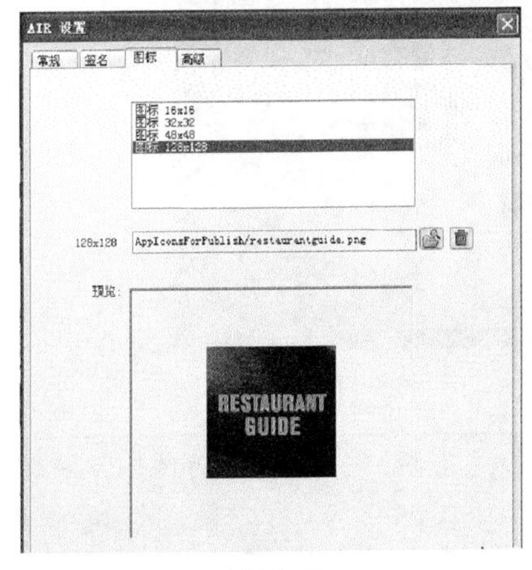


图10.32

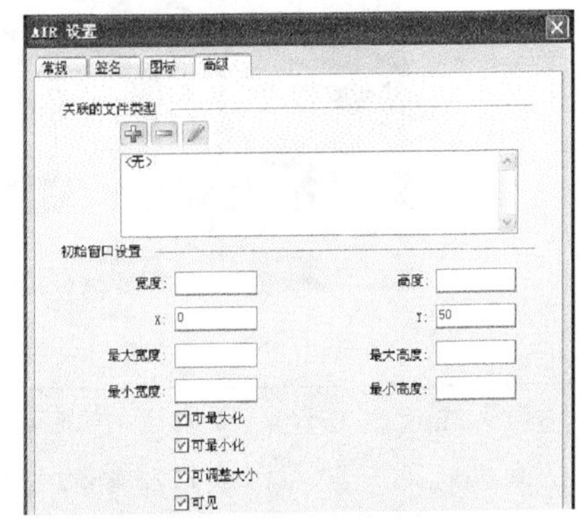


图10.33

当应用程序启动时，它将与屏幕左侧平齐，距离顶部 50 个像素。

**15.** 单击“发布”，Flash 创建了一个 AIR 安装程序（.air）（如图 10.34 所示）。

图10.34

## 10.7.3 安装一个 AIR 应用程序

AIR 安装程序是与平台无关的，但是要求在用户系统上安装 AIR 运行时。

**1.** 双击刚刚创建的 AIR 安装程序 10Start_restaurantguide.air。

Adobe AIR 应用安装程序打开，要求安装应用程序。因为你使用了自签名的证书创建 AIR 安装程序，Adobe 警告一个潜在的安全风险（如图 10.35 所示）。

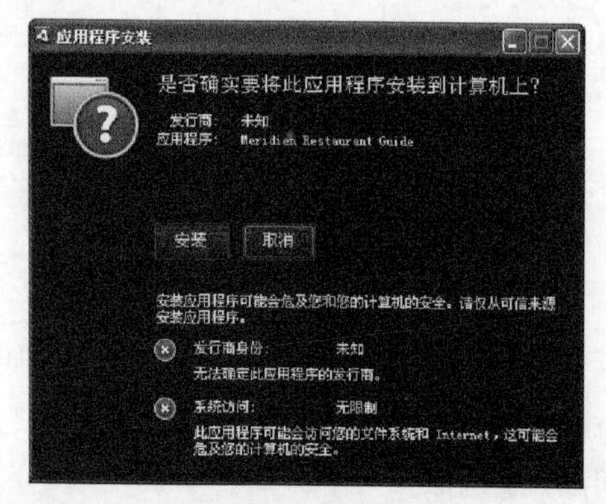


图10.35

**2.** 单击“安装”按钮，然后单击“继续”，以默认设置继续安装。

这将在你的电脑上安装名为 Meridien Restaurant Guide 的应用程序，并自动打开（如图 10.36 所示）。

图10.36

> **Fl** | 注意：应用程序被定位在 x=0 与 y=0，舞台是透明的，所以你的图形元素浮动在桌面之上，和其他应用程序的外观很相似。

**3.** 按下 Alt+F4/Cmd+Q 退出应用程序。

## 10.8 为移动设备发布影片

你也可以使用 Flash Professional CS6 为运行 Android 或者 Apple iOS 的移动设备（如 Apple iPhone 或 iPad）开发和发布内容。要为移动设备发布 Flash 内容，你可以 AIR for Android 或者 AIR for iOS 为目标，创建一个观众在其设备上下载和安装的应用程序。

为移动设备创建应用程序比创建桌面应用程序稍微复杂一些，因为你必须为分发获取特定的开发者证书；而且，你必须考虑在不同设备上测试和调试所需的额外时间和精力。不过，Flash Professional CS6 有一个移动设备模拟器，能够帮助你更轻松地进行这些测试和调试。模拟器可以模拟特定的移动设备交互，如设备倾斜（使用加速计）、轻扫和捏合等触摸手势，甚至使用定位功能。

### 10.8.1 模拟一个移动应用

你将使用 Adobe SimController 在 Flash Professional CS6 中模拟移动设备交互。

**1.** 打开 10Start_mobileapp.fla（如图 10.37 所示）。

图10.37

该项目是一个简单的应用程序，有 4 个关键帧，公告我们熟悉的 Meridien 城市中虚构的一组运动挑战。该项目已经包含了使观众能够向左右轻扫“舞台”，进入下一帧和前一帧的 ActionScript。

在“动作”面板中检查代码（如图 10.38 所示）。这些代码使用“代码片断”面板添加，面板中包含了几十种用于移动设备交互性的代码片断。

```
stop();
/* Swipe to Go to Next/Previous Frame and Stop
Swiping the stage moves the playhead to the next/previous frame and stops the movie.
*/

Multitouch.inputMode = MultitouchInputMode.GESTURE;

stage.addEventListener (TransformGestureEvent.GESTURE_SWIPE, fl_SwipeToGoToNextPreviousFrame);

function fl_SwipeToGoToNextPreviousFrame(event:TransformGestureEvent):void
{
    if(event.offsetX == 1)
    {
        // swiped right
        prevFrame();
    }
    else if(event.offsetX == -1)
    {
        // swiped left
        nextFrame();
    }
}
```

图10.38

**2.** 在“属性”检查器中，注意目标被设置为“AIR 3.2 for Android”。

**3.** 选择“控制” > “测试电影” > “在 AIR Debug Launcher（移动设备）中”，这个选项应该已经被选中。

项目发布到一个新窗口。此外 SimController 启动，这提供了与 Flash 内容交互的选项（如图 10.39 所示）。

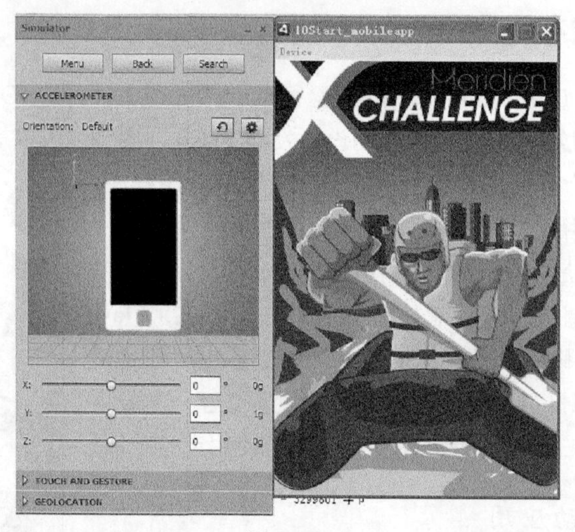


图10.39

> **Fl** 注意：在 Windows 上，当你使用 AIR Debug Launcher 时将出现一个安全警告。此时单击“允许访问”继续。

**4.** 在“Simulator”面板上，单击“Touch and Gesture”展开该区域。

**5.** 勾选“Touch Layer”复选框启用它（如图 10.40 所示）。

模拟器覆盖 Flash 内容上的透明灰色方框，模拟移动设备的触摸屏。

你可以根据需要修改 Alpha 值，改变触摸层的透明度。

**6.** 选择“Gesture”>“Swipe”（如图 10.41 所示）。

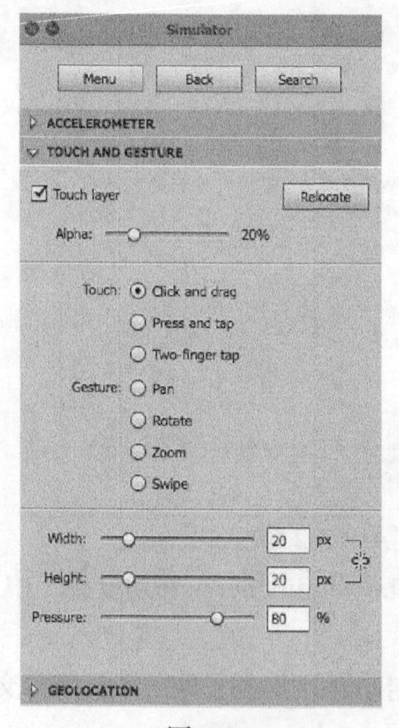


图10.40

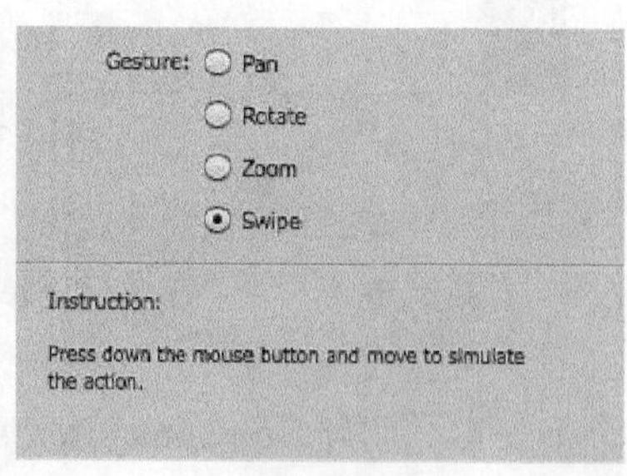


图10.41

模拟器现在启用了轻扫手势。面板底部的指南详细地说明了如何仅用鼠标创建这种交互。

**7.** 按下 Flash 内容上的触摸层，向左拖动，然后释放鼠标按键。

黄色小点代表移动设备触摸层上的触点（如图 10.42 所示）。

图10.42

项目识别轻扫交互，第二个关键帧出现。

**8.** 向左和向右轻扫。

Flash 前进或者后退一帧。

### 为HTML5发布电影

Flash Professional CS6有一个名为Toolkit for CreateJS的免费扩展，你可以用它将Flash内容发布为HTML5。HTML5是最新的浏览器Web标准。HTML5的关键特征之一是新的<canvas>标签，它支持更复杂的渲染和动画，而不需要Flash Player。

一旦安装，Toolkit for CreateJS扩展成为Flash Professional CS6中的一个新面板。从这个面板，你可以将Flash内容（包括动画、声音和图像）导出为HTML5。Toolkit for CreateJS使用多种JavaScript程序库（总称为CreateJS）输出Flash内容的忠实表现。

在本书出版的时候，这个工具箱仅支持“经典补间”动画和一小部分Flash Professional功能。Toolkit for CreateJS还刚刚走出第一步，Adobe将及时添加其他支持和功能。注意Adobe网站上的任何更新和有关这一激动人心的新工具的新闻。它无疑会成为Flash Professional平台和新的HTML5标准之间的宝贵桥梁。

## 10.9 组织你的项目

如果你打算以同一个 Flash 内容针对多个目标环境——例如，你想创建一个既能作为网站运行，又能作为移动应用运行的游戏——那么通过“项目”面板而非单个文档开始项目就很有用了。“项目”面板（“窗口” > “项目” 或者 Shift+F8 组合键）通过简化公共资源的共享来组织较为复杂的项目。

### 10.9.1 开始一个新项目

你将通过“项目”面板创建一个新项目。

1. 在 Flash 中，选择“窗口” > “项目”，或者按下 Shift+F8 组合键。你也可以单击项目图标( )。显示“项目”面板。
2. 从“项目”面板的顶部，选择“项目” > “新建项目”（如图 10.43 所示）。

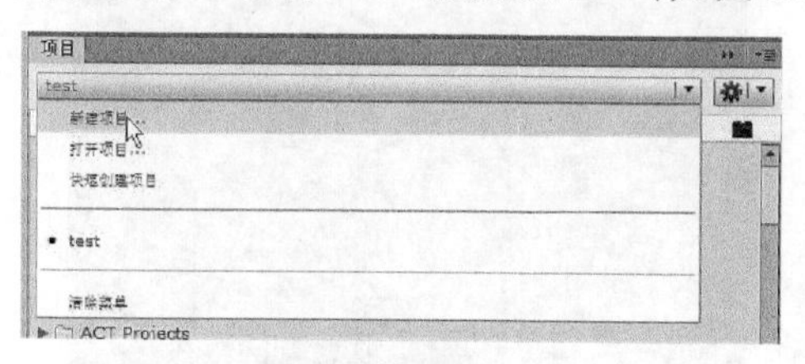


图10.43

显示“创建新项目”对话框。

3. 在“项目名称”中输入“animation_web”。
4. 在“根文件夹”中，单击文件夹图标浏览电脑目录。在 10Start 文件夹中创建一个名为 myproject 的新文件夹（如图 10.44 所示）。

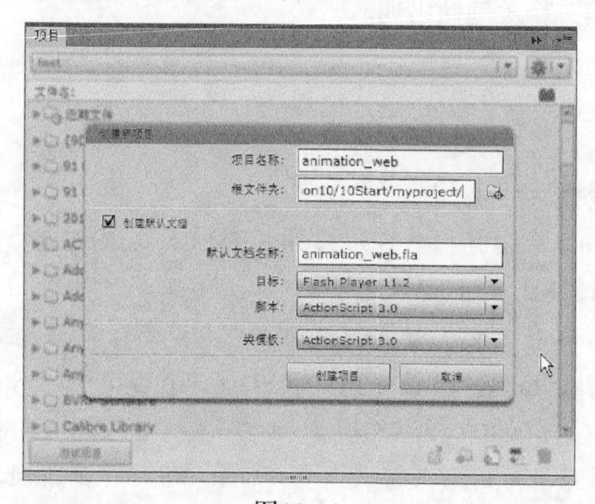


图10.44

5. 单击“创建项目”按钮。

Flash 创建你的新文件夹，并创建一个名为 animation_web.fla 的新项目文档。与该文件关联的另一个文件名为 AuthortimeSharedAssets.fla（如图 10.45 所示）。附加的项目文档能够通过这个文件共享公用库。

图10.45

## 10.9.2 共享库元件

你将为你的项目创建第二个文档，两个文件共享一个公用库文件。这使编辑变得简单而高效。你可以对一个文档中的元件进行更改，这些更改将自动反映到其他文档中。

1. 在 Flash 中打开的新 animation_web.fla 文件中，创建一个简单的形状，并将其转换为“影片剪辑”元件。将你的元件实例保持在“舞台”上（如图 10.46 所示）。

在这个例子中，你看到一个用“矩形”工具创建的简单方形。

2. 在“库”面板中，勾选新元件旁边的“链接”列下的复选框（如图 10.47 所示）。

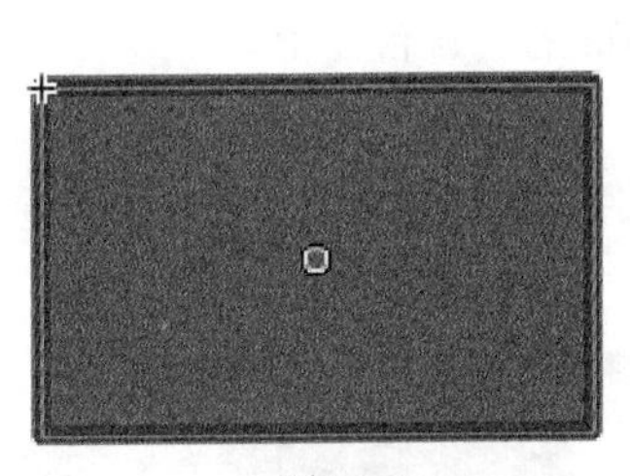

图10.46

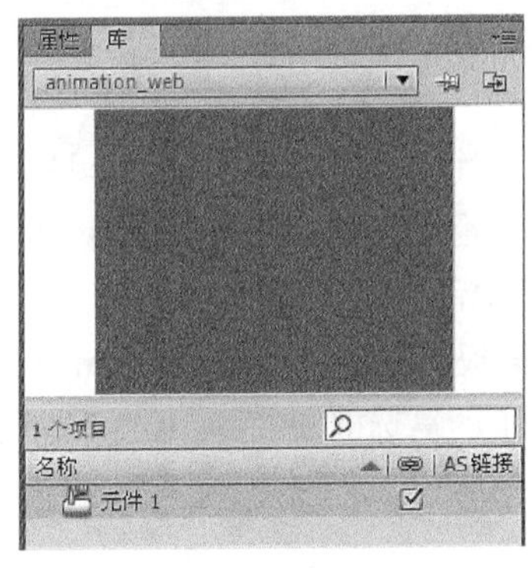


图10.47

Flash 将新元件保存在 AuthortimeSharedAssets.fla 文件中，使同一个项目的其他文档能够访问。

3. 打开“项目”面板，单击底部的“新建文件”按钮（如图 10.48 所示）。

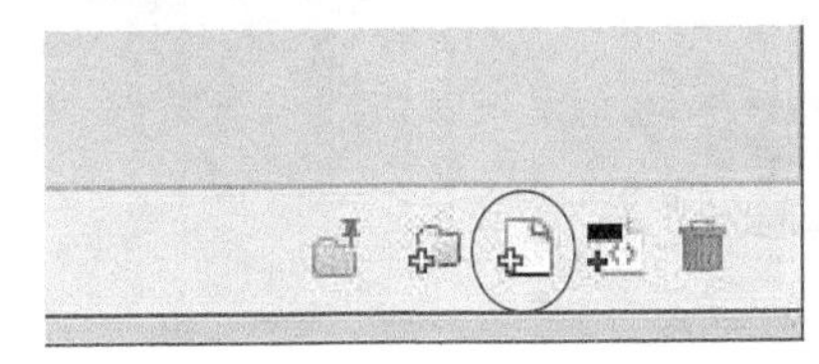

图10.48

显示“创建文件”对话框。

4. 在“文件名”框中，输入“animation_mobile”，对于“目标”选择“AIR 3.2 for Android”。勾选“创建后打开文件”复选框（如图 10.49 所示）。

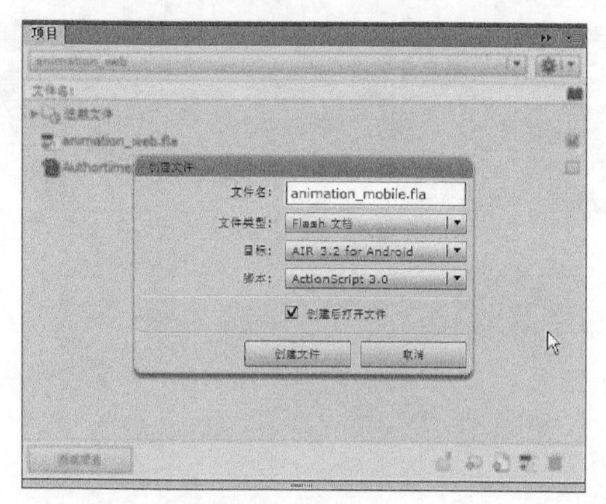


图10.49

5. 单击“创建文件”按钮。

Flash 在你的项目中创建一个新文档并打开。现在你打开了两个文档，animation_web.fla 和 animation_mobile.fla。

6. 现在，你将把这个标准影片剪辑元件添加到 animation_mobile.fla 中在“项目”面板上，双击 AuthortimeSharedAssets.fla 文件，该文件被打开。注意共享的元件在库中。

7. 回到 animation_mobile.fla 文件，从“库”的顶部选择 AuthortimeSharedAssets.fla（如图 10.50 所示）。

Flash 为当前文档打开 AuthortimeSharedAssets.fla 的库。

8. 从“库”中拖动共享元件到 animation_mobile.fla 的“舞台”上。

元件出现在“舞台”上。

9. 从“库”面板顶部选择 animation_mobile.fla 文件，查看文档自己的库。勾选元件旁边的“链接”列之下的复选框（如图 10.51 所示）。

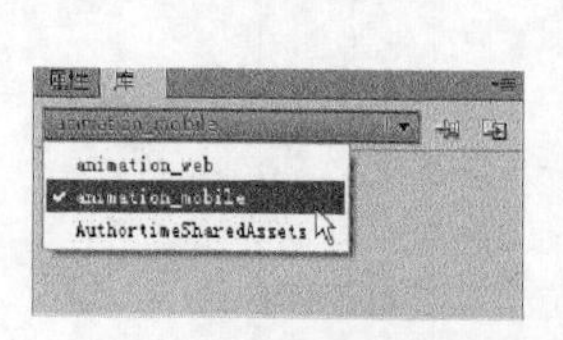


图10.50

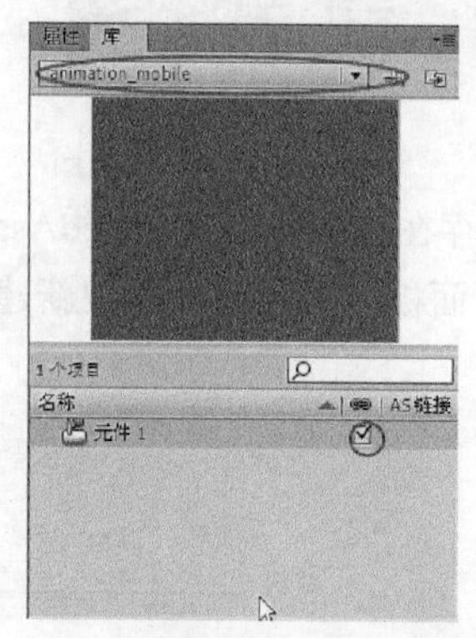


图10.51

Flash 将元件链接到 AuthortimeSharedAssets.fla 文件。现在，两个文件共享相同的元件。在这三个文档的任何一个中更改和保存都会更改所有的文件。

### 10.9.3 编辑共享库元件

你将对一个文件中的元件进行简单的编辑，然后查看在其他文件中的变化。

**1.** 在 animation_web.fla 文件中，双击“舞台”上的元件实例，进入元件编辑模式。

**2.** 更改颜色或者轮廓，修改元件的形状。

例子中的红色方形被更改为绿色的梯形（如图 10.52 所示）。

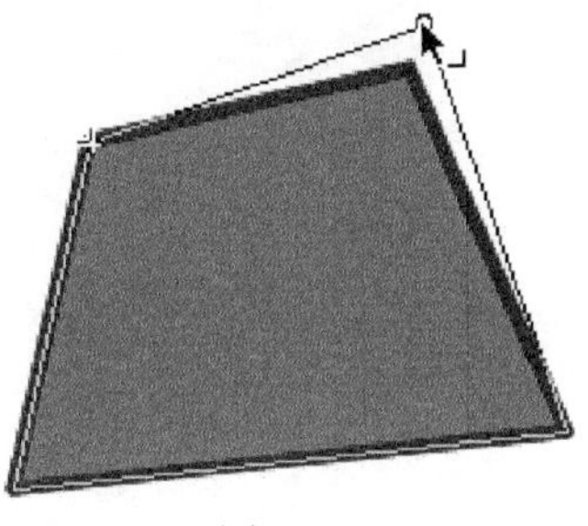

图10.52

**3.** 保存你的文件。

Flash 更新 AuthortimeSharedAssets.fla 中的元件。

**4.** 打开 animation_mobile.fla 文件。

共享的元件自动反映来自 animation_web.fla 的更改（如图 10.53 所示）。

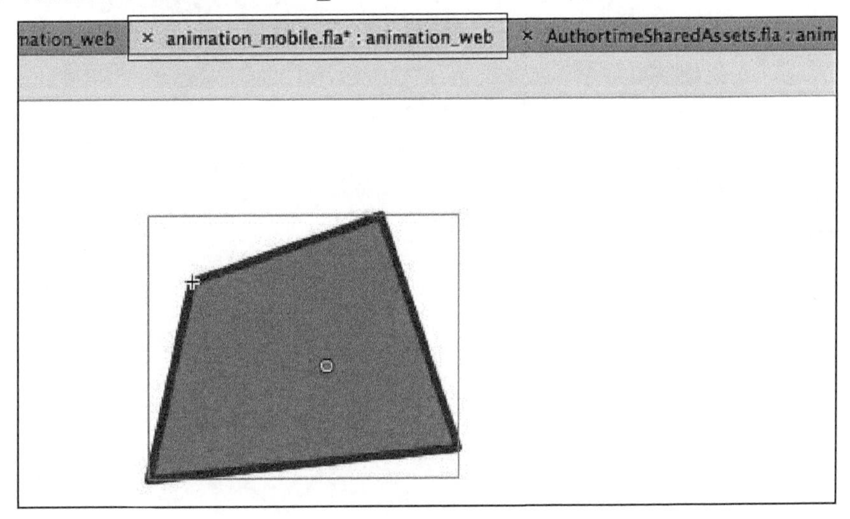


图10.53

## 10.10 接下来的任务

祝贺你！你已经学完了最后一课。至此，你已经看到在富有创意的手（就是你的手！）中，Flash Professional CS6 是如何利用其所有特性，制作媒体丰富的交互式项目的。你完成了这些课程——其中许多课程都是从零开始的，因此你了解了多种工具、面板和 ActionScript 如何协同工作，以创建真实的应用程序。

但是学无止境，要通过创建你自己的动画或交互式 Web 站点继续实践你的 Flash 技能；通过在 Web 上搜寻 Flash 影片来激发你的灵感；通过探索 Adobe“Flash 帮助”资源及其他优秀的 Adobe“经典教程”来拓展你的 ActionScript 知识。

# 复习

## 复习题

**1.** 什么是“带宽设置”面板？它有什么用处？

**2.** 需要把什么文件上传到服务器，才能确保最终的 Flash 影片按预期的那样在 Web 浏览器中播放？

**3.** 怎样判别观众安装了 Flash Player 的哪一个版本，它为什么很重要？

**4.** 定义元数据。怎样把它添加到 Flash 文档中？

**5.** 什么是放映文件？

## 复习题答案

**1.** “带宽设置”面板提供了诸如文件总体大小、总帧数、“舞台”尺寸以及数据在所有帧中如何分布之类的信息。可以使用“带宽设置”面板预览最终的项目在不同下载环境下的表现。

**2.** 为了确保影片在 Web 浏览器中按预期的那样播放，可以上传 Flash SWF 文件以及告诉浏览器如何显示 SWF 文件的 HTML 文档。还需要上传 swfobject.js 文件（如果发布了该文件的话）以及 SWF 文件引用的任何文件，如视频或其他 SWF 文件，并且确保它们位于相同的相对位置（通常位于和最终的 SWF 文件相同的文件夹中），就像在硬盘驱动器上一样。

**3.** 在“发布设置”对话框的 HTML 选项卡中选择“检测 Flash 版本”，以自动检测观众计算机上的 Flash Player 的版本。有些 Flash 特性需要 Flash Player 的特定版本，以便像预期的那样播放。

**4.** 元数据是关于数据的信息。元数据包括：文档的标题、说明、关键字、创建文件的日期以及关于文档的任何其他信息。Flash 文档中的元数据是与 Flash 文件一起发布的，它使得搜索引擎很容易搜索和共享影片。要向 Flash 文档中添加元数据，可以选择“文件”>“发布设置”，单击左侧的“Flash”文件格式，选中“包括 XMP 元数据”，并单击旁边的“扳手”图标，在对话框中输入你想包括的信息[①]。

**5.** 放映文件是独立的应用程序，它包括在不使用浏览器的情况下播放影片所需的所有信息，使得那些没有 Flash Player 或者没有 Flash player 最新版本的人也可以观看影片。

---

① 原文省略了红色部分，但是这样使得该问题的答案不完整，故译者做了补充。